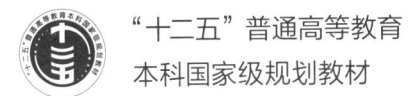

"十二五"普通高等教育
本科国家级规划教材

高 等 数 学

（第四册）（第四版）

物理类专业用

四川大学数学学院高等数学、微分方程教研室 编

高等教育出版社·北京

内容简介

本书是"十二五"普通高等教育本科国家级规划教材。本次修订对第三版内容进行了适当的调整，重视理论与实际结合，数学与物理联系，同时注重保持原版理论严谨、表述流畅、可读性强、便于教学等特点。本套教材共分四册，本书是第四册，主要内容为数学物理方法，包括复变函数、数学物理方程、积分变换和特殊函数。本书配有典型例题和重要定理、知识点的讲解视频，供学习者参考。

本书可供高等学校物理学类、电子信息科学类、电气信息类等对数学要求较高的专业使用。

图书在版编目（CIP）数据

高等数学．第四册／四川大学数学学院高等数学教研室，四川大学数学学院微分方程教研室编．--4版．--北京：高等教育出版社，2020.11（2024.9重印）

物理类专业用

ISBN 978-7-04-054715-3

Ⅰ．①高… Ⅱ．①四… ②四… Ⅲ．①高等数学-高等学校-教材 Ⅳ．①O13

中国版本图书馆 CIP 数据核字（2020）第 135521 号

Gaodeng Shuxue

策划编辑	于丽娜	责任编辑	于丽娜	封面设计	王凌波	版式设计	马 云
插图绘制	黄云燕	责任校对	李大鹏	责任印制	耿 轩		

出版发行	高等教育出版社	网 址	http://www.hep.edu.cn
社 址	北京市西城区德外大街4号		http://www.hep.com.cn
邮政编码	100120	网上订购	http://www.hepmall.com.cn
印 刷	山东韵杰文化科技有限公司		http://www.hepmall.com
开 本	787mm×1092mm 1/16		http://www.hepmall.cn
印 张	24	版 次	1979年8月第1版
字 数	530千字		2020年11月第4版
购书热线	010-58581118	印 次	2024年9月第5次印刷
咨询电话	400-810-0598	定 价	49.50元

本书如有缺页、倒页、脱页等质量问题，请到所购图书销售部门联系调换
版权所有 侵权必究
物料号 54715-00

数字课程

高等数学
（第四册）（第四版）
物理类专业用

四川大学数学学院高等数学、微分方程教研室 编

1. 计算机访问 http://abook.hep.com.cn/12342313，或手机扫描二维码、下载并安装 Abook 应用。
2. 注册并登录，进入"我的课程"。
3. 输入封底数字课程账号（20位密码，刮开涂层可见），或通过 Abook 应用扫描封底数字课程账号二维码，完成课程绑定。
4. 单击"进入课程"按钮，开始本数字课程的学习。

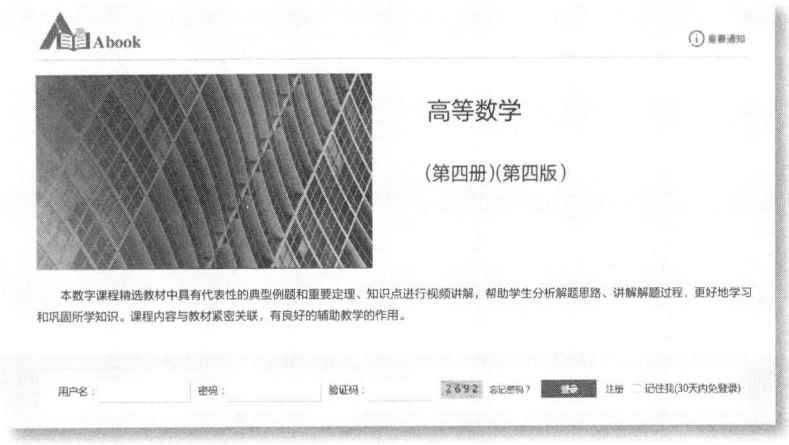

课程绑定后一年为数字课程使用有效期。受硬件限制，部分内容无法在手机端显示，请按提示通过计算机访问学习。

如有使用问题，请发邮件至 abook@hep.com.cn。

扫描二维码
下载 Abook 应用

http://abook.hep.com.cn/12342313

第四版序言

由四川大学数学学院高等数学教研室编写的《高等数学》自 2009 年修订后,已在国内高校物理学类、电子信息科学类、电气信息类等专业使用多年。近年来,随着教学改革的持续深入,教学方法和教学手段不断推陈出新,为了能够更好地适应新的教学需要,我们对本教材进行了修订。

本套教材共分四册,本次修订保持了原书的框架结构,对内容作了适当的调整,修改和新增了更多例题和习题,并结合最新的技术手段在教材中增加了典型例题和重要定理、知识点(带 ✎ 图标)的讲解视频,便于学生自学和复习。

本次教材修订得到四川大学教务处、四川大学数学学院和高等教育出版社的大力支持和协助,编者对此表示衷心的感谢。此外,国内高校的师生们在使用本教材后提供了大量的反馈信息,提出了许多宝贵的意见和建议,对本次修订起到了重要的作用,编者谨向他们表示由衷的感谢。

本书第一册的修订工作由朱瑞完成,视频讲解由朱瑞、周杨完成;第二册的修订工作和视频讲解由牛健人、何志蓉完成;第三册的修订工作和视频讲解由陈丽、何腊梅完成;第四册的修订工作和视频讲解由邓瑾完成。

限于编者的水平,书中和视频中的疏漏在所难免,希望广大读者予以批评指正。

编　者
2019 年 12 月于四川大学

第三版序言

　　由四川大学数学学院高等数学教研室编写的《高等数学》自 1978 年出版以来，被多所高等学校物理类专业广泛采用。在 30 年教学实践和教学改革的基础上，结合国内兄弟院校使用本教材的反馈信息及当前的实际教学需求，本次修订保持原书理论严谨、表述流畅、可读性强、便于教学等特点，吸收国内外优秀教材的长处，引入题材新颖的应用例题和实际模型，例题与习题的配置更加丰富、合理、便于自学，有利于提高学生数学应用能力的培养。

　　本次修订参考了近年来出版的同类教材并借鉴了其中一些很好的论述和语言，对第四册进行了如下修改：增加了辐角原理、半无界弦问题、二阶线性偏微分方程的分类和线性偏微分方程的叠加原理；格林函数作了较大充实，并注意了规范化和系统化；改写了齐次化原理，更具体地讲述了保角变换，简单介绍了小波变换和广义函数，罗列了一些可以化为贝塞尔方程的微分方程；为使读者便于自学本书，特附加了习题答案。

　　本套教材共分四册。第一册主要内容为函数和极限、一元函数微积分及其应用；第二册主要内容为空间解析几何与矢量代数、多元函数微积分及其应用、级数、微分方程等；第三册主要内容为线性代数、概率论；第四册主要内容为数学物理方法，包括复变函数、数学物理方程、积分变换、特殊函数等。使用本教材的各高等学校可按照原有教学习惯组织教学，根据教学实际情况，对加 * 号或小字排版的内容以及专业性较强的物理专业例题作灵活处理，修改后的本套教材可供对数学要求较高的非数学专业数学课程教学和教学参考使用。

　　本套教材的修订得到四川大学教务处、四川大学数学学院和高等教育出版社的大力支持，教材编写组专门召开会议讨论修订方案；原书作者周城璧先生、姚昌瑞先生等对本次修订提出了全面、系统的修改建议；本教材自 1978 年出版以来，收到许多读者来信，对内容安排、习题配备和教材中出现的错漏提出了许多宝贵的意见和建议，对确保本书质量起到了重要作用，在此谨向他们表示衷心的感谢。

　　本套教材第四册由四川大学数学学院唐志远、姚昌瑞、吴元凯编写，修订工作由四川大学数学学院邓瑾完成。限于编者水平有限，书中不妥之处在所难免，希望广大读者予以指正。

编　者

2009 年 7 月于四川大学

目 录 >>>

第一篇 复变函数论

第一章 复数与复变函数 ········· 3

第一节 复数 ········· 3
§1.1.1 复数域 ········· 3
§1.1.2 复平面 ········· 4
§1.1.3 复数的模与辐角 ········· 4
§1.1.4 复数的乘幂与方根 ········· 7

第二节 复变函数的基本概念 ········· 8
§1.2.1 区域与若尔当曲线 ········· 8
§1.2.2 复变函数的概念 ········· 9
§1.2.3 复变函数的极限与连续性 ········· 10

第三节 复球面与无穷远点 ········· 12
§1.3.1 复球面 ········· 12
§1.3.2 闭平面上的几个概念 ········· 12

习题一 ········· 13

第二章 解析函数 ········· 15

第一节 解析函数的概念及柯西-黎曼条件 ········· 15
§2.1.1 导数与微分 ········· 15
§2.1.2 柯西-黎曼条件 ········· 16
§2.1.3 解析函数的定义 ········· 19

第二节 解析函数与调和函数的关系 ········· 20
§2.2.1 共轭调和函数的求法 ········· 20
§2.2.2 共轭调和函数的几何意义 ········· 22

第三节　初等解析函数 ··· 23
　　　§2.3.1　初等单值函数 ··· 23
　　　§2.3.2　初等多值函数 ··· 25
　　第四节　解析函数在平面场中的应用 ··· 31
　　　§2.4.1　平面场 ··· 31
　　　§2.4.2　复位势 ··· 32
　　　§2.4.3　举例 ··· 33
　　习题二 ··· 36

第三章　柯西定理　柯西积分 ··· 39

　　第一节　复积分的概念及其简单性质 ··· 39
　　　§3.1.1　复积分的定义及其计算方法 ··· 39
　　　§3.1.2　复积分的简单性质 ·· 41
　　第二节　柯西积分定理及其推广 ··· 42
　　　§3.2.1　柯西积分定理 ··· 42
　　　§3.2.2　不定积分 ·· 43
　　　§3.2.3　柯西积分定理推广到复围线的情形 ··································· 45
　　第三节　柯西积分公式及其推广 ··· 47
　　　§3.3.1　柯西积分公式 ··· 47
　　　§3.3.2　解析函数的无限次可微性 ·· 48
　　　§3.3.3　模的最大值原理　柯西不等式　刘维尔定理　莫雷拉定理 ········ 50
　　习题三 ··· 51

第四章　解析函数的幂级数表示 ··· 54

　　第一节　函数项级数的基本性质 ··· 54
　　　§4.1.1　数项级数 ·· 54
　　　§4.1.2　一致收敛的函数项级数 ··· 55
　　第二节　幂级数与解析函数 ··· 58
　　　§4.2.1　幂级数的敛散性 ··· 58
　　　§4.2.2　解析函数的幂级数表示 ··· 61
　　　§4.2.3　解析函数零点的孤立性及唯一性定理 ······························ 64
　　第三节　洛朗级数 ··· 65
　　　§4.3.1　洛朗级数的收敛圆环 ·· 66

§4.3.2 解析函数的洛朗展式 ……………………………………………… 66
§4.3.3 洛朗展式举例 ………………………………………………………… 68
第四节 单值函数的孤立奇点 ………………………………………………… 70
§4.4.1 孤立奇点的三种类型 ………………………………………………… 70
§4.4.2 可去奇点 ……………………………………………………………… 71
§4.4.3 极点 …………………………………………………………………… 72
§4.4.4 本性奇点 ……………………………………………………………… 73
§4.4.5 解析函数在无穷远点的性质 ………………………………………… 74
习题四 ………………………………………………………………………………… 75

第五章 留数及其应用 ……………………………………………………… 79

第一节 留数 ……………………………………………………………………… 79
§5.1.1 留数的定义及留数定理 ……………………………………………… 79
§5.1.2 留数的求法 …………………………………………………………… 81
§5.1.3 无穷远点的留数 ……………………………………………………… 83
第二节 利用留数计算实积分 ………………………………………………… 85
§5.2.1 $\int_0^{2\pi} R(\cos\theta, \sin\theta)\,d\theta$ 的计算 ……………………………… 85
§5.2.2 积分路径上无奇点的反常积分 $\int_{-\infty}^{+\infty} f(x)\,dx$ 的计算 ……………… 87
§5.2.3 积分路径上有奇点的反常积分的计算 ……………………………… 91
§5.2.4 杂例 …………………………………………………………………… 92
§5.2.5 多值函数的积分 ……………………………………………………… 94
第三节 辐角原理及其应用 …………………………………………………… 97
§5.3.1 对数留数 ……………………………………………………………… 97
§5.3.2 辐角原理 ……………………………………………………………… 98
§5.3.3 儒歇定理 ……………………………………………………………… 100
习题五 ………………………………………………………………………………… 101

第六章 保形变换 …………………………………………………………… 104

第一节 解析变换的特性 ……………………………………………………… 104
§6.1.1 单叶变换 ……………………………………………………………… 104
§6.1.2 解析函数的保角性 …………………………………………………… 105

§6.1.3 拉普拉斯算符的变换 ………………………………………… 107

第二节 分式线性变换 …………………………………………………… 109
 §6.2.1 几种最简单的保形变换 ………………………………………… 109
 §6.2.2 分式线性变换 ……………………………………………………… 110
 §6.2.3 分式线性变换的保交比性 ……………………………………… 112
 §6.2.4 分式线性变换的保圆周性 ……………………………………… 112
 §6.2.5 分式线性变换的保对称点性 …………………………………… 113
 §6.2.6 分式线性变换的应用 …………………………………………… 114

第三节 某些初等函数所构成的保形变换 ……………………………… 116
 §6.3.1 幂函数与根式函数 ……………………………………………… 116
 §6.3.2 指数函数与对数函数 …………………………………………… 118
 §6.3.3 茹科夫斯基函数 ………………………………………………… 120

习题六 ……………………………………………………………………… 121

第二篇 数学物理方程

第七章 一维波动方程的傅里叶解 …………………………………… 125

第一节 一维波动方程——弦振动方程的建立 ………………………… 125
 §7.1.1 弦振动方程的建立 ……………………………………………… 125
 §7.1.2 定解条件的提出 ………………………………………………… 126

第二节 齐次方程混合问题的傅里叶解 ………………………………… 128
 §7.2.1 利用分离变量法求解齐次弦振动方程的混合问题 ………… 128
 §7.2.2 傅里叶解的物理意义 …………………………………………… 133

第三节 电报方程 ………………………………………………………… 134

第四节 非齐次方程的求解 ……………………………………………… 136

习题七 ……………………………………………………………………… 138

第八章 热传导方程的傅里叶解 ……………………………………… 141

第一节 热传导方程和扩散方程的建立 ………………………………… 141
 §8.1.1 热传导方程的建立 ……………………………………………… 141
 §8.1.2 扩散方程的建立 ………………………………………………… 143
 §8.1.3 定解条件的提出 ………………………………………………… 144

第二节　混合问题的傅里叶解 …………………………………………… 145
第三节　初值问题的傅里叶解 …………………………………………… 147
§8.3.1　傅里叶积分 ………………………………………………… 147
§8.3.2　利用傅里叶积分解热传导方程的初值问题 ……………… 148
§8.3.3　傅里叶解的物理意义 ……………………………………… 150
第四节　一端有界的热传导问题 ………………………………………… 152
§8.4.1　定解问题的解 ……………………………………………… 152
§8.4.2　举例 ………………………………………………………… 154
§8.4.3　齐次化原理 ………………………………………………… 157
习题八 ……………………………………………………………………… 160

第九章　拉普拉斯方程的圆的狄利克雷问题的傅里叶解 ………… 162

第一节　圆的狄利克雷问题 ……………………………………………… 162
§9.1.1　定解问题的提法 …………………………………………… 162
§9.1.2　定解问题的傅里叶解法 …………………………………… 163
第二节　δ 函数 …………………………………………………………… 166
§9.2.1　δ 函数的引入 ……………………………………………… 166
§9.2.2　δ 函数的性质 ……………………………………………… 167
§9.2.3　δ 函数的数学理论简介 …………………………………… 168
§9.2.4　高维空间中的 δ 函数及 δ 函数的其他性质 ……………… 171
习题九 ……………………………………………………………………… 172

第十章　波动方程的达朗贝尔解 ……………………………………… 174

第一节　弦振动方程初值问题的达朗贝尔解法 ………………………… 174
§10.1.1　达朗贝尔解的推出 ………………………………………… 174
§10.1.2　达朗贝尔解的物理意义 …………………………………… 176
§10.1.3　举例 ………………………………………………………… 176
§10.1.4　依赖区间　决定区域和影响区域 ………………………… 177
§10.1.5　半无界弦问题 ……………………………………………… 179
第二节　高维波动方程 …………………………………………………… 180
§10.2.1　三维波动方程的初值问题 ………………………………… 180
§10.2.2　降维法 ……………………………………………………… 182
§10.2.3　解的物理意义 ……………………………………………… 183

第三节　非齐次波动方程　推迟势 ·· 184
　　§10.3.1　非齐次波动方程的初值问题 ·· 184
　　§10.3.2　非线性方程 ··· 186
习题十 ··· 187

第十一章　拉普拉斯方程(续) ·· 190

第一节　格林公式　调和函数的基本性质 ··· 190
　　§11.1.1　球对称解 ·· 190
　　§11.1.2　格林公式 ·· 191
　　§11.1.3　调和函数的基本性质 ··· 192
第二节　拉普拉斯方程的球的狄利克雷问题 ·· 196
　　§11.2.1　边值问题的提法 ··· 196
　　§11.2.2　球的狄利克雷问题 ··· 197
　　§11.2.3　狄利克雷外问题 ··· 200
第三节　格林函数 ·· 201
　　§11.3.1　格林函数的定义 ··· 201
　　§11.3.2　用电像法作格林函数 ·· 203
　　§11.3.3　格林函数的对称性 ·· 205
　　§11.3.4　保形变换法 ··· 207
第四节　泊松方程 ·· 209
　　§11.4.1　泊松方程的导出 ··· 209
　　§11.4.2　泊松方程的狄利克雷问题 ··· 210
习题十一 ··· 211

第十二章　傅里叶变换 ·· 213

第一节　傅里叶变换的定义及其基本性质 ··· 213
　　§12.1.1　傅里叶变换的定义 ·· 213
　　§12.1.2　傅里叶变换的基本性质 ·· 214
　　§12.1.3　n 维傅里叶变换 ·· 216
　　§12.1.4　δ函数的傅里叶变换 ·· 216
第二节　用傅里叶变换解数理方程举例 ··· 217
第三节　格林函数法(续) ·· 219
　　§12.3.1　方程的基本解 ··· 219

§12.3.2　齐次方程定解问题的格林函数 ……………………………………… 223
　　§12.3.3　非定常型非齐次方程的格林函数 …………………………………… 229
习题十二 ……………………………………………………………………………… 232

第十三章　拉普拉斯变换 …………………………………………………………… 234

第一节　拉普拉斯变换的定义和它的逆变换 …………………………………… 234
　　§13.1.1　傅里叶变换与拉普拉斯变换 ………………………………………… 234
　　§13.1.2　拉普拉斯变换的定义 ………………………………………………… 235
　　§13.1.3　拉普拉斯变换的存在定理和反演定理 ……………………………… 236
第二节　拉普拉斯变换的基本性质及其应用举例 ……………………………… 238
第三节　展开定理 …………………………………………………………………… 247
　　§13.3.1　展开定理 ………………………………………………………………… 247
　　§13.3.2　用反演公式解数理方程举例 ………………………………………… 249
习题十三 ……………………………………………………………………………… 252

第十四章　定解问题的适定性方程的讨论 ………………………………………… 255

第一节　弦振动方程初值问题的适定性 ………………………………………… 256
第二节　弦振动方程混合问题的适定性 ………………………………………… 257
　　§14.2.1　解的存在性 ……………………………………………………………… 257
　　§14.2.2　能量积分和解的唯一性 ……………………………………………… 258
第三节　狄利克雷问题的适定性 …………………………………………………… 260
　　§14.3.1　解的唯一性 ……………………………………………………………… 260
　　§14.3.2　解的稳定性 ……………………………………………………………… 261
第四节　热传导方程混合问题的适定性 ………………………………………… 262
　　§14.4.1　极值原理 ………………………………………………………………… 262
　　§14.4.2　解的唯一性 ……………………………………………………………… 263
　　§14.4.3　解的稳定性 ……………………………………………………………… 264
第五节　热传导方程初值问题的适定性 ………………………………………… 264
　　§14.5.1　解的唯一性和稳定性 …………………………………………………… 264
　　§14.5.2　解的存在性 ……………………………………………………………… 266
第六节　拉普拉斯方程狄利克雷外问题解的唯一性 …………………………… 267
　　§14.6.1　三维空间狄利克雷外问题解的唯一性 ……………………………… 267
　　§14.6.2　二维空间狄利克雷外问题解的唯一性 ……………………………… 268

第七节　定解问题不适定之例 ································· 269
　§14.7.1　不适定问题举例 ································· 269
　§14.7.2　对不适定问题的研究 ··························· 271
第八节　三类方程的比较 ····································· 272
　§14.8.1　关于定解问题的提法 ··························· 272
　§14.8.2　关于解的性质 ································· 273
　§14.8.3　关于时间的反演 ······························· 274
第九节　二阶线性偏微分方程的分类 ······················· 275
第十节　线性偏微分方程的叠加原理 ······················· 279
习题十四 ··· 280

第三篇　特殊函数

第十五章　勒让德多项式　球函数 ····················· 285

第一节　勒让德微分方程及勒让德多项式 ················ 285
　§15.1.1　勒让德微分方程的导出 ······················· 285
　§15.1.2　幂级数解和勒让德多项式的定义 ············ 287
　§15.1.3　勒让德多项式的微分表达式——罗德里格斯公式 ········ 291
　§15.1.4　勒让德多项式的施拉夫利积分表达式 ······ 292
第二节　勒让德多项式的母函数及其递推公式 ·········· 293
　§15.2.1　勒让德多项式的母函数 ······················· 293
　§15.2.2　勒让德多项式的递推公式 ···················· 295
第三节　按勒让德多项式展开 ······························· 296
　§15.3.1　勒让德多项式的正交性 ······················· 296
　§15.3.2　勒让德多项式的归一性 ······················· 297
　§15.3.3　展开定理的叙述 ······························· 298
第四节　连带勒让德多项式 ·································· 298
　§15.4.1　连带勒让德多项式的定义 ···················· 298
　§15.4.2　连带勒让德多项式的正交性和归一性 ····· 299
第五节　拉普拉斯方程在球形区域上的狄利克雷问题 ····· 300
　§15.5.1　利用连带勒让德多项式 $P_n^m(x)$ 得出方程(15.1′)的解 ········ 300
　§15.5.2　确定定解问题(15.1′)和(15.2′)的解 ······ 301
习题十五 ··· 303

第十六章　贝塞尔函数　柱函数 ……………………………………………… 305

第一节　贝塞尔微分方程及贝塞尔函数 ……………………………………… 305
§ 16.1.1　贝塞尔微分方程的导出 ……………………………………… 305
§ 16.1.2　幂级数解和贝塞尔函数的定义 ……………………………… 306

第二节　贝塞尔函数的母函数及其递推公式 ………………………………… 309
§ 16.2.1　贝塞尔函数的母函数 ……………………………………… 309
§ 16.2.2　贝塞尔函数的积分表达式 ………………………………… 310
§ 16.2.3　贝塞尔函数的递推公式 …………………………………… 310
§ 16.2.4　半奇数阶贝塞尔函数 ……………………………………… 311

第三节　按贝塞尔函数展开 …………………………………………………… 313
§ 16.3.1　贝塞尔函数的零点 ………………………………………… 313
§ 16.3.2　贝塞尔函数的正交性 ……………………………………… 314
§ 16.3.3　贝塞尔函数的归一性 ……………………………………… 315
§ 16.3.4　展开定理的叙述 …………………………………………… 315
§ 16.3.5　圆膜振动问题 ……………………………………………… 316

第四节　第二类和第三类贝塞尔函数 ………………………………………… 317
§ 16.4.1　第二类贝塞尔函数 ………………………………………… 317
§ 16.4.2　第三类贝塞尔函数 ………………………………………… 320
§ 16.4.3　球贝塞尔函数 ……………………………………………… 320

第五节　变形（或虚变量）贝塞尔函数和贝塞尔函数的渐近公式 …………… 321
§ 16.5.1　变形贝塞尔函数 …………………………………………… 321
§ 16.5.2　贝塞尔函数的渐近公式 …………………………………… 324
§ 16.5.3　可以化为贝塞尔方程的微分方程 ………………………… 326

习题十六 ……………………………………………………………………… 329

第十七章　埃尔米特多项式和拉盖尔多项式 ……………………………… 332

第一节　埃尔米特多项式 ……………………………………………………… 332
§ 17.1.1　埃尔米特微分方程的导出 ………………………………… 332
§ 17.1.2　幂级数解和埃尔米特多项式的定义 ……………………… 333
§ 17.1.3　埃尔米特多项式的母函数 ………………………………… 334
§ 17.1.4　埃尔米特多项式的正交性和归一性 ……………………… 335

第二节　拉盖尔多项式 ………………………………………………………… 336

§17.2.1 拉盖尔微分方程的导出 …… 336
§17.2.2 幂级数解和拉盖尔多项式的定义 …… 337
§17.2.3 拉盖尔多项式的母函数 …… 338
§17.2.4 拉盖尔多项式的正交性和归一性 …… 339

第三节 特征值和特征函数 …… 340
§17.3.1 特征值和特征函数的概念 …… 340
§17.3.2 特征值和特征函数的性质 …… 341
§17.3.3 施图姆-刘维尔型微分方程边值问题的例子 …… 342

习题十七 …… 343

附录（Ⅰ） …… 344

傅里叶变换表 …… 344
拉普拉斯变换表 …… 345

附录（Ⅱ） …… 349

小波变换简介 …… 349

部分习题答案 …… 352

外国人名表 …… 364

第一篇
复变函数论

数的概念随着生产实践和科学技术的发展而扩大,不断解决数学运算中出现的矛盾.整数解决了自然数集对减法不封闭的矛盾,有理数解决了整数集对除法不封闭的矛盾,实数解决了有理数集不完备的矛盾.但是,数集扩充到实数集 **R** 以后,像 $x^2=-1$ 这样的方程还是无解,因为没有一个实数的平方等于 -1. 这样,由于解方程的需要,人们引进了一种所谓虚数,用符号 i 表示虚数单位,并规定

(i) $i^2=-1$;

(ii) 它与实数在一起可以进行通常的四则运算.

根据这个规定就会出现形如 $x+iy$(这里 x,y 都是实数)的数,我们把它叫做**复数**.

复变函数论要研究的是:复变量 $z=x+iy$ 的函数的基本概念和理论及其一些应用.复变函数理论的发展与实函数微积分是不能分离的,但它有其自身的特点,它的中心对象是解析函数.由于解析函数具有许多独特的性质,致使复变函数论方法不但在纯粹数学各个分支有很多的应用,而且在应用数学、数学物理等领域中也有广泛的应用,成为一种不可缺少的强有力的工具.本篇与中学数学内容重复和与微积分平行的内容均叙而不证.

第一章 复数与复变函数

第一节 复 数

§1.1.1 复数域

所谓**复数**,是指形如 $z=x+\mathrm{i}y$ 的数,其中 i 称为**虚数单位**,它满足 $\mathrm{i}^2=-1$. x,y 都是实数,分别称为复数 z 的**实部**与**虚部**,记为 $x=\mathrm{Re}\,z, y=\mathrm{Im}\,z$.

实部为零而虚部不为零的复数 $0+\mathrm{i}y=\mathrm{i}y$ 称为**纯虚数**. 虚部为 0 的复数 $x+\mathrm{i}\cdot 0=x$ 就是实数. 因此,全体实数是全体复数的一部分. 实部与虚部都为 0 的复数称为复数 0,记为 0. 故 $x+\mathrm{i}y=0$ 必须且只需 $x=0,y=0$.

复数的**相等**与**加、减、乘、除**等运算是这样规定的:

(i) $x_1+\mathrm{i}y_1=x_2+\mathrm{i}y_2$,必须且只需 $x_1=x_2, y_1=y_2$;

(ii) $(x_1+\mathrm{i}y_1)\pm(x_2+\mathrm{i}y_2)=(x_1\pm x_2)+\mathrm{i}(y_1\pm y_2)$;

(iii) $(x_1+\mathrm{i}y_1)(x_2+\mathrm{i}y_2)=(x_1x_2-y_1y_2)+\mathrm{i}(x_2y_1+x_1y_2)$;

(iv) $\dfrac{x_1+\mathrm{i}y_1}{x_2+\mathrm{i}y_2}=\dfrac{x_1+\mathrm{i}y_1}{x_2+\mathrm{i}y_2}\dfrac{x_2-\mathrm{i}y_2}{x_2-\mathrm{i}y_2}=\dfrac{x_1x_2+y_1y_2}{x_2^2+y_2^2}+\mathrm{i}\dfrac{x_2y_1-x_1y_2}{x_2^2+y_2^2}$,其中 $x_2+\mathrm{i}y_2\neq 0$.

显然,除法是乘法的逆运算.

若 $z_1=x_1+\mathrm{i}y_1, z_2=x_2+\mathrm{i}y_2, z_3=x_3+\mathrm{i}y_3$,则以下的交换律、结合律和分配律成立:

交换律 $z_1+z_2=z_2+z_1, z_1z_2=z_2z_1$;

结合律 $z_1+(z_2+z_3)=(z_1+z_2)+z_3, z_1(z_2z_3)=(z_1z_2)z_3$;

分配律 $(z_1+z_2)z_3=z_1z_3+z_2z_3$.

全体复数在引进上述相等关系和运算法则之后,称为**复数域**,常用 **C** 表示. 在复数域中复数没有大小的概念.

我们称两个复数 $x+\mathrm{i}y$ 与 $x-\mathrm{i}y$ 互为**共轭复数**,或者说,这两个复数共轭. 若其中

一个记为 z,则另一个记为 $\bar{z}$. 共轭复数有一些简单而重要的性质,例如

$$z\bar{z} = (x+iy)(x-iy) = x^2+y^2,$$
$$z+\bar{z} = 2x = 2\mathrm{Re}\ z,$$
$$z-\bar{z} = 2iy = 2i\ \mathrm{Im}\ z.$$

§1.1.2 复平面

一个复数 $z=x+iy$,本质上由一对有序实数 (x,y) 唯一确定,于是能够建立平面上的全部点和全体复数间一一对应的关系(图 1.1). 由于 x 轴上的点对应着实数,故 x 轴称为**实轴**,y 轴上除原点外的点对应着纯虚数,所以 y 轴称为**虚轴**,原点对应着复数 0,这样表示复数的平面称为**复平面**或 z **平面**. 通常也用表示复数域的记号 **C** 来表示复平面.

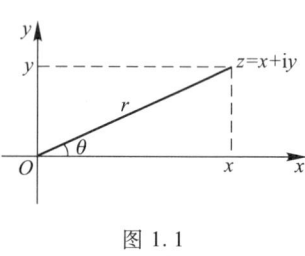

图 1.1

引进复平面之后,我们在"数"和"形"之间就建立了联系. 今后,我们不再区分"数"和"点"了,说到"点"可以指它所代表的"数",说到"数"也可以指这个数所代表的"点".

在复平面上,从原点到点 $z=x+iy$ 所引的矢量与这个数 z 也构成一一对应关系,且复数相加、减与矢量相加、减的法则是一致的.

例如,若 $z_1=x_1+iy_1$,$z_2=x_2+iy_2$,则 $z_1+z_2=(x_1+x_2)+i(y_1+y_2)$. 由图 1.2 可以看出 z_1+z_2 所对应的矢量就是 z_1 所对应的矢量与 z_2 所对应的矢量按矢量加法作出的和矢量.

又如,将 z_1-z_2 表成 $z_1+(-z_2)$,可以看出 z_1-z_2 所对应的矢量就是 z_1 所对应的矢量减 z_2(即加 $-z_2$)所对应的矢量(图 1.3). 由此可见,复数及其加减法的定义实际上是同平面矢量一致的.

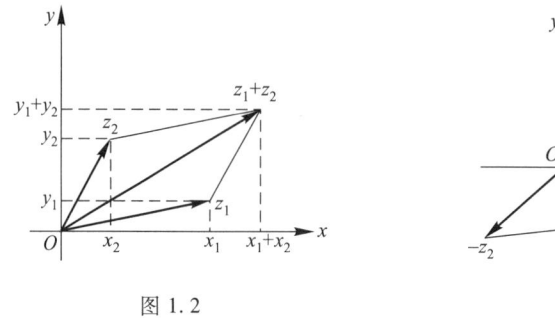

图 1.2　　　　　图 1.3

§1.1.3 复数的模与辐角

表示复数 z 的点,也可以用极坐标 r 和 θ 来确定(图 1.1).

上面我们用矢量 $\overrightarrow{Oz}$ 来表示复数 $z=x+\mathrm{i}y$，x,y 分别等于 $\overrightarrow{Oz}$ 沿 x 轴与 y 轴的分量，矢量 $\overrightarrow{Oz}$ 的长度称为复数 z 的**模**或**绝对值**，以符号 $|z|$ 或 r 表示，因而有

$$r=|z|=\sqrt{x^2+y^2}\geqslant 0.$$

根据图 1.1，图 1.2 及图 1.3，我们有下面三个不等式：

$$|x|\leqslant|z|,\quad |y|\leqslant|z|,\quad |z|\leqslant|x|+|y|. \tag{1.1}$$

$$|z_1|+|z_2|\geqslant|z_1\pm z_2|. \tag{1.2}$$

$$||z_1|-|z_2||\leqslant|z_1\pm z_2|. \tag{1.3}$$

由图 1.3 还可见，$|z_1-z_2|$ 表示点 z_1 与 z_2 的**距离**，记为

$$\rho(z_1,z_2)=|z_1-z_2|. \tag{1.4}$$

当 $z\neq 0$ 时，以正实轴为始边，以 z 所对应的矢量 $\overrightarrow{Oz}$ 为终边的角的弧度数 θ 称为复数 z 的一个**辐角**. 任一复数 $z\neq 0$ 有无穷多个辐角，记为 $\mathrm{Arg}\,z$. 如果 θ 是其中一个，则有

$$\mathrm{Arg}\,z=\theta+2k\pi,\quad k=0,\pm 1,\pm 2,\cdots.$$

一般把其中属于 $(-\pi,\pi]$ 或 $[0,2\pi)$ 的辐角称为 $\mathrm{Arg}\,z$ 的**主值**，或称为 z 的**主辐角**，记为 $\arg z$. 显然，$\tan(\arg z)=\dfrac{y}{x}$，且

$$\mathrm{Arg}\,z=\arg z+2k\pi,\quad k=0,\pm 1,\pm 2,\cdots. \tag{1.5}$$

注意，复数 0 的模为 0，辐角无定义.

若规定 $-\pi<\arg z\leqslant\pi$，则非零复数 z 的辐角主值 $\arg z$ 与 $\arctan\dfrac{y}{x}$ 的关系如下：

$$\arg z=\begin{cases}\arctan\dfrac{y}{x},& x>0,\\[2pt] \dfrac{\pi}{2},& x=0,y>0,\\[2pt] \arctan\dfrac{y}{x}+\pi,& x<0,y\geqslant 0,\\[2pt] \arctan\dfrac{y}{x}-\pi,& x<0,y<0,\\[2pt] -\dfrac{\pi}{2},& x=0,y<0.\end{cases}$$

从直角坐标与极坐标的关系，我们可以用复数的模与辐角来表示非零复数 z. 由图 1.1 即得

$$z=x+\mathrm{i}y=r(\cos\theta+\mathrm{i}\sin\theta). \tag{1.6}$$

特别当 $r=1$ 时

$$z = \cos\theta + \mathrm{i}\sin\theta.$$

这种复数称为**单位复数**.

我们引出熟知的**欧拉公式**

$$\mathrm{e}^{\mathrm{i}\theta} = \cos\theta + \mathrm{i}\sin\theta, \tag{1.7}$$

并且容易验证

$$\mathrm{e}^{\mathrm{i}\theta_1}\mathrm{e}^{\mathrm{i}\theta_2} = \mathrm{e}^{\mathrm{i}(\theta_1+\theta_2)}, \tag{1.8}$$

$$\frac{\mathrm{e}^{\mathrm{i}\theta_1}}{\mathrm{e}^{\mathrm{i}\theta_2}} = \mathrm{e}^{\mathrm{i}(\theta_1-\theta_2)}. \tag{1.9}$$

利用公式(1.7),就可以把(1.6)改写成

$$z = x + \mathrm{i}y = r\mathrm{e}^{\mathrm{i}\theta}. \tag{1.10}$$

我们分别称(1.6)和(1.10)为复数 $z(\neq 0)$ 的**三角形式**和**指数形式**. 在复数的三角形式或指数形式下,两复数相等必须且只需它们的模相等,辐角相差 2π 的整数倍.

例1 分别写出下列复数的三角形式和指数形式: $1+\mathrm{i}, \mathrm{i}, 1, -2, -3\mathrm{i}$.

解

$$1+\mathrm{i} = \sqrt{2}\left(\cos\frac{\pi}{4} + \mathrm{i}\sin\frac{\pi}{4}\right) = \sqrt{2}\,\mathrm{e}^{\mathrm{i}\frac{\pi}{4}},$$

$$\mathrm{i} = 1\left(\cos\frac{\pi}{2} + \mathrm{i}\sin\frac{\pi}{2}\right) = \mathrm{e}^{\mathrm{i}\frac{\pi}{2}},$$

$$1 = 1(\cos 0 + \mathrm{i}\sin 0) = \mathrm{e}^{\mathrm{i}0},$$

$$-2 = 2(\cos\pi + \mathrm{i}\sin\pi) = 2\mathrm{e}^{\mathrm{i}\pi},$$

$$-3\mathrm{i} = 3\left[\cos\left(-\frac{\pi}{2}\right) + \mathrm{i}\sin\left(-\frac{\pi}{2}\right)\right] = 3\mathrm{e}^{-\mathrm{i}\frac{\pi}{2}}.$$

利用复数的指数形式作乘法比较简单,因为由(1.8)及(1.9)可得

$$\begin{cases} z_1 z_2 = r_1 \mathrm{e}^{\mathrm{i}\theta_1} r_2 \mathrm{e}^{\mathrm{i}\theta_2} = r_1 r_2 \mathrm{e}^{\mathrm{i}\theta_1}\mathrm{e}^{\mathrm{i}\theta_2} = r_1 r_2 \mathrm{e}^{\mathrm{i}(\theta_1+\theta_2)}, \\ \dfrac{z_1}{z_2} = \dfrac{r_1 \mathrm{e}^{\mathrm{i}\theta_1}}{r_2 \mathrm{e}^{\mathrm{i}\theta_2}} = \dfrac{r_1}{r_2} \dfrac{\mathrm{e}^{\mathrm{i}\theta_1}}{\mathrm{e}^{\mathrm{i}\theta_2}} = \dfrac{r_1}{r_2} \mathrm{e}^{\mathrm{i}(\theta_1-\theta_2)}. \end{cases} \tag{1.11}$$

所以

$$|z_1 z_2| = |z_1||z_2|, \quad \left|\frac{z_1}{z_2}\right| = \frac{|z_1|}{|z_2|}\,(z_2 \neq 0), \tag{1.12}$$

$$\mathrm{Arg}\,(z_1 z_2) = \mathrm{Arg}\,z_1 + \mathrm{Arg}\,z_2, \tag{1.13}$$

$$\mathrm{Arg}\,\frac{z_1}{z_2} = \mathrm{Arg}\,z_1 - \mathrm{Arg}\,z_2\,(z_2 \neq 0). \tag{1.14}$$

这里,式(1.13)和式(1.14)中的等号应理解为两边可取值的集合是相同的.

公式(1.11)说明，z_1z_2 所对应的矢量就是把 z_1 所对应的矢量伸缩 $r_2=|z_2|$ 倍，然后再逆时针方向旋转角度 $\theta_2 = \arg z_2$ 而得到的矢量(图 1.4). 特别是当 $|z_2|=1$ 时，只需把 z_1 所对应的矢量逆时针旋转角度 θ_2 就行了. 这就是说，以单位复数乘任何复数，几何上相当于将此复数所对应的矢量旋转一个角度.

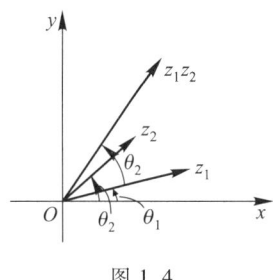

图 1.4

§1.1.4 复数的乘幂与方根

作为乘积的特例，我们考虑非零复数 z 的正整数次幂 z^n，它是 n 个相同因子 z 的乘积，

$$z^n = r^n e^{in\theta} = r^n(\cos n\theta + i\sin n\theta).$$

当 $r=1$，得到**棣莫弗公式**

$$(\cos\theta + i\sin\theta)^n = \cos n\theta + i\sin n\theta. \tag{1.15}$$

求 z 的 n 次**方根**，相当于在方程

$$w^n = z$$

中，求解 w.

设 $z \neq 0$ ($z=0$ 时，解显然为 0)，若记 $z=re^{i\theta}$，$w=\rho e^{i\varphi}$，则方程变形为

$$\rho^n e^{in\varphi} = re^{i\theta},$$

从而得两个方程

$$\rho^n = r, \quad n\varphi = \theta + 2k\pi.$$

解之得

$$\rho = \sqrt[n]{r}, \quad \varphi = \frac{\theta+2k\pi}{n}.$$

因此 z 的 n 次方根为

$$w_k = (\sqrt[n]{z})_k = \sqrt[n]{r}\, e^{i\frac{\theta+2k\pi}{n}} = e^{i\frac{2k\pi}{n}} \sqrt[n]{r}\, e^{i\frac{\theta}{n}}. \tag{1.16}$$

这里只要取 $k=0,1,\cdots,n-1$ 就可得出 n 个不同的根. 事实上，我们可将(1.16)表为

$$w_k = (\sqrt[n]{z})_k = e^{i\frac{2k\pi}{n}} w_0 \quad (w_0 = \sqrt[n]{r}\, e^{i\frac{\theta}{n}}).$$

为了得出 $\sqrt[n]{z}$ 的不同值，可由 w_0 依次旋转 $\frac{2\pi}{n}, \frac{4\pi}{n}, \cdots, \frac{2k\pi}{n}, \cdots$ 得到，但当 k 取到 n 时，又与 w_0 重合了. 故非零复数 z 的 n 次方根共有 n 个，它们沿圆心在原点，半径为 $\sqrt[n]{r}$ 的圆周等距地分布着(图 1.5).

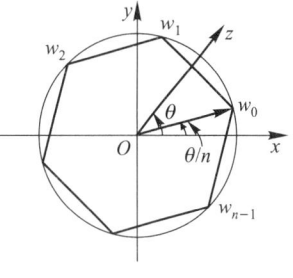

图 1.5

例 2 用 $\sin\theta$ 及 $\cos\theta$ 表出 $\cos 3\theta$, $\sin 3\theta$.

解 由棣莫弗公式(1.15),得

$$\cos 3\theta + i\sin 3\theta = (\cos\theta + i\sin\theta)^3$$
$$= \cos^3\theta + 3i\cos^2\theta\sin\theta - 3\cos\theta\sin^2\theta - i\sin^3\theta.$$

因此

$$\cos 3\theta = \cos^3\theta - 3\cos\theta\sin^2\theta = 4\cos^3\theta - 3\cos\theta,$$
$$\sin 3\theta = 3\cos^2\theta\sin\theta - \sin^3\theta = 3\sin\theta - 4\sin^3\theta.$$

例 3 计算 $\sqrt[4]{1+i}$ 的所有值.

解 由于 $1+i = \sqrt{2}\,e^{\frac{\pi}{4}i}$,我们有

$$\sqrt[4]{1+i} = \sqrt[8]{2}\,e^{\frac{\frac{\pi}{4}+2k\pi}{4}i} = \sqrt[8]{2}\,e^{\frac{\pi}{16}i}e^{\frac{k\pi}{2}i}, \quad k=0,1,2,3,$$

因此 $\sqrt[4]{1+i} = w_0, iw_0, -w_0, -iw_0$,其中

$$w_0 = \sqrt[8]{2}\,e^{\frac{\pi}{16}i} = \sqrt[8]{2}\left(\cos\frac{\pi}{16} + i\sin\frac{\pi}{16}\right).$$

第二节 复变函数的基本概念

§1.2.1 区域与若尔当曲线

在解析函数论中,函数的定义域不是一般的点集,而是满足一定条件的点集,即区域,在讲区域之前,须要先介绍邻域、内点、开集等概念.

复平面上以 z_0 为圆心,任意正数 δ 为半径的圆

$$|z-z_0| < \delta$$

内部的点的集合称为 z_0 的 **δ-邻域**(或简称 z_0 的**邻域**),记为 $N_\delta(z_0)$ 或 $N(z_0)$,而称由不等式 $0 < |z-z_0| < \delta$ 所确定的点集为 z_0 的**去心邻域**.

如图 1.6 所示,设 E 为一平面点集,z_0 属于 E,且存在 z_0 的一个邻域,该邻域内所有点都属于 E,则称 z_0 为 E 的**内点**;若 z_0 以及 z_0 的某个邻域内所有点都不属于 E,则称 z_0 为 E 的**外点**;若 z_0 的任一邻域内既有属于 E 的点,也有不属于 E 的点,则称 z_0 为 E 的**边界点**,边界点的全体称为**边界**;若 $z_0 \in E$,但 z_0 的某个去心邻域内所有点都不

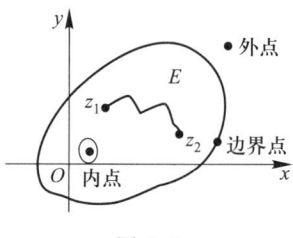

图 1.6

属于 E,则称 z_0 为 E 的**孤立点**.

若 E 中所有点都是内点,则称 E 是**开集**;若 E 中任何两点都可以用完全属于 E 的一条折线连起来,则称 E 是连通的;连通的开集称为**区域**;区域 D 与它的边界点的并集称为**闭区域**,记为 $\overline{D}$.

区域的边界还有方向.观察者沿区域边界某方向行走,若其附近区域内的点总在观察者的左边,则此方向为边界的正向.例如环域 $R_1<|z|<R_2$,对内边界 $|z|=R_1$ 来说,顺时针方向是正向;对外边界 $|z|=R_2$ 来说,逆时针方向是正向.

如果 $x(t),y(t)$ 是在 $[\alpha,\beta]$ 上连续的两个实函数,则
$$z = x(t) + iy(t) \quad (\text{或记为 } z = z(t)) \ (\alpha \leq t \leq \beta) \tag{1.17}$$
表示复平面上的一条**连续曲线**.若对 $t_1 \neq t_2$(它们不同时是区间 $[\alpha,\beta]$ 的端点)有 $z(t_1)=z(t_2)$,则此 z 点叫做曲线的**重点**.

凡没有重点的连续曲线叫**简单曲线**(或**若尔当曲线**).若再有 $z(\alpha)=z(\beta)$,则此简单曲线称为**简单闭曲线**或**若尔当闭曲线**.

由(1.17)式表示的曲线如果还满足 $x'(t),y'(t)$ 在 $[\alpha,\beta]$ 上都存在且不同时为零,则称此曲线为**光滑曲线**.由有限条光滑曲线衔接而成的连续曲线称为**逐段光滑曲线**.

如果在区域 D 内的任意一条简单闭曲线,都可以不经过 D 的边界而连续地收缩为 D 内的点,则称 D 为**单连通域**.否则,称为**复连通域**.

图1.7及图1.8为单连通域,图1.9是复连通域.

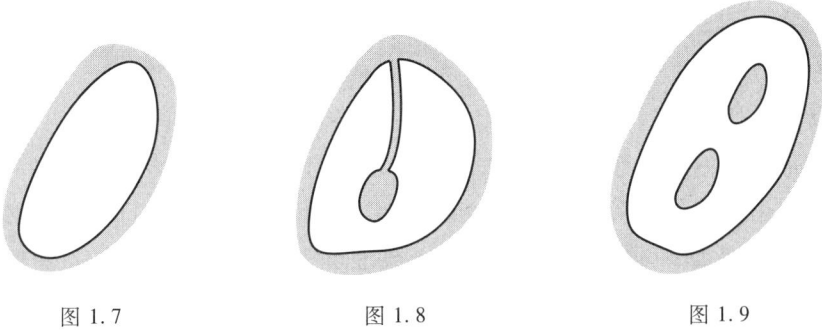

图1.7　　　　　　图1.8　　　　　　图1.9

复平面上的区域通常是由复数的实部、虚部、模及辐角的不等式或不等式组所确定的点集(见习题一第10题).

§1.2.2　复变函数的概念

定义1.1　设 E 为一复数集,如果对 E 内每一复数 z 有唯一确定的复数 w 与之对应,则称在 E 上确定了一个**单值函数** $w=f(z) (z \in E)$.若对于自变量 z,对应着几个或无穷多个 w,则称在 E 上确定了一个**多值函数** $w=f(z) (z \in E)$.E 称为函数的

定义域,而对应值 w 的全体所成的复数集 F 称为函数 $w=f(z)$ 的**值域**.

设 $z_1,z_2\in E$,若 $z_1\neq z_2$ 时,必有 $f(z_1)\neq f(z_2)$,则称 $w=f(z)$ 在 E 上为**单叶函数**;否则,称 $f(z)$ 在 E 上是**多叶函数**.

例如,$w=z^n$(n 为大于 1 的整数,$z\in\mathbf{C}$)为单值多叶函数;$w=\sqrt[n]{z}$(n 为大于 1 的整数,$z\in\mathbf{C},z\neq 0$)为多值单叶函数.

若由函数 $w=f(z)$ 确定了值域 F 中的点 w 与 E 中的点 z 之间的对应关系为 $z=g(w)$,则称 $g(w)$ 为函数 $f(z)$ 的**反函数**. $w=f(z)$ 的反函数也常记为 $z=f^{-1}(w)$.

若 $\zeta=f(z)$ $(z\in E)$,$w=g(\zeta)$ $(\zeta\in F)$,则称 $w=g(f(z))$ $(z\in E)$ 是 z 的**复合函数**.

今后如不特别声明,所提到的函数都指单值函数.

设函数 $w=f(z)$ 定义在集合 E 上,并令 $z=x+\mathrm{i}y$,$w=u+\mathrm{i}v$,则 u,v 皆随 x,y 而定,因而 $w=f(z)$ 又常写成

$$w=u(x,y)+\mathrm{i}v(x,y), \tag{1.18}$$

其中 $u(x,y),v(x,y)$ 是二元实函数.

若将 z 表为指数形式 $z=r\mathrm{e}^{\mathrm{i}\theta}$,则函数 $w=f(z)$ 可表示成

$$w=u(r,\theta)+\mathrm{i}v(r,\theta). \tag{1.19}$$

例如,令 $z=x+\mathrm{i}y$,则 $w=z^2+2$ 可以写成

$$w=x^2-y^2+2+2\mathrm{i}xy.$$

因此

$$u(x,y)=x^2-y^2+2,\quad v(x,y)=2xy.$$

若令 $z=r\mathrm{e}^{\mathrm{i}\theta}$,则 $w=z^2+2$ 可以写成

$$w=r^2\cos 2\theta+2+\mathrm{i}r^2\sin 2\theta.$$

在微积分中,我们常常把函数用几何图形表示出来,在研究函数的性质时,这些几何图形使我们对函数有直观的理解,现在我们要注意:不能借助于同一个平面或三维空间中的几何图形来表示复变函数. 要描出 $w=f(z)$ 的图形,可取两张复平面,分别称为 z **平面**和 w **平面**,而把复变函数理解为两个复平面上的点集间的一种对应(**变换**或**映射**). 具体地说,复变函数 $w=f(z)$ 给出了从 z 平面上的点集 E 到 w 平面上的点集 F 间的一个对应关系,与点 $z\in E$ 对应的点 $w=f(z)$ 称为 z 点的**像点**,而 z 点就称为点 $w=f(z)$ 的**原像**(见图 1.10).

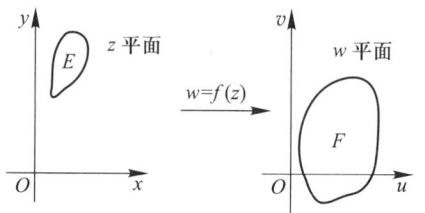

图 1.10

§1.2.3 复变函数的极限与连续性

定义 1.2 设 $w=f(z)$ 在点 z_0 的某一去心邻域有定义,若对于任意给定的 $\varepsilon>0$,

存在 $\delta>0$，使当 $0<|z-z_0|<\delta$ 时
$$|f(z)-w_0|<\varepsilon, \tag{1.20}$$
其中 w_0 为一确定的复数，我们就说 $f(z)$ 当 z 趋于 z_0 时以 w_0 为**极限**，记作 $\lim\limits_{z\to z_0}f(z)=w_0$.

可以像下面那样，理解极限概念的直观意义：对任给的无论多么小的 $\varepsilon>0$，当变点 z 进入 z_0 的充分小邻域时，它们的像点就落入 w_0 的 ε-邻域内.

定义 1.3 如果 $f(z)$ 在点 z_0 的某邻域内有定义，且对任意给定的 $\varepsilon>0$，存在 $\delta>0$，使当 $|z-z_0|<\delta$ 时
$$|f(z)-f(z_0)|<\varepsilon, \tag{1.21}$$
则称 $f(z)$ 在 $z=z_0$ **连续**.

比较定义 1.2 及定义 1.3，即知

函数 $w=f(z)$ 在 $z=z_0$ 连续的充分必要条件是
$$\lim_{z\to z_0}f(z)=f(z_0). \tag{1.22}$$

考虑到复变函数可表示成 $f(z)=u(x,y)+iv(x,y)$，容易看出，$\lim\limits_{z\to z_0}f(z)=w_0$ ($w_0=a+ib$, $z_0=x_0+iy_0$) 与下面两极限式等价：
$$\lim_{x\to x_0,y\to y_0}u(x,y)=a, \quad \lim_{x\to x_0,y\to y_0}v(x,y)=b.$$

下述定理给出了函数 $f(z)$ 的连续性与其实、虚部连续性的关系.

定理 1.1 函数 $f(z)=u(x,y)+iv(x,y)$ 在 $z_0=x_0+iy_0$ 连续的充要条件是二元实函数 $u(x,y)$, $v(x,y)$ 在 (x_0,y_0) 连续.

定义 1.4 如果函数 $f(z)$ 在区域 D 内各点均连续，则称 $f(z)$ 在 D 内连续，或称 $f(z)$ 是 D 内的连续函数.

由于复变函数中函数、极限、连续等定义在形式上与微积分中相应的定义一致，所以在微积分中关于函数、极限、连续的一些性质和运算规则在复变函数中亦成立.

定理 1.2 在有界闭区域 $\overline{D}$ 上的连续函数 $f(z)$ 具有下面几个性质：

(i) 在 $\overline{D}$ 上 $f(z)$ 有界，即 $|f(z)|$ 在 $\overline{D}$ 上有界.

(ii) $|f(z)|$ 在 $\overline{D}$ 上达到最大值与最小值，即在 $\overline{D}$ 上有两点 z' 与 z'' 使
$$|f(z)|\leqslant|f(z')|, \quad |f(z)|\geqslant|f(z'')| \quad (z\in\overline{D});$$

(iii) $f(z)$ 在 $\overline{D}$ 上**一致连续**，即任给 $\varepsilon>0$，有 $\delta>0$，使对 $\overline{D}$ 上满足 $|z_1-z_2|<\delta$ 的任意两点 z_1 及 z_2，均有
$$|f(z_1)-f(z_2)|<\varepsilon.$$

注意，本定理对于区域 D 不一定成立. 例如 $f(z)=\dfrac{1}{1-z}$ 在 $|z|<1$ 内连续，但无界.

第三节 复球面与无穷远点

§1.3.1 复球面

复数还有一种几何表示法,就是建立复平面与球面上的点的对应. 这里,着重说明引入无穷远点的合理性.

取一个在原点 O 与平面相切的球面,通过 O 点作一垂直于 z 平面的直线与球面交于 N 点,N 称为**北极**,O 称为**南极**(图 1.11). 现在用直线段将 N 与平面上一点 z 相连,此线段交球面于一点 $P(z)$,这样就建立起球面上的点(不包括北极点 N)与复平面上的点间的一一对应.

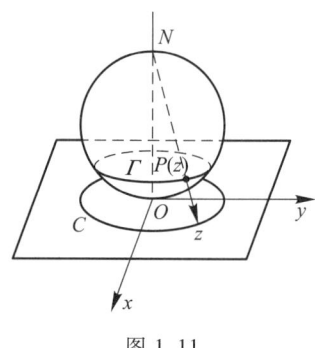

图 1.11

考察平面上一个以原点为中心的圆周 C,在球面上对应的也是一个圆周 Γ(即是纬线). 当圆周 C 的半径越来越大时,圆周 Γ 就越趋于北极 N,因此,我们可以约定北极 N 与平面上的一个模为无穷大的假想点相对应. 这个假想点称为**无穷远点**,并记为 ∞,复平面 **C** 加上点 ∞ 后,称为**扩充复平面**,记为 $\mathbf{C}_\infty$. 与它对应的就是整个球面,称为**复球面**. 简单说来,扩充复平面的一个几何模型就是复球面,原来的复平面又称为**开平面**,扩充复平面又称为**闭平面**、**全平面**.

注 以后涉及闭平面时,一定强调这个"闭"字,凡是没有强调的地方,均指开平面.

§1.3.2 闭平面上的几个概念

在闭平面上,无穷远点的邻域应理解为以原点为圆心的某圆周的外部,即 ∞ 的 ε-邻域 $N_\varepsilon(\infty)$ 是指合乎条件 $|z| > \dfrac{1}{\varepsilon}$ 的点集. 由此,在闭平面上**边界点**的概念可以推广到点 ∞. 于是,开平面以 ∞ 为其唯一的边界点,闭平面以 ∞ 为内点,且闭平面是唯一的无边界的区域. 在闭平面上圆周或多边形周界的外部是单连通域(此时 ∞ 点为内点),而在开平面上圆周或多边形周界的外部均为复连通域(此时 ∞ 点为其边界点,不算在这个区域内).

∞ 是一个特殊的"数",其模大于任何正数,实部、虚部和辐角都无意义. 在闭平

面 C_∞ 上,任一直线都是通过 ∞ 的,同时任何半平面都不包含点 ∞.关于新"数" ∞ 与普通复数的四则运算,我们有如下规定:

(1) 运算 $\infty \pm \infty$, $0 \cdot \infty$, $\dfrac{\infty}{\infty}$ 皆无意义;

(2) 当 $a \neq \infty$ 时, $a \pm \infty = \infty \pm a = \infty$, $\dfrac{\infty}{a} = \infty$, $\dfrac{a}{\infty} = 0$;

(3) 当 $a \neq 0$ 时, $a \cdot \infty = \infty \cdot a = \infty$, $\dfrac{a}{0} = \infty$.

习 题 一

1. 计算:

(1) $(\sqrt{2} - i) - i(1 - i\sqrt{2})$;

(2) $\dfrac{1+2i}{3-4i} + \dfrac{2-i}{5i}$;

(3) $\dfrac{5}{(1-i)(2-i)(3-i)}$;

(4) $(1-i)^4$.

2. 求下列复数的实部 u 与虚部 v,模 r 与辐角 θ:

(1) $\dfrac{1-2i}{3-4i} - \dfrac{2-i}{5i}$;

(2) $\left(\dfrac{1+\sqrt{3}i}{2}\right)^n$, $n = 2, 3, 4$;

(3) $\sqrt{1+i}$;

(4) $(\sqrt{3}+i)^{-3}$.

3. 设 $z_1 = \dfrac{1+i}{\sqrt{2}}$, $z_2 = \sqrt{3} - i$,试用三角形式表示 $z_1 z_2$ 及 $\dfrac{z_1}{z_2}$.

4. 若 $z + \dfrac{1}{z} = 2\cos\theta$(其中 θ 为实数),证明 $z^m + \dfrac{1}{z^m} = 2\cos m\theta$.

5. 用指数形式证明:

(1) $i(1-\sqrt{3}i)(\sqrt{3}+i) = 2+2\sqrt{3}i$;

(2) $\dfrac{5i}{2+i} = 1+2i$;

(3) $(-1+i)^7 = -8(1+i)$;

(4) $(1+\sqrt{3}i)^{-10} = 2^{-11}(-1+\sqrt{3}i)$.

6. 试解方程 $z^4 + a^4 = 0$ ($a > 0$).

7. 证明:

(1) $\overline{z_1 \pm z_2} = \bar{z}_1 \pm \bar{z}_2$;

(2) $\overline{z_1 z_2} = \bar{z}_1 \bar{z}_2$;

(3) $\overline{\left(\dfrac{z_1}{z_2}\right)} = \dfrac{\bar{z}_1}{\bar{z}_2}$ ($z_2 \neq 0$);

(4) $z_1 \bar{z}_2 + \bar{z}_1 z_2 = 2\operatorname{Re}(z_1 \bar{z}_2) = 2\operatorname{Re}(\bar{z}_1 z_2)$;

(5) $\text{Re}(z) \leq |z|, \text{Im}|z| \leq |z|$;

(6) $|z_1\bar{z}_2 + \bar{z}_1 z_2| \leq 2|z_1 z_2|$;

(7) $(|z_1| - |z_2|)^2 \leq |z_1 + z_2|^2 \leq (|z_1| + |z_2|)^2$;

(8) 若 $z^2 = (\bar{z})^2$, 则 z 为实数或纯虚数.

8. 证明 $|z_1 + z_2|^2 + |z_1 - z_2|^2 = 2(|z_1|^2 + |z_2|^2)$, 并说明其几何意义.

提示: 利用公式 $|z|^2 = z\bar{z}$.

9. 设 z_1, z_2, z_3 三点适合条件

$$z_1 + z_2 + z_3 = 0 \text{ 和 } |z_1| = |z_2| = |z_3| = 1.$$

试证明 z_1, z_2, z_3 是一个内接于单位圆 $|z| = 1$ 的正三角形的顶点.

10. 下列关系表示的 z 点的轨迹的图形是什么？它是不是区域？

(1) $|z - z_1| = |z - z_2|$ ($z_1 \neq z_2$); (2) $|z| \leq |z - 4|$;

(3) $\left|\dfrac{z-1}{z+1}\right| < 1$; (4) $0 < \arg(z-1) < \dfrac{\pi}{4}$ 且 $2 \leq \text{Re } z \leq 3$;

(5) $|z| \geq 1$ 且 $\text{Im } z > 0$; (6) $y_1 < \text{Im } z \leq y_2$;

(7) $|z| > 2$ 且 $|z - 3| > 1$; (8) $\left|z - \dfrac{i}{2}\right| > \dfrac{1}{2}$ 且 $\left|z - \dfrac{3}{2}i\right| > \dfrac{1}{2}$;

(9) $\text{Im } z > 1$ 且 $|z| < 2$; (10) $|z| < 2$ 且 $0 < \arg z < \dfrac{\pi}{4}$.

11. 证明复平面上的直线方程可以写成 $a\bar{z} + \bar{a}z = c$ ($a \neq 0$ 是复常数, c 是实常数).

12. 证明复平面上的圆周可以写成

$$Az\bar{z} + \beta\bar{z} + \bar{\beta}z + C = 0,$$

其中 A, C 为实数, β 为复数, 且 $|\beta|^2 > AC$.

13. 证明 $\arg z$ ($-\pi < \arg z \leq \pi$) 在负实轴上(包括原点)不连续.

提示: 考察 z 沿上、下半平面而趋于负实轴上的点的极限.

14. 一个复数列 $z_n = x_n + iy_n$ ($n = 1, 2, 3, \cdots$) 以 $z_0 = x_0 + iy_0$ 为极限的充要条件为实数列 x_n ($n = 1, 2, 3, \cdots$) 及 y_n ($n = 1, 2, 3, \cdots$) 分别以 x_0 及 y_0 为极限.

15. 证明: 三角形三内角和等于 π.

第二章 解析函数

第一节 解析函数的概念及柯西-黎曼条件

§2.1.1 导数与微分

定义 2.1 设函数 $w=f(z)$ 在区域 D 内有定义,如果在 D 内某点 z,

$$\lim_{\Delta z \to 0}\frac{\Delta w}{\Delta z}=\lim_{\Delta z \to 0}\frac{f(z+\Delta z)-f(z)}{\Delta z} \tag{2.1}$$

存在,则称函数 $f(z)$ 在 z 点**可导**,此极限称为函数 $f(z)$ 在 z 点的**导数**,记为 $f'(z)$.

如果函数 $w=f(z)$ 在 z 点的改变量 $\Delta w=f(z+\Delta z)-f(z)$ 可以写成

$$\Delta w = A(z)\Delta z + \rho(\Delta z),$$

其中,$\rho(\Delta z)$ 满足

$$\lim_{\Delta z \to 0}\frac{\rho(\Delta z)}{\Delta z}=0,$$

则称 $w=f(z)$ 在 z 点**可微**,Δw 关于 Δz 的线性部分 $A(z)\Delta z$ 称为函数 w 在 z 点的**微分**,记作

$$dw = A(z)dz.$$

容易证明,如果 $w=f(z)$ 在 z 点可导,则一定在该点可微,反之亦然.并且 $A(z)=f'(z)$,即

$$dw=f'(z)dz \quad \text{或} \quad \frac{dw}{dz}=f'(z).$$

因此导数也称为**微商**.

例 1 $f(z)=z^n(n=1,2,3,\cdots)$ 在复平面上每点均可微,且

$$\frac{d}{dz}z^n = nz^{n-1}.$$

事实上,对任意固定的点 z 有

$$\lim_{\Delta z \to 0} \frac{(z+\Delta z)^n - z^n}{\Delta z} = \lim_{\Delta z \to 0}\left[nz^{n-1} + \frac{n(n-1)}{2}z^{n-2}\Delta z + \cdots + (\Delta z)^{n-1}\right] = nz^{n-1}.$$

例 2 $f(z) = \bar{z}$ 在复平面上均不可微.

事实上,

$$\frac{\overline{z+\Delta z} - \bar{z}}{\Delta z} = \frac{\bar{z} + \overline{\Delta z} - \bar{z}}{\Delta z} = \frac{\overline{\Delta z}}{\Delta z}.$$

当 $\Delta z \to 0$ 时,上式的极限不存在. 因为当 Δz 取实数而趋于 0 时,它趋于 1,当 Δz 取纯虚数趋于 0 时,它趋于 -1.

函数在一点可微,则它在该点必定连续,反之则不一定正确. 例如函数 $f(z) = \bar{z}$,由

$$\lim_{\Delta z \to 0} f(z+\Delta z) = \lim_{\Delta z \to 0} \overline{z+\Delta z} = \lim_{\Delta z \to 0}(\bar{z} + \overline{\Delta z}) = \bar{z} = f(z),$$

知它在复平面上处处是连续的,但由例 2 知它处处不可微.

容易验证:微积分中所有一元实函数的基本求导法则及求导公式,对可微的复变函数仍然适用. 例如,若 $f(z), g(z)$ 在区域 D 内某点 z 可微,则其和、差、积、商(在商的情形要求分母在 z 点不为 0)在 z 点可微,且有如下求导法则:

$$[f(z) \pm g(z)]' = f'(z) \pm g'(z),$$
$$[f(z)g(z)]' = f'(z)g(z) + f(z)g'(z),$$
$$\left[\frac{f(z)}{g(z)}\right]' = \frac{f'(z)g(z) - g'(z)f(z)}{[g(z)]^2} \quad (g(z) \neq 0).$$

§2.1.2 柯西-黎曼条件

现在,我们来研究复变函数 $f(z)$ 在点 z 可微的必要条件和充分条件.

若 $f(z) = u(x,y) + iv(x,y)$ 在一点 $z = x+iy$ 可微,即

$$\lim_{\Delta z \to 0} \frac{f(z+\Delta z) - f(z)}{\Delta z} = f'(z).$$

令 $\Delta z = \Delta x + i\Delta y$, $f(z+\Delta z) - f(z) = \Delta u + i\Delta v$,其中

$$\Delta u = u(x+\Delta x, y+\Delta y) - u(x,y),$$
$$\Delta v = v(x+\Delta x, y+\Delta y) - v(x,y),$$

则前式变为

$$\lim_{\Delta x \to 0, \Delta y \to 0} \frac{\Delta u + i\Delta v}{\Delta x + i\Delta y} = f'(z). \tag{2.2}$$

因为 $\Delta z = \Delta x + i\Delta y$ 无论按什么方式趋于 0,(2.2)式总是成立的,可先让 $\Delta y = 0, \Delta x \to 0$,

即变点 $z+\Delta z$ 沿平行于实轴的方向趋于 z 点(图 2.1),此时 (2.2)式成为

$$\lim_{\Delta x \to 0} \frac{\Delta u}{\Delta x} + \mathrm{i} \lim_{\Delta x \to 0} \frac{\Delta v}{\Delta x} = f'(z).$$

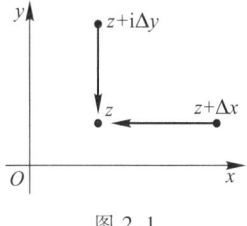

图 2.1

于是知 $\dfrac{\partial u}{\partial x}, \dfrac{\partial v}{\partial x}$ 必存在,且有

$$\frac{\partial u}{\partial x} + \mathrm{i} \frac{\partial v}{\partial x} = f'(z). \tag{2.3}$$

同样,让 $\Delta x = 0, \Delta y \to 0$,则(2.2)式成为

$$-\mathrm{i} \lim_{\Delta y \to 0} \frac{\Delta u}{\Delta y} + \lim_{\Delta y \to 0} \frac{\Delta v}{\Delta y} = f'(z).$$

故 $\dfrac{\partial u}{\partial y}, \dfrac{\partial v}{\partial y}$ 必存在,且有

$$-\mathrm{i} \frac{\partial u}{\partial y} + \frac{\partial v}{\partial y} = f'(z). \tag{2.4}$$

比较(2.3)式及(2.4)式得出

$$\frac{\partial u}{\partial x} = \frac{\partial v}{\partial y}, \quad \frac{\partial u}{\partial y} = -\frac{\partial v}{\partial x}. \tag{2.5}$$

这是关于 u 及 v 的一组偏微分方程,称为**柯西-黎曼条件**(也叫**柯西-黎曼方程**),记为 **C-R 条件**(**C-R 方程**).

总结以上讨论,得到下述定理:

定理 2.1 函数 $f(z) = u(x,y) + \mathrm{i}v(x,y)$ 在区域 D 上一点 (x,y) 可微的必要条件是:$u(x,y), v(x,y)$ 的偏导数 $\dfrac{\partial u}{\partial x}, \dfrac{\partial v}{\partial x}, \dfrac{\partial u}{\partial y}, \dfrac{\partial v}{\partial y}$ 在点 (x,y) 存在,并且满足 C-R 条件 (2.5).

应当注意,定理 2.1 给出的条件不是充分的.

例 3 函数 $f(z) = \sqrt{|xy|}$ 在 $z = 0$ 点满足定理 2.1 中的所有条件,但在 $z = 0$ 点不可微.

事实上,$u(x,y) = \sqrt{|xy|}, v(x,y) = 0$. 于是

$$u_x(0,0) = \lim_{\Delta x \to 0} \frac{u(\Delta x, 0) - u(0,0)}{\Delta x} = 0 = v_y(0,0),$$

$$u_y(0,0) = \lim_{\Delta y \to 0} \frac{u(0, \Delta y) - u(0,0)}{\Delta y} = 0 = -v_x(0,0),$$

所以 $f(z)$ 在 $z = 0$ 点满足定理 2.1 中的条件. 但是

$$\frac{f(\Delta z) - f(0)}{\Delta z} = \frac{\sqrt{\Delta x \cdot \Delta y}}{\Delta x + \mathrm{i} \Delta y}$$

当 $\Delta z = \Delta x + \mathrm{i}\Delta y$ 沿射线 $\Delta y = k\Delta x$ 趋于 0 时,上述比值为 $\dfrac{\sqrt{k}}{1+\mathrm{i}k}$,是一个与 k 有关的值. 沿不同的射线,k 值也不同,所以 $\Delta z \to 0$ 时,$\dfrac{f(\Delta z) - f(0)}{\Delta z}$ 无极限,从而 $f(z)$ 在 $z = 0$ 点不可微.

现在,我们把定理 2.1 的条件适当加强,就得到 $f(z)$ 可微的充要条件.

✎ **定理 2.2** 设函数 $f(z) = u(x, y) + \mathrm{i}v(x, y)$ 在区域 D 内有定义,则 $f(z)$ 在 D 的内点 $z = x + \mathrm{i}y$ 可微的充要条件是 $u(x, y)$,$v(x, y)$ 在点 (x, y) 处可微并满足 C-R 条件.

证 必要性 设 $f(z)$ 在 D 内 z 点可微,则
$$\Delta f(z) = f(z + \Delta z) - f(z) = f'(z)\Delta z + \rho(\Delta z),$$
其中 $\lim\limits_{\Delta z \to 0} \dfrac{\rho(\Delta z)}{\Delta z} = 0$. 若令 $f'(z) = a + \mathrm{i}b$,则上式写成
$$\Delta u + \mathrm{i}\Delta v = a\Delta x - b\Delta y + \mathrm{i}(b\Delta x + a\Delta y) + \eta_1 + \mathrm{i}\eta_2,$$
其中 $\eta_1 = \operatorname{Re} \rho(\Delta z)$,$\eta_2 = \operatorname{Im} \rho(\Delta z)$,显然它们是对 $|\Delta z| = \sqrt{(\Delta x)^2 + (\Delta y)^2}$ 的高阶无穷小. 比较上式的实部与虚部,即得
$$\Delta u = a\Delta x - b\Delta y + \eta_1,$$
$$\Delta v = b\Delta x + a\Delta y + \eta_2.$$
根据二元实函数的微分定义,知 $u(x, y)$,$v(x, y)$ 在点 (x, y) 可微,且 $u_x = a = v_y$,$u_y = -b = -v_x$(C-R 条件).

充分性 当定理条件满足时,$u(x, y)$,$v(x, y)$ 有全微分,所以
$$\Delta u = \dfrac{\partial u}{\partial x}\Delta x + \dfrac{\partial u}{\partial y}\Delta y + \eta_1,$$
$$\Delta v = \dfrac{\partial v}{\partial x}\Delta x + \dfrac{\partial v}{\partial y}\Delta y + \eta_2,$$
式中 η_1 及 η_2 是 $|\Delta z| = \sqrt{(\Delta x)^2 + (\Delta y)^2}$ 的高阶无穷小,即
$$\lim_{\Delta z \to 0} \dfrac{\eta_1}{\sqrt{(\Delta x)^2 + (\Delta y)^2}} = \lim_{\Delta z \to 0} \dfrac{\eta_2}{\sqrt{(\Delta x)^2 + (\Delta y)^2}} = 0.$$
再由 C-R 条件,可令
$$\alpha = \dfrac{\partial u}{\partial x} = \dfrac{\partial v}{\partial y}, \quad -\beta = \dfrac{\partial u}{\partial y} = -\dfrac{\partial v}{\partial x}. \tag{2.6}$$
于是就有
$$\Delta f(z) = \Delta u + \mathrm{i}\Delta v = \alpha\Delta x - \beta\Delta y + \eta_1 + \mathrm{i}(\beta\Delta x + \alpha\Delta y + \eta_2)$$
$$= (\alpha + \mathrm{i}\beta)(\Delta x + \mathrm{i}\Delta y) + \eta_1 + \mathrm{i}\eta_2,$$
即

$$\Delta f(z) = (\alpha + \mathrm{i}\beta)\Delta z + \rho,$$

其中 $\rho = \eta_1 + \mathrm{i}\eta_2$. 由于

$$\left|\frac{\rho}{\Delta z}\right| = \left|\frac{\eta_1 + \mathrm{i}\eta_2}{\Delta z}\right| \leqslant \frac{|\eta_1| + |\eta_2|}{|\Delta z|}$$

$$= \frac{|\eta_1|}{\sqrt{(\Delta x)^2 + (\Delta y)^2}} + \frac{|\eta_2|}{\sqrt{(\Delta x)^2 + (\Delta y)^2}} \to 0 \quad (\Delta z \to 0),$$

故 $f(z)$ 在 z 点可微,并且

$$f'(z) = \alpha + \mathrm{i}\beta = \frac{\partial u}{\partial x} + \mathrm{i}\frac{\partial v}{\partial x}.$$

证完.

顺便指出,当定理 2.2 中条件满足时,由 (2.6) 式,$f'(z)$ 可写成下列形式:

$$f'(z) = \frac{\partial u}{\partial x} + \mathrm{i}\frac{\partial v}{\partial x} = \frac{\partial v}{\partial y} - \mathrm{i}\frac{\partial u}{\partial y} = \frac{\partial u}{\partial x} - \mathrm{i}\frac{\partial u}{\partial y} = \frac{\partial v}{\partial y} + \mathrm{i}\frac{\partial v}{\partial x}. \tag{2.7}$$

这里需要着重说明,复变函数导数的定义虽然在形式上与实函数导数的定义一样,但实质上有很大的不同. 实变函数可微这一条件比较容易满足,其 Δx 只沿实轴趋于 0. 而复变函数可微的条件要苛刻得多,它要求当 Δz 从任何方向、以任何方式趋于 0 时,

$$\frac{f(z + \Delta z) - f(z)}{\Delta z}$$

都趋于同一极限值,即不但要求复变函数的实部及虚部可微,而且还要求实部与虚部用 C-R 条件联系起来.

§2.1.3 解析函数的定义

定义 2.2 如果函数 $w = f(z)$ 在点 z_0 的某邻域内处处可微,则称 z_0 是 $f(z)$ 的**解析点**,或称 $f(z)$ 在 z_0 点**解析**.

若区域 D 内的每一点都是 $f(z)$ 的解析点,则称 $f(z)$ 在区域 D 内**解析**,或称 $f(z)$ 是区域 D 内的**解析函数**.

从上面的定义可知,"函数 $f(z)$ 在闭区域 $\overline{D}$ 上解析"是指区域 D 的边界点也是 $f(z)$ 的解析点,亦即 $f(z)$ 在包含 $\overline{D}$ 的某个区域内解析.

定义 2.3 如果 $f(z)$ 在 z_0 点不解析,但在 z_0 的任一邻域内总有 $f(z)$ 的解析点,则 z_0 称为 $f(z)$ 的**奇点**.

区域 D 内的解析函数也称为 D 内的**全纯函数**或**正则函数**.

由定理 2.2 可知,$f(z)$ 在区域 D 内解析的充要条件是 $f(z)$ 在区域 D 内处处可微且满足 C-R 条件.

例 4 试证 $f(z)=\mathrm{e}^x(\cos y+\mathrm{i}\sin y)$ 在 z 平面上解析,且 $f'(z)=f(z)$.

证 因 $u(x,y)=\mathrm{e}^x\cos y, v(x,y)=\mathrm{e}^x\sin y$,而

$$u_x=\mathrm{e}^x\cos y, \qquad u_y=-\mathrm{e}^x\sin y,$$
$$v_x=\mathrm{e}^x\sin y, \qquad v_y=\mathrm{e}^x\cos y$$

在 z 平面上处处连续(从而可微),且满足 C-R 条件.由定理 2.2 知 $f(z)$ 在 z 平面上解析,并且

$$f'(z)=u_x+\mathrm{i}v_x=\mathrm{e}^x\cos y+\mathrm{i}\,\mathrm{e}^x\sin y=f(z).$$

第二节 解析函数与调和函数的关系

§2.2.1 共轭调和函数的求法

我们已经知道解析函数的实部与虚部由 C-R 条件联系着.现在,我们进一步阐明实部和虚部的特性,并说明当给定实部 $u(x,y)$[或虚部 $v(x,y)$]时,如何选择 $v(x,y)$[或 $u(x,y)$],才能使函数 $f(z)=u(x,y)+\mathrm{i}v(x,y)$ 在所讨论的区域 D 内是解析函数.

设 $f(z)=u+\mathrm{i}v$ 在区域 D 内解析,于是在 D 内 C-R 条件 $\dfrac{\partial u}{\partial x}=\dfrac{\partial v}{\partial y}, \dfrac{\partial u}{\partial y}=-\dfrac{\partial v}{\partial x}$ 成立.对此二式求偏导数,得到

$$\frac{\partial^2 u}{\partial x^2}=\frac{\partial^2 v}{\partial x\partial y}, \quad \frac{\partial^2 u}{\partial y^2}=-\frac{\partial^2 v}{\partial y\partial x}$$

(在下一章将要证明,在区域 D 内的解析函数具有任意阶导函数,因而 $u(x,y)$, $v(x,y)$ 的任意阶偏导数存在且连续,上述运算是合理的).又由于 $\dfrac{\partial^2 v}{\partial x\partial y}=\dfrac{\partial^2 v}{\partial y\partial x}$,因此,在 D 内有

$$\frac{\partial^2 u}{\partial x^2}+\frac{\partial^2 u}{\partial y^2}=0.$$

同样在 D 内有

$$\frac{\partial^2 v}{\partial x^2}+\frac{\partial^2 v}{\partial y^2}=0.$$

定义 2.4 如果实函数 $H(x,y)$ 在某区域 D 内有二阶连续偏导数并且满足

$$\frac{\partial^2 H}{\partial x^2}+\frac{\partial^2 H}{\partial y^2}=0, \tag{2.8}$$

则称 $H(x,y)$ 为区域 D 内的**调和函数**. 方程 $\dfrac{\partial^2 H}{\partial x^2}+\dfrac{\partial^2 H}{\partial y^2}=0$ (记作 $\Delta H=0$) 称为**拉普拉斯方程**.

定义 2.5 区域 D 内的两个调和函数 u,v,若满足 C-R 条件 $u_x=v_y, u_y=-v_x$,则称 v 为 u 在区域 D 内的**共轭调和函数**.

由以上讨论即得下述定理.

定理 2.3 函数 $f(z)=u(x,y)+\mathrm{i}v(x,y)$ 在区域 D 内解析的充要条件是,v 是 u 在 D 内的共轭调和函数.

若 D 是单连通域,只需给定 D 内一个调和函数 u(或 v)时,就可以利用 C-R 条件求出 v(或 u),从而得到 D 内的解析函数 $f(z)=u+\mathrm{i}v$.

为确定起见,设给定的调和函数 $u(x,y)$ 是解析函数的实部,为求相应的虚部 $v(x,y)$,我们从 $v(x,y)$ 的微分式

$$\mathrm{d}v=v_x\mathrm{d}x+v_y\mathrm{d}y$$

入手,根据 C-R 条件,上式可写成

$$\mathrm{d}v=-u_y\mathrm{d}x+u_x\mathrm{d}y. \tag{2.9}$$

由于

$$(-u_y)_y=-u_{yy}=u_{xx}=(u_x)_x,$$

故 (2.9) 式的右端是全微分. 于是可以利用求全微分的原函数的方法计算出

$$v(x,y)=\int -u_y\mathrm{d}x+u_x\mathrm{d}y.$$

同样,若给定的调和函数 $v(x,y)$ 是解析函数的虚部,其相应的实部 $u(x,y)$ 可由

$$\mathrm{d}u=u_x\mathrm{d}x+u_y\mathrm{d}y=v_y\mathrm{d}x-v_x\mathrm{d}y$$

算出

$$u(x,y)=\int v_y\mathrm{d}x-v_x\mathrm{d}y.$$

例 5 验证 $u=x^3-3xy^2$ 是平面上的调和函数,并求以它为实部的解析函数.

解

$$u_x=3x^2-3y^2, \quad u_y=-6xy,$$
$$u_{xx}=6x, \quad u_{yy}=-6x.$$

所以

$$u_{xx}+u_{yy}=0,$$

即 u 是平面上的调和函数. 欲求以 u 为实部的解析函数,先由 C-R 条件中的一个方程得到 $v_y=u_x=3x^2-3y^2$,于是,$v=3x^2y-y^3+\varphi(x)$,其中 $\varphi(x)$ 是 x 的待定函数. 将这里的 v 对 x 求偏导数,再由 C-R 条件中的另一个方程,得到

$$v_x=6xy+\varphi'(x)=-u_y=6xy.$$

所以,$\varphi'(x)=0$,即 $\varphi(x)=c$,其中 c 是任意常数. 于是

$$v = 3x^2y - y^3 + c.$$

最后得到所求解析函数为

$$f(z) = u + \mathrm{i}v = x^3 - 3xy^2 + \mathrm{i}(3x^2y - y^3 + c) = (x + \mathrm{i}y)^3 + \mathrm{i}c = z^3 + \mathrm{i}c.$$

§2.2.2 共轭调和函数的几何意义

设 $f(z) = u(x,y) + \mathrm{i}v(x,y)$ 是区域 D 上的解析函数,且 $f'(z) \neq 0$. 由

$$u(x,y) = 常数, \quad v(x,y) = 常数$$

得到 xOy 平面上的两族曲线. 容易证明这两族曲线是互相正交的.

事实上,对 D 上任意一点 $P_0(x_0, y_0)$,其中 $z_0 = x_0 + \mathrm{i}y_0$,则上述两族曲线中将各有一条曲线 $u(x,y) = u(x_0, y_0)$,$v(x,y) = v(x_0, y_0)$ 通过 P_0 点(图 2.2). 因为 $f'(z_0) \neq 0$,所以 $\nabla u(P_0) \neq 0$. $\nabla v(P_0) \neq 0$,从而两条曲线在 P_0 点的法向矢量分别为 $\left(\dfrac{\partial u}{\partial x}, \dfrac{\partial u}{\partial y}\right)$ 和 $\left(\dfrac{\partial v}{\partial x}, \dfrac{\partial v}{\partial y}\right)$. 由 C-R 条件,得到两法向矢量的数量积为

$$\frac{\partial u}{\partial x}\frac{\partial v}{\partial x} + \frac{\partial u}{\partial y}\frac{\partial v}{\partial y} = \frac{\partial u}{\partial x}\left(-\frac{\partial u}{\partial y}\right) + \frac{\partial u}{\partial y}\frac{\partial u}{\partial x} = 0,$$

所以,两条曲线在 P_0 点正交. 由于 P_0 点的任意性,证明了 $u(x,y) =$ 常数与 $v(x,y) =$ 常数两族曲线是相互正交的.

例 6 在复平面上的解析函数

$$f(z) = z^2,$$

因为

$$f(z) = z^2 = (x^2 - y^2) + \mathrm{i}(2xy),$$

其实部与虚部分别为

$$u(x,y) = x^2 - y^2, \quad v(x,y) = 2xy.$$

$u(x,y) =$ 常数在图 2.3 中用虚线画出,而 $v(x,y) =$ 常数在图 2.3 中用实线画出,这两族曲线除在原点外是相互正交的.①

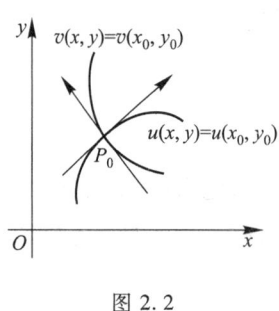

图 2.2

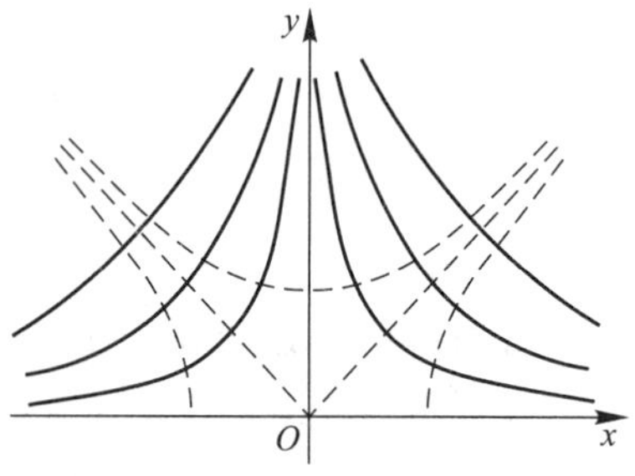

图 2.3

---

① 图 2.3 只画出两族曲线在上半平面的部分.

第三节 初等解析函数

在这一节里,将介绍一些简单的解析函数,如幂函数 z^n,指数函数 e^z,三角函数 $\sin z, \cos z$ 等和双曲函数 $\sinh z, \cosh z$ 等,还要介绍多值函数 $\sqrt[n]{z}$, $\ln z, z^a$(a 是复常数),$\arcsin z$ 等以及有关多值函数的一些基本概念,如支点、单值分支和支割线等.

§2.3.1 初等单值函数

幂函数 $w = z^n$ 由例 1 知道,当 $n = 1, 2, 3, \cdots$ 时,幂函数 $w = z^n$ 在复平面上处处可微且 $\dfrac{d(z^n)}{dz} = nz^{n-1}$. 因此,当 n 是正整数或 0(此时 $w = z^0 = 1$)时,$w = z^n$ 在复平面上解析. 规定 $z^{-n} = \dfrac{1}{z^n}$,则 z^{-n} 在复平面上除原点外解析. 不难证明**多项式函数**

$$w = P(z) = a_0 z^n + a_1 z^{n-1} + \cdots + a_n \quad (\text{其中 } a_0 \neq 0)$$

也在复平面上解析. **有理函数**

$$w = \frac{P(z)}{Q(z)} = \frac{a_0 z^n + a_1 z^{n-1} + \cdots + a_n}{b_0 z^m + b_1 z^{m-1} + \cdots + b_m} \quad (\text{其中 } a_0, b_0 \neq 0)$$

在复平面上除使 $Q(z) = 0$ 的点外解析.

指数函数 $w = e^z$ 对于复变数 $z = x + iy$,我们定义

$$w = e^z = e^{x+iy} = e^x(\cos y + i \sin y), \tag{2.10}$$

并称它为**指数函数**.

指数函数 $w = e^z$ 有如下一些性质:

(i) 对于实数 $z = x (y = 0)$ 来说,我们的定义与通常实指数函数的定义是一致的.

(ii) $e^z \neq 0$,因为 $|e^z| = |e^x e^{iy}| = e^x > 0$.

(iii) $e^{z_1} e^{z_2} = e^{z_1 + z_2}$.

(iv) $w = e^z$ 在复平面上解析,且

$$\frac{dw}{dz} = \frac{d(e^z)}{dz} = e^z.$$

这在例 4 中已得到证明.

(v) $e^{z+2k\pi i} = e^z$ ($k = 0, \pm 1, \pm 2, \cdots$),即 e^z 以 $2\pi i$ 为基本周期. 如图 2.4,如果我们将复平面划分为平行于实轴、宽为 2π 的带形(例如 $(2n-1)\pi \leqslant y < (2n+1)\pi$,$n$ 为整数),则在每一个带形内 e^z 的性质相同.

(vi) $\lim\limits_{z\to\infty} e^z$ 不存在,因为当 z 沿实轴的正负两个方向趋于 ∞ 时,e^z 分别趋于 ∞ 和 0.

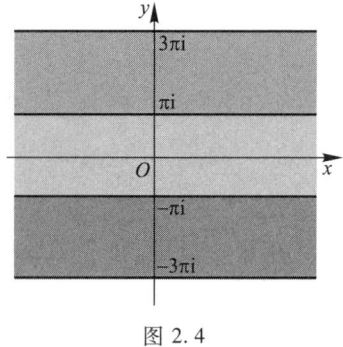

图 2.4

三角函数 在 (2.10) 式中,如果令 $z = \pm i\theta$(θ 为实数),即得欧拉公式

$$e^{i\theta} = \cos\theta + i\sin\theta, \quad e^{-i\theta} = \cos\theta - i\sin\theta.$$

所以有

$$\sin\theta = \frac{e^{i\theta} - e^{-i\theta}}{2i}, \quad \cos\theta = \frac{e^{i\theta} + e^{-i\theta}}{2}. \tag{2.11}$$

在 (2.11) 式中,θ 只限于取实数值,但是右端将 θ 换为复数 z 时仍然有意义,因此我们可以定义**正弦函数** $\sin z$ **及余弦函数** $\cos z$ 为

$$\sin z = \frac{e^{iz} - e^{-iz}}{2i}, \quad \cos z = \frac{e^{iz} + e^{-iz}}{2}. \tag{2.12}$$

它们是实数范围内正弦函数与余弦函数在复数范围内的推广,其重要性质如下:

(i) 它们在复平面上解析,且

$$\sin' z = \cos z, \quad \cos' z = -\sin z.$$

(ii) $\sin z$ 是奇函数,$\cos z$ 是偶函数,它们遵从通常的三角恒等式,如

$$\sin^2 z + \cos^2 z = 1,$$
$$\sin(z_1 + z_2) = \sin z_1 \cos z_2 + \cos z_1 \sin z_2,$$
$$\cos(z_1 + z_2) = \cos z_1 \cos z_2 - \sin z_1 \sin z_2.$$

(iii) $\sin z$ 及 $\cos z$ 以 2π 为基本周期.

(iv) $\sin z = 0$ 必须且只需 $z = n\pi$,$n = 0, \pm 1, \pm 2, \cdots$;$\cos z = 0$ 必须且只需 $z = \left(n + \dfrac{1}{2}\right)\pi$,$n = 0, \pm 1, \pm 2, \cdots$.

(v) 在复数范围内 $|\sin z|$ 和 $|\cos z|$ 是无界的. 例如取 $z = iy$ ($y > 0$),则

$$\cos iy = \frac{e^{i(iy)} + e^{-i(iy)}}{2} = \frac{e^{-y} + e^y}{2} > \frac{e^y}{2}.$$

当 y 充分大时,$|\cos iy|$ 就可大于任何指定的数.

通过 $\sin z, \cos z$ 我们可以仿照微积分关系定义**正切**,**余切**,**正割**和**余割**

$$\tan z = \frac{\sin z}{\cos z}, \quad \cot z = \frac{\cos z}{\sin z},$$

$$\sec z = \frac{1}{\cos z}, \qquad \csc z = \frac{1}{\sin z}.$$

它们的性质由 $\sin z, \cos z$ 的性质推出. 例如,$\tan z$ 在 $z \neq \left(n+\frac{1}{2}\right)\pi\,(n=0,\pm 1,\pm 2,\cdots)$ 的各点处解析,且以 π 为基本周期.

双曲函数 利用指数函数还可定义双曲函数类,如**双曲正弦函数** $\sinh z$ 和**双曲余弦函数** $\cosh z$ 为

$$\sinh z = \frac{e^z - e^{-z}}{2}, \quad \cosh z = \frac{e^z + e^{-z}}{2}.$$

易知,双曲正弦和双曲余弦都在 z 平面解析,且有

$$(\sinh z)' = \cosh z, \quad (\cosh z)' = \sinh z.$$

由三角函数和双曲函数的定义还可知

$$\sinh iz = i \sin z, \qquad \cosh iz = \cos z,$$
$$\sin iz = i \sinh z, \qquad \cos iz = \cosh z.$$

因而可由三角函数的恒等式换算出双曲函数恒等式.

§2.3.2 初等多值函数

根式函数 $w = \sqrt[n]{z}$ 如果 $z = w^n, n = 2, 3, 4, \cdots$,则称 w 为 z 的**根式函数**,记为 $w = \sqrt[n]{z}$. 今以根式函数为例,来阐明有关多值函数的一些基本概念.

(i) $w = \sqrt[n]{z}$ **是多值函数**.

由 $w = \sqrt[n]{z}$,有 $w^n = z$. 令 $w = \rho e^{i\varphi}, z = r e^{i\theta}$,代入前式,得 $\rho^n e^{n\varphi i} = r e^{i\theta}$. 于是 $\rho^n = r, e^{n\varphi i} = e^{i\theta}$,所以有

$$\rho = \sqrt[n]{r}, \quad n\varphi = \theta + 2k\pi, \quad k = 0, \pm 1, \pm 2, \cdots.$$

从这里可以看出,w 的模与 z 的模是一一对应的;而辐角则不然,对应每个 θ 值,有 n 个不同的 φ 值(相差 2π 的整数倍算作相同值)

$$\varphi_0 = \frac{\theta}{n}, \varphi_1 = \frac{\theta + 2\pi}{n}, \cdots, \varphi_{n-1} = \frac{\theta + 2(n-1)\pi}{n},$$

从而得到 n 个不同的 w 值

$$w_k = \sqrt[n]{r}\, e^{i\frac{\theta + 2k\pi}{n}}, \quad k = 0, 1, \cdots, n-1.$$

所以,函数 $w = \sqrt[n]{z}$ 是多值函数(n 值函数),$n = 2, 3, 4, \cdots$.

我们看到,对应于同一个 z 值的 n 个 w 值的模相同,而辐角成公差为 $\frac{2\pi}{n}$ 的一个

等差数列. 如果我们在 w 平面上作一个以原点为一顶点, 张角为 $\dfrac{2\pi}{n}$ 的角形区域

$$T_0: 0<\arg w<\frac{2\pi}{n}$$

（图 2.5 为 $n=3$ 的情形）, 而规定 w 在区域 T_0 内取值, 那么, 函数 $w=\sqrt[n]{z}$ 就建立了 z 平面上区域 $0<\arg z<2\pi$ 的点与 w 平面上区域 T_0 的点之间的一一对应关系. 例如, 对 z 平面上区域 $0<\arg z<2\pi$ 的任一点 (r,θ), 函数 $w=\sqrt[n]{z}$ 在区域 T_0 内就确定唯一的点 $w_0=\sqrt[n]{r}\,\mathrm{e}^{\mathrm{i}\frac{\theta}{n}}$ 与之对应. 对于 $w=\sqrt[n]{z}$ 的反函数 $z=w^n$ 来说, 在 w 平面上这样划出的区域 T_0, 能使不同的 w 值对应于 z 平面上不同的 z 值. 我们把这样的区域 T_0 称作 $z=w^n$ 的**单叶性区域**. 同理, 对 z 平面上区域 $0<\arg z<2\pi$ 的任一点 (r,θ), 在区域

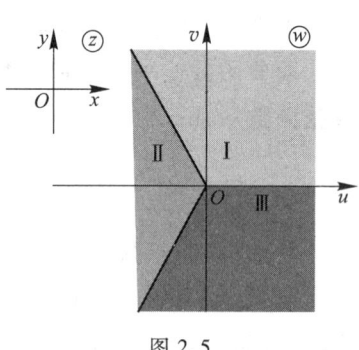

图 2.5

$$T_k: \frac{2k\pi}{n}<\arg w<\frac{2(k+1)\pi}{n} \quad (k=0,1,2,\cdots,n-1)$$

内, 函数 $w=\sqrt[n]{z}$ 分别有唯一的点

$$w_k=\sqrt[n]{r}\,\mathrm{e}^{\mathrm{i}\frac{\theta+2k\pi}{n}} \quad (k=0,1,2,\cdots,n-1)$$

与之对应. 区域 T_k 是 $z=w^n$ 的单叶性区域. 我们把 n 个单叶性区域 $T_k(k=0,1,\cdots,n-1)$ 分别加上相邻处的端边, 构成 n 个角形

$$T_k': \frac{2k\pi}{n}\leqslant\arg w<\frac{2(k+1)\pi}{n} \quad (k=0,1,\cdots,n-1).$$

当我们用这 n 个互不相交的角形 T_k' 把 w 平面布满之后, 就把一个多值函数 $w=\sqrt[n]{z}$ 划分成了 n 个**单值分支**

$$w_k=(\sqrt[n]{z})_k=\sqrt[n]{r}\,\mathrm{e}^{\mathrm{i}\frac{\theta+2k\pi}{n}} \quad (k=0,1,\cdots,n-1). \tag{2.13}$$

上述每个角形分别是其中一个单值分支的值域, 而此时有 $0\leqslant\theta=\arg z<2\pi$.

由习题二第 7 题还可验证, 每个单值分支都是解析函数, 并有

$$\frac{\mathrm{d}}{\mathrm{d}z}(\sqrt[n]{z})_k=\frac{1}{n}\frac{(\sqrt[n]{z})_k}{z} \quad (k=0,1,\cdots,n-1), \tag{2.14}$$

因此 $w_k=(\sqrt[n]{z})_k(k=0,1,\cdots,n-1)$ 又称为 $\sqrt[n]{z}$ 的 n 个单值解析分支.

式 (2.14) 还可以写成

$$\frac{\mathrm{d}\sqrt[n]{z}}{\mathrm{d}z}=\frac{1}{n}z^{\frac{1}{n}-1}, \tag{2.15}$$

这就与实根式函数的求导公式完全一致了. 但须注意, 利用 (2.15) 式求导时, 等式

两边 z 的辐角应取相同的值.

(ii) **支点**.

若在 z 平面上选定一点 $z(r,\theta)$，用(2.13)式中第一支计算出 w_0. 再让点 (r,θ) 在 z 平面上沿着一闭合曲线，按逆时针方向连续变化. 如果这条曲线内部不包含原点，如图 2.6 中的 C'，则当动点回到原来位置时，连续改变的辐角也回到原来的值 θ，与此对应，w 的值也连续改变回到原来的值 w_0. 但如果这闭曲线内部包含原点，如图 2.6 中的 C，那么，当动点沿逆时针方向绕一整圈回到原来位置时，z 的辐角就要增加 2π，成为 $\theta+2\pi$，与此相应的 w 值就从 $w_0 = \sqrt[n]{r}\,\mathrm{e}^{\mathrm{i}\frac{\theta}{n}}$ 变到 $w_1 = \sqrt[n]{r}\,\mathrm{e}^{\mathrm{i}\frac{\theta+2\pi}{n}}$. 从以上分析看到，对于函数 $w = \sqrt[n]{z}$ 来说，$z=0$ 点具有这样的特性：当 z 绕它转一整圈回到原处时，多值函数 $w = \sqrt[n]{z}$ 由一个分支变到另一个分支. 具有这种性质的点称为多值函数 $w = \sqrt[n]{z}$ 的**支点**.

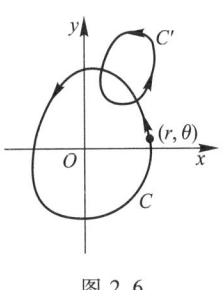

图 2.6

无穷远点也具有这种性质，因为绕原点转一整圈也就是绕无穷远点转一整圈，所以无穷远点也是 $w = \sqrt[n]{z}$ 的支点. 这个函数再没有其他的支点了，因为在平面上沿着任一条不包含原点在内部的闭曲线绕一圈而返回原位置时，根式的值不会改变.

(iii) **支割线**.

今在 z 平面上从支点 $z=0$ 到支点 $z=\infty$ 任意引一条射线(例如取正实轴为这条射线)，称为**支割线**，将 z 平面割开，并规定当 z 连续变化时，不得跨越支割线，比如规定 $0 \leqslant \arg z < 2\pi$，就使得在割开的 z 平面上的任何闭曲线都不含支点 $z=0$ 在内. 因此，相应的函数值也只能在 w 平面上的一个单值分支上取值，而不会由一支变到另一支上去. 这样就把多值函数 $w = \sqrt[n]{z}$ 的 n 个单值分支完全分开了.

例 7 设 $w = \sqrt[3]{z}$ 确定在沿正实轴割开的 z 平面上，并且 $w(\mathrm{i}) = \sqrt[3]{\mathrm{i}} = -\mathrm{i}$，求 $w(-\mathrm{i})$ 和 $w'(-\mathrm{i})$ 之值.

解 设 $z = r\mathrm{e}^{\mathrm{i}\theta}$，其中 $\theta = \arg z, r = |z|$，则

$$w_k = \sqrt[3]{r}\,\mathrm{e}^{\mathrm{i}\frac{\theta+2k\pi}{3}}, \quad k=0,1,2.$$

由于支割线为正实轴，故 $0 \leqslant \arg z < 2\pi$. 因为 $\arg \mathrm{i} = \dfrac{\pi}{2}, |\mathrm{i}|=1$，由 $w(\mathrm{i})=-\mathrm{i}$，知

$$\mathrm{e}^{\mathrm{i}\frac{\frac{\pi}{2}+2k\pi}{3}} = -\mathrm{i},$$

显然只有当 $k=2$ 时等式成立，所以

$$w(z) = w_2 = \sqrt[3]{r}\,\mathrm{e}^{\mathrm{i}\frac{\theta+4\pi}{3}}.$$

又因为 $\arg(-\mathrm{i}) = \dfrac{3\pi}{2}, |-\mathrm{i}|=1$，从而

$$w(-\mathrm{i}) = w_2(-\mathrm{i}) = \mathrm{e}^{\mathrm{i}\frac{3\pi/2 + 4\pi}{3}} = \mathrm{e}^{\mathrm{i}\frac{11\pi}{6}} = \mathrm{e}^{-\mathrm{i}\frac{\pi}{6}} = \frac{\sqrt{3}}{2} - \frac{1}{2}\mathrm{i},$$

$$w'(-\mathrm{i}) = \frac{1}{3}\frac{\frac{\sqrt{3}}{2} - \frac{1}{2}\mathrm{i}}{-\mathrm{i}} = \frac{1}{6} + \mathrm{i}\frac{\sqrt{3}}{6}.$$

应当注意:把一个多值函数划分为单值分支是与支割线密切相关的,对应于不同的支割线,多值函数各单值分支的定义域和值域也就不同.例如,当沿负实轴割开 z 平面($-\pi \leq \arg z < \pi$)时,函数 $w = \sqrt[3]{z}$ 的三个单值分支

$$w_1 = \sqrt[3]{r}\,\mathrm{e}^{\mathrm{i}\frac{\theta}{3}}, \quad w_2 = \sqrt[3]{r}\,\mathrm{e}^{\mathrm{i}\frac{\theta+2\pi}{3}}, \quad w_3 = \sqrt[3]{r}\,\mathrm{e}^{\mathrm{i}\frac{\theta+4\pi}{3}}$$

的值域分别在 w 平面上的角形 Ⅰ,Ⅱ,Ⅲ 上(图 2.7),其中

$$\text{Ⅰ}: -\frac{\pi}{3} \leq \arg w < \frac{\pi}{3}, \quad \text{Ⅱ}: \frac{\pi}{3} \leq \arg w < \pi, \quad \text{Ⅲ}: \pi \leq \arg w < \frac{5}{3}\pi.$$

(ⅳ) **支割线可以区分为两岸**.

一般说来,每个单值分支在支割线两岸取不同的值,在支割线上不连续.例如,考虑 $w = \sqrt[3]{z}$ 在沿负实轴割开的 z 平面上的单值分支 $w_1 = \sqrt[3]{r}\,\mathrm{e}^{\mathrm{i}\frac{\theta}{3}}$,当 z 分别从负实轴上方和下方趋于负实轴上的点 $z = -x(x>0)$ 时,w_1 分别趋于 $\sqrt[3]{x}\,\mathrm{e}^{\mathrm{i}\frac{\pi}{3}}$ 和 $\sqrt[3]{x}\,\mathrm{e}^{-\mathrm{i}\frac{\pi}{3}}$.

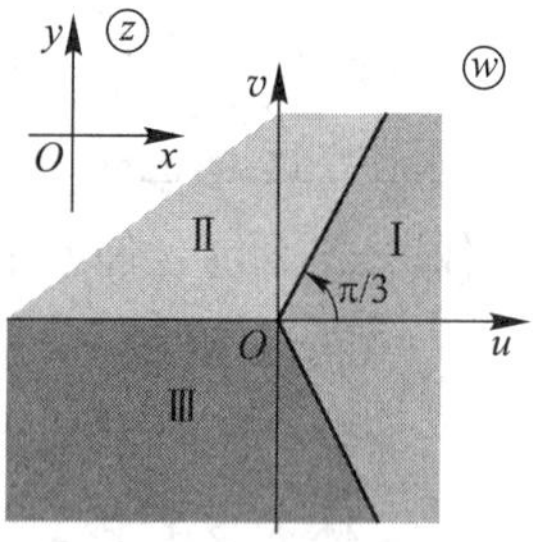

对于更一般的根式 $w = \sqrt[n]{z-a}$.可以同样进行上述讨论,得出相应的结论.这时的支点是 $z = a$ 和 $z = \infty$.

图 2.7

对数函数 若已给复数 $z \neq 0$,则满足 $z = \mathrm{e}^w$ 的复数 w 称为 z 的**对数函数**,并记为 $w = \mathrm{Ln}\,z$.注意 $z = 0$ 时,$\mathrm{Ln}\,z$ 没有定义.

设 $z = r\mathrm{e}^{\mathrm{i}\theta} \neq 0$,$w = u + \mathrm{i}v$,则从方程 $z = \mathrm{e}^w$ 得 $r\mathrm{e}^{\mathrm{i}\theta} = \mathrm{e}^{u+\mathrm{i}v} = \mathrm{e}^u \mathrm{e}^{\mathrm{i}v}$.于是 $\mathrm{e}^u = r$,$\mathrm{e}^{\mathrm{i}v} = \mathrm{e}^{\mathrm{i}(\theta+2k\pi)}$,$k = 0, \pm 1, \pm 2, \cdots$,由此得

$$u = \ln r = \ln |z|, \quad v = \theta + 2k\pi = \mathrm{Arg}\,z.$$

于是

$$\mathrm{Ln}\,z = u + \mathrm{i}v = \ln |z| + \mathrm{i}\,\mathrm{Arg}\,z,$$

即

$$\mathrm{Ln}\,z = \ln r + \mathrm{i}(\theta + 2k\pi), \quad k = 0, \pm 1, \pm 2, \cdots. \tag{2.16}$$

这说明对数函数是无穷多值函数,也就是说一个复数 $z(z \neq 0)$ 的对数是无穷多个复数,彼此的虚部相差 2π 的整倍数.

若我们限定 $\mathrm{Im}(\mathrm{Ln}\,z)$ 即 $\mathrm{Arg}\,z$ 取主值 $\arg z(-\pi < \arg z \leq \pi)$,则 z 的对数就只有一个,称它为 $\mathrm{Ln}\,z$ 的**主值支**,记为 $\ln z$.于是有

$$\ln z = \ln |z| + \mathrm{i}\,\arg z,$$

而
$$\text{Ln } z = \ln z + i2k\pi, \quad k = 0, \pm 1, \pm 2, \cdots.$$

例8 设 $a>0$,则 $-a = ae^{\pi i}$. 于是
$$\text{Ln}(-a) = \ln a + i(\pi + 2k\pi), \quad k = 0, \pm 1, \pm 2, \cdots.$$

例9 因 $i = e^{\frac{\pi}{2}i}$,所以
$$\text{Ln } i = \ln 1 + i\left(\frac{\pi}{2} + 2k\pi\right) = i\left(\frac{\pi}{2} + 2k\pi\right), \quad k = 0, \pm 1, \pm 2, \cdots.$$

如果在 w 平面上,用平行于实轴的直线,划出一个宽为 2π 的带形,例如 $I(-\pi < v \leq \pi)$(图 2.8),而规定 w 在带形 I 中取值,则 $w = \text{Ln } z$ 给出 z 平面与 w 平面上带形 I 的一一对应关系. 带形 I 是 $z = e^w$ 的单叶性区域加一侧的边. 用 $z = e^w$ 的互不相交的带形把 w 平面布满之后,每个带形就是对数函数 $w = \text{Ln } z$ 的一个相应单值分支的值域.

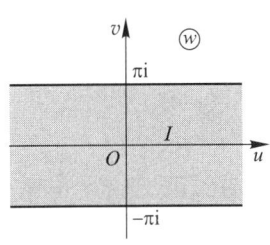

图 2.8

对数函数仅有两个支点 0 与 ∞. 例如就原点来说,作一个包围原点的闭曲线 C,当变点从 C 上一点出发,绕 C 连续变动一周而回到其出发点时,z 的辐角增加(或减少)2π,由(2.16)式知 $\text{Ln } z$ 从一支变到另一支,故原点为其支点. 同样可知,∞ 点也是 $\text{Ln } z$ 的支点. 其他各点均不是支点.

类似于对 $w = \sqrt[n]{z}$ 的讨论,从 0 点到 ∞ 点作支割线,即可得到 $\text{Ln } z$ 在这个割开了的平面上的无穷多个单值分支
$$(\ln z)_k = \ln r + i(\theta + 2k\pi), \quad k = 0, \pm 1, \pm 2, \cdots. \tag{2.17}$$

可以证明,这无穷多个单值函数都是解析函数,且
$$\frac{d}{dz}(\ln z)_k = \frac{1}{z}, \quad k = 0, \pm 1, \pm 2, \cdots. \tag{2.18}$$

最后指出,复对数函数保持了实对数函数的基本运算规则:
$$\text{Ln}(z_1 z_2) = \text{Ln } z_1 + \text{Ln } z_2, \tag{2.19}$$
$$\text{Ln}\left(\frac{z_1}{z_2}\right) = \text{Ln } z_1 - \text{Ln } z_2. \tag{2.20}$$

但应注意,上述等式应理解为两端可取的函数值的集合是相同的.

一般幂函数 现定义一般幂函数为
$$z^a = e^{a\text{Ln } z} \quad (a \text{ 为复常数}), \tag{2.21}$$

它是实数域中等式 $x^a = e^{a\ln x}$ 在复数域中的推广.

设 $\ln z$ 表示 $\text{Ln } z$ 的主值,则
$$z^a = e^{a\text{Ln } z} = e^{a[\ln z + 2k\pi i]} = w_0 e^{2k\pi i a}, \quad k = 0, \pm 1, \pm 2, \cdots,$$

其中 $w_0 = e^{a\ln z}$ 表示 z^a 的所有值中的一个.

随着 a 的取值不同，$w=z^a$ 可能是单值、有限多值或无限多值的函数：

（1）a 是一整数 n 由于

$$e^{2k\pi ia}=1,$$

故 z^a 是 z 的单值函数，通常称为整幂函数. 容易验证，整幂函数与 §1.1.4 中 z 的 n 次幂的意义是一致的.

（2）a 是一有理数 $\dfrac{q}{p}$（既约分数） 这时

$$e^{2k\pi ia}=e^{2k\pi i\frac{q}{p}},$$

只能取 p 个不同的值，即当 $k=0,1,\cdots,p-1$ 时的对应值. 于是

$$z^{\frac{q}{p}}=w_0 e^{2k\pi i\frac{q}{p}}, \quad k=0,1,\cdots,p-1.$$

容易验证，当 $a=\dfrac{1}{n}$ 时，由 (2.21) 式所定义的幂函数与 §1.1.4 中 z 的 n 次方根的意义是一致的.

（3）a 是一无理数或虚部不为零的复数 这时 $e^{2k\pi ia}$ 的所有值各不相同，z^a 就是无限多值的.

总之，一般幂函数 (2.21) 的多值性是由于 $\mathrm{Ln}\,z$ 的多值性引起的，因而求其分支的方法也与 $\mathrm{Ln}\,z$ 相同. 当选定了 $\mathrm{Ln}\,z$ 的一个单值解析分支 $(\ln z)_k$ 后，就确定了 z^a 的一个单值解析分支 $(z^a)_k=e^{a(\ln z)_k}$，并有

$$\frac{\mathrm{d}}{\mathrm{d}z}(z^a)_k=\frac{\mathrm{d}}{\mathrm{d}z}e^{a(\ln z)_k}=e^{a(\ln z)_k}\cdot\frac{a}{z}=a\frac{(z^a)_k}{z}=az^{a-1}.$$

一般指数函数 $w=a^z=e^{z\mathrm{Ln}\,a}$（$a$ 为一复常数且 $a\neq 0, a\neq\infty$）称为一般指数函数. 只要规定了 $\mathrm{Arg}\,a$ 的唯一取值，则 $\mathrm{Ln}\,a$ 为一确定常数，从而便可由 a^z 的定义得到一单值解析函数，并且有

$$\frac{\mathrm{d}(a^z)}{\mathrm{d}z}=\frac{\mathrm{d}(e^{z\mathrm{Ln}\,a})}{\mathrm{d}z}=e^{z\mathrm{Ln}\,a}\,\mathrm{Ln}\,a=a^z\mathrm{Ln}\,a.$$

例 10 求 i^i.

解 $i^i=e^{i\mathrm{Ln}\,i}=e^{i(\frac{\pi}{2}+2k\pi)i}=e^{-\frac{\pi}{2}-2k\pi}, \quad k=0,\pm 1,\pm 2,\cdots.$

例 11 求 2^{1+i}.

解 $2^{1+i}=e^{(1+i)\mathrm{Ln}\,2}=e^{(1+i)(\ln 2+2k\pi i)}=e^{(\ln 2-2k\pi)+i(\ln 2+2k\pi)}$

$\qquad\quad =e^{(\ln 2-2k\pi)}(\cos\ln 2+i\sin\ln 2)$

$\qquad\quad =2e^{-2k\pi}(\cos\ln 2+i\sin\ln 2), \quad k=0,\pm 1,\pm 2,\cdots.$

反三角函数 由 $z=\sin w$ 及 $z=\cos w$ 所定义的函数，分别叫做**反正弦函数**及**反余弦函数**，记为 $w=\mathrm{Arcsin}\,z$ 及 $w=\mathrm{Arccos}\,z$.

为了求出 $\mathrm{Arcsin}\,z$ 的表达式，只需从

中解出 w. 将上式变形为

$$(e^{iw})^2 - 2ize^{iw} - 1 = 0,$$

解方程得

$$e^{iw} = iz + \sqrt{1-z^2}$$

(这里没有必要在 $\pm\sqrt{1-z^2}$ 中再取"-"号,因为 $\sqrt{1-z^2}$ 本身就代表二值函数). 所以

$$w = \text{Arcsin } z = \frac{1}{i}\text{Ln}(iz + \sqrt{1-z^2}), \tag{2.22}$$

也可写为

$$w = \text{Arcsin } z = \frac{\pi}{2} + \frac{1}{i}\text{Ln}(z + \sqrt{z^2-1}).$$

同样可得

$$\text{Arccos } z = \frac{1}{i}\text{Ln}(z + \sqrt{z^2-1}). \tag{2.23}$$

Arcsin z 及 Arccos z 都是多值函数,作出它们的单值分支要比作 $\sqrt[n]{z}$ 及 Ln z 的单值分支复杂一些,我们不再详细讨论了.

第四节　解析函数在平面场中的应用

§2.4.1　平面场

我们知道,如果在空间某部分的每一点处,均有一个矢量与之相应,则这部分空间就形成一个矢量场. 若场是稳定的,则场矢量只是空间变量 x, y, z 的函数,而与时间变量无关. 例如静电场 $\boldsymbol{E} = \boldsymbol{E}(x, y, z)$,稳定流场 $\boldsymbol{v} = \boldsymbol{v}(x, y, z)$ 等都是稳定场.

所谓平面矢量场是指场中的所有矢量都平行于某一固定平面 S_0,且在同一条垂直于 S_0 的直线上的所有点处,场矢量都相等(图 2.9). 这就是说,在所有平行于 S_0 的平面上,场矢量有完全相同的分布. 这样一来,对于一个平面矢量场 $\boldsymbol{A}$,我们选定 S_0 平面(或平行于 S_0 的平面)

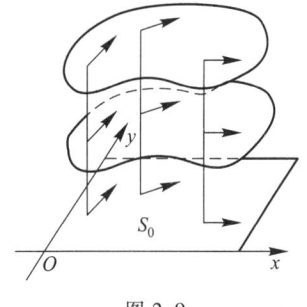

图 2.9

作为 xOy 坐标面后,只要研究在该坐标平面上的矢量场 $A(x,y)$ 就行了. 而在场中任意点 (x,y,z) 处的场矢量与 S_0 上 (x,y) 处的矢量相等. 当然,我们在讲到平面场中一点时,须注意这是讲的在该点垂直于坐标面的一条无穷长直线. 在讲到平面场中一条曲线 C 时,须注意这是意味着一个以 C 为基线,其母线垂直于 S_0 平面的一个柱面. 而平面场中的一个区域是指的一个相应的柱体.

一条均匀荷电的很长的直线所产生的静电场,一个展弦比很大的机翼绕流所产生的流场,都是平面矢量场的例子.

§2.4.2 复位势

我们以平面静电场为例来阐明复位势的理论与方法.

把平面静电场强度 E 写成 $E = E_x + \mathrm{i} E_y$. 由电动力学知道,由点电荷形成的静电场强度 E,在挖去电荷所在点的区域内形成无源无旋的矢量场,即有
$$\mathrm{div}\, E = 0,$$
从而有
$$\frac{\partial E_x}{\partial x} + \frac{\partial E_y}{\partial y} = 0, \tag{2.24}$$
以及
$$\mathrm{rot}\, E = \mathbf{0},$$
从而有
$$\frac{\partial E_y}{\partial x} - \frac{\partial E_x}{\partial y} = 0. \tag{2.25}$$
根据关于线积分与路径无关的充要条件的定理,由 (2.24) 式知必有一单值函数
$$U(x,y) = \int_{z_0}^{z} -E_y \mathrm{d}x + E_x \mathrm{d}y + U(x_0, y_0)$$
存在,使
$$\frac{\partial U}{\partial x} = -E_y, \quad \frac{\partial U}{\partial y} = E_x,$$
即
$$-E_y + \mathrm{i} E_x = \mathrm{grad}\, U. \tag{2.26}$$
同理,由 (2.25) 式知,必有一单值函数
$$V(x,y) = -\int_{z_0}^{z} E_x \mathrm{d}x + E_y \mathrm{d}y + V(x_0, y_0)$$
存在,使
$$\frac{\partial V}{\partial x} = -E_x, \quad \frac{\partial V}{\partial y} = -E_y,$$
即

$$E_x + iE_y = -\text{grad } V. \tag{2.27}$$

函数 $V(x,y)$ 叫做场的**势函数**,它的等值线 $V(x,y) = c$ 叫做**等势线**. 而在函数 $U(x,y)$ 的等值线 $U(x,y) = c$ 上,每点的切向矢量为

$$\left(\frac{\partial U}{\partial y}, -\frac{\partial U}{\partial x} \right) = (E_x, E_y),$$

即切线与矢量 $\boldsymbol{E}$ 的方向一致. 于是 $U(x,y) = c$ 是**力线**,而 $U(x,y)$ 叫做场的**力函数**.

由(2.27)式及(2.24)式知势函数 $V(x,y)$ 是调和函数,由(2.26)式及(2.25)式知力函数 $U(x,y)$ 也是调和函数,由(2.26)式及(2.27)式得到

$$\begin{cases} -E_y = \dfrac{\partial U}{\partial x} = \dfrac{\partial V}{\partial y}, \\ E_x = \dfrac{\partial U}{\partial y} = -\dfrac{\partial V}{\partial x}, \end{cases}$$

即 U, V 满足 C-R 条件. 于是

$$w(z) = U(x,y) + iV(x,y) \tag{2.28}$$

作为复变数 $z = x + iy$ 的函数,是一个解析函数. $w(z)$ 称为场 $\boldsymbol{E}(x,y)$ 的**复位势**. 有了复位势函数 $w(z)$,则与场有关的基本量都可由复位势表示出来. 例如,由

$$w'(z) = \frac{\partial U}{\partial x} + i\frac{\partial V}{\partial x} = -E_y - iE_x,$$

有

$$\boldsymbol{E} = E_x + iE_y = \overline{iw'(z)}, \tag{2.29}$$

而

$$|\boldsymbol{E}| = |w'(z)| = \sqrt{\left(\frac{\partial V}{\partial x}\right)^2 + \left(\frac{\partial V}{\partial y}\right)^2}. \tag{2.30}$$

综上所述,对单连通域上的任意平面静电场 $\boldsymbol{E}$,通过作线积分,求出力函数 $U(x,y)$ 和势函数 $V(x,y)$,就可得到一个解析函数 $w(z)$,即场的复位势. 反之,若在某单连通域 D 上给出解析函数 $w(z) = U(x,y) + iV(x,y)$,则必有一静电场与之对应,这个场的电荷在 D 之外,且以 $w(z)$ 为复位势. 这就是说在平面静电场与解析函数之间有着完全对应的关系. 下面特举出一些以给定的某个初等解析函数为其复位势的平面场的例子.

对流体的平面稳定流动的速度向量场 $\boldsymbol{v}$,只要给定的场是无源、无旋的,可作完全类似的讨论. 此时 $-V(x,y)$ 叫做场的势函数,$V(x,y) = c$ 叫做等势线,而 $U(x,y)$ 叫做场的流函数,$U(x,y) = c$ 叫做流线.

§2.4.3 举例

例 12 求 $w(z) = z^2$ 所表示的电场.

解 因为 $U=x^2-y^2$，$V=2xy$，所以电力线方程为
$$x^2-y^2=\text{常数},$$
它是双曲线族. 等势线方程为
$$2xy=\text{常数},$$
它也是双曲线族. 这两族曲线见图 2.3.

这是由两个互相正交的甚大的带电导体平面（实轴和虚轴是它们的截口）所产生的静电场，实线是等势线，虚线是电力线.

作为平面无源无旋流，这是液体从虚轴的 $+\infty$ 方向流来，被 x 轴阻拦而分向两方流去的情形. 实线是流线，虚线是等速度势线.

例 13 求 $w=z^{1/2}$ 所表示的电场.

解 因为 $(U+iV)^2=x+iy$，所以
$$x=U^2-V^2, \quad y=2UV.$$
将第二式平方，与第一式联立，消去 V，得
$$y^2=4U^2(U^2-x),$$
消去 U，得
$$y^2=4V^2(V^2+x).$$
电力线方程是 $U=c_1$（常数），即
$$y^2=4c_1^2(c_1^2-x),$$
等势线方程是 $V=c_2$（常数），即
$$y^2=4c_2^2(c_2^2+x),$$
它们都是抛物线族. 这是带电平面的边缘所产生的电场，其电力线和等势线见图 2.10.

例 14 求一条均匀荷电的直线 L 所产生的电场，直线 L 过原点垂直于 z 平面，其上的电荷线密度为 q，即求 $w(z)=2qi\ln\dfrac{1}{z}$ 所表示的电场.

解 $w(z)=-2qi\ln z=-2qi(\ln r+i\theta)=2q\theta-i2q\ln r$.
所以，电力线方程为 $U=$ 常数，即 $\theta=$ 常数，是从原点出发的射线族；等势线方程为 $V=$ 常数，即 $r=$ 常数，是以原点为圆心的圆族（图 2.11）.

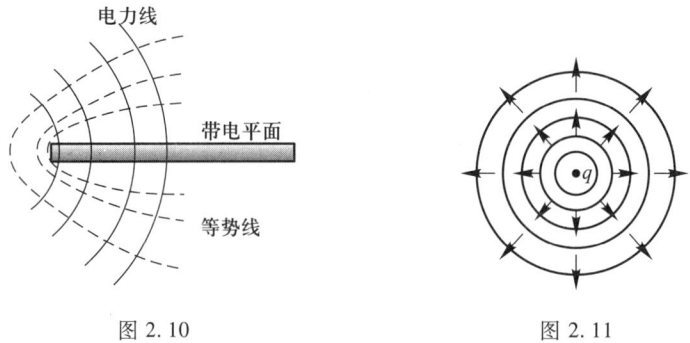

图 2.10　　　　　　　　　图 2.11

我们根据公式(2.29)求出

$$E = \overline{\mathrm{i}w'(z)} = -\mathrm{i}\overline{\left(\frac{-2q\mathrm{i}}{z}\right)} = \frac{2q}{\bar{z}} = \frac{2qz}{|z|^2}.$$

若电荷不在原点而在 $z=a$ 点,则复位势

$$w(z) = 2q\mathrm{i}\ln\frac{1}{z-a}.$$

例 15 分别放在点 z_1 与 z_2 的两个电荷 $+q$ 与 $-q$ 所成的组,其复位势为

$$w = 2q\mathrm{i}\ln\frac{z-z_2}{z-z_1}.$$

等势线方程为

$$\mathrm{Im}\ w = 2q\ln\left|\frac{z-z_2}{z-z_1}\right| = 常数,$$

即 $\left|\dfrac{z-z_2}{z-z_1}\right| = $ 常数,是圆族,如图 2.12 的实线.

电力线方程为

$$\mathrm{Re}\ w = 2q\ \mathrm{Arg}\ \frac{z-z_2}{z-z_1} = 常数,$$

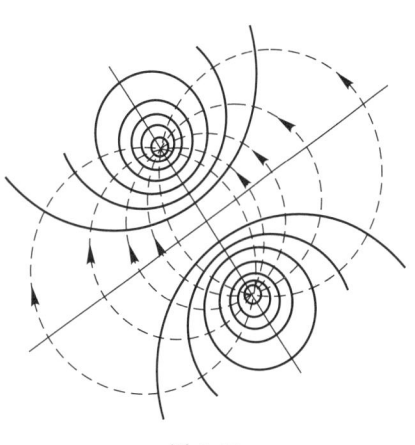

图 2.12

是过 z_1 及 z_2 点的圆族,如图 2.12 的虚线.

例 16 偶极子的静电场.

对于在点 $z_1=0$ 与 $z_2=-h$ 的两个电荷 $+q$ 与 $-q$,其场的复位势为

$$w = 2q\mathrm{i}\ln\frac{z+h}{z} = 2q\mathrm{i}\ln\left(1+\frac{h}{z}\right) = 2p\mathrm{i}\ln\left(1+\frac{h}{z}\right)^{\frac{1}{h}},$$

其中 $p=qh$.

现在使两电荷无限接近($h\to 0$),同时增大电荷使 $qh=p$ 保持不变.取极限,我们可得集中于坐标原点的矩为 p 的偶极子,其复位势

$$w = 2p\mathrm{i}\lim_{h\to 0}\ln\left(1+\frac{h}{z}\right)^{\frac{1}{h}} = 2p\mathrm{i}\ln e^{\frac{1}{z}} = \frac{2p\mathrm{i}}{z}$$

$$= \frac{2p\mathrm{i}\bar{z}}{r^2} = \frac{2py}{x^2+y^2} + \mathrm{i}\frac{2px}{x^2+y^2},$$

它的等势线是与 y 轴相切的圆族,如图 2.13 的实线.它的电力线是与 x 轴相切的圆族,如图 2.13 的虚线.

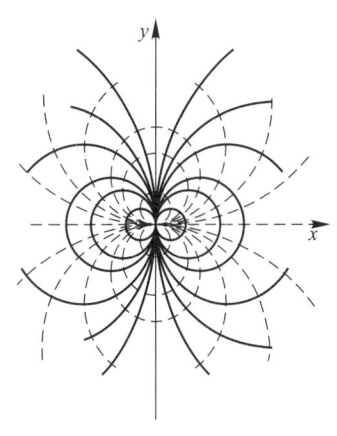

图 2.13

习 题 二

1. 试证下列函数在 z 平面上处处不可导：

(1) $|z|$；　　(2) $x+y$；　　(3) $\operatorname{Re} z$；　　(4) $1/\bar{z}$.

2. 试证：

(1) $f(z)=x^3-\mathrm{i}y^3$ 仅在原点有导数；

(2) $f(z)=|z|^2$ 仅在原点有导数.

3. 设

$$f(z)=\begin{cases}\dfrac{x^3-y^3+\mathrm{i}(x^3+y^3)}{x^2+y^2}, & z\neq 0, \\ 0, & z=0.\end{cases}$$

证明 $f(z)$ 在原点满足 C-R 条件，但不可微.

4. 若函数 $f(z)$ 在区域 D 上解析，并满足下列条件之一，证明 $f(z)$ 必为常数.

(1) $f'(z)=0\,(z\in D)$；

(2) $\overline{f(z)}$ 在 D 上解析；

(3) $|f(z)|$ 在 D 上是一常数；

(4) $\operatorname{Re}[f(z)]$ 在 D 上是一常数.

5. 试证下列函数在 z 平面上解析，并分别求出其导数：

(1) $\mathrm{e}^x(x\cos y-y\sin y)+\mathrm{i}\mathrm{e}^x(y\cos y+x\sin y)$；

(2) $\cos x\cosh y-\mathrm{i}\sin x\sinh y$；

(3) $\sin x\cosh y+\mathrm{i}\cos x\sinh y$.

6. 试证下列函数在复平面不解析：

(1) $\overline{z^2}$；　　(2) $\mathrm{e}^{\bar{z}}$；　　(3) $\sin\bar{z}$；　　(4) $\cos\bar{z}$.

7. 设 $f(z)=u(r,\theta)+\mathrm{i}v(r,\theta),\,z=r\mathrm{e}^{\mathrm{i}\theta}$，若 $u(r,\theta),v(r,\theta)$ 在 (r,θ) 点可微，并满足极坐标下的 C-R 条件

$$\frac{\partial u}{\partial r}=\frac{1}{r}\frac{\partial v}{\partial\theta},\quad \frac{\partial v}{\partial r}=-\frac{1}{r}\frac{\partial u}{\partial\theta}\quad(r>0),$$

试证 $f(z)$ 在 z 点是可微的，并且

$$f'(z)=\frac{1}{\mathrm{e}^{\mathrm{i}\theta}}\left(\frac{\partial u}{\partial r}+\mathrm{i}\frac{\partial v}{\partial r}\right)=\frac{1}{\mathrm{i}r\mathrm{e}^{\mathrm{i}\theta}}\left(\frac{\partial u}{\partial\theta}+\mathrm{i}\frac{\partial v}{\partial\theta}\right).$$

8. 由下列条件求解析函数 $f(z)=u+\mathrm{i}v$：

(1) $u=x^2-y^2+xy,\,f(\mathrm{i})=-1+\mathrm{i}$；

(2) $v=\dfrac{y}{x^2+y^2},\,f(2)=0$；

(3) $v = \arctan \dfrac{y}{x}$ ($x>0$), $f(1) = 0$.

9. 试证 xy^2 不能成为 z 的一个解析函数的实部.

10. $2xy + \mathrm{i}(x^2 - y^2)$ 是否为 z 的一个解析函数?

11. 试证 $f(z)$ 与 $\overline{f(\bar z)}$ 必同时为解析函数或不是解析函数.

12. 设 w 是 z 的解析函数,证明
$$\frac{\partial x}{\partial u} = \frac{\partial y}{\partial v}, \quad \frac{\partial x}{\partial v} = -\frac{\partial y}{\partial u},$$
其中 $w = u + \mathrm{i}v, z = x + \mathrm{i}y$.

13. 试证:

(1) $\sin(\mathrm{i}z) = \mathrm{i}\sinh z, \cos(\mathrm{i}z) = \cosh z$;

(2) $\cosh^2 z - \sinh^2 z = 1$;

(3) $\cosh(z_1 + z_2) = \cosh z_1 \cosh z_2 + \sinh z_1 \sinh z_2$.

14. 若 $z = x + \mathrm{i}y$,试证:

(1) $\sin z = \sin x \cosh y + \mathrm{i}\cos x \sinh y$;

(2) $\cos z = \cos x \cosh y - \mathrm{i}\sin x \sinh y$;

(3) $|\sin z|^2 = \sin^2 x + \sinh^2 y$;

(4) $|\cos z|^2 = \cos^2 x + \sinh^2 y$.

15. 试证 $\sin z$ 与 $\cos z$ 是以 2π 为周期的函数,而 $\mathrm{e}^z, \sinh z, \cosh z$ 是以 $2\pi\mathrm{i}$ 为周期的函数.

16. 试证 $w = \sqrt[4]{z}$ 的四个单值分支在割开的 z 平面上的任一区域上都是解析的.

17. 设 $w = \sqrt[3]{z}$,确定在沿负实轴割开了的 z 平面上,并且 $w(\mathrm{i}) = -\mathrm{i}$,求 $w(-\mathrm{i})$ 和 $w'(-\mathrm{i})$.

18. 试解方程:

(1) $\mathrm{e}^z = 1 + \mathrm{i}\sqrt{3}$;   (2) $\ln z = \dfrac{\mathrm{i}\pi}{2}$.

19. 设 $z = r\mathrm{e}^{\mathrm{i}\theta}, z - 1 = \rho \mathrm{e}^{\mathrm{i}\varphi}$,试证
$$\mathrm{Re}[\ln(z-1)] = \frac{1}{2}\ln(1 + r^2 - 2r\cos\theta).$$

20. 试求 $(1+\mathrm{i})^{\mathrm{i}}, 3^{\mathrm{i}}, \mathrm{i}^{\mathrm{i}}, \mathrm{e}^{2+\mathrm{i}}$ 及 $\mathrm{Ln}(1+\mathrm{i})$.

21. 如果函数 $f(z)$ 和 $\varphi(z)$ 在 z_0 解析,$f(z_0) = \varphi(z_0) = 0, \varphi'(z_0) \neq 0$,则
$$\lim_{z \to z_0} \frac{f(z)}{\varphi(z)} = \frac{f'(z_0)}{\varphi'(z_0)}.$$

22. 求证 $\lim\limits_{z \to 0} \dfrac{\sin z}{z} = 1$.

23. 讨论函数 $w = e^z$ 将 z 平面上的带形区域 $0 < y < 2\pi$ 变成 w 平面上的什么图形.

提示:先讨论直线 $y = y_0 (0 < y_0 < 2\pi)$ 的像曲线.

24. 计算 $|e^{-i-2z}|$, $|e^{z^2}|$, $\text{Re}(e^{\frac{1}{z}})$.

25. 设一个平面流的水平及垂直分速分别为 $ky, kx(k>0$ 为常数), 试求复位势并画出等势线及流线.

26. 试研究以下函数为复位势的平面稳定流:

(1) $w(z) = z + \dfrac{1}{z}$; (2) $w = \dfrac{1}{z^2}$.

第三章 柯西定理 柯西积分

复积分是研究解析函数的一个重要工具.解析函数的许多看起来与积分无关的性质,例如,"解析函数的导数连续"及"解析函数的各阶导数存在",都要用复积分去证明.

本章建立的柯西积分定理及柯西积分公式非常重要,是复变函数的理论基础.

第一节 复积分的概念及其简单性质

§3.1.1 复积分的定义及其计算方法

为了叙述简便,今后我们所提到的曲线一律是指光滑或逐段光滑的.通常要规定曲线的方向,即要指出其始点与终点.逐段光滑的简单闭曲线简称为**围线**.当观察者绕围线环行时,如果围线内部在观察者的左手方,就规定这个环行方向为围线的**正向**,反之就叫**负向**.

定义 3.1 设 C 是一条以 z_0 为始点,z' 为终点的有向曲线,函数 $f(z)$ 在 C 上有定义. 如图 3.1 所示,顺着 C 的正向依次取 $z_0, z_1, \cdots, z_{n-1}, z_n = z'$,把曲线分成若干个弧段,在从 z_{k-1} 到 z_k 的每一弧段上任取一点 ζ_k,作成和数

$$s_n = \sum_{k=1}^{n} f(\zeta_k) \Delta z_k, \tag{3.1}$$

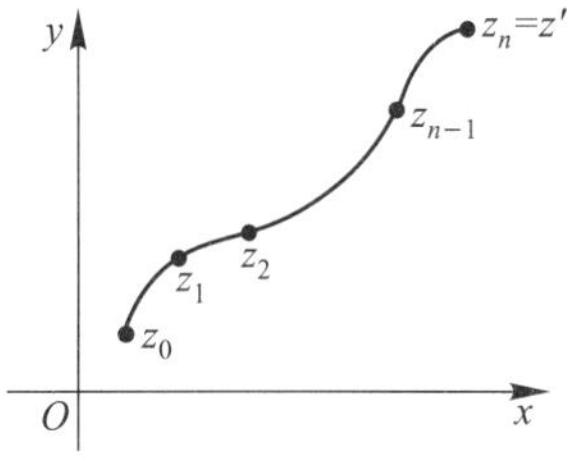

图 3.1

其中 $\Delta z_k = z_k - z_{k-1}$. 当分点增多,而这些弧段长度的最大值趋于 0 时,如果和数 s_n 的极限存在(与弧段的分法及 ζ_k 的选取均无关),则称 $f(z)$ 沿 C **可积**,而称 s_n 的极限为 $f(z)$ 沿 C 的**积分**,C 为**积分路径**,记为 $\int_C f(z) \mathrm{d}z$.

借助于微积分中关于曲线积分的知识,就可得出复积分的存在条件及其计算方法.事实上,若记

$$\zeta_k = \xi_k + \mathrm{i}\eta_k, \quad \Delta z_k = \Delta x_k + \mathrm{i}\Delta y_k,$$
$$f(\zeta_k) = u(\xi_k, \eta_k) + \mathrm{i}v(\xi_k, \eta_k) = u_k + \mathrm{i}v_k,$$

则有
$$\begin{aligned} s_n &= \sum_{k=1}^n f(\zeta_k)\Delta z_k = \sum_{k=1}^n (u_k + \mathrm{i}v_k)(\Delta x_k + \mathrm{i}\Delta y_k) \\ &= \sum_{k=1}^n (u_k\Delta x_k - v_k\Delta y_k) + \mathrm{i}\sum_{k=1}^n (v_k\Delta x_k + u_k\Delta y_k). \end{aligned}$$

上式右端两个和数是对应的两个线积分的积分和数. 我们知道, 当弧段长度的最大值趋于 0 时, 如果 $f(z) = u(x,y) + \mathrm{i}v(x,y)$ 在 C 上连续, 则上式右端那两个和数就分别趋于极限

$$\int_C u\mathrm{d}x - v\mathrm{d}y, \quad \int_C v\mathrm{d}x + u\mathrm{d}y.$$

因此, 只要 $f(z)$ 沿曲线 C 连续, 则 $f(z)$ 的积分存在, 且

$$\int_C f(z)\mathrm{d}z = \int_C u\mathrm{d}x - v\mathrm{d}y + \mathrm{i}\int_C v\mathrm{d}x + u\mathrm{d}y. \tag{3.2}$$

我们也不难将复积分的计算化为实定积分的计算. 设曲线 C 的方程为 $z = z(t) = x(t) + \mathrm{i}y(t)$ $(\alpha \leqslant t \leqslant \beta)$, 且 $z(\alpha)$ 和 $z(\beta)$ 分别是曲线的起点和终点. 记

$$u[x(t), y(t)] = u(t), \quad v[x(t), y(t)] = v(t),$$

则 (3.2) 式化为

$$\begin{aligned} \int_C f(z)\mathrm{d}z &= \int_\alpha^\beta [u(t)x'(t) - v(t)y'(t)]\mathrm{d}t + \mathrm{i}\int_\alpha^\beta [v(t)x'(t) + u(t)y'(t)]\mathrm{d}t \\ &= \int_\alpha^\beta f[z(t)]z'(t)\mathrm{d}t. \end{aligned}$$

例 1 试证

$$\oint_C \frac{\mathrm{d}z}{(z-a)^n} = \begin{cases} 2\pi\mathrm{i} & (n=1), \\ 0 & (n \neq 1, 且 n 为整数), \end{cases}$$

这里 C 表示以 a 为中心 ρ 为半径的圆周.

证 设 C 的方程为 $z - a = \rho\mathrm{e}^{\mathrm{i}t}$, 则 $\mathrm{d}z = \mathrm{i}\rho\mathrm{e}^{\mathrm{i}t}\mathrm{d}t$. 于是, 当 $n = 1$ 时,

$$\oint_C \frac{\mathrm{d}z}{z-a} = \int_0^{2\pi} \frac{\mathrm{i}\rho\mathrm{e}^{\mathrm{i}t}\mathrm{d}t}{\rho\mathrm{e}^{\mathrm{i}t}} = \mathrm{i}\int_0^{2\pi}\mathrm{d}t = 2\pi\mathrm{i}.$$

当 $n \neq 1$ 且为整数时,

$$\begin{aligned} \oint_C \frac{\mathrm{d}z}{(z-a)^n} &= \int_0^{2\pi} \frac{\mathrm{i}\rho\mathrm{e}^{\mathrm{i}t}}{\rho^n\mathrm{e}^{\mathrm{i}nt}}\mathrm{d}t = \frac{\mathrm{i}}{\rho^{n-1}}\int_0^{2\pi} \mathrm{e}^{-\mathrm{i}(n-1)t}\mathrm{d}t \\ &= \frac{\mathrm{i}}{\rho^{n-1}}\left[\int_0^{2\pi} \cos(n-1)t\mathrm{d}t - \mathrm{i}\int_0^{2\pi}\sin(n-1)t\mathrm{d}t\right] = 0. \end{aligned}$$

例 1 的结果在后面关于解析函数理论和应用中会经常用到, 是一个重要积分.

例 2 计算积分 $\int_C \operatorname{Re} z\, \mathrm{d}z$,其中积分路径 C 如图 3.2 所示:

(1) C 为连接 O 点到 $1+\mathrm{i}$ 点的直线段;

(2) C 为连接 O 点到 1 点再到 $1+\mathrm{i}$ 点的折线.

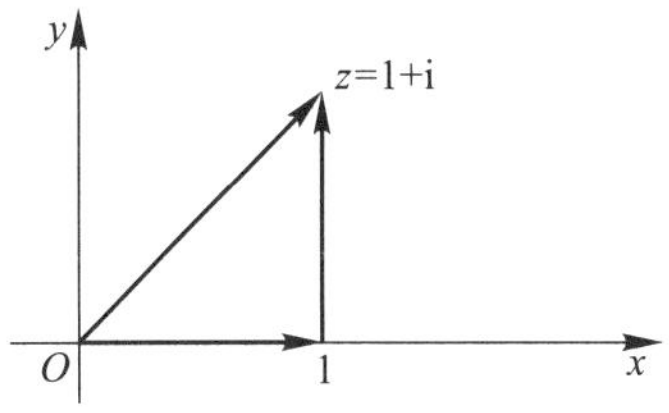

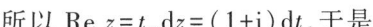

图 3.2

解 (1) C 可表为
$$z=(1+\mathrm{i})t, \quad 0\leqslant t\leqslant 1,$$
所以 $\operatorname{Re} z=t, \mathrm{d}z=(1+\mathrm{i})\mathrm{d}t$,于是
$$\int_C \operatorname{Re} z\, \mathrm{d}z = \int_0^1 t(1+\mathrm{i})\mathrm{d}t = \frac{1+\mathrm{i}}{2}.$$

(2) 可将 C 分为两段,即
$$C_1: z=t, \quad 0\leqslant t\leqslant 1$$
及
$$C_2: z=1+\mathrm{i}t, \quad 0\leqslant t\leqslant 1.$$
于是
$$\int_C \operatorname{Re} z\, \mathrm{d}z = \int_{C_1} \operatorname{Re} z\, \mathrm{d}z + \int_{C_2} \operatorname{Re} z\, \mathrm{d}z = \int_0^1 t\,\mathrm{d}t + \int_0^1 \mathrm{i}\,\mathrm{d}t = \frac{1}{2}+\mathrm{i}.$$

由这个例子可以看出,积分路径不同,积分的结果可以不同.

§3.1.2 复积分的简单性质

复积分与微积分中的曲线积分有以下类似的性质:

(i) $\int_C \mathrm{d}z = z_1 - z_0$,其中 z_1 为 C 之终点,z_0 为 C 之起点.

(ii) $\int_C [a_1 f_1(z) + a_2 f_2(z)]\mathrm{d}z = a_1 \int_C f_1(z)\mathrm{d}z + a_2 \int_C f_2(z)\mathrm{d}z$,其中 a_1, a_2 为复常数.

(iii) $\int_C f(z)\mathrm{d}z = \int_{C_1} f(z)\mathrm{d}z + \int_{C_2} f(z)\mathrm{d}z$,其中曲线 C 是由 C_1 和 C_2 首尾连接而成.

(iv) $\int_{C^-} f(z)\mathrm{d}z = -\int_C f(z)\mathrm{d}z$,其中 C^- 表示与 C 之方向相反的同一条曲线.

此外,还有两个不等式,在对积分作估计时常用.

(v) $\left|\int_C f(z)\mathrm{d}z\right| \leqslant \int_C |f(z)||\mathrm{d}z| = \int_C |f(z)|\mathrm{d}s$. 这里 $\int_C |f(z)|\mathrm{d}s$ 就是实函数 $|f(z)|$ 沿曲线 C 的第一类曲线积分.

要证明这个不等式,只要把下列不等式的两端取极限即得,

$$\left|\sum_{k=1}^{n} f(\zeta_k)\Delta z_k\right| \leqslant \sum_{k=1}^{n}|f(\zeta_k)||\Delta z_k| \leqslant \sum_{k=1}^{n}|f(\zeta_k)|\Delta s_k.$$

(vi) $\left|\int_C f(z)\mathrm{d}z\right| \leqslant Ml$,其中 M 是 $|f(z)|$ 在 C 上的一个上界,l 为 C 的长度.

第二节 柯西积分定理及其推广

§3.2.1 柯西积分定理

根据连续函数 $f(z)$ 的积分的定义,一般说来,积分值不仅依赖于函数,还依赖于积分路径 C,沿两条不同的简单曲线 C 及 C_1 连接 z_0 及 z_1 时,积分 $\int_C f(z)\mathrm{d}z$ 与 $\int_{C_1} f(z)\mathrm{d}z$ 的数值一般不同(见上一节例 2). 然而,据(3.2)式,复积分的计算,相当于计算两个实线积分,而实线积分 $\int M\mathrm{d}x + N\mathrm{d}y$ 在单连通域 D 内可以不依赖于积分路径(只与积分路径的起点与终点有关),其充要条件为 $\dfrac{\partial N}{\partial x} = \dfrac{\partial M}{\partial y}$ 在 D 内处处成立,其中 M 及 N 有连续的一阶偏导数. 对复积分 $\int_C f(z)\mathrm{d}z$ 也可提类似的问题,即 $f(z)$ 应该具备什么条件,才能保证在单连通域 D 内 $\int f(z)\mathrm{d}z$ 与路径无关,或者说,它沿 D 内任一围线之积分值为 0?

定理 3.1(柯西积分定理) 若 $f(z)$ 在单连通域 D 内解析,C 是 D 内的任一围线,则

$$\oint_C f(z)\mathrm{d}z = 0. \tag{3.3}$$

注意到 $f(z)$ 在 D 内解析只意味着 $f'(z)$ 在 D 内各点均存在. 如果把定理中的条件加强为"$f'(z)$ 在 D 内连续",此时,将 $f(z)$ 表为 $f(z) = u(x,y) + \mathrm{i}v(x,y)$,则 u 及 v 均有连续偏导数,并满足 C-R 条件

$$\frac{\partial u}{\partial x} = \frac{\partial v}{\partial y}, \quad \frac{\partial u}{\partial y} = -\frac{\partial v}{\partial x}.$$

这样一来,根据实线积分的格林公式,即得

$$\oint_C f(z)\mathrm{d}z = \oint_C u\mathrm{d}x - v\mathrm{d}y + \mathrm{i}\oint_C v\mathrm{d}x + u\mathrm{d}y = 0.$$

因此,定理在加强了的条件下得到了证明.如果不添加 $f'(z)$ 连续的条件,则定理的证明较长,本书从略.[①]

推论[②]　在定理 3.1 的条件下,若还有 $f(z)$ 在 $\overline{D}=D+\partial D$ 上连续(或者说"连续到 D 的边界"),则定理 3.1 中的 C 可取为 D 的边界 ∂D,即

$$\oint_{\partial D} f(z)\,\mathrm{d}z = 0.$$

§3.2.2　不定积分

定理 3.1 说明,如果 $f(z)$ 在单连通域 D 内解析,则沿 D 内任一曲线 L,积分 $\int_L f(\zeta)\,\mathrm{d}\zeta$ 只与其起点和终点有关.因此,当 z_0 固定时,这积分就在 D 内定义了一个单值函数,我们把它记成

$$F(z) = \int_{z_0}^{z} f(\zeta)\,\mathrm{d}\zeta. \tag{3.4}$$

定理 3.2　设 $f(z)$ 在单连通域 D 内解析,则由 (3.4) 式定义的函数 $F(z)$ 在 D 内解析,且 $F'(z)=f(z)$.

证　只需对 D 内任一点 z 证明 $F'(z)=f(z)$.以 z 为圆心作一个含于 D 内的小圆,在小圆内取 $z+\Delta z$,考虑

$$\frac{F(z+\Delta z)-F(z)}{\Delta z} = \frac{1}{\Delta z}\Big[\int_{z_0}^{z+\Delta z} f(\zeta)\,\mathrm{d}\zeta - \int_{z_0}^{z} f(\zeta)\,\mathrm{d}\zeta\Big]$$

在 $\Delta z\to 0$ 时的极限.由于积分与路径无关,上式右端方括号中第一个积分 $\int_{z_0}^{z+\Delta z} f(\zeta)\,\mathrm{d}\zeta$ 的积分路径,可以作成由 z_0 到 z,再从 z 沿直线段到 $z+\Delta z$;而由 z_0 到 z 的积分路径可以取得和右端方括号中第二个积分 $\int_{z_0}^{z} f(\zeta)\,\mathrm{d}\zeta$ 的积分路径相同(图 3.3).于是有

$$\frac{F(z+\Delta z)-F(z)}{\Delta z} = \frac{1}{\Delta z}\int_{z}^{z+\Delta z} f(\zeta)\,\mathrm{d}\zeta.$$

注意到 $f(z)$ 是定值,所以

$$\frac{1}{\Delta z}\int_{z}^{z+\Delta z} f(z)\,\mathrm{d}\zeta = f(z).$$

由以上两式即得

$$\frac{F(z+\Delta z)-F(z)}{\Delta z} - f(z) = \frac{1}{\Delta z}\int_{z}^{z+\Delta z}[f(\zeta)-f(z)]\,\mathrm{d}\zeta.$$

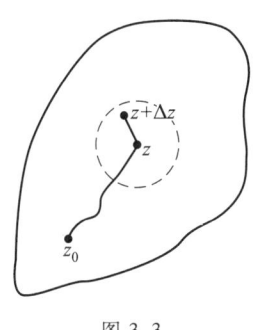

图 3.3

---

①② 参见钟玉泉编《复变函数论》(第四版)第三章.

根据 $f(z)$ 的连续性,对于任意的 $\varepsilon>0$,只要开始取的那个小圆足够小,则对小圆内的一切点 ζ 均满足条件 $|f(\zeta)-f(z)|<\varepsilon$. 这样一来

$$\left|\frac{F(z+\Delta z)-F(z)}{\Delta z}-f(z)\right| = \left|\frac{1}{\Delta z}\int_{z}^{z+\Delta z}[f(\zeta)-f(z)]\,\mathrm{d}\zeta\right|$$

$$\leqslant \frac{1}{|\Delta z|}\int_{z}^{z+\Delta z}\varepsilon\,|\,\mathrm{d}\zeta| = \varepsilon,$$

或

$$\lim_{\Delta z\to 0}\frac{F(z+\Delta z)-F(z)}{\Delta z}=f(z).$$

即 $F'(z)=f(z)$,证完.

在区域 D 内满足 $F'(z)=f(z)$ 的函数 $F(z)$ 称为 $f(z)$ 在区域 D 内的一个**不定积分**或**原函数**.

推论 若 $f(z)$ 在单连通域 D 内解析,$\Phi(z)$ 为 $f(z)$ 在 D 内的任一原函数,则以下牛顿-莱布尼茨公式成立:

$$\int_{z_0}^{z}f(\zeta)\,\mathrm{d}\zeta = \Phi(\zeta)\Big|_{z_0}^{z} = \Phi(z)-\Phi(z_0). \tag{3.5}$$

事实上,由于 $F(z)=\int_{z_0}^{z}f(\zeta)\,\mathrm{d}\zeta$ 是 $f(z)$ 在 D 内的一个原函数,按定义对任意 $z\in D$,有

$$[\Phi(z)-F(z)]'=0,$$

从而

$$\Phi(z)-F(z)=C, \quad 即\ F(z)=\Phi(z)-C.$$

令 $z=z_0$,得 $C=\Phi(z_0)$,于是(3.5)式成立.

例 3 计算 $\int_{a}^{b}z\cos z^2\,\mathrm{d}z$.

解 函数 $z\cos z^2$ 在复平面上解析,易知 $\frac{1}{2}\sin z^2$ 为它的一个原函数,所以

$$\int_{a}^{b}z\cos z^2\,\mathrm{d}z = \frac{1}{2}(\sin b^2-\sin a^2).$$

例 4 在单连通域 $D:-\pi<\arg z<\pi$ 内,函数 $\ln z$ 是 $f(z)=\frac{1}{z}$ 的一个原函数,而 $f(z)=\frac{1}{z}$ 在 D 内解析,故

$$\int_{1}^{z}\frac{\mathrm{d}\zeta}{\zeta} = \ln z-\ln 1 = \ln z \quad (z\in D).$$

§3.2.3 柯西积分定理推广到复围线的情形

定理 3.1 指出,如果围线 C 及其内部均含于 $f(z)$ 的解析区域中,则 $\oint_C f(z)\,\mathrm{d}z = 0$. 但是,如果函数 $f(z)$ 在某区域内不是处处解析的,而是包含有奇点 z_0,这时,若我们能作一围线 l 将奇点 z_0 围住(图 3.4),而把 l 所围的小区域挖去,这就得到了有"洞"的复连通域. 现在需要把柯西积分定理推广到这种情形.

考虑 $n+1$ 条围线 $C_0, C_1, \cdots, C_n$,其中 $C_1, C_2, \cdots, C_n$ 中每一条都在其余各条的外部,而它们又全都在 C_0 的内部. 在 C_0 内部同时又在 $C_1, C_2, \cdots, C_n$ 外部的区域,构成一个复连通域 D,其边界是一条**复围线** $C = C_0 + C_1^- + C_2^- + \cdots + C_n^-$,它包括取逆时针方向的 C_0 以及取顺时针方向的 $C_1^-, C_2^-, \cdots, C_n^-$,即若观察者沿 C 绕行时,区域 D 总在它的左边.

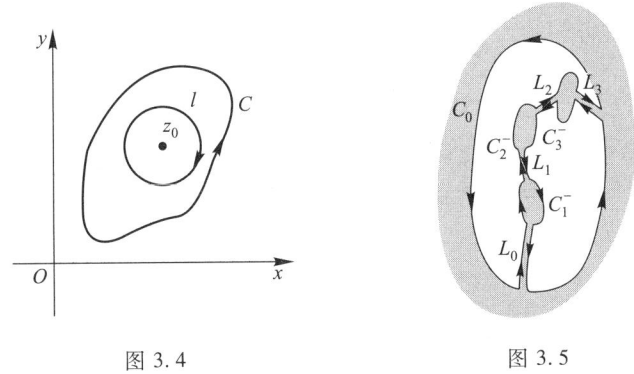

图 3.4   图 3.5

定理 3.3 设 D 是由复围线 $C = C_0 + C_1^- + \cdots + C_n^-$ 所围成的复连通域,$f(z)$ 在 D 内解析,在 $\overline{D} = D \cup C$ 上连续,则有

$$\oint_C f(z)\,\mathrm{d}z = 0, \tag{3.6}$$

或写成

$$\oint_{C_0} f(z)\,\mathrm{d}z = \oint_{C_1} f(z)\,\mathrm{d}z + \oint_{C_2} f(z)\,\mathrm{d}z + \cdots + \oint_{C_n} f(z)\,\mathrm{d}z. \tag{3.7}$$

证 取 $n+1$ 条互不相交的全在 $\overline{D}$ 上的辅助曲线 $L_0, L_1, \cdots, L_n$. 用它们顺次地连接 $C_0, C_1^-, C_2^-, \cdots, C_n^-, C_0$(图 3.5),分 D 成两个单连通域 D_1, D_2,其边界为 γ_1, γ_2. 由定理 3.1 及其推论知

$$\oint_{\gamma_1} f(z)\,\mathrm{d}z = 0, \quad \oint_{\gamma_2} f(z)\,\mathrm{d}z = 0.$$

把这两个等式相加,并注意到沿着辅助曲线 $L_0, L_1, \cdots, L_n$ 的积分正好沿不同的方向

各取一次,在相加的过程中互相抵消,于是得到
$$\oint_C f(z)\,\mathrm{d}z = 0.$$
即
$$\oint_{C_0} f(z)\,\mathrm{d}z + \oint_{C_1^-} f(z)\,\mathrm{d}z + \cdots + \oint_{C_n^-} f(z)\,\mathrm{d}z = 0,$$
将上面等式左端后面的 n 项移至等式右端即得(3.7)式.

例 5 设 a 是围线 C 内部一点,证明
$$\oint_C \frac{\mathrm{d}z}{(z-a)^n} = \begin{cases} 2\pi\mathrm{i}, & n = 1, \\ 0, & n \neq 1,\text{且 }n\text{ 为整数}. \end{cases}$$

证 以 a 为圆心作圆周 C_1,使 C_1 含于 C 之内部(图 3.6).将定理 3.3 应用于由 C 及 C_1^- 所构成的复围线得
$$\oint_C \frac{\mathrm{d}z}{(z-a)^n} = \oint_{C_1} \frac{\mathrm{d}z}{(z-a)^n},$$
再由上一节例 1 得证.

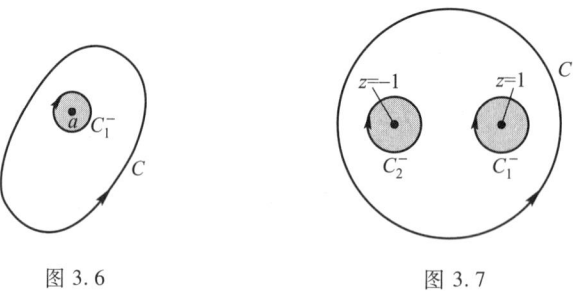

图 3.6　　　　图 3.7

例 6 计算 $\oint_C \dfrac{\mathrm{d}z}{z^2 - 1}$,此处 C 是圆周 $|z| = 2$(图 3.7).

解 在圆 $|z| < 2$ 内,函数 $\dfrac{1}{z^2 - 1}$ 除 $z = \pm 1$ 外均解析.今以 $z = \pm 1$ 为圆心,以充分小的 ε 为半径作两个圆周 C_1, C_2,将定理 3.3 应用于复围线 $C + C_1^- + C_2^-$ 即得
$$\oint_C \frac{\mathrm{d}z}{z^2 - 1} = \oint_{C_1} \frac{\mathrm{d}z}{z^2 - 1} + \oint_{C_2} \frac{\mathrm{d}z}{z^2 - 1}.$$
又
$$\oint_{C_1} \frac{\mathrm{d}z}{z^2 - 1} = \frac{1}{2}\left(\oint_{C_1} \frac{\mathrm{d}z}{z - 1} - \oint_{C_1} \frac{\mathrm{d}z}{z + 1}\right) = \frac{1}{2}(2\pi\mathrm{i} - 0) = \pi\mathrm{i},$$
同理
$$\oint_{C_2} \frac{\mathrm{d}z}{z^2 - 1} = \frac{1}{2}\left(\oint_{C_2} \frac{\mathrm{d}z}{z - 1} - \oint_{C_2} \frac{\mathrm{d}z}{z + 1}\right) = \frac{1}{2}(0 - 2\pi\mathrm{i}) = -\pi\mathrm{i},$$

因此
$$\oint_C \frac{\mathrm{d}z}{z^2-1} = \oint_{C_1} \frac{\mathrm{d}z}{z^2-1} + \oint_{C_2} \frac{\mathrm{d}z}{z^2-1} = \pi\mathrm{i} - \pi\mathrm{i} = 0.$$

第三节　柯西积分公式及其推广

§3.3.1　柯西积分公式

定理 3.4　设区域 D 的边界是围线（或复围线）C，$f(z)$ 在 D 内解析，在 $\overline{D}=D+C$ 上连续，则
$$f(z) = \frac{1}{2\pi\mathrm{i}} \oint_C \frac{f(\zeta)}{\zeta-z} \mathrm{d}\zeta \quad (z \in D). \tag{3.8}$$

这就是**柯西积分公式**，右边的式子叫**柯西积分**.

证　任意固定 $z \in D$，则 $F(\zeta) = \dfrac{f(\zeta)}{\zeta-z}$ 作为 ζ 的函数在 D 内除 z 点以外均解析. 今以 z 点为圆心、充分小的 $\rho(>0)$ 为半径作圆周 γ_ρ，使 γ_ρ 及其内部均含在 D 内（图 3.8）. 对于复围线 $\Gamma = C + \gamma_\rho^-$ 及函数 $F(\zeta)$ 应用定理 3.3 得

$$\oint_C \frac{f(\zeta)}{\zeta-z} \mathrm{d}\zeta = \oint_{\gamma_\rho} \frac{f(\zeta)}{\zeta-z} \mathrm{d}\zeta. \tag{3.9}$$

上式表明右端的积分值与 γ_ρ 的半径 ρ 之大小无关，因此我们只需证明

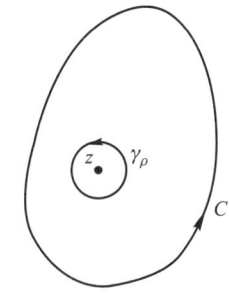

图 3.8

$$\lim_{\rho \to 0} \oint_{\gamma_\rho} \frac{f(\zeta)}{\zeta-z} \mathrm{d}\zeta = 2\pi\mathrm{i} f(z). \tag{3.10}$$

注意到 $f(z)$ 与积分变量 ζ 无关，而 $\oint_{\gamma_\rho} \dfrac{\mathrm{d}\zeta}{\zeta-z} = 2\pi\mathrm{i}$，于是有

$$\left| \oint_{\gamma_\rho} \frac{f(\zeta)}{\zeta-z} \mathrm{d}\zeta - 2\pi\mathrm{i} f(z) \right| = \left| \oint_{\gamma_\rho} \frac{f(\zeta)}{\zeta-z} \mathrm{d}\zeta - f(z) \oint_{\gamma_\rho} \frac{\mathrm{d}\zeta}{\zeta-z} \right|$$

$$= \left| \oint_{\gamma_\rho} \frac{f(\zeta)-f(z)}{\zeta-z} \mathrm{d}\zeta \right|. \tag{3.11}$$

根据 $f(\zeta)$ 的连续性，对于任意 $\varepsilon > 0$，只要 ρ 充分小，就有
$$|f(\zeta)-f(z)| < \varepsilon \quad (\zeta \in \gamma_\rho).$$

利用积分的估计式知(3.11)式右端不超过$\dfrac{\varepsilon}{\rho}2\pi\rho=2\pi\varepsilon$,于是证明了(3.10)式. 定理证毕.

柯西积分公式表明,对于在某有界闭区域上解析的函数,它在区域内任一点的值可用它在边界上的值表示出来. 这是解析函数的一个基本性质. 公式(3.8)还可以改写成

$$\oint_C \frac{f(z)}{z-a}\mathrm{d}z = 2\pi\mathrm{i}f(a) \quad (a\in D). \tag{3.8'}$$

此公式可以用来计算某些围线积分.

例 7 设 C 为圆周 $|z|=2$,

$$\oint_C \frac{z}{(9-z^2)(z+\mathrm{i})}\mathrm{d}z = \oint_C \frac{z/(9-z^2)}{z-(-\mathrm{i})}\mathrm{d}z,$$

因为 $f(z)=\dfrac{z}{9-z^2}$ 在 $|z|\leqslant 2$ 上解析,故由(3.8')得

$$\oint_C \frac{z}{(9-z^2)(z+\mathrm{i})}\mathrm{d}z = 2\pi\mathrm{i}\left[\frac{z}{9-z^2}\right]_{z=-\mathrm{i}} = \frac{\pi}{5}.$$

§3.3.2 解析函数的无限次可微性

我们将柯西积分公式(3.8)形式地在积分号下对 z 求导,得

$$f'(z) = \frac{1}{2\pi\mathrm{i}}\oint_C \frac{f(\zeta)}{(\zeta-z)^2}\mathrm{d}\zeta, \quad z\in D. \tag{3.12}$$

再求导,复得

$$f''(z) = \frac{2!}{2\pi\mathrm{i}}\oint_C \frac{f(\zeta)}{(\zeta-z)^3}\mathrm{d}\zeta, \quad z\in D. \tag{3.13}$$

求导 n 次,得

$$f^{(n)}(z) = \frac{n!}{2\pi\mathrm{i}}\oint_C \frac{f(\zeta)}{(\zeta-z)^{n+1}}\mathrm{d}\zeta, \quad z\in D, n=1,2,\cdots.$$

定理 3.5 在定理 3.4 的条件下,函数 $f(z)$ 在区域 D 内有各阶导数

$$f^{(n)}(z) = \frac{n!}{2\pi\mathrm{i}}\oint_C \frac{f(\zeta)}{(\zeta-z)^{n+1}}\mathrm{d}\zeta, \quad z\in D, \quad n=1,2,\cdots. \tag{3.14}$$

证 用数学归纳法对公式(3.14)加以证明.

设 $n=1$,即要证公式(3.12)成立. 按照(3.8)式有

$$\frac{f(z+\Delta z)-f(z)}{\Delta z} = \frac{1}{\Delta z}\left[\frac{1}{2\pi i}\oint_C \frac{f(\zeta)}{\zeta-z-\Delta z}d\zeta - \frac{1}{2\pi i}\oint_C \frac{f(\zeta)}{\zeta-z}d\zeta\right]$$

$$= \frac{1}{2\pi i}\oint_C \frac{f(\zeta)}{(\zeta-z-\Delta z)(\zeta-z)}d\zeta. \qquad (3.15)$$

记

$$I = \left|\frac{f(z+\Delta z)-f(z)}{\Delta z} - \frac{1}{2\pi i}\oint_C \frac{f(\zeta)}{(\zeta-z)^2}d\zeta\right|$$

$$= \left|\frac{1}{2\pi i}\oint_C \frac{f(\zeta)}{(\zeta-z-\Delta z)(\zeta-z)}d\zeta - \frac{1}{2\pi i}\oint_C \frac{f(\zeta)}{(\zeta-z)^2}d\zeta\right|$$

$$= \left|\frac{1}{2\pi i}\oint_C \frac{\Delta z f(\zeta)}{(\zeta-z-\Delta z)(\zeta-z)^2}d\zeta\right|, \qquad (3.16)$$

现在只需证明,对任意给定的正数 ε,必存在充分小的正数 δ,当 $|\Delta z|<\delta$ 时, $I<\varepsilon$.

事实上,如图 3.9,设 M 为 $|f(\zeta)|$ 沿 C 的一个上界,即 $|f(\zeta)|\leq M$;再设 d 是 z 到 C 的距离,且让 $|\Delta z|<\dfrac{d}{2}$,则当 $\zeta\in C$ 时, $|\zeta-z|\geq d>0$, $|\zeta-z-\Delta z|\geq |\zeta-z|-|\Delta z|>\dfrac{d}{2}$,于是

$$I \leq \frac{|\Delta z|}{2\pi}\oint_C \frac{|f(\zeta)|}{|\zeta-z-\Delta z||\zeta-z|^2}|d\zeta|$$

$$\leq \frac{|\Delta z|}{2\pi}\frac{Ml}{\dfrac{d}{2}\cdot d^2},$$

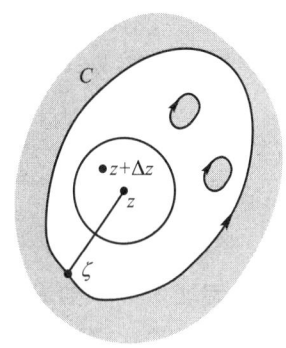

图 3.9

其中 l 为 C 之长度. 欲使上式不超过正数 ε,只需取

$$|\Delta z|<\delta = \min\left\{\frac{d}{2}, \frac{\pi d^3}{Ml}\varepsilon\right\}.$$

至此,(3.12)式得证. 即 $n=1$ 时,公式(3.14)成立.

假设 $n=k$ 时公式(3.14)成立,今证 $n=k+1$ 时(3.14)也成立,答案是肯定的. 因证明方法和证明 $n=1$ 的情形类似,只不过稍嫌繁杂,本书从略.

(3.14)式也可改写为

$$\oint_C \frac{f(z)}{(z-a)^n}dz = \frac{2\pi i}{(n-1)!}f^{(n-1)}(a), \quad a\in D, n=1,2,\cdots, \qquad (3.14')$$

常用来计算某些围线积分.

✎ **例 8** 计算积分

$$I = \oint_C \frac{e^z}{(z^2+1)^2}dz,$$

其中 C 是圆周 $|z|=a(a>1)$.

解 分别以 $\pm i$ 为圆心,以充分小的 ε 为半径作圆周 C_1, C_2,如图 3.10,由定理 3.3,

$$I = \oint_{C_1} \frac{e^z/(z+i)^2}{(z-i)^2}dz + \oint_{C_2} \frac{e^z/(z-i)^2}{(z+i)^2}dz$$

$$= 2\pi i[e^z/(z+i)^2]'_{z=i} + 2\pi i[e^z/(z-i)^2]'_{z=-i}$$

$$= \frac{\pi}{2}(1-i)e^i - \frac{\pi}{2}(1+i)e^{-i}$$

$$= i\pi\sqrt{2}\sin\left(1-\frac{\pi}{4}\right).$$

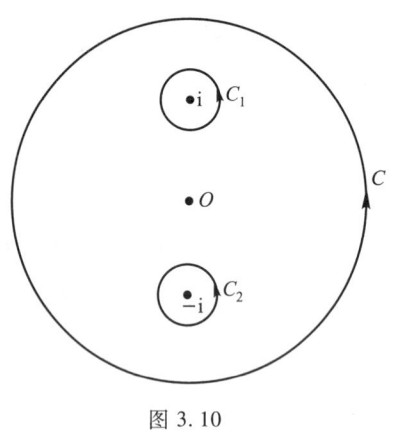

图 3.10

§3.3.3 模的最大值原理　柯西不等式　刘维尔定理　莫雷拉定理

在公式(3.8)中,令 $\overline{D}$ 为一闭圆 $|\zeta-z|\leqslant r$,z 为圆心,r 为半径,并设 $\zeta-z=re^{i\theta}$,则得

$$f(z) = \frac{1}{2\pi i}\int_0^{2\pi} \frac{f(z+re^{i\theta})rie^{i\theta}}{re^{i\theta}}d\theta = \frac{1}{2\pi}\int_0^{2\pi} f(z+re^{i\theta})d\theta.$$

这个公式表明,$f(z)$ 在圆心之值等于它在圆周上之值的算术平均值,这就是所谓的**平均值定理**.

利用平均值定理,可以建立起解析函数理论中一个非常重要的原理,即

定理 3.6(模的最大值原理)　若 $f(z)$ 在闭区域 $\overline{D}$ 解析,且不为常数,则 $|f(z)|$ 只能在边界上达到最大值.

第十一章将要讲述调和函数的极值原理,它与这里的模的最大值原理本质上相同,故这里的证明从略.

利用定理 3.5 可以得出一个对导数的估计式,即

柯西不等式　$f(z)$ 在区域 D 内解析,a 为 D 内一点,以 a 为圆心,以 r 半径在 D 内作圆周 $\Gamma: |\zeta-a|=r$,则有

$$|f^{(n)}(a)| \leqslant \frac{n!M(r)}{r^n}, \quad n=0,1,2,\cdots, \qquad (3.17)$$

其中 $M(r)$ 为 $f(z)$ 在 Γ 上的最大值.

事实上,由(3.14)式,即得

$$|f^{(n)}(a)| = \left|\frac{n!}{2\pi i}\oint_\Gamma \frac{f(\zeta)}{(\zeta-a)^{n+1}}d\zeta\right| \leqslant \frac{n!}{2\pi}\frac{M(r)}{r^{n+1}}2\pi r = \frac{n!}{r^n}M(r).$$

在整个复平面上解析的函数称为**整函数**.例如 $e^z, \cos z, \sin z$ 是整函数,常数当

然也是整函数. 应用柯西不等式可以得到一个关于整函数的定理, 即

定理 3.7(刘维尔定理) 有界整函数 $f(z)$ 必为常数.

证 设 $|f(z)| \leq M$, 则在柯西不等式(3.17)中, 不管什么样的 r, 均可取 $M(r)=M$, 于是, 特别令 $n=1$, 有

$$|f'(a)| \leq \frac{M}{r}. \tag{3.18}$$

此式对一切 r 均成立, 令 $r \to +\infty$, 即知 $f'(a)=0$, 而 a 是任意的, 故 $f(z)$ 在复平面上的导数处处为 0, 所以 $f(z)=$ 常数. 证完.

本章柯西积分定理告诉我们, 若 $f(z)$ 在单连通域 D 内解析, C 是 D 内任一围线, 则 $\oint_C f(z) \mathrm{d}z = 0$. 现在, 我们来证明它的逆定理, 叫做**莫雷拉定理**.

定理 3.8(莫雷拉定理) 若函数 $f(z)$ 在单连通域 D 内连续, 且对 D 内任意围线 C 都有 $\oint_C f(z)\mathrm{d}z = 0$, 则 $f(z)$ 在 D 内解析.

证 在假设条件下, 根据定理 3.2(注意定理 3.2 的证明只用了本定理的两个假设条件)即知

$$F(z) = \int_{z_0}^{z} f(\zeta) \mathrm{d}\zeta$$

在 D 内解析, 且 $F'(z)=f(z)(z \in D)$, 又根据定理 3.5, 知解析函数 $F(z)$ 的导数 $f(z)$ 在 D 内解析.

根据以上讨论, 我们知道, $f(z)$ 在区域 D 内解析的充要条件是 $f(z)$ 在 D 内连续, 且对任意围线 C(只要 C 及其内部全含于 D), $\oint_C f(z) \mathrm{d}z = 0$ 成立.

我们也可用上述函数解析的充要条件来代替解析函数的定义.

习 题 三

1. 计算积分 $\int_0^{1+\mathrm{i}} (x - y + \mathrm{i}x^2) \mathrm{d}z$, 积分路径是连接 $z=0$ 和 $z=1+\mathrm{i}$ 两点的直线段.

2. 计算积分 $\int_{-\mathrm{i}}^{\mathrm{i}} |z| \mathrm{d}z$, 积分路径是:

(1) 直线段; (2) 右半单位圆周; (3) 左半单位圆周.

3. 计算积分 $\int_C z \mathrm{d}z$, 设 C 的起点为 α, 终点为 β.

4. 利用积分估值, 证明:

(1) $\left| \int_{-\mathrm{i}}^{\mathrm{i}} (x^2 + \mathrm{i}y^2) \mathrm{d}z \right| \leq 2$, 积分路径是直线段;

(2) $\left| \int_{-\mathrm{i}}^{\mathrm{i}} (x^2 + \mathrm{i}y^2) \mathrm{d}z \right| \leq \pi$, 积分路径是从 $-\mathrm{i}$ 到 i 的右半圆周;

(3) $\left|\int_{i}^{2+i}\dfrac{\mathrm{d}z}{z^{2}}\right|\leqslant 2$,积分路径是直线段.

5. 不用计算,证明下列积分之值均为 0,其中 C 均为单位圆周:

(1) $\oint_{C}\dfrac{\mathrm{d}z}{\cos z}$;   (2) $\oint_{C}\dfrac{\mathrm{d}z}{z^{2}+2z+2}$;   (3) $\oint_{C}\dfrac{\mathrm{e}^{z}}{z^{2}+5z+6}\mathrm{d}z$.

6. 计算 $\oint_{|z|=1}\dfrac{\mathrm{d}z}{z}$; $\oint_{|z|=1}\dfrac{\mathrm{d}z}{|z|}$; $\oint_{|z|=1}\dfrac{|\mathrm{d}z|}{z}$; $\oint_{|z|=1}\left|\dfrac{\mathrm{d}z}{z}\right|$.

7. 由积分 $\oint_{C}\dfrac{\mathrm{d}z}{z+2}$ 之值证明

$$\int_{0}^{\pi}\dfrac{1+2\cos\theta}{5+4\cos\theta}\mathrm{d}\theta=0,$$

其中 C 为单位圆周.

8. 计算:

(1) $\oint_{C}\dfrac{2z^{2}-z+1}{z-1}\mathrm{d}z\,(C:|z|=2)$;   (2) $\oint_{C}\dfrac{2z^{2}-z+1}{(z-1)^{2}}\mathrm{d}z\,(C:|z|=2)$.

9. 计算 $\oint_{C}\dfrac{\sin\dfrac{\pi}{4}z}{z^{2}-1}\mathrm{d}z$,其中:

(1) $C:|z+1|=\dfrac{1}{2}$;   (2) $C:|z-1|=\dfrac{1}{2}$;   (3) $C:|z|=2$.

10. 设 C 为圆周 $x^{2}+y^{2}=3$, $f(z)=\oint_{C}\dfrac{3\zeta^{2}+7\zeta+1}{\zeta-z}\mathrm{d}\zeta$,求 $f'(1+\mathrm{i})$.

11. 求积分 $\oint_{C}\dfrac{\mathrm{e}^{z}}{z}\mathrm{d}z\,(C:|z|=1)$,从而证明

$$\int_{0}^{\pi}\mathrm{e}^{\cos\theta}\cos(\sin\theta)\mathrm{d}\theta=\pi.$$

12. 设 $F(z)=(z+6)/(z^{2}-4)$,证明 $\oint_{C}F(z)\mathrm{d}z$ 当 C 是圆 $x^{2}+y^{2}=1$ 时等于 0;当 C 是圆 $(x-2)^{2}+y^{2}=1$ 时等于 $4\pi\mathrm{i}$;当 C 是圆 $(x+2)^{2}+y^{2}=1$ 时等于 $-2\pi\mathrm{i}$.

13. 设 $f(z)=z^{2}$,利用本章例 5 验证柯西积分公式

$$f(z)=\dfrac{1}{2\pi\mathrm{i}}\oint_{C}\dfrac{f(\zeta)\mathrm{d}\zeta}{\zeta-z}$$

和柯西求导公式

$$f^{(n)}(z)=\dfrac{n!}{2\pi\mathrm{i}}\oint_{C}\dfrac{f(\zeta)\mathrm{d}\zeta}{(\zeta-z)^{n+1}}.$$

提示:把 $f(\zeta)$ 写成 $(\zeta-z)^{2}+2z(\zeta-z)+z^{2}$.

14. 求积分：

(1) $\oint_C \dfrac{\cos \pi z}{(z-1)^5}\mathrm{d}z$，其中 $C:|z|=a(a>1)$；

(2) $\oint_C \dfrac{\mathrm{e}^z}{(z-a)^3}\mathrm{d}z$，其中 a 为 $|a|\neq 1$ 的任何复数，$C:|z|=1$.

15. 证明 $\dfrac{z^n}{n!}=\dfrac{1}{2\pi\mathrm{i}}\oint_C \dfrac{\mathrm{e}^{z\zeta}}{\zeta^n}\dfrac{\mathrm{d}\zeta}{\zeta}$，其中 C 是围绕原点的一条简单闭曲线.

16. 设 $C:z=z(t)(\alpha\leqslant t\leqslant\beta)$ 为区域 G 内的光滑曲线，$f(z)$ 在区域 G 内单叶解析且 $f'(z)\neq 0$，$w=f(z)$ 将 C 映成曲线 Γ. 求证 Γ 亦为光滑曲线.

17. 同前题的假设，证明换元公式
$$\oint_\Gamma \phi(w)\mathrm{d}w=\oint_C \phi[f(z)]f'(z)\mathrm{d}z,$$
其中 $\phi(w)$ 沿 Γ 连续.

提示：将两端之积分表示成实积分之形式即知.

第四章 解析函数的幂级数表示

级数也是研究函数的一个重要工具. 本章将讨论解析函数表示成幂级数的问题.

第一节 函数项级数的基本性质

§4.1.1 数项级数

考虑各项均为复数的级数

$$\sum_{n=0}^{\infty} w_n = w_0 + w_1 + w_2 + w_3 + \cdots, \quad (4.1)$$

如果它的部分和 $s_n = w_0 + w_1 + \cdots + w_n$ 在 $n \to \infty$ 时有有限极限 s，则称级数 $\sum_{n=0}^{\infty} w_n$ **收敛**，并称 s 为它的**和**，记为

$$s = \sum_{n=0}^{\infty} w_n.$$

不收敛的级数, 称为**发散级数**.

设

$$w_n = u_n + \mathrm{i} v_n,$$

则级数 $\sum_{n=0}^{\infty} w_n$ 收敛于 $s = \sigma + \mathrm{i}\tau$ 的充要条件是两个实级数 $\sum_{n=0}^{\infty} u_n$ 和 $\sum_{n=0}^{\infty} v_n$ 分别收敛于实数 σ 及 τ.

如果由 (4.1) 各项的模所构成的级数 $\sum_{n=0}^{\infty} |w_n|$ 收敛, 就称 $\sum_{n=0}^{\infty} w_n$ **绝对收敛**.

若 $\sum_{n=0}^{\infty} w_n$ 绝对收敛, 则该级数必收敛, 收敛而非绝对收敛的级数 $\sum_{n=0}^{\infty} w_n$ 称为**条件收敛级数**.

绝对收敛的复数项级数可以重排而不改变其绝对收敛性,亦不改变其和.

把两个绝对收敛的复数项级数 $s = \sum_{n=0}^{\infty} w_n, s' = \sum_{n=0}^{\infty} w'_n$ 按下述对角线方法

	w'_0	w'_1	w'_2	$\cdots$
w_0	$w_0 w'_0$	$w_0 w'_1$	$w_0 w'_2$	$\cdots$
w_1	$w_1 w'_0$	$w_1 w'_1$	$w_1 w'_2$	$\cdots$
w_2	$w_2 w'_0$	$w_2 w'_1$	$w_2 w'_2$	$\cdots$
$\vdots$	$\vdots$	$\vdots$	$\vdots$	

得出的乘积(柯西积)级数

$$w_0 w'_0 + (w_0 w'_1 + w_1 w'_0) + \cdots + (w_0 w'_n + w_1 w'_{n-1} + \cdots + w_n w'_0) + \cdots$$

绝对收敛于 ss',即

$$\left(\sum_{k=0}^{\infty} w_k \right) \left(\sum_{l=0}^{\infty} w'_l \right) = \sum_{n=0}^{\infty} c_n = ss',$$

其中 $c_n = \sum_{k=0}^{n} w_k w'_{n-k} = \sum_{l=0}^{n} w_{n-l} w'_l$.

§4.1.2 一致收敛的函数项级数

现在讨论各项均在点集 E 有定义的函数项级数

$$\sum_{n=0}^{\infty} f_n(z). \tag{4.2}$$

如果对于 E 上的每一点 z,级数(4.2)均收敛,那么它的和就是定义在 E 上的一个函数 $f(z)$,称为级数(4.2)的**和函数**,记为

$$f(z) = \sum_{n=0}^{\infty} f_n(z).$$

用 ε-N 的方式来描述这件事实就是:对于给定的 $z \in E$,任给 $\varepsilon > 0$,存在正整数 $N = N(\varepsilon, z)$,使当 $n > N$ 时

$$|f(z) - s_n(z)| < \varepsilon, \tag{4.3}$$

式中 $s_n(z) = \sum_{k=0}^{n} f_k(z)$.

上述的正整数 $N = N(\varepsilon, z)$,一般地说,不但依赖于 ε,还依赖于 $z \in E$. 如果 $N = N(\varepsilon)$ 不依赖于 $z \in E$,这就得到**一致收敛**的概念.

定义 4.1 对于级数(4.2),如果在点集 E 上有一个函数 $f(z)$,对任意给定的 $\varepsilon>0$,存在正整数 $N=N(\varepsilon)$,使当 $n>N$ 时,对一切 $z\in E$,均满足

$$|f(z)-s_n(z)|<\varepsilon, \tag{4.4}$$

则称级数(4.2)在 E 上**一致收敛**于 $f(z)$.

柯西一致收敛准则 级数(4.2)在点集 E 上一致收敛于某函数的充要条件是:任意给定 $\varepsilon>0$,存在正整数 $N=N(\varepsilon)$,使当 $n>N$ 时,对一切 $z\in E$,均有

$$|f_{n+1}(z)+\cdots+f_{n+p}(z)|<\varepsilon, \quad p=1,2,3,\cdots. \tag{4.5}$$

利用柯西一致收敛准则,可以得出一致收敛的一个充分条件,即

魏尔斯特拉斯 M-判别法 如果有正数列 $M_n(n=0,1,2,\cdots)$,对一切 $z\in E$ 均有

$$|f_n(z)|\le M_n, \quad n=0,1,2,\cdots$$

且正项级数 $\sum_{n=0}^{\infty} M_n$ 收敛,则 $\sum_{n=0}^{\infty} f_n(z)$ 在 E 上绝对收敛且一致收敛.

这样的正项级数 $\sum_{n=0}^{\infty} M_n$ 称为复函数项级数 $\sum_{n=0}^{\infty} f_n(z)$ 的**强级数**(或**优级数**),上述 M-判别法又称为优级数准则.

注 优级数准则是一个被广泛应用的方法.因为它把判别复数项级数的一致收敛性转化为判别正项级数的收敛性,而实现后者较容易;另外,优级数准则同时还可以判别绝对收敛性.

现将关于函数项级数基本性质的三个定理叙述如下,并仅就其中的魏尔斯特拉斯定理给出部分证明.

定理 4.1 设级数 $\sum_{n=0}^{\infty} f_n(z)$ 的各项在点集 E 上连续,并且一致收敛于 $f(z)$,则和函数

$$f(z)=\sum_{n=0}^{\infty} f_n(z)$$

也在 E 上连续.

定理 4.2 设级数 $\sum_{n=0}^{\infty} f_n(z)$ 的各项在曲线 C 上连续,并且在 C 上一致收敛于 $f(z)$,则沿 C 可以逐项积分

$$\int_C f(z)\,\mathrm{d}z = \sum_{n=0}^{\infty}\int_C f_n(z)\,\mathrm{d}z. \tag{4.6}$$

在微积分中,函数项级数能逐项求导的条件是苛刻的,然而解析函数项级数逐项求导的条件却比较宽,这就是下面的魏尔斯特拉斯定理.讲解魏尔斯特拉斯定理之前,先引进一个新定义:

定义 4.2 设级数 $\sum_{n=0}^{\infty} f_n(z)$ 的各项均在区域 D 内有定义,若 $\sum_{n=0}^{\infty} f_n(z)$ 在 D 的任

一有界闭子区域上一致收敛,则称级数在 D 内 **内闭一致收敛**.

显然,若 $\sum_{n=0}^{\infty} f_n(z)$ 在区域 D 内内闭一致收敛,则 $\sum_{n=0}^{\infty} f_n(z)$ 在 D 内的每一点都收敛,但不一定在 D 内一致收敛.

容易证明,级数 $\sum_{n=0}^{\infty} f_n(z)$ 在圆 $K:|z-a|<R$ 内内闭一致收敛的充要条件为:对任意正数 $\rho<R$,级数 $\sum_{n=0}^{\infty} f_n(z)$ 在闭圆 $\overline{K}_\rho:|z-a|\leqslant\rho$ 上一致收敛.

定理 4.3(魏尔斯特拉斯定理) 设级数 $\sum_{n=0}^{\infty} f_n(z)$ 的各项均在区域 D 内解析,且级数在区域 D 内内闭一致收敛于 $f(z)$,则

(i) $f(z) = \sum_{n=0}^{\infty} f_n(z)$ 在区域 D 内解析;

(ii) 在 D 内级数可逐项求导至任意阶,且

$$f^{(p)}(z) = \sum_{n=0}^{\infty} f_n^{(p)}(z), \quad p = 1,2,3,\cdots;$$

(iii) $\sum_{n=0}^{\infty} f_n^{(p)}(z)$ 在 D 内内闭一致收敛于 $f^{(p)}(z)$.

证 (i) 在区域 D 内任作一围线 C,使其内部也包含于 D. 因 $f_n(z)$ 在 D 内解析,故 $f_n(z)$ 在 D 内连续,且

$$\oint_C f_n(z)\,\mathrm{d}z = 0, \quad n = 0,1,2,\cdots.$$

由 $\sum_{n=0}^{\infty} f_n(z)$ 的内闭一致收敛性知其在 C 上一致收敛于 $f(z)$,则根据定理 4.2 知

$$\oint_C f(z)\,\mathrm{d}z = \sum_{n=0}^{\infty} \oint_C f_n(z)\,\mathrm{d}z = 0.$$

根据定理 3.8(莫雷拉定理)知 $f(z)$ 在 D 内解析.

(ii) 在 D 内任意固定一点 z_0,今证

$$f^{(p)}(z_0) = \sum_{n=0}^{\infty} f_n^{(p)}(z_0). \tag{4.7}$$

考虑以 z_0 为圆心的圆周 γ,使 γ 及其内部均含于 D 内. 由导数的积分表示,得

$$f^{(p)}(z_0) = \frac{p!}{2\pi\mathrm{i}} \oint_\gamma \frac{f(\zeta)}{(\zeta - z_0)^{p+1}}\,\mathrm{d}\zeta,$$

$$f_n^{(p)}(z_0) = \frac{p!}{2\pi\mathrm{i}} \oint_\gamma \frac{f_n(\zeta)}{(\zeta - z_0)^{p+1}}\,\mathrm{d}\zeta, \quad n = 0,1,2,\cdots.$$

而在 γ 上, $\sum_{n=0}^{\infty} \dfrac{f_n(\zeta)}{(\zeta - z_0)^{p+1}}$ 一致收敛于 $\dfrac{f(\zeta)}{(\zeta - z_0)^{p+1}}$,于是沿 γ 可逐项积分,得到

$$\oint_\gamma \frac{f(\zeta)}{(\zeta-z_0)^{p+1}}\mathrm{d}\zeta = \sum_{n=0}^{\infty}\oint_\gamma \frac{f_n(\zeta)}{(\zeta-z_0)^{p+1}}\mathrm{d}\zeta.$$

两端同乘 $\dfrac{p!}{2\pi\mathrm{i}}$，再运用柯西积分公式，就得到(4.7)式. 又因 z_0 是 D 内任意的点，于是结论(ii)得证.

(iii) 证明从略.

第二节 幂级数与解析函数

§4.2.1 幂级数的敛散性

最简单的函数项级数是幂级数

$$\sum_{n=0}^{\infty} c_n(z-a)^n = c_0 + c_1(z-a) + c_2(z-a)^2 + \cdots, \qquad (4.8)$$

其中 $c_0, c_1, c_2, \cdots$ 和 a 是给定的复常数. 不失一般性，我们可以假定 $a=0$，这时幂级数为

$$\sum_{n=0}^{\infty} c_n z^n = c_0 + c_1 z + c_2 z^2 + \cdots. \qquad (4.9)$$

在一般情况下，只要作变换 $\zeta=z-a$，即可将(4.8)式化成(4.9)式的形式. 为了搞清幂级数(4.9)的敛散情况，先建立下述定理.

定理 4.4(阿贝尔定理) 如果级数(4.9)在某点 $z_0(z_0\neq 0)$ 收敛，则它在以 O 为圆心并通过 z_0 的圆 $K:|z|<|z_0|$ 内绝对收敛，且内闭一致收敛.

证 设 z 是所述圆内任一定点，因为 $\sum_{n=0}^{\infty} c_n z_0^n$ 收敛，它的各项必然有界，即有正数 M，使

$$|c_n z_0^n| \leq M, \quad n=0,1,2,\cdots.$$

这样一来，即有

$$|c_n z^n| = \left|c_n z_0^n \left(\frac{z}{z_0}\right)^n\right| \leq M\left|\frac{z}{z_0}\right|^n.$$

注意到 $|z|<|z_0|$，故级数 $\sum_{n=0}^{\infty} M\left|\dfrac{z}{z_0}\right|^n$ 为收敛的等比级数，因而级数(4.9)在圆 K 内绝对收敛.

其次，对闭圆 $|z|\leq \rho (\rho<|z_0|)$ 上的一切点来说，有

$$|c_n z^n| \leq |c_n|\rho^n.$$

由第一部分证明知 $\sum_{n=0}^{\infty} |c_n|\rho^n$ 是收敛的,即 $\sum_{n=0}^{\infty} c_n z^n$ 在闭圆 $|z| \leq \rho (\rho < |z_0|)$ 上有收敛的强级数,因而它在闭圆 $|z| \leq \rho$ 上一致收敛.证完.

由这个定理立即可以得出下面的推论.

推论 若幂级数 $\sum_{n=0}^{\infty} c_n z^n$ 在 $z = z_1$ 点发散,则 $\sum_{n=0}^{\infty} c_n z^n$ 在以原点为圆心并通过 z_1 的圆的外部(即 $|z| > |z_1|$)必定处处发散.

证 用反证法.如果 $\sum_{n=0}^{\infty} c_n z^n$ 在圆 $|z| = |z_1|$ 外的某点 z_2 收敛,则由阿贝尔定理知级数 $\sum_{n=0}^{\infty} c_n z^n$ 必在 $|z| < |z_2|$ 内绝对收敛,从而在 z_1 处也必收敛,而这与 z_1 处级数发散的假设相矛盾,故推论得证.

幂级数(4.9)在 $z = 0$ 总是收敛的,在 $z \neq 0$ 点可能有下述三种情况.

第一种情况 对任意的 $z \neq 0$,级数 $\sum_{n=0}^{\infty} c_n z^n$ 均发散.

例如,级数 $1 + z + 2^2 z^2 + \cdots + n^n z^n + \cdots$ 当 $z \neq 0$ 时通项不趋于零,故发散.

第二种情况 对任意的 z,级数 $\sum_{n=0}^{\infty} c_n z^n$ 均收敛.

例如,级数 $1 + z + \dfrac{z^2}{2^2} + \cdots + \dfrac{z^n}{n^n} + \cdots$ 对任意固定的 z,从某个 n 开始以后,总有 $\dfrac{|z|}{n} < \dfrac{1}{2}$,于是从这项起的以后各项均有 $\left|\dfrac{z^n}{n^n}\right| < \left(\dfrac{1}{2}\right)^n$,故级数对任意的 z 均收敛.

第三种情况 级数 $\sum_{n=0}^{\infty} c_n z^n$ 有不为 0 的收敛点,同时也有发散点.

在第三种情况下,根据定理 4.4 及其推论,不难看出:必存在一个有限正数 R,使得给定的幂级数 $\sum_{n=0}^{\infty} c_n z^n$ 在圆周 $|z| = R$ 内部绝对收敛,在圆周 $|z| = R$ 外部发散.R 称为此幂级数的**收敛半径**;圆 $|z - a| < R$ 和圆周 $|z - a| = R$ 分别称为它的**收敛圆**和**收敛圆周**.在第一种情况下就说 $R = 0$,第二种情况就说 $R = +\infty$.

至于收敛半径 R 的求法,有下列简单公式:
若
$$\lim_{n \to \infty} \left|\dfrac{c_{n+1}}{c_n}\right| = l, \tag{4.10}$$
或
$$\lim_{n \to \infty} \sqrt[n]{|c_n|} = l, \tag{4.11}$$

或
$$\overline{\lim_{n\to\infty}}\sqrt[n]{|c_n|} = l, \tag{4.12}$$

其中 l 可以是有限值(包括 0),也可以是无穷大,则收敛半径

$$R = \begin{cases} \dfrac{1}{l}, & l \text{ 为有限值且 } l \neq 0, \\ 0, & l = \infty, \\ \infty, & l = 0. \end{cases} \tag{4.13}$$

(4.13)式称为柯西-阿达马公式.

例 1 求几何级数 $1+z+z^2+\cdots+z^n+\cdots$ 的收敛半径及和函数.

解 收敛半径 $R = \lim\limits_{n\to\infty}\left|\dfrac{1}{1}\right| = 1$. 设
$$1 + z + z^2 + \cdots + z^n = s_n(z) \quad (|z| < 1),$$
则
$$z + z^2 + \cdots + z^{n+1} = zs_n(z) \quad (|z| < 1),$$
两式相减,得
$$(1-z)s_n(z) = 1 - z^{n+1},$$
即
$$s_n = \frac{1 - z^{n+1}}{1 - z},$$
令 $n\to\infty$ 即得
$$1 + z + z^2 + \cdots + z^n + \cdots = \frac{1}{1-z} \quad (|z| < 1). \tag{4.14}$$

由于幂级数 $\sum\limits_{n=0}^{\infty} c_n(z-a)^n$ 的每一项都是 z 的解析函数,且幂级数在其收敛圆内内闭一致收敛,因此根据定理 4.3,其和函数 $f(z)$ 在收敛圆内解析,且可以逐项求导至任意阶. 又因
$$f^{(p)}(z) = p!c_p + (p+1)p\cdots 2 c_{p+1}(z-a) + \cdots, \quad p = 0,1,2,\cdots,$$
故
$$c_p = \frac{f^{(p)}(a)}{p!}, \quad p = 0,1,2,\cdots. \tag{4.15}$$

一个幂级数在其收敛圆内一定收敛,在收敛圆外一定发散. 在收敛圆周上的敛散性有如下三种可能:(1) 处处发散;(2) 既有收敛点,又有发散点;(3) 处处收敛. 如

$1 + z + \cdots + z^n + \cdots$ 在 $|z|=1$ 上处处发散;

$\dfrac{z}{1} + \dfrac{z^2}{2} + \cdots + \dfrac{z^n}{n} + \cdots$ 在 $|z|=1$ 上除 $z=1$ 外均收敛,而在 $z=1$ 点发散;

$$\frac{z^2}{1\cdot 2}+\frac{z^3}{2\cdot 3}+\cdots+\frac{z^n}{(n-1)\cdot n}+\cdots \quad 在|z|=1上处处收敛.$$

但不论哪种情况,幂级数的和函数在其收敛圆周上都至少有一个奇点. 读者可以求出上面三个幂级数的和函数,验证 $z=1$ 点是它们的奇点.

§4.2.2 解析函数的幂级数表示

定理 4.5（泰勒定理） 设 $f(z)$ 在区域 D 内解析, $a\in D$, 只要圆 $K:|z-a|<R$ 含于 D 内, 则 $f(z)$ 在 K 内能展成幂级数

$$f(z)=\sum_{n=0}^{\infty}c_n(z-a)^n, \tag{4.16}$$

其中

$$c_n=\frac{1}{2\pi\mathrm{i}}\oint_\gamma\frac{f(\zeta)}{(\zeta-a)^{n+1}}\mathrm{d}\zeta=\frac{f^{(n)}(a)}{n!},\quad n=0,1,2,\cdots, \tag{4.17}$$

称为**泰勒系数**, γ 为圆周 $|\zeta-a|=\rho\,(0<\rho<R)$. (4.16)式右边的级数称为 $f(z)$ 在 a 点的**泰勒级数**, 并且展式是唯一的.

证 设 z 为 K 内任意取定的点,由柯西积分公式得

$$f(z)=\frac{1}{2\pi\mathrm{i}}\oint_\gamma\frac{f(\zeta)}{\zeta-z}\mathrm{d}\zeta,$$

其中 γ 是圆周 $|\zeta-a|=\rho<R$, z 在 γ 内,如图 4.1. 我们设法将被积式 $\dfrac{f(\zeta)}{\zeta-z}$ 表为含有 $z-a$ 的正幂次的级数,

$$\frac{f(\zeta)}{\zeta-z}=\frac{f(\zeta)}{\zeta-a-(z-a)}=\frac{f(\zeta)}{\zeta-a}\frac{1}{1-\dfrac{z-a}{\zeta-a}}. \tag{4.18}$$

当 $\zeta\in\gamma$ 时,由于

$$\left|\frac{z-a}{\zeta-a}\right|=\frac{|z-a|}{\rho}<1,$$

故

$$\frac{1}{1-\dfrac{z-a}{\zeta-a}}=\sum_{n=0}^{\infty}\left(\frac{z-a}{\zeta-a}\right)^n.$$

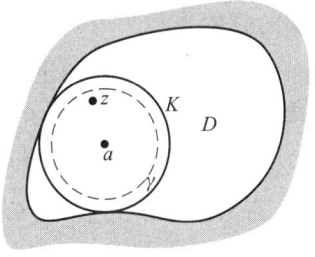

图 4.1

上式右端的级数在 γ 上（关于 ζ）是一致收敛的. 再乘 γ 上的有界函数 $\dfrac{f(\zeta)}{\zeta-a}$, 仍然得到 γ 上的一致收敛级数. 于是(4.18)式可表为 γ 上的一致收敛级数

$$\frac{f(\zeta)}{\zeta - z} = \sum_{n=0}^{\infty} (z-a)^n \frac{f(\zeta)}{(\zeta-a)^{n+1}}.$$

将上式沿 γ 积分,再以 $\frac{1}{2\pi i}$ 乘所得结果,根据逐项积分法,即得

$$f(z) = \frac{1}{2\pi i}\oint_\gamma \frac{f(\zeta)}{\zeta - z}d\zeta = \sum_{n=0}^{\infty} (z-a)^n \frac{1}{2\pi i}\oint_\gamma \frac{f(\zeta)d\zeta}{(\zeta-a)^{n+1}}.$$

由(3.14)式知

$$\frac{1}{2\pi i}\oint_\gamma \frac{f(\zeta)}{(\zeta-a)^{n+1}}d\zeta = \frac{f^{(n)}(a)}{n!},$$

从而

$$f(z) = \sum_{n=0}^{\infty} c_n (z-a)^n,$$

于是定理的前部分得证.

现证明展式的唯一性. 设另有

$$f(z) = \sum_{n=0}^{\infty} c'_n (z-a)^n, \quad |z-a| < R.$$

由(4.15)式即知

$$c'_n = \frac{f^{(n)}(a)}{n!} = c_n, \quad n = 0, 1, 2, \cdots.$$

故展式是唯一的. 证完.

既然展式是唯一的,那么我们就可以用任何方便的办法来求一个解析函数的泰勒展式,而不一定用公式(4.17)去求系数了. 系数确定后,当然可以利用柯西-阿达马公式(4.13)求得收敛半径. 考虑到幂级数的和函数在其收敛圆周上肯定有奇点,我们一般可以通过下面的方法求得收敛半径.

设 $f(z)$ 在点 a 解析,b 是 $f(z)$ 离 a 点最近的奇点,则 $f(z)$ 在 a 点邻域的泰勒展式的收敛半径为 $R = |b-a|$.

综合定理 4.4 和定理 4.5,可得解析函数的一个充要条件,即 $f(z)$ 在区域 D 内解析,必须且只需 $f(z)$ 在 D 内任一点的某邻域内可展成幂级数.

众所周知,在微积分中,将函数展成泰勒级数时,首先要函数的任意阶导数存在. 有了任意阶导数,其泰勒级数还不一定收敛,纵令收敛,也不一定就收敛于该函数的值. 但在复变函数中,则只需函数在该点解析就够了,解析函数结构之致密,于此又见.

下面给出几个初等函数的幂级数展式,它们的形式在微积分中是人所熟知的.

例2 求 $e^z, \cos z$ 及 $\sin z$ 在 $z = 0$ 的泰勒展式.

解 $f(z) = e^z$ 在复平面上解析,它在 $z = 0$ 处的泰勒系数为

$$\frac{f^{(n)}(0)}{n!}=\frac{1}{n!}, \quad n=0,1,2,\cdots.$$

于是有

$$e^z = 1+z+\frac{z^2}{2!}+\cdots+\frac{z^n}{n!}+\cdots, \quad |z|<+\infty. \tag{4.19}$$

由

$$\cos z = \frac{e^{iz}+e^{-iz}}{2} = \frac{1}{2}\left[\sum_{n=0}^{\infty}\frac{(iz)^n}{n!}+\sum_{n=0}^{\infty}\frac{(-iz)^n}{n!}\right],$$

得

$$\cos z = \sum_{n=0}^{\infty}\frac{(-1)^n z^{2n}}{(2n)!}, \quad |z|<+\infty. \tag{4.20}$$

同理可得

$$\sin z = \sum_{n=0}^{\infty}\frac{(-1)^n z^{2n+1}}{(2n+1)!}, \quad |z|<+\infty. \tag{4.21}$$

对于多值函数,在适当规定了单值分支后,即可像单值函数那样作泰勒展开.

例 3 求多值函数 $f(z)=\operatorname{Ln}(1+z)$ 的各个分支在点 $z=0$ 的泰勒展式,并指出展式成立的范围.

解 多值函数 $f(z)=\operatorname{Ln}(1+z)$ 以 $z=-1$ 及 ∞ 为支点. 将复平面沿负实轴从 -1 到 ∞ 割开,在这样得到的区域 D 内, $f(z)=\operatorname{Ln}(1+z)$ 可以分出无穷多个单值解析分支:

$$f_k(z) = \operatorname{Ln}_k(1+z) = \ln(1+z) + 2k\pi i, \quad k=0, \pm 1, \pm 2,\cdots,$$

其中 $\ln(1+z)$ 代表主值支,

$$\ln(1+z) = \ln|1+z| + i\arg(1+z), \quad -\pi < \arg(1+z) < \pi.$$

无论哪个分支,与 $z=0$ 最近的奇点都是 $z=-1$. 因此展式的收敛圆都是 $|z|<1$. 由于在 $|z|<1$ 内,有

$$\ln(1+z) = \int_0^z \frac{1}{1+\zeta}d\zeta = \int_0^z \sum_{n=0}^{\infty}(-1)^n\zeta^n d\zeta,$$

逐项积分,得

$$\ln(1+z) = \sum_{n=0}^{\infty}\int_0^z(-1)^n\zeta^n d\zeta = \sum_{n=0}^{\infty}(-1)^n\frac{z^{n+1}}{n+1},$$

即

$$\ln(1+z) = \sum_{n=1}^{\infty}(-1)^{n-1}\frac{z^n}{n}$$
$$= z - \frac{z^2}{2} + \frac{z^3}{3} - \cdots + (-1)^{n-1}\frac{z^n}{n} + \cdots \quad (|z|<1).$$

易知其他各支的展式为

$$\mathrm{Ln}_k(1+z) = 2k\pi\mathrm{i} + \sum_{n=1}^{\infty}(-1)^{n-1}\frac{z^n}{n}, \quad k = 0, \pm 1, \pm 2, \cdots \quad (|z| < 1).$$

例 4 函数 $\dfrac{\mathrm{e}^z}{1-z}$ 在 $|z|<1$ 内解析,求其泰勒展式.

解
$$\mathrm{e}^z = 1 + z + \frac{z^2}{2!} + \frac{z^3}{3!} + \cdots \quad (|z| < +\infty),$$

$$\frac{1}{1-z} = 1 + z + z^2 + z^3 + \cdots \quad (|z| < 1),$$

两式相乘,得

$$\frac{\mathrm{e}^z}{1-z} = 1 + \left(1+\frac{1}{1!}\right)z + \left(1+\frac{1}{1!}+\frac{1}{2!}\right)z^2 + \left(1+\frac{1}{1!}+\frac{1}{2!}+\frac{1}{3!}\right)z^3 + \cdots \quad (|z| < 1).$$

在相乘时,可按多项式的乘法,或排成下列对角线形式:

	1	$\frac{1}{1!}$	$\frac{1}{2!}$	$\frac{1}{3!}$	$\cdots$
1	1	$\frac{1}{1!}$	$\frac{1}{2!}$	$\frac{1}{3!}$	$\cdots$
1	1	$\frac{1}{1!}$	$\frac{1}{2!}$	$\frac{1}{3!}$	$\cdots$
1	1	$\frac{1}{1!}$	$\frac{1}{2!}$	$\frac{1}{3!}$	$\cdots$
1	1	$\frac{1}{1!}$	$\frac{1}{2!}$	$\frac{1}{3!}$	$\cdots$
$\vdots$	$\vdots$	$\vdots$	$\vdots$	$\vdots$	

§4.2.3 解析函数零点的孤立性及唯一性定理

定义 4.3 若 $f(z)$ 在 a 点解析,且 $f(a)=0$,则称 a 是 $f(z)$ 的零点. 若 $f(a) = f'(a) = \cdots = f^{(m-1)}(a) = 0$,但 $f^{(m)}(a) \neq 0$,则称 a 是 $f(z)$ 的 m 阶零点.

由泰勒定理不难证明.

定理 4.6 设 $f(z)$ 是不恒为零的解析函数,则 a 是 $f(z)$ 的 m 阶零点的充要条件是:在 a 点的某邻域内 $f(z)$ 可表示为

$$f(z) = (z-a)^m \varphi(z),$$

其中 $\varphi(z)$ 在 a 解析且 $\varphi(a)\neq 0$.

解析函数的一个重要性质是它的零点具有孤立性.

定理 4.7(解析函数零点的孤立性) 若 $f(z)$ 是不恒为零的解析函数,a 是它的一个零点,则必存在 a 的一个邻域,在此邻域内 $f(z)$ 没有异于 a 的零点.

证 设 a 为 $f(z)$ 的 m 阶零点,则由定理 4.6 知 $f(z)$ 在 a 的某邻域 $N(a)$ 内可表示为
$$f(z)=(z-a)^m\varphi(z),$$
其中 $\varphi(z)$ 在 $N(a)$ 内解析,且 $\varphi(a)\neq 0$. 由 φ 在 a 点的连续性知,存在 a 的邻域 $N_r(a)$,使得 $\varphi(z)$ 在 $N_r(a)$ 中恒不为 0. 从而 $f(z)$ 在 $N_r(a)$ 内除 a 点外恒不为零.

利用上述定理的逆否命题,可以得到一些非常有用的结论,即

定理 4.8(唯一性定理) 设函数 $f_1(z)$ 和 $f_2(z)$ 在区域 D 内解析,在 D 内有一个收敛于 $a\in D$ 的点列 $\{z_n\}$ $(z_n\neq a)$,在其上 $f_1(z)=f_2(z)$,则 $f_1(z)$ 和 $f_2(z)$ 在 D 内恒等.

推论 1 设 $f_1(z)$ 和 $f_2(z)$ 在 D 内解析,且在 D 内的某一子区域(或一小段弧)上相等,则它们在 D 内恒等.

推论 2 一切在实轴上成立的恒等式,在 z 平面上也成立,只要这个恒等式的两边在 z 平面上都是解析的.

例如,由 $\sin^2 x+\cos^2 x\equiv 1$ 可推知 $\sin^2 z+\cos^2 z\equiv 1$;由 $\sin 2x=2\sin x\cos x$ 可推知 $\sin 2z=2\sin z\cos z$.

第三节 洛朗级数

众所周知,用泰勒级数来表示圆形区域内的解析函数是很方便的. 但是,在第二章第四节中讲平面静电场的例子时,我们遇到的复位势函数 $w(z)=2qi\ln\dfrac{1}{z}$ 及 $w(z)=\dfrac{2pi}{z}$,从物理上讲,它在挖去 $z=0$ 后的区域内分别代表在 $z=0$ 点有电荷存在和有偶极子存在时所形成的平面静电场的复位势;从数学上看,$z=0$ 是它们的奇点,不能直接用泰勒级数来表示这些复位势函数,而需要把奇点 $z=0$ 挖去,考虑在区域 $r<|z|<+\infty$ 或 $r<|z|<R$ 内解析的函数 $w(z)$ 的级数展开式. 这就是本章要讨论的洛朗级数,这是函数在奇点附近的级数展式. 我们将以此为工具来研究单值解析函数的孤立奇点,以及解析函数在孤立奇点邻域内的性质.

§4.3.1 洛朗级数的收敛圆环

考虑两个级数

$$c_0 + c_1(z-a) + c_2(z-a)^2 + \cdots, \tag{4.22}$$

$$\frac{c_{-1}}{z-a} + \frac{c_{-2}}{(z-a)^2} + \cdots. \tag{4.23}$$

前者是幂级数,故它在收敛圆$|z-a|<R$($0<R\leqslant+\infty$)内表示一个解析函数. 对级数(4.23)作代换

$$\zeta = \frac{1}{z-a},$$

得

$$c_{-1}\zeta + c_{-2}\zeta^2 + \cdots.$$

设它的收敛区域为$|\zeta|<\frac{1}{r}$,其中$0<\frac{1}{r}\leqslant+\infty$,再变回到原来的复变数$z$,即知级数(4.23)在$|z-a|>r$($0\leqslant r<+\infty$)内表示一解析函数.

我们称级数(4.22)与(4.23)之和为一双边幂级数,可以表示为

$$\sum_{n=-\infty}^{\infty} c_n(z-a)^n. \tag{4.24}$$

当且仅当$r<R$时,级数(4.22),(4.23)有公共的收敛区域——圆环:$r<|z-a|<R$,称为级数(4.24)的收敛圆环. 注意,这里我们感兴趣的,只是存在这个公共收敛圆环的情形.

由以上讨论即得下述定理.

定理4.9 双边幂级数$\sum_{n=-\infty}^{\infty} c_n(z-a)^n$在收敛圆环$r<|z-a|<R$内绝对收敛且内闭一致收敛,它的和函数在收敛圆环内是解析函数.

§4.3.2 解析函数的洛朗展式

前面指出了级数(4.24)在其收敛圆环内表示一解析函数,反过来有以下定理.

定理4.10(洛朗定理) 在圆环$H:r<|z-a|<R$($r\geqslant 0, R\leqslant+\infty$)内的解析函数$f(z)$必可展成级数

$$f(z) = \sum_{n=-\infty}^{\infty} c_n(z-a)^n, \tag{4.25}$$

其中

$$c_n = \frac{1}{2\pi i}\oint_\gamma \frac{f(\zeta)}{(\zeta-a)^{n+1}}d\zeta, \quad n = 0, \pm 1, \pm 2, \cdots \quad (4.26)$$

称为**洛朗系数**，(4.25)式右边的级数称为 $f(z)$ 在圆环 H 的**洛朗级数**. γ 为圆周 $|\zeta-a|=\rho$ ($r<\rho<R$)，并且展式是唯一的，即 $f(z)$ 及圆环 H 唯一地决定了系数 c_n.

证 设 z 为 H 内任意取定的点，总可以找到含于 H 内的两个圆周

$$\gamma_1: |\zeta-a|=\rho_1, \quad \gamma_2: |\zeta-a|=\rho_2,$$

使得 z 含在圆环 $\rho_1<|z-a|<\rho_2$ 内（图 4.2）. 因 $f(z)$ 在闭圆环 $\rho_1\leqslant|z-a|\leqslant\rho_2$ 上解析，由柯西积分公式，有

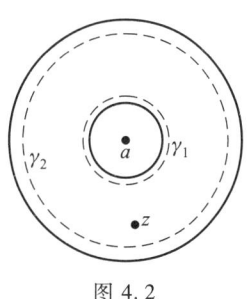

图 4.2

$$f(z) = \frac{1}{2\pi i}\oint_{\gamma_2}\frac{f(\zeta)}{\zeta-z}d\zeta - \frac{1}{2\pi i}\oint_{\gamma_1}\frac{f(\zeta)}{\zeta-z}d\zeta,$$

或写成

$$f(z) = \frac{1}{2\pi i}\oint_{\gamma_2}\frac{f(\zeta)}{\zeta-z}d\zeta + \frac{1}{2\pi i}\oint_{\gamma_1}\frac{f(\zeta)}{z-\zeta}d\zeta. \quad (4.27)$$

我们将上式中的两个积分表示为 $z-a$ 的幂级数.

对于第一个积分，只要照抄定理 4.5 证明中的相应部分，即得

$$\frac{1}{2\pi i}\oint_{\gamma_2}\frac{f(\zeta)}{\zeta-z}d\zeta = \sum_{n=0}^\infty c_n(z-a)^n, \quad (4.28)$$

其中

$$c_n = \frac{1}{2\pi i}\oint_{\gamma_2}\frac{f(\zeta)}{(\zeta-a)^{n+1}}d\zeta, \quad n=0,1,\cdots. \quad (4.28')$$

类似地，考虑(4.27)式中的第二个积分

$$\frac{1}{2\pi i}\oint_{\gamma_1}\frac{f(\zeta)}{z-\zeta}d\zeta,$$

我们有

$$\frac{f(\zeta)}{z-\zeta} = \frac{f(\zeta)}{(z-a)-(\zeta-a)} = \frac{f(\zeta)}{z-a}\frac{1}{1-\frac{\zeta-a}{z-a}}.$$

当 $\zeta\in\gamma_1$ 时，$\left|\frac{\zeta-a}{z-a}\right|=\frac{\rho_1}{|z-a|}<1$，于是上式可以展成一致收敛的级数

$$\frac{f(\zeta)}{z-\zeta} = \frac{f(\zeta)}{z-a}\sum_{n=1}^\infty\left(\frac{\zeta-a}{z-a}\right)^{n-1},$$

沿 γ_1 逐项积分，再以 $\frac{1}{2\pi i}$ 乘两端即得

$$\frac{1}{2\pi i}\oint_{\gamma_1}\frac{f(\zeta)}{z-\zeta}d\zeta = \sum_{n=1}^\infty\frac{c_{-n}}{(z-a)^n}, \quad (4.29)$$

其中
$$c_{-n} = \frac{1}{2\pi i}\oint_{\gamma_1} \frac{f(\zeta)}{(\zeta-a)^{-n+1}}d\zeta, \quad n = 1,2,\cdots. \tag{4.29'}$$

由(4.27),(4.28),(4.29)式即得

$$f(z) = \sum_{n=0}^{\infty} c_n(z-a)^n + \sum_{n=1}^{\infty} \frac{c_{-n}}{(z-a)^n} = \sum_{n=-\infty}^{\infty} c_n(z-a)^n.$$

由复围线的柯西积分定理,对于任意圆周 $\gamma:|z-a|=\rho(r<\rho<R)$,有

$$c_n = \frac{1}{2\pi i}\oint_{\gamma_2} \frac{f(\zeta)}{(\zeta-a)^{n+1}}d\zeta = \frac{1}{2\pi i}\oint_{\gamma} \frac{f(\zeta)}{(\zeta-a)^{n+1}}d\zeta, \quad n=0,1,2,\cdots,$$

$$c_{-n} = \frac{1}{2\pi i}\oint_{\gamma_1} \frac{f(\zeta)}{(\zeta-a)^{-n+1}}d\zeta = \frac{1}{2\pi i}\oint_{\gamma} \frac{f(\zeta)}{(\zeta-a)^{-n+1}}d\zeta, \quad n=1,2,\cdots.$$

于是系数可以统一表示成(4.26)式.

因为系数 c_n 与我们所取的 z 根本无关,故在圆环 H 内(4.25)式成立.

最后证明展式的唯一性. 设 $f(z)$ 在圆环 H 内又可展成:

$$f(z) = \sum_{n=-\infty}^{\infty} c'_n(z-a)^n.$$

由定理4.6知,它在圆周 $\gamma:|z-a|=\rho(r<\rho<R)$ 上一致收敛,乘沿 γ 上的有界函数 $\frac{1}{(z-a)^{m+1}}$,仍然一致收敛. 逐项积分,得

$$\oint_{\gamma} \frac{f(\zeta)}{(\zeta-a)^{m+1}}d\zeta = \sum_{n=-\infty}^{\infty} c'_n \oint_{\gamma} (\zeta-a)^{n-m-1}d\zeta.$$

右端级数中 $n=m$ 那一项积分为 $2\pi i$,其余各项为 0,于是

$$c'_m = \frac{1}{2\pi i}\oint_{\gamma} \frac{f(\zeta)}{(\zeta-a)^{m+1}}d\zeta = c_m, \quad m=0,\pm 1,\pm 2,\cdots.$$

§4.3.3 洛朗展式举例

在举例之前,先介绍一下孤立奇点.

我们知道,若函数 $f(z)$ 在 $z=a$ 不解析,则称 $z=a$ 是 $f(z)$ 的奇点. 孤立奇点是奇点中最简单的一种:

定义 4.4 若函数 $f(z)$ 在 $z=a$ 不解析(不可微或无定义),而在 $z=a$ 的某去心邻域 $0<|z-a|<\varepsilon$ 内解析,则称 $z=a$ 是 $f(z)$ 的一个(单值性)**孤立奇点**.

如果在 $z=a$ 的无论多么小的邻域内,总有除 $z=a$ 以外的奇点,则 $z=a$ 是 $f(z)$ 的**非孤立奇点**.

例 5 函数 $f(z)=\frac{1}{z-a}$,它有孤立奇点 $z=a$.

又如函数 $f(z) = \dfrac{1}{\sin \dfrac{1}{z}}$，$z_0 = 0$ 和 $z_n = \dfrac{1}{n\pi}$，$n = \pm 1, \pm 2, \cdots$ 是它的奇点. 显然 $\dfrac{1}{n\pi}$ 是 $f(z)$ 的孤立奇点. 当 n 充分大时，$\dfrac{1}{n\pi}$ 可以任意接近于 $z_0 = 0$ 点，这就是说在 z_0 的无论多么小的邻域内，函数 $f(z)$ 总有异于 z_0 的奇点，故 $z_0 = 0$ 是 $f(z)$ 的非孤立奇点.

如果 a 为 $f(z)$ 的一个孤立奇点（以后不特别声明，总是指单值性孤立奇点），则必存在 R，使得 $f(z)$ 在 $0 < |z-a| < R$ 内可展成洛朗级数.

例 6 函数 $f(z) = \dfrac{1}{(z-1)(z-2)}$ 有孤立奇点 $z=1, z=2$，试分别在 $0<|z-1|<1$ 和 $0<|z-2|<1$ 内将 $f(z)$ 展成洛朗级数.

解 由于证明了展式是唯一的，那么我们就可以用任何方便的方法，把一个在圆环内的解析函数展成洛朗级数，而不必一定用公式（4.26）求系数了.

我们对 $f(z)$ 做一些简单运算之后，再用几何级数公式，即可在指定的区域内把 $f(z)$ 展成洛朗级数 $\sum\limits_{n=-\infty}^{\infty} c_n (z-1)^n$. 具体做法如下：

在 $0 < |z-1| < 1$ 内，
$$f(z) = \frac{1}{(z-1)(z-2)} = \frac{-1}{z-1} + \frac{1}{z-2} = \frac{-1}{z-1} - \frac{1}{1-(z-1)}$$
$$= \frac{-1}{z-1} - \sum_{n=0}^{\infty} (z-1)^n.$$

在 $0 < |z-2| < 1$ 内，有洛朗级数
$$f(z) = \frac{1}{(z-1)(z-2)} = -\frac{1}{z-1} + \frac{1}{z-2} = \frac{1}{z-2} - \frac{1}{1+(z-2)}$$
$$= \frac{1}{z-2} - \sum_{n=0}^{\infty} (-1)^n (z-2)^n.$$

例 7 $f(z) = \dfrac{\sin z}{z}$ 有孤立奇点 $z = 0$，并且在 $0 < |z| < +\infty$ 内有洛朗展式
$$f(z) = \frac{\sin z}{z} = \frac{1}{z} \sum_{n=0}^{\infty} \frac{(-1)^n z^{2n+1}}{(2n+1)!} = 1 - \frac{z^2}{3!} + \frac{z^4}{5!} - \cdots.$$

这里用了 $\sin z$ 的泰勒展式（4.21）.

例 8 $f(z) = e^z + e^{\frac{1}{z}}$ 以 $z = 0$ 为孤立奇点，并且在 $0 < |z| < +\infty$ 内有洛朗展式
$$f(z) = e^z + e^{\frac{1}{z}} = 2 + \sum_{n=1}^{\infty} \frac{z^n}{n!} + \sum_{n=1}^{\infty} \frac{1}{n!} \frac{1}{z^n}.$$

这里用了 e^z 的泰勒展式（4.19）.

自然，洛朗展式并不限于在孤立奇点的一个去心邻域内讨论，也可以在一般圆环内作出，同一函数在不同的圆环内，其洛朗展式是不同的.

✏️ **例 9** 将例 6 中的函数 $f(z)=\dfrac{1}{(z-1)(z-2)}$ 在 $|z|<1, 1<|z|<2$ 和 $2<|z|<+\infty$ 内分别展成洛朗级数.

解 (1) 在 $|z|<1$ 内. 在此圆内,自然 $|z|<2$,为了利用几何级数公式,先将 $f(z)$ 的表达式作适当调整,

$$f(z)=\frac{1}{z-2}-\frac{1}{z-1}=\frac{1}{1-z}-\frac{1}{2\left(1-\dfrac{z}{2}\right)},$$

右端第一项在 $|z|<1$ 内可展开,而第二项在 $\left|\dfrac{z}{2}\right|<1$(即 $|z|<2$)内可展开. 故在 $|z|<1$ 内的展式为

$$f(z)=\frac{1}{1-z}-\frac{1}{2\left(1-\dfrac{z}{2}\right)}=\sum_{n=0}^{\infty}z^n-\frac{1}{2}\sum_{n=0}^{\infty}\frac{z^n}{2^n}=\sum_{n=0}^{\infty}\left(1-\frac{1}{2^{n+1}}\right)z^n.$$

(2) 在 $1<|z|<2$ 内,此时有 $\dfrac{1}{|z|}<1, \dfrac{|z|}{2}<1$,同 (1) 的作法,

$$f(z)=\frac{1}{(z-1)(z-2)}=-\frac{1}{2\left(1-\dfrac{z}{2}\right)}-\frac{1}{z\left(1-\dfrac{1}{z}\right)}$$

$$=-\frac{1}{2}\sum_{n=0}^{\infty}\frac{z^n}{2^n}-\frac{1}{z}\sum_{n=1}^{\infty}\frac{1}{z^{n-1}}=-\sum_{n=0}^{\infty}\frac{z^n}{2^{n+1}}-\sum_{n=1}^{\infty}\frac{1}{z^n}.$$

(3) 在 $2<|z|<+\infty$ 内. 此时有 $\dfrac{2}{|z|}<1$,自然 $\dfrac{1}{|z|}<1$,同 (1) 的作法,

$$f(z)=\frac{1}{(z-1)(z-2)}=\frac{1}{z\left(1-\dfrac{2}{z}\right)}-\frac{1}{z\left(1-\dfrac{1}{z}\right)}$$

$$=\frac{1}{z}\sum_{n=0}^{\infty}\frac{2^n}{z^n}-\frac{1}{z}\sum_{n=0}^{\infty}\frac{1}{z^n}=\sum_{n=1}^{\infty}\frac{2^{n-1}-1}{z^n}.$$

第四节 单值函数的孤立奇点

§4.4.1 孤立奇点的三种类型

设 a 为 $f(z)$ 的孤立奇点,则 $f(z)$ 在 a 的某去心邻域内可以展成洛朗级数

$$f(z) = \sum_{n=-\infty}^{\infty} c_n (z-a)^n. \quad (4.30)$$

称非负幂部分 $\sum_{n=0}^{\infty} c_n(z-a)^n$ 为 $f(z)$ 在点 a 的**正则部分**,而称负幂部分 $\sum_{n=1}^{\infty} c_{-n}(z-a)^{-n}$ 为 $f(z)$ 在点 a 的**主要部分**.

我们根据洛朗展式(4.30)的主要部分可能出现的三种情况,把孤立奇点分为三种类型:

(i) 如果 $f(z)$ 在 a 点的主要部分为零,即没有负幂项,则称 a 为 $f(z)$ 的**可去奇点**.

(ii) 如果 $f(z)$ 在 a 点的主要部分为有限多项,设为 $\dfrac{c_{-m}}{(z-a)^m} + \dfrac{c_{-(m-1)}}{(z-a)^{m-1}} + \cdots + \dfrac{c_{-1}}{z-a}$

($c_{-m} \neq 0$),则称 a 为 $f(z)$ 的 m **阶极点**. 当 $m=1$ 时,也称 a 为单极点.

(iii) 如果 $f(z)$ 在 a 点的主要部分有无限多项,则称 a 为 $f(z)$ 的**本性奇点**.

以下分别讨论这三类奇点的特征.

§4.4.2　可去奇点

如果 a 为可去奇点,则有
$$f(z) = c_0 + c_1(z-a) + c_2(z-a)^2 + \cdots, \quad 0 < |z-a| < R.$$
等式右边表示圆 $|z-a| < R$(注意:它包含 $z=a$ 点)内的解析函数,而左边的函数 $f(z)$ 在 $z=a$ 点不可导或无定义. 如果我们将 $f(z)$ 在 a 点的值重新定义,令 $f(a) = c_0$,则 $f(z)$ 在整个圆 $|z-a| < R$ 内与一个解析函数重合. 也就是说,a 点成了 $f(z)$ 的解析点,奇异性去掉了. 这就是我们称 a 为可去奇点的原因. 以后,在谈到可去奇点时,可以把它当作解析点看待. 如本章例 7,$z=0$ 为 $f(z) = \dfrac{\sin z}{z}$ 的孤立奇点,在 $z=0$ 处 $f(z)$ 无定义. 但若规定 $f(0) = 1$,即规定函数

$$f(z) = \begin{cases} \dfrac{\sin z}{z}, & z \neq 0, \\ 1, & z = 0, \end{cases}$$

则 $f(z)$ 在 $|z| < +\infty$ 内解析,其幂级数展式为
$$f(z) = \sum_{n=0}^{\infty} \frac{(-1)^n z^{2n}}{(2n+1)!}.$$

定理 4.11　如果 a 为 $f(z)$ 的孤立奇点,则下列三条件的每一条都是 $z=a$ 为 $f(z)$ 的可去奇点的充要条件:

(i) $f(z)$ 在 a 点没有主要部分;

(ii) $\lim_{z \to a} f(z)$ 存在并且有限;

(iii) $f(z)$ 在 a 的充分小邻域内有界.

证 只要证明(i)推出(ii),(ii)推出(iii),(iii)再推出(i)就行了.

(i) 推出(ii) 由(i)知
$$f(z) = c_0 + c_1(z-a) + \cdots, \quad 0 < |z-a| < R,$$
所以
$$\lim_{z \to a} f(z) = c_0 \quad (有限).$$
于是(ii)成立.

(ii) 推出(iii) 显然.

(iii) 推出(i) 设 $f(z)$ 在 a 的某去心邻域 $0 < |z-a| < \varepsilon$ 内以 M 为界,考虑 $f(z)$ 在 a 点的主要部分
$$\frac{c_{-1}}{z-a} + \frac{c_{-2}}{(z-a)^2} + \cdots + \frac{c_{-n}}{(z-a)^n} + \cdots,$$
其中
$$c_n = \frac{1}{2\pi i} \oint_\gamma \frac{f(\zeta)}{(\zeta-a)^{n+1}} d\zeta, \quad n = -1, -2, \cdots.$$
而 γ 为圆周 $|\zeta-a| = \rho$. 因 ρ 可以任意小,于是由
$$|c_n| = \left| \frac{1}{2\pi i} \oint_\gamma \frac{f(\zeta)}{(\zeta-a)^{n+1}} d\zeta \right| \leq \frac{1}{2\pi} \frac{M}{\rho^{n+1}} 2\pi\rho = \frac{M}{\rho^n},$$
即知当 $n = -1, -2, \cdots$ 时, $c_n = 0$, 即是说 $f(z)$ 在 a 点没有主要部分.

§4.4.3 极点

定理 4.12 如果 $f(z)$ 以 a 为孤立奇点,则下列三条件的每一条都是 $z = a$ 为 $f(z)$ 的 m 阶极点的充要条件:

(i) $f(z)$ 在 a 点的主要部分为
$$\frac{c_{-m}}{(z-a)^m} + \frac{c_{-(m-1)}}{(z-a)^{m-1}} + \cdots + \frac{c_{-1}}{z-a} \quad (c_{-m} \neq 0);$$

(ii) $f(z)$ 在 a 的某去心邻域内能表示成
$$f(z) = \frac{\lambda(z)}{(z-a)^m},$$
其中 $\lambda(z)$ 在 a 的邻域内解析,且 $\lambda(a) \neq 0$;

(iii) $g(z) = \frac{1}{f(z)}$ 以 a 为可去奇点,将 a 作为 $g(z)$ 的解析点看, a 为 $g(z)$ 的 m 阶

零点.

证 (i) 推出(ii) 如果(i)为真,则在 a 的某去心邻域内有

$$f(z) = \frac{c_{-m}}{(z-a)^m} + \frac{c_{-(m-1)}}{(z-a)^{m-1}} + \cdots + \frac{c_{-1}}{z-a} + c_0 + c_1(z-a) + \cdots$$

$$= \frac{c_{-m} + c_{-(m-1)}(z-a) + \cdots}{(z-a)^m} = \frac{\lambda(z)}{(z-a)^m},$$

其中 $\lambda(z)$ 显然在 a 的邻域内解析,且 $\lambda(a) = c_{-m} \neq 0$.

(ii) 推出(iii) 如果(ii)为真,则在 a 的某去心邻域内有

$$g(z) = \frac{1}{f(z)} = \frac{(z-a)^m}{\lambda(z)},$$

其中 $\frac{1}{\lambda(z)}$ 在 a 的邻域内解析,且 $\frac{1}{\lambda(a)} \neq 0$. 因此, a 为 $g(z)$ 的可去奇点,作为解析点来看. 显然 a 为 $g(z)$ 的 m 阶零点.

(iii) 推出(i) 如果 $g(z) = \frac{1}{f(z)}$ 以 a 为 m 阶零点,则在 a 的某邻域内

$$g(z) = (z-a)^m \varphi(z),$$

其中 $\varphi(z)$ 在 a 点解析,且 $\varphi(a) \neq 0$. 这样一来

$$f(z) = \frac{1}{(z-a)^m} \frac{1}{\varphi(z)}.$$

因 $\frac{1}{\varphi(z)}$ 在 a 点邻域内解析,若命 $\frac{1}{\varphi(z)} = c_{-m} + c_{-(m-1)}(z-a) + \cdots$ 为其泰勒展式,则 $f(z)$ 在 a 点的主要部分就是

$$\frac{c_{-m}}{(z-a)^m} + \frac{c_{-(m-1)}}{(z-a)^{m-1}} + \cdots + \frac{c_{-1}}{z-a}, \quad c_{-m} = \frac{1}{\varphi(a)} \neq 0.$$

推论 $f(z)$ 的孤立奇点 a 为极点的充要条件是 $\lim_{z \to a} f(z) = \infty$.

§4.4.4 本性奇点

定理 4.13 $f(z)$ 的孤立奇点 a 为本性奇点的充要条件是 $\lim_{z \to a} f(z)$ 不存在, 即 $z \to a$ 时, $f(z)$ 既不趋于 ∞, 也不趋于一定的值.

这可由定理 4.11 之(ii)及定理 4.12 之推论用反证法得到证明.

我们可以指出一个重要性质: 对于任何一个常数 A, 不管它是有限或无穷, 都存在一个收敛于本性奇点 a 的序列 $z_1, z_2, \cdots, z_n, \cdots$, 使得 $\lim_{z_n \to a} f(z_n) = A$. 这个结论深刻地揭示了解析函数在其本性奇点邻域取值的奇异性.

§4.4.5 解析函数在无穷远点的性质

上面我们研究了单值函数在孤立奇点的邻域内的性质,讨论的孤立奇点都假设是有限点.现在,我们要讨论无穷远点是给定函数的孤立奇点的情形.

定义 4.5 设函数 $f(z)$ 在 ∞ 点的某去心邻域 $0 \leqslant r < |z| < +\infty$ 内解析,则称 ∞ 点为 $f(z)$ 的**孤立奇点**.

设 $z = \infty$ 为 $f(z)$ 的孤立奇点,即存在充分大的 r,使得在 $r < |z| < +\infty$ 内 $f(z)$ 解析.作变换 $\zeta = \dfrac{1}{z}$,令 $F(\zeta) = f\left(\dfrac{1}{\zeta}\right)$.因为变换 $\zeta = \dfrac{1}{z}$ 将 $r < |z| < +\infty$ 一一地变换为 $0 < |\zeta| < \dfrac{1}{r}$,所以 $f(z)$ 在无穷远点邻域 $r < |z| < +\infty$ 内的性质完全可由 $F(\zeta) = f\left(\dfrac{1}{\zeta}\right)$ 在原点邻域 $0 < |\zeta| < \dfrac{1}{r}$ 的性质推得,反之亦然.从这里我们很自然地得到下面的定义.

定义 4.6 若 $F(\zeta) = f\left(\dfrac{1}{\zeta}\right)$ 以 $\zeta = 0$ 为可去奇点(当作解析点)、m 阶极点、本性奇点,则相应地称 $z = \infty$ 为 $f(z)$ 的可去奇点(当作解析点)、m 阶极点、本性奇点.

设在 $r < |z| < +\infty$ 内,$f(z)$ 展成洛朗级数

$$f(z) = \sum_{n=-\infty}^{\infty} c_n z^n. \tag{4.31}$$

因 $F(\zeta)$ 在 $0 < |\zeta| < \dfrac{1}{r}$ 内解析,$\zeta = 0$ 是 $F(\zeta)$ 的孤立奇点,则在 $0 < |\zeta| < \dfrac{1}{r}$ 内,$F(\zeta)$ 可展成洛朗级数

$$F(\zeta) = \sum_{n=-\infty}^{\infty} c'_n \zeta^n. \tag{4.32}$$

由 $F(\zeta) = f\left(\dfrac{1}{\zeta}\right)$ 得

$$c'_n = c_{-n},$$

即 $F(\zeta)$ 在 $\zeta = 0$ 邻域的洛朗展式的负幂的系数与 $f(z)$ 在 $z = \infty$ 邻域的洛朗展式相应的正幂的系数相等.

我们把展式(4.31)中的正幂部分

$$c_1 z + c_2 z^2 + \cdots + c_n z^n + \cdots$$

称作 $f(z)$ 在 $z = \infty$ 点的**主要部分**.而把展式(4.31)中的余下部分

$$c_0 + \frac{c_{-1}}{z} + \cdots + \frac{c_{-n}}{z^n} + \cdots$$

称作 $f(z)$ 在 $z = \infty$ 点的**正则部分**.

有了定义 4.6,用定理 4.11—定理 4.13,可以得到关于 ∞ 点为可去奇点、极点和本性奇点的充要条件.

定理 4.11′ $f(z)$ 的孤立奇点 $z=\infty$ 为可去奇点的充要条件是下列三条件中的任何一条:

(i) $f(z)$ 在 $z=\infty$ 没有主要部分;

(ii) $\lim\limits_{z\to\infty} f(z)$ 存在并有限;

(iii) $f(z)$ 在 $z=\infty$ 的充分小邻域内有界.

例 10 由 $f(z)=\dfrac{1}{(z-1)(z-2)}$ 在 $2<|z|<+\infty$ 内的展开式(例 9)知,它以 $z=\infty$ 为可去奇点,并作为解析点来看是二阶零点(只要设 $f(\infty)=0$).

定理 4.12′ ∞ 为 $f(z)$ 的 m 阶极点,其充要条件是下列三条件中的任何一条:

(i) $f(z)$ 在 $z=\infty$ 的主要部分为 $c_1 z + c_2 z^2 + \cdots + c_m z^m\ (c_m \neq 0)$;

(ii) $f(z)$ 在 $z=\infty$ 的某邻域内(除 ∞ 外)能表成
$$f(z) = \mu(z) z^m,$$
其中 $\mu(z)$ 在 $z=\infty$ 的邻域内解析,且 $\mu(\infty) \neq 0$;

(iii) $g(z) = \dfrac{1}{f(z)}$ 以 ∞ 为 m 阶零点.

例 11 m 次多项式 $P(z) = a_0 + a_1 z + \cdots + a_m z^m$ 以 $z=\infty$ 为 m 阶极点.

推论 $f(z)$ 的孤立奇点 ∞ 为极点的充要条件是 $\lim\limits_{z\to\infty} f(z) = \infty$.

定理 4.13′ $f(z)$ 的孤立奇点 ∞ 为本性奇点的充要条件是下列两条件中的任何一条:

(i) $f(z)$ 在 $z=\infty$ 的主要部分有无穷多项;

(ii) $\lim\limits_{z\to\infty} f(z)$ 不存在.

例 12 $z=\infty$ 为 $f(z)=\mathrm{e}^z$ 的本性奇点.

在本章之末,我们简单地介绍一下解析函数的分类.

在开平面解析的函数 $f(z)$ 称为**整函数**. 如果 ∞ 是 $f(z)$ 的本性奇点,则级数的主要部分有无穷多项,此时 $f(z)$ 称为**超越整函数**. 如果 ∞ 为 m 阶极点,则 $f(z)$ 是一个 m 次多项式,称为**有理整函数**. 如果 ∞ 为可去奇点,则 $f(z)$ 是一个常数. 比整函数族更为一般的是所谓亚纯函数. 所有有限奇点都是极点的函数称为**亚纯函数**. 故亚纯函数在开平面的任一有界闭区域内,至多只有有限多个极点. 在闭平面上只有有限多个极点的亚纯函数是**有理分式函数**,或称**有理函数**.

习 题 四

1. 确定下列幂级数的收敛半径,对(3),(4),(5)讨论幂级数在收敛圆周上的敛散情况：

(1) $\sum_{n=1}^{\infty} \frac{1}{n^n} z^n$；

(2) $\sum_{n=1}^{\infty} n^n z^n$；

(3) $\sum_{n=1}^{\infty} \frac{1}{n} z^n$；

(4) $\sum_{n=0}^{\infty} n^k z^n (k > 0$ 为常数$)$；

(5) $\sum_{n=1}^{\infty} \frac{1}{n^2} z^n$.

2. 将下列函数展开为含 z 的泰勒级数，并指明展开式成立的范围：

(1) $\dfrac{1}{az+b}(a, b$ 为复常数$, b \neq 0)$；　　(2) $\int_0^z e^{z^2} dz$；

(3) $\int_0^z \dfrac{\sin z}{z} dz$；　　(4) $\cos^2 z$；

(5) $\sin^2 z$；　　(6) $\dfrac{1}{(1-z)^2}$.

3. 试求下列幂级数的收敛半径：

(1) $\sum_{n=0}^{\infty} q^{n^2} z^n, |q| < 1$；　　(2) $\sum_{n=0}^{\infty} z^{n!}$；

(3) $\sum_{n=0}^{\infty} [3+(-1)^n]^n z^n$；　　(4) $\sum_{n=0}^{\infty} \dfrac{n!}{n^n} z^n$.

4. 写出 $e^z \ln(1+z)$ 在 $z=0$ 的泰勒级数，从第一项至含 z^5 的项为止，其中 $\ln(1+z)|_{z=0} = 0$.

5. 将下列函数展开为 $(z-1)$ 的泰勒级数，并指明收敛范围：

(1) $\cos z$；　　(2) $\sin z$；

(3) $\dfrac{z}{z+2}$；　　(4) $\dfrac{z}{z^2-2z+5}$.

6. 设 $\dfrac{1}{1-z-z^2} = \sum_{n=0}^{\infty} c_n z^n$，求证 $c_n = c_{n-1} + c_{n-2} (n \geq 2)$，写出此级数展开式之前 5 项，并指出收敛范围.

7. 指出下列函数在零点 $z=0$ 的阶：

(1) $z^2(e^{z^2}-1)$；　　(2) $6\sin z^3 + z^3(z^6-6)$.

8. 设 z_0 是函数 $f(z)$ 的 m 阶零点，又是 $g(z)$ 的 n 阶零点. 试问下列函数在 z_0 处具有何种性质：

(1) $f(z)+g(z)$；　　(2) $f(z)g(z)$；　　(3) $\dfrac{f(z)}{g(z)}$.

9. 将下列函数在指定环域内展开成洛朗级数：

(1) $\dfrac{z+1}{z^2(z-1)}, 0<|z|<1, 1<|z|<+\infty$; (2) $\dfrac{z^2-2z+5}{(z-2)(z^2+1)}, 1<|z|<2$;

(3) $\dfrac{\mathrm{e}^z}{z(z^2+1)}, 0<|z|<1$; (4) $\sin\dfrac{z}{z-1}, 0<|z-1|<+\infty$.

10. 将下列各函数在指定点的去心邻域内展开成洛朗级数,并指出成立的范围:

(1) $\dfrac{1}{(z^2+1)^2}, z=\mathrm{i}$; (2) $(z-1)^2 \mathrm{e}^{\frac{1}{1-z}}, z=1$.

11. 把 $f(z)=\dfrac{1}{1-z}$ 展开成下列级数:

(1) 在 $|z|<1$ 上展开成 z 的泰勒级数;

(2) 在 $|z|>1$ 上展开成 z 的洛朗级数;

(3) 在 $|z+1|<2$ 上展开成 $(z+1)$ 的泰勒级数;

(4) 在 $|z+1|>2$ 上展开成 $(z+1)$ 的洛朗级数.

12. 把 $f(z)=\dfrac{1}{z(1-z)}$ 展开成在下列区域收敛的洛朗(或泰勒)级数:

(1) $0<|z|<1$; (2) $|z|>1$;

(3) $0<|z-1|<1$; (4) $|z-1|>1$;

(5) $|z+1|<1$; (6) $1<|z+1|<2$;

(7) $|z+1|>2$.

13. 确定下列各函数的孤立奇点,并指出它们的类型(对于极点,要指出它们的阶,对于无穷远点也要加以讨论):

(1) $\dfrac{z-1}{z(z^2+1)^2}$; (2) $\dfrac{1}{(z^2+\mathrm{i})^2}$;

(3) $\dfrac{1-\cos z}{z^3}$; (4) $\cos\dfrac{1}{(z+\mathrm{i})}$;

(5) $\dfrac{\mathrm{e}^z-1}{z^m}$ (m 为正整数); (6) $\dfrac{\mathrm{e}^z}{\mathrm{e}^z-1}$;

(7) $\dfrac{1}{\sin z+\cos z}$; (8) $\dfrac{1-\mathrm{e}^z}{1+\mathrm{e}^z}$;

(9) $(z^2-3z+2)^{2/3}$; (10) $\tan z$;

(11) $\sin\dfrac{1}{1-z}$; (12) $\dfrac{\mathrm{e}^{\frac{1}{z-1}}}{\mathrm{e}^z-1}$.

14. 设 $f(z),g(z)$ 分别以 $z=a$ 为 m 阶极点及 n 阶极点,试问 $z=a$ 为 $f+g, f\cdot g$

及 $\dfrac{f}{g}$ 的什么样的点？

15. 设 $f(z) \neq 0$，且以 $z=a$ 为解析点或极点，而 $\varphi(z)$ 以 $z=a$ 为本性奇点，试证 $z=a$ 是 $\varphi(z) \pm f(z)$，$\varphi(z)f(z)$ 和 $\dfrac{\varphi(z)}{f(z)}$ 的本性奇点.

16. 设 $f(z) \neq 0$，且以 $z=a$ 为解析点或极点，而 $\varphi(z)$ 以 $z=a$ 为本性奇点，试讨论 $z=a$ 是 $\dfrac{f(z)}{\varphi(z)}$ 的什么样的点？

17. 讨论下列函数在无穷远点的性质：

(1) z^2；

(2) $\dfrac{z}{z+1}$；

(3) $(1+z)^{\frac{1}{2}}$；

(4) $z \sin \dfrac{1}{z}$.

18. 证明原点为 $f(z) = \dfrac{\cosh z - 1}{\sinh z - z}$ 的单极点.

第五章 留数及其应用

留数是柯西积分理论中的一个重要概念,本章将介绍它在计算实积分和考察函数零点分布中的应用.

第一节 留 数

§5.1.1 留数的定义及留数定理

我们知道,如果函数 $f(z)$ 在有限点 a 解析,则由柯西定理知
$$\oint_C f(z)\,\mathrm{d}z = 0,$$
其中 C 是 a 点邻域内的任一围线,它包含点 a,且函数 $f(z)$ 在 C 上和 C 内处处解析. 但是,如果 a 是 $f(z)$ 的孤立奇点,则积分 $\oint_C f(z)\,\mathrm{d}z$ 一般说来不再为 0. 例如 $\oint_C \dfrac{\mathrm{d}z}{z-a} = 2\pi\mathrm{i} \neq 0$,这里 $z = a$ 为函数 $\dfrac{1}{z-a}$ 的一阶极点.

一般地,我们先在 a 的某去心邻域 $0 < |z-a| < R$ 内把函数 $f(z)$ 展成级数
$$f(z) = \cdots + \frac{c_{-2}}{(z-a)^2} + \frac{c_{-1}}{z-a} + c_0 + c_1(z-a) + c_2(z-a)^2 + \cdots,$$
它在 $0 < |z-a| < R$ 内内闭一致收敛. 所以可沿曲线 C (图 5.1) 逐项积分,更由第三章例 1 得
$$\oint_C f(z)\,\mathrm{d}z = c_{-1} \cdot 2\pi\mathrm{i}. \qquad (5.1)$$
逐项积分后,只留下 $(z-a)^{-1}$ 项的积分不为零,其余各项积分均为零,可见 c_{-1} 是一个重要的数,它实际上就是 (5.1) 左边的积分值 (相差一个因子 $2\pi\mathrm{i}$). 因此,我

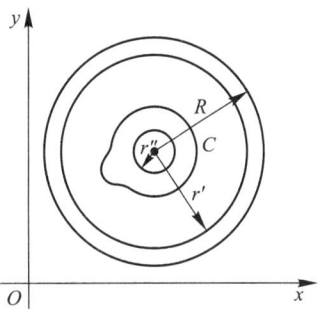

图 5.1

们有

定义 5.1 设 $f(z)$ 以有限点 a 为孤立奇点,即 $f(z)$ 在点 a 的某去心邻域 $0<|z-a|<R$ 内解析,则称积分

$$\frac{1}{2\pi i}\oint_C f(z)\,dz \quad (C:|z-a|=\rho,\ 0<\rho<R)$$

为 $f(z)$ 在点 a 的**留数**(也称余数、残数等),记为 $\operatorname*{Res}_{z=a} f(z)$ 或 $\operatorname{Res}(f,a)$.

由复连通域上的柯西积分定理(定理 3.3)知,当 $0<\rho<R$,留数的值与 ρ 无关,由(5.1)式知

$$\frac{1}{2\pi i}\oint_C f(z)\,dz = c_{-1}, \tag{5.2}$$

即

$$\operatorname*{Res}_{z=a} f(z) = c_{-1},$$

这里 c_{-1} 是 $f(z)$ 在点 a 的某去心邻域内的洛朗展式中 $(z-a)^{-1}$ 这一项的系数.

例 1 $z=0$ 是 $f(z)=ze^{1/z}$ 的本性奇点,它在 $z=0$ 的洛朗展式为

$$f(z) = z + 1 + \frac{1}{2!z} + \cdots,$$

所以 $\operatorname*{Res}_{z=0} f(z) = \dfrac{1}{2}$.

例 2 如果在平面静电场中 a 点处有一个偶极子,则其复位势函数 $w(z)=\dfrac{2p\mathrm{i}}{z-a}$ (参见第二章例 16)以 $z=a$ 为其孤立奇点,按(5.1)式

$$\operatorname*{Res}_{z=a} w(z) = 2p\mathrm{i},$$

即在 $z=a$ 点有偶极子存在的平面静电场,其复位势函数 $w(z)$ 在该点的留数与其偶极矩 p 差一个常数因子 $2\mathrm{i}$.

下面的留数定理是应用留数求围线积分的依据,在本章第二节中将见到它的用处.

定理 5.1(留数定理) 设 $f(z)$ 在围线或复围线 C 所包围的区域 D 内除点 $a_1,a_2,\cdots,a_n$ 外解析,在闭域 $\overline{D}=D+C$ 上除点 $a_1,a_2,\cdots,a_n$ 外连续,则

$$\oint_C f(z)\,dz = 2\pi i \sum_{k=1}^{n} \operatorname*{Res}_{z=a_k} f(z). \tag{5.3}$$

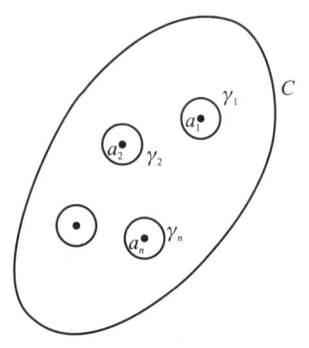

图 5.2

证 以 a_k 为圆心及充分小的 ρ_k 为半径画圆周 γ_k:$|z-a_k|=\rho_k$,$k=1,2,\cdots,n$,使这些圆周及其内部均含于 D,并且彼此互相隔离(图 5.2).应用定理 3.3 得

$$\oint_C f(z)\,\mathrm{d}z = \sum_{k=1}^n \oint_{\gamma_k} f(z)\,\mathrm{d}z.$$

根据留数的定义,有

$$\oint_{\gamma_k} f(z)\,\mathrm{d}z = 2\pi\mathrm{i}\operatorname*{Res}_{z=a_k} f(z),$$

代入上式即得(5.3)式.

§5.1.2 留数的求法

为了应用留数定理计算围线积分,首先应该掌握孤立奇点处留数的求法.一般来说,只要在孤立奇点的去心邻域内把函数展开为洛朗级数,取其负一次幂项的系数即可.在极点的情况下,可以不必作展开式,而用下面的方法求得留数.

定理 5.2 若 a 为 $f(z)$ 的 n 阶极点,则

$$\operatorname*{Res}_{z=a} f(z) = \frac{1}{(n-1)!}\lim_{z\to a}\frac{\mathrm{d}^{n-1}[(z-a)^n f(z)]}{\mathrm{d}z^{n-1}}. \tag{5.4}$$

证 因为在 a 点的某去心邻域内有

$$f(z) = \frac{c_{-n}}{(z-a)^n} + \cdots + \frac{c_{-1}}{z-a} + c_0 + c_1(z-a) + \cdots,$$

因此有

$$\frac{\mathrm{d}^{n-1}[(z-a)^n f(z)]}{\mathrm{d}z^{n-1}} = (n-1)!\,c_{-1} + n(n-1)\cdots 2 c_0 (z-a) + \cdots,$$

取极限即得

$$\operatorname*{Res}_{z=a} f(z) = c_{-1} = \frac{1}{(n-1)!}\lim_{z\to a}\frac{\mathrm{d}^{n-1}[(z-a)^n f(z)]}{\mathrm{d}z^{n-1}}.$$

推论 1 若 a 为 $f(z)$ 的一阶极点,则

$$\operatorname*{Res}_{z=a} f(z) = \lim_{z\to a}(z-a)f(z). \tag{5.5}$$

推论 2 若 $f(z) = \dfrac{\varphi(z)}{\psi(z)}$,$\varphi(z)$,$\psi(z)$ 在 a 点解析且 $\psi(a)=0$,$\psi'(a)\neq 0$,则

$$\operatorname*{Res}_{z=a} f(z) = \frac{\varphi(a)}{\psi'(a)}. \tag{5.6}$$

证 当 $\varphi(a)=0$ 时,a 是 $f(z)$ 的可去奇点,故 $\operatorname*{Res}_{z=a} f(z)=0$,即(5.6)式成立;当 $\varphi(a)\neq 0$ 时,a 为 $f(z) = \dfrac{\varphi(z)}{\psi(z)}$ 的一阶极点,由推论 1 得

$$\operatorname*{Res}_{z=a} f(z) = \lim_{z\to a}(z-a)\frac{\varphi(z)}{\psi(z)} = \lim_{z\to a}\frac{\varphi(z)}{\dfrac{\psi(z)-\psi(a)}{z-a}} = \frac{\varphi(a)}{\psi'(a)}.$$

例 3 计算 $\oint_C \dfrac{\mathrm{d}z}{z^2+1}$，其中 C 为 $|z-\mathrm{i}|=1$，$|z+\mathrm{i}|=1$，$|z|=2$.

解 $z=\mathrm{i}$ 与 $z=-\mathrm{i}$ 为 $f(z)=\dfrac{1}{z^2+1}$ 的一阶极点，故

$$\operatorname*{Res}_{z=\mathrm{i}} f(z) = \lim_{z\to\mathrm{i}}(z-\mathrm{i})f(z) = \left.\dfrac{1}{z+\mathrm{i}}\right|_{z=\mathrm{i}} = \dfrac{1}{2\mathrm{i}},$$

$$\operatorname*{Res}_{z=-\mathrm{i}} f(z) = -\dfrac{1}{2\mathrm{i}},$$

从而

$$\oint_{|z-\mathrm{i}|=1} \dfrac{\mathrm{d}z}{z^2+1} = 2\pi\mathrm{i} \operatorname*{Res}_{z=\mathrm{i}} f(z) = \pi,$$

$$\oint_{|z+\mathrm{i}|=1} \dfrac{\mathrm{d}z}{z^2+1} = 2\pi\mathrm{i} \operatorname*{Res}_{z=-\mathrm{i}} f(z) = -\pi,$$

$$\oint_{|z|=2} \dfrac{\mathrm{d}z}{z^2+1} = 2\pi\mathrm{i}\left[\operatorname*{Res}_{z=\mathrm{i}} f(z) + \operatorname*{Res}_{z=-\mathrm{i}} f(z)\right] = \pi - \pi = 0.$$

例 4 计算 $\oint_{|z|=1} \dfrac{\cos z}{z^3}\mathrm{d}z$.

解 $f(z)=\dfrac{\cos z}{z^3}$ 以 $z=0$ 为其三阶极点，故

$$\operatorname*{Res}_{z=0} f(z) = \dfrac{1}{2!}\lim_{z\to 0}\dfrac{\mathrm{d}^2}{\mathrm{d}z^2}[z^3 f(z)] = \dfrac{1}{2!}\lim_{z\to 0}(-\cos z) = -\dfrac{1}{2}.$$

由留数定理得

$$\oint_{|z|=1} \dfrac{\cos z}{z^3}\mathrm{d}z = 2\pi\mathrm{i}\left(-\dfrac{1}{2}\right) = -\pi\mathrm{i}.$$

例 5 计算积分 $\oint_{|z|=n} \tan \pi z\,\mathrm{d}z$，$n$ 为正整数.

解 $\tan \pi z = \dfrac{\sin \pi z}{\cos \pi z}$，以 $z = k+\dfrac{1}{2}$ ($k=0,\pm 1,\pm 2,\cdots$) 为其一阶极点. 由推论 2 得

$$\operatorname*{Res}_{z=k+\frac{1}{2}} \tan \pi z = \left.\dfrac{-\sin \pi z}{\pi(\sin \pi z)}\right|_{z=k+\frac{1}{2}} = -\dfrac{1}{\pi}.$$

于是，由留数定理得

$$\oint_{|z|=n} \tan \pi z\,\mathrm{d}z = 2\pi\mathrm{i} \sum_{|k+\frac{1}{2}|<n} \operatorname*{Res}_{z=k+\frac{1}{2}} \tan \pi z = 2\pi\mathrm{i}\left(-\dfrac{2n}{\pi}\right) = -4n\mathrm{i}.$$

例 6 计算 $\oint_{|z|=1} \dfrac{z \sin z}{(1-\mathrm{e}^z)^3}\mathrm{d}z$.

解 在单位圆周 $|z|=1$ 内,$f(z) = \dfrac{z\sin z}{(1-e^z)^3}$ 以 $z=0$ 为其孤立奇点,我们用洛朗展式求 $\operatorname*{Res}\limits_{z=0}\dfrac{z\sin z}{(1-e^z)^3}$,

$$\frac{z\sin z}{(1-e^z)^3} = \frac{z\left(z-\dfrac{z^3}{3!}+\cdots\right)}{-\left(z+\dfrac{z^2}{2!}+\cdots\right)^3} = -\frac{z^2}{z^3}\cdot\frac{1-\dfrac{z^2}{3!}+\cdots}{\left(1+\dfrac{z}{2!}+\cdots\right)^3},$$

因 $\dfrac{1-\dfrac{z^2}{3!}+\cdots}{\left(1+\dfrac{z}{2!}+\cdots\right)^3}$ 在 $z=0$ 解析,且显然可以展开为常数项为 1 的幂级数 $1+a_1z+\cdots$,因此在 $z=0$ 的某去心邻域内有

$$\frac{z\sin z}{(1-e^z)^3} = -\frac{1}{z}-a_1-\cdots.$$

由此即得

$$\operatorname*{Res}_{z=0}\frac{z\sin z}{(1-e^z)^3} = -1,$$

故

$$\oint_{|z|=1}\frac{z\sin z}{(1-e^z)^3}dz = 2\pi i(-1) = -2\pi i.$$

§5.1.3 无穷远点的留数

留数的概念可以推广到无穷远点的情形.

定义 5.2 设 ∞ 为 $f(z)$ 的一个孤立奇点,即 $f(z)$ 在某区域 $0 \leqslant r < |z| < +\infty$ 内解析,我们称

$$\frac{1}{2\pi i}\oint_{C^-} f(z)\,dz \quad (C: |z|=\rho, \rho \text{ 充分大})$$

为 $f(z)$ 在点 ∞ 的留数,记为 $\operatorname*{Res}\limits_{z=\infty} f(z)$ 或 $\operatorname{Res}(f, \infty)$,这里 C^- 是指沿 C 的顺时针方向(这个方向很自然地可以看作是绕无穷远点的正方向).

设 $f(z)$ 在 $0 \leqslant r < |z| < +\infty$ 内的洛朗展式为

$$f(z) = \cdots + \frac{c_{-n}}{z^n} + \cdots + \frac{c_{-1}}{z} + c_0 + c_1 z + \cdots + c_n z^n + \cdots.$$

由逐项积分定理即知

$$\operatorname*{Res}_{z=\infty} f(z) = \frac{1}{2\pi i}\oint_{C^-} f(z)\,dz = -c_{-1}, \tag{5.7}$$

也就是说 $\operatorname*{Res}_{z=\infty} f(z)$ 等于 $f(z)$ 在 ∞ 的某去心邻域的洛朗展式中 $\dfrac{1}{z}$ 项的系数的相反数.

定理 5.3 如果 $f(z)$ 在闭平面上只有有限个孤立奇点(包括无穷远点在内) $a_1, a_2, \cdots, a_n, \infty$，则 $f(z)$ 在各点的留数的总和为 0.

证 以原点为圆心作圆周 C，使孤立奇点 $a_1, a_2, \cdots, a_n$ 皆含于 C 的内部(图 5.3)，则由留数定理得

$$\oint_C f(z)\,dz = 2\pi i \sum_{k=1}^{n} \operatorname*{Res}_{z=a_k} f(z).$$

两边除以 $2\pi i$，并移项即得

$$\sum_{k=1}^{n} \operatorname*{Res}_{z=a_k} f(z) + \frac{1}{2\pi i}\oint_{C^-} f(z)\,dz = 0,$$

亦即

$$\sum_{k=1}^{n} \operatorname*{Res}_{z=a_k} f(z) + \operatorname*{Res}_{z=\infty} f(z) = 0,$$

或

$$\operatorname*{Res}_{z=\infty} f(z) = -\sum_{k=1}^{n} \operatorname*{Res}_{z=a_k} f(z),$$

定理得证.

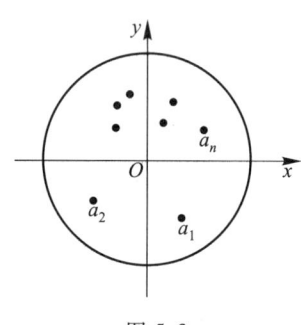

图 5.3

例 7 计算积分 $I = \oint_{|z|=4} \dfrac{z^{15}\,dz}{(z^2+1)^2(z^4+2)^3}.$

解 被积函数一共有七个奇点 $z=\pm i$，$z = \sqrt[4]{2}\,e^{\frac{\pi+2k\pi}{4}i}$ ($k=0,1,2,3$) 以及 $z=\infty$. 前六个奇点均含在 $|z|=4$ 内，要计算在这六个点的留数实嫌繁琐. 但若应用定理 5.3，则应得

$$I = 2\pi i \left[-\operatorname*{Res}_{z=\infty} f(z) \right].$$

因此，只要计算出 $\operatorname*{Res}_{z=\infty} f(z)$ 即可. 因 $f(z)$ 在 $z=\infty$ 点处的洛朗展式为

$$f(z) = \frac{z^{15}}{(z^2+1)^2(z^4+2)^3} = \frac{z^{15}}{z^{16}\left(1+\dfrac{1}{z^2}\right)^2\left(1+\dfrac{2}{z^4}\right)^3}$$

$$= \frac{1}{z}\left(1 - 2\cdot\frac{1}{z^2} + \cdots\right)\left(1 - 3\cdot\frac{2}{z^4} + \cdots\right),$$

所以 $\operatorname*{Res}_{z=\infty} f(z) = -1$，故得

$$I = 2\pi i.$$

第二节 利用留数计算实积分

在实际问题中,往往需要计算一些特殊的定积分. 例如,在研究有阻尼的振动时,将遇到狄利克雷积分 $\int_0^{+\infty} \frac{\sin x}{x} dx$;在研究光的衍射时,将遇到菲涅耳积分 $\int_0^{+\infty} \sin x^2 dx$;在研究热传导时,将遇到泊松积分 $\int_0^{+\infty} e^{-ax^2} \cos bx dx$,其中 $a > 0, b$ 为任意实数. 要用微积分中计算定积分的方法去计算这些积分是不容易的,有时几乎是不可能. 但是如果把它们化为复变函数的围线积分,运用留数定理去计算就可能简捷得多. 下面分三种类型加以讨论.

§5.2.1 $\int_0^{2\pi} R(\cos\theta, \sin\theta) d\theta$ 的计算

可通过自变量的变换,把它化为复变函数的围线积分来计算.

定理 5.4 设 $R(\cos\theta, \sin\theta)$ 为 $\cos\theta, \sin\theta$ 的有理函数,且在 $[0, 2\pi]$ 上连续,则

$$\int_0^{2\pi} R(\cos\theta, \sin\theta) d\theta = 2\pi i \sum_{|a_k|<1} \operatorname*{Res}_{z=a_k} f(z), \tag{5.8}$$

其中 $f(z) = \frac{1}{iz} R\left(\frac{z+z^{-1}}{2}, \frac{z-z^{-1}}{2i}\right)$,$a_k$ 为 $f(z)$ 在单位圆 $|z|<0$ 内的奇点.

证 令 $z = e^{i\theta} (0 \leqslant \theta \leqslant 2\pi)$,则

$$\cos\theta = \frac{z+z^{-1}}{2}, \quad \sin\theta = \frac{z-z^{-1}}{2i}, \quad d\theta = \frac{dz}{iz},$$

当 θ 从 0 连续增加到 2π 时,z 沿圆周 $|z|=1$ 的正向绕行一周,因此有

$$\int_0^{2\pi} R(\cos\theta, \sin\theta) d\theta = \oint_{|z|=1} R\left(\frac{z+z^{-1}}{2}, \frac{z-z^{-1}}{2i}\right) \frac{dz}{iz},$$

右端是 z 的有理函数 $f(z)$ 的围线积分,并且由于 $R(\cos\theta, \sin\theta)$ 在 $[0, 2\pi]$ 上连续,故 $f(z)$ 在 $|z|=1$ 上无奇点.

假使 $f(z)$ 在 $|z|<1$ 内有 n 个奇点 $a_1, a_2, \cdots, a_n$,则由留数定理立刻得本定理的证明.

例 8 计算积分

$$I = \frac{1}{2\pi} \int_0^{2\pi} \frac{d\theta}{1 + \varepsilon \cos\theta}, \quad 0 < \varepsilon < 1.$$

解 令 $z = e^{i\theta}$，则 $d\theta = \dfrac{dz}{iz}$ 得

$$I = \frac{1}{2\pi}\oint_{|z|=1}\frac{1}{1+\varepsilon\dfrac{z+z^{-1}}{2}}\frac{dz}{iz} = \frac{1}{i\varepsilon\pi}\oint_{|z|=1}\frac{dz}{z^2+\dfrac{2}{\varepsilon}z+1}.$$

因 $f(z) = \dfrac{1}{z^2+\dfrac{2}{\varepsilon}z+1}$ 的分母有两个一阶零点

$$z_1 = \frac{-1}{\varepsilon}+\frac{1}{\varepsilon}\sqrt{1-\varepsilon^2},\quad z_2 = -\frac{1}{\varepsilon}-\frac{1}{\varepsilon}\sqrt{1-\varepsilon^2},$$

又因 $z_1 z_2 = 1$ 且 $|z_1| < |z_2|$，故只有 $|z_1| < 1$，所以在单位圆 $|z| < 1$ 内，$f(z)$ 只有一个一阶极点 $z_1 = -\dfrac{1}{\varepsilon}+\dfrac{1}{\varepsilon}\sqrt{1-\varepsilon^2}$.

$$\operatorname*{Res}_{z=z_1} f(z) = \lim_{z\to z_1}\frac{1}{z-z_2} = \frac{\varepsilon}{2\sqrt{1-\varepsilon^2}},$$

由留数定理得

$$I = \frac{1}{i\varepsilon\pi}2\pi i\frac{\varepsilon}{2\sqrt{1-\varepsilon^2}} = \frac{1}{\sqrt{1-\varepsilon^2}}.$$

此积分在力学和量子力学中甚为重要，由它可以计算出**开普勒积分**

$$I_1 = \frac{1}{2\pi}\int_0^{2\pi}\frac{d\theta}{(1+\varepsilon\cos\theta)^2}$$

之值. 为此，在前例中以 ε/a 代替 ε（$a > \varepsilon$）得

$$\frac{1}{2\pi}\int_0^{2\pi}\frac{d\theta}{a+\varepsilon\cos\theta} = \frac{1}{\sqrt{a^2-\varepsilon^2}}.$$

两端对 a 微分后，再令 $a=1$，即得 $I_1 = (1-\varepsilon^2)^{-3/2}$.

例 9 计算积分

$$I = \int_0^{2\pi}\frac{d\theta}{1-2p\cos\theta+p^2},\quad 0<|p|<1.$$

解 令 $z = e^{i\theta}$，则 $\cos\theta = \dfrac{z+z^{-1}}{2}$, $d\theta = \dfrac{dz}{iz}$，

$$1-2p\cos\theta+p^2 = 1-p(z+z^{-1})+p^2 = \frac{(z-p)(1-pz)}{z},$$

这样就有

$$I = \frac{1}{i}\oint_{|z|=1}\frac{dz}{(z-p)(1-pz)}.$$

因在圆 $|z| \leq 1$ 内，$f(z) = \dfrac{1}{(z-p)(1-pz)}$ 以 $z=p$ 为一阶极点，故

$$\operatorname*{Res}_{z=p} f(z) = \dfrac{1}{1-pz}\bigg|_{z=p} = \dfrac{1}{1-p^2}.$$

由留数定理得

$$I = \dfrac{1}{i} \cdot 2\pi i \cdot \dfrac{1}{1-p^2} = \dfrac{2\pi}{1-p^2}.$$

此积分也称为**泊松积分**.

例 10 计算积分

$$I = \int_0^{2\pi} e^{\cos\theta} \cos(n\theta - \sin\theta)\, d\theta.$$

解 令 $I_1 = \int_0^{2\pi} e^{\cos\theta}[\cos(n\theta - \sin\theta) - i\sin(n\theta - \sin\theta)]\, d\theta$，$z = e^{i\theta}$，则

$$I_1 = \int_0^{2\pi} e^{\cos\theta} e^{-i(n\theta - \sin\theta)}\, d\theta = \int_0^{2\pi} e^{\cos\theta + i\sin\theta - in\theta}\, d\theta$$

$$= \int_0^{2\pi} e^{e^{i\theta} - in\theta}\, d\theta = \dfrac{1}{i} \oint_{|z|=1} \dfrac{e^z\, dz}{z^{n+1}}.$$

被积函数在单位圆 $|z| \leq 1$ 上除了一个 $n+1$ 阶极点 $z=0$ 外解析，由

$$\dfrac{e^z}{z^{n+1}} = \dfrac{1 + z + \dfrac{z^2}{2!} + \cdots + \dfrac{z^n}{n!} + \cdots}{z^{n+1}} \quad (0 < |z| < +\infty),$$

知 $\operatorname*{Res}_{z=0} \dfrac{e^z}{z^{n+1}} = \dfrac{1}{n!}$，由留数定理得

$$I_1 = \dfrac{1}{i} 2\pi i \dfrac{1}{n!} = \dfrac{2\pi}{n!}.$$

比较前面 I_1 表达式的两边实部及虚部得

$$I = \dfrac{2\pi}{n!}.$$

§5.2.2 积分路径上无奇点的反常积分 $\int_{-\infty}^{+\infty} f(x)\, dx$ 的计算

计算此类积分的方法，主要思路如下：

把实积分 $\int_a^b f(x)\, dx$ 的积分区间 $[a,b]$ 看作是复平面实轴上的一段，另外补上辅助曲线 $\varGamma$，使 $[a,b] \cup \varGamma$ 构成围线 C，所围区域为 D，作围线积分

$$\oint_C f(z)\, dz = \int_a^b f(x)\, dx + \int_\varGamma f(z)\, dz,$$

如果$f(z)$在D内除有限多个奇点a_k外解析,在$\overline{D}$上连续,则上式左端积分可由留数定理得出. 又如果新加辅助曲线$\varGamma$能使$\int_\varGamma f(z)\mathrm{d}z$容易算出(或由右端第一个积分表出),则$\int_a^b f(x)\mathrm{d}x$的计算问题就解决了.

按反常积分的定义:

$$\int_{-\infty}^{+\infty} f(x)\mathrm{d}x = \lim_{\substack{R\to+\infty\\R'\to-\infty}} \int_{R'}^R f(x)\mathrm{d}x,$$

其中R与R'各自相互独立地分别趋向$+\infty$与$-\infty$. 如果上式右端的二重极限存在,则称反常积分$\int_{-\infty}^{+\infty} f(x)\mathrm{d}x$收敛. 显然,当此反常积分收敛时,对称极限$\lim_{R\to+\infty}\int_{-R}^R f(x)\mathrm{d}x$也存在,且两者相等. 这个对称极限的值称为反常积分的柯西主值,记为

$$\mathrm{V.P.}\int_{-\infty}^{+\infty} f(x)\mathrm{d}x = \lim_{R\to+\infty}\int_{-R}^R f(x)\mathrm{d}x,$$

所以反常积分收敛时,它的主值就是它的值.

大圆弧引理 设$f(z)$沿圆弧$S_R: z = R\mathrm{e}^{\mathrm{i}\theta}\,(\theta_1 \leqslant \theta \leqslant \theta_2, R$充分大$)$上连续,且

$$\lim_{R\to+\infty} zf(z) = \lambda$$

在S_R上一致成立(即与$\theta_1 \leqslant \theta \leqslant \theta_2$中的$\theta$无关),则

$$\lim_{R\to+\infty}\int_{S_R} f(z)\mathrm{d}z = \mathrm{i}(\theta_2 - \theta_1)\lambda. \tag{5.9}$$

证 如图5.4,因为$\mathrm{i}(\theta_2-\theta_1)\lambda = \lambda\int_{S_R}\dfrac{\mathrm{d}z}{z}$,于是

$$\left|\int_{S_R} f(z)\mathrm{d}z - \mathrm{i}(\theta_2-\theta_1)\lambda\right| = \left|\int_{S_R}\dfrac{zf(z)-\lambda}{z}\mathrm{d}z\right|. \tag{5.10}$$

又因$\lim_{R\to+\infty} zf(z) = \lambda$在$S_R$上一致成立,故对任给$\varepsilon > 0$,存在$R_0 = R_0(\varepsilon)$,使当$R > R_0$时,有

$$|zf(z) - \lambda| \leqslant \dfrac{\varepsilon}{\theta_2 - \theta_1}, \quad z \in S_R.$$

于是,估计式(5.10)的右端不超过$\dfrac{\varepsilon}{\theta_2-\theta_1}\dfrac{R(\theta_2-\theta_1)}{R} = \varepsilon$,即(5.9)式成立.

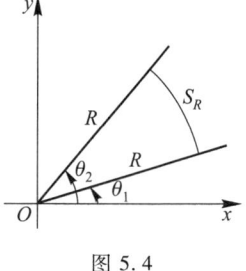

图 5.4

定理 5.5 设$f(z)$在上半平面$\mathrm{Im}\,z > 0$内除有限多个孤立奇点$a_1, a_2, \cdots, a_n$外解析,在$\mathrm{Im}\,z \geqslant 0$上除点$a_1, a_2, \cdots, a_n$外连续,且$\lim_{\substack{z\to\infty\\\mathrm{Im}\,z\geqslant 0}} zf(z) = 0$一致成立,则

$$\int_{-\infty}^{+\infty} f(x)\mathrm{d}x = 2\pi\mathrm{i}\sum_{k=1}^n \operatorname*{Res}_{z=a_k} f(z). \tag{5.11}$$

证 由条件 $\lim\limits_{\substack{z\to\infty\\ \operatorname{Im} z\geq 0}} zf(z)=0$ 知，$\int_{-\infty}^{+\infty} f(x)\mathrm{d}x$ 存在，且等于 $\lim\limits_{R\to +\infty}\int_{-R}^{R} f(x)\mathrm{d}x$.

取上半圆周 $\varGamma_R: z=R\mathrm{e}^{\mathrm{i}\theta}(0\leq \theta\leq \pi)$ 作为辅助曲线，当 R 充分大时，$a_1,a_2,\cdots,a_n$ 完全包含在由 $\varGamma_R$ 与 $[-R,R]$ 合成的围线内(图 5.5). 由留数定理得

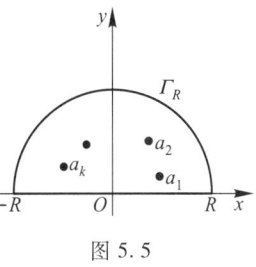

图 5.5

$$\int_{-R}^{R} f(x)\mathrm{d}x + \int_{\varGamma_R} f(z)\mathrm{d}z = 2\pi\mathrm{i}\sum_{k=1}^{n}\operatorname*{Res}_{z=a_k} f(z), \tag{5.12}$$

在(5.12)式中令 $R\to +\infty$，由大圆弧引理知，$\lim\limits_{R\to +\infty}\int_{\varGamma_R} f(z)\mathrm{d}z=0$，得(5.11)式.

注 $f(x)$ 经常表现为有理分式 $P(x)/Q(x)$，其中 $P(x)$ 与 $Q(x)$ 是互质多项式，定理 5.5 的条件意味着 $Q(x)$ 没有实的零点，$Q(x)$ 的次数至少高于 $P(x)$ 两次.

例 11 设 $a>0$，计算 $\int_0^{+\infty} \dfrac{\mathrm{d}x}{x^4+a^4}$.

解 函数 $f(z)=\dfrac{1}{z^4+a^4}$ 在上半平面有两个一阶极点

$$a_k = a\mathrm{e}^{\frac{\pi+2k\pi}{4}\mathrm{i}} \quad (k=0,1),$$

而

$$\operatorname*{Res}_{z=a_k} f(z) = \dfrac{1}{4z^3}\bigg|_{z=a_k} = \dfrac{1}{4a_k^3} = -\dfrac{a_k}{4a^4}.$$

由定理 5.5 得

$$\int_0^{+\infty}\dfrac{\mathrm{d}x}{x^4+a^4} = \dfrac{1}{2}\int_{-\infty}^{+\infty}\dfrac{\mathrm{d}x}{x^4+a^4} = \pi\mathrm{i}\sum_{\operatorname{Im} a_k>0}\operatorname*{Res}_{z=a_k}\left(\dfrac{1}{z^4+a^4}\right) = \pi\mathrm{i}\dfrac{-1}{4a^4}(a\mathrm{e}^{\frac{\pi}{4}\mathrm{i}}+a\mathrm{e}^{\frac{3}{4}\pi\mathrm{i}})$$

$$= -\pi\mathrm{i}\dfrac{1}{4a^3}(\mathrm{e}^{\frac{\pi}{4}\mathrm{i}}-\mathrm{e}^{-\frac{\pi}{4}\mathrm{i}}) = \dfrac{\pi}{2a^3}\sin\dfrac{\pi}{4} = \dfrac{\pi}{2\sqrt{2}a^3}.$$

例 12 计算 $I=\int_{-\infty}^{+\infty}\dfrac{\mathrm{d}x}{(x^2+1)^3}$.

解 函数 $f(z)=(z^2+1)^{-3}$ 在上半平面只有一个三阶极点 $z=\mathrm{i}$，其留数

$$\operatorname*{Res}_{z=\mathrm{i}} f(z) = \dfrac{1}{2!}\dfrac{\mathrm{d}^2}{\mathrm{d}z^2}\left[(z-\mathrm{i})^3\dfrac{1}{(z^2+1)^3}\right]\bigg|_{z=\mathrm{i}} = -\dfrac{3}{16}\mathrm{i}.$$

由定理 5.5 得

$$I = \int_{-\infty}^{+\infty}\dfrac{\mathrm{d}x}{(x^2+1)^3} = 2\pi\mathrm{i}\operatorname*{Res}_{z=\mathrm{i}} f(z) = 2\pi\mathrm{i}\left(-\dfrac{3}{16}\mathrm{i}\right) = \dfrac{3}{8}\pi.$$

若尔当引理 设 $f(z)$ 在半圆周 $\varGamma_R: z=R\mathrm{e}^{\mathrm{i}\theta}(0\leq\theta\leq\pi,R$ 充分大$)$ 上连续，且

$\lim\limits_{R\to +\infty} f(z) = 0$ 在 Γ_R 上一致成立,则

$$\lim_{R\to +\infty} \int_{\Gamma_R} f(z) \mathrm{e}^{\mathrm{i}mz} \mathrm{d}z = 0 \quad (m > 0). \tag{5.13}$$

证 设 $M(R) = \max\limits_{z\in\Gamma_R} |g(z)|$,则

$$\left| \int_{\Gamma_R} f(z) \mathrm{e}^{\mathrm{i}mz} \mathrm{d}z \right| = \left| \int_0^\pi f(R\mathrm{e}^{\mathrm{i}\theta}) \mathrm{e}^{\mathrm{i}mR\mathrm{e}^{\mathrm{i}\theta}} R\mathrm{i}\mathrm{e}^{\mathrm{i}\theta} \mathrm{d}\theta \right| \leq RM(R) \int_0^\pi \mathrm{e}^{-mR\sin\theta} \mathrm{d}\theta$$

$$= 2RM(R) \int_0^{\frac{\pi}{2}} \mathrm{e}^{-mR\sin\theta} \mathrm{d}\theta,$$

应用若尔当不等式

$$\frac{2\theta}{\pi} \leq \sin\theta \leq \theta \quad \left(0 \leq \theta \leq \frac{\pi}{2}\right), \tag{5.14}$$

得

$$\left| \int_{\Gamma_R} f(z) \mathrm{e}^{\mathrm{i}mz} \mathrm{d}z \right| \leq 2RM(R) \int_0^{\frac{\pi}{2}} \mathrm{e}^{-\frac{2mR}{\pi}\theta} \mathrm{d}\theta = \frac{\pi}{m} M(R) (1 - \mathrm{e}^{-mR}).$$

由已知条件 $\lim\limits_{R\to +\infty} f(z) = 0$ 知 $\lim\limits_{R\to +\infty} M(R) = 0$,故

$$\lim_{R\to +\infty} \int_{\Gamma_R} f(z) \mathrm{e}^{\mathrm{i}mz} \mathrm{d}z = 0 \quad (m > 0).$$

定理 5.6 设 $f(z)$ 在上半平面 $\mathrm{Im}\, z > 0$ 内除有限多个孤立奇点 $a_1, a_2, \cdots, a_n$ 外解析,在 $\mathrm{Im}\, z \geq 0$ 上除点 $a_1, a_2, \cdots, a_n$ 外连续,且 $\lim\limits_{z\to\infty} f(z) = 0$ 在 $\mathrm{Im}\, z \geq 0$ 上一致成立,则

$$\int_{-\infty}^{+\infty} f(x) \mathrm{e}^{\mathrm{i}mx} \mathrm{d}x = 2\pi\mathrm{i} \sum_{k=1}^n \mathop{\mathrm{Res}}\limits_{z=a_k} [f(z) \mathrm{e}^{\mathrm{i}mz}] \quad (m > 0). \tag{5.15}$$

证 将定理 5.5 的证明中用到的大圆弧引理换成若尔当引理,本定理可类似地得到证明.

将(5.15)式的实部、虚部分开,可得

$$\int_{-\infty}^{+\infty} f(x) \cos mx \mathrm{d}x = -2\pi \mathrm{Im}\left\{ \sum_{k=1}^n \mathop{\mathrm{Res}}\limits_{z=a_k} [f(z) \mathrm{e}^{\mathrm{i}mz}] \right\}, \tag{5.16}$$

$$\int_{-\infty}^{+\infty} f(x) \sin mx \mathrm{d}x = 2\pi \mathrm{Re}\left\{ \sum_{k=1}^n \mathop{\mathrm{Res}}\limits_{z=a_k} [f(z) \mathrm{e}^{\mathrm{i}mz}] \right\}, \tag{5.17}$$

其中 $m>0$. 特别,当 $f(x)$ 为偶函数或奇函数时,可分别得到

$$\int_0^{+\infty} f(x) \cos mx \mathrm{d}x = -\pi \mathrm{Im}\left\{ \sum_{k=1}^n \mathop{\mathrm{Res}}\limits_{z=a_k} [f(z) \mathrm{e}^{\mathrm{i}mz}] \right\}, \tag{5.18}$$

或

$$\int_0^{+\infty} f(x) \sin mx \mathrm{d}x = \pi \mathrm{Re}\left\{ \sum_{k=1}^n \mathop{\mathrm{Res}}\limits_{z=a_k} [f(z) \mathrm{e}^{\mathrm{i}mz}] \right\}. \tag{5.19}$$

注 $f(x)$ 经常表现为有理分式 $P(x)/Q(x)$,其中 $P(x)$ 与 $Q(x)$ 是互质多项式,定理 5.6 的条件意味着 $Q(x)$ 没有实的零点,$Q(x)$ 的次数比 $P(x)$ 的次数高.

例 13 计算积分 $I = \int_0^{+\infty} \dfrac{\cos mx}{1+x^2}\mathrm{d}x$，$m > 0$.

解 $f(z) = \dfrac{1}{1+z^2}$ 在上半平面内仅有一阶极点 i，且

$$\operatorname*{Res}_{z=\mathrm{i}}\left[\dfrac{\mathrm{e}^{\mathrm{i}mz}}{1+z^2}\right] = -\dfrac{\mathrm{e}^{-m}}{2}\mathrm{i},$$

又 $f(x)$ 是偶函数，根据 (5.18) 式得

$$\int_0^{+\infty} \dfrac{\cos mx}{1+x^2}\mathrm{d}x = -\pi\left(-\dfrac{\mathrm{e}^{-m}}{2}\right) = \dfrac{\pi}{2}\mathrm{e}^{-m}.$$

§5.2.3 积分路径上有奇点的反常积分的计算

对于瑕积分，可类似地定义其柯西主值。在定理 5.5 和定理 5.6 中假定 $f(z)$ 在实轴上没有奇点，现在，我们可以将条件放宽，允许 $f(z)$ 在实轴上有有限多个奇点，这些奇点最多是一阶极点。为估计挖去这种奇点后沿辅助路径的积分，再引进一个与大圆弧引理相似的引理。

小圆弧引理 设 $f(z)$ 沿圆弧 $S_r: z-a = r\mathrm{e}^{\mathrm{i}\theta}$ ($\theta_1 \leqslant \theta \leqslant \theta_2$，$r$ 充分小) 上连续，且 $\lim\limits_{r\to 0}(z-a)f(z) = \lambda$ 在 S_r 上一致成立，则有

$$\lim_{r\to 0}\int_{S_r} f(z)\mathrm{d}z = \mathrm{i}(\theta_2 - \theta_1)\lambda.$$

证 留作习题 9.

例 14 计算狄利克雷积分 $\int_0^{+\infty} \dfrac{\sin x}{x}\mathrm{d}x$.

解 $\int_0^{+\infty} \dfrac{\sin x}{x}\mathrm{d}x$ 存在，且

$$\int_0^{+\infty} \dfrac{\sin x}{x}\mathrm{d}x = \dfrac{1}{2}\mathrm{V.P.}\int_{-\infty}^{+\infty} \dfrac{\sin x}{x}\mathrm{d}x = \dfrac{1}{2}\operatorname{Im}\int_{-\infty}^{+\infty} \dfrac{\mathrm{e}^{\mathrm{i}x}}{x}\mathrm{d}x.$$

考虑函数 $f(z) = \dfrac{\mathrm{e}^{\mathrm{i}z}}{z}$ 沿图 5.6 所示路径 C 的积分.

根据柯西积分定理得

$$\oint_C f(z)\mathrm{d}z = 0,$$

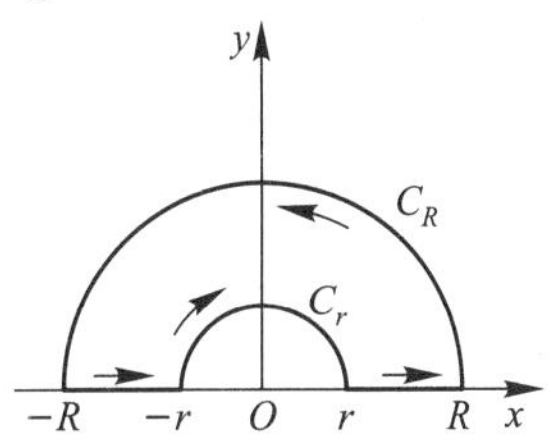

或写成

$$\int_r^R \dfrac{\mathrm{e}^{\mathrm{i}x}}{x}\mathrm{d}x + \int_{C_R} \dfrac{\mathrm{e}^{\mathrm{i}z}}{z}\mathrm{d}z + \int_{-R}^{-r} \dfrac{\mathrm{e}^{\mathrm{i}x}}{x}\mathrm{d}x - \int_{C_r} \dfrac{\mathrm{e}^{\mathrm{i}z}}{z}\mathrm{d}z = 0, \tag{5.20}$$

图 5.6

这里 C_R 及 C_r 分别表示半圆周 $z = R\mathrm{e}^{\mathrm{i}\theta}$ 及 $z = r\mathrm{e}^{\mathrm{i}\theta}$ ($0 \leqslant \theta \leqslant \pi$，$r < R$).

在(5.20)式中,令 $r\to 0, R\to +\infty$,由若尔当引理知

$$\lim_{R\to +\infty}\int_{C_R}\frac{e^{iz}}{z}dz = 0,$$

由小圆弧引理知

$$\lim_{r\to 0}\int_{C_r}\frac{e^{iz}}{z}dz = \pi i,$$

从而

$$\text{V. P.}\int_{-\infty}^{+\infty}\frac{e^{ix}}{x}dx = \pi i,$$

于是

$$\int_0^{+\infty}\frac{\sin x}{x}dx = \frac{\pi}{2}.$$

显然

$$\int_0^{+\infty}\frac{\sin \lambda x}{x}dx = \begin{cases}\dfrac{\pi}{2}, & \lambda > 0, \\ 0, & \lambda = 0, \\ -\dfrac{\pi}{2}, & \lambda < 0.\end{cases} \tag{5.21}$$

§5.2.4 杂例

下面再举几个比较重要的其他类型的例子,以便多熟悉一些计算技巧.

例 15 计算菲涅耳积分

$$\int_0^{+\infty}\sin x^2 dx \quad \text{与} \quad \int_0^{+\infty}\cos x^2 dx.$$

解 考虑函数 e^{iz^2} 沿图 5.7 所示围线 C 的积分

$$I = \oint_C e^{iz^2}dz.$$

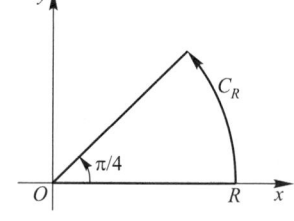

图 5.7

因 e^{iz^2} 在 C 上及 C 之内部解析,故有 $I = 0$,写成

$$I = \int_0^R e^{ix^2}dx + \int_{C_R} e^{iz^2}dz + e^{i\frac{\pi}{4}}\int_R^0 e^{-r^2}dr = 0. \tag{5.22}$$

今证当 $R\to +\infty$ 时,第二个积分为 0. 为此令 $z = Re^{i\frac{\theta}{2}}$,则

$$\left|\int_{C_R}e^{iz^2}dz\right| = \left|\frac{iR}{2}\int_0^{\pi/2}e^{iR^2(\cos\theta+i\sin\theta)}e^{i\frac{\theta}{2}}d\theta\right| \leq \frac{R}{2}\int_0^{\pi/2}e^{-R^2\sin\theta}d\theta.$$

利用若尔当不等式(5.14),当 $R \to +\infty$ 时,有
$$\left| \int_{C_R} e^{iz^2} dz \right| \leq \frac{R}{2} \int_0^{\pi/2} e^{-\frac{2R^2\theta}{\pi}} d\theta = \frac{\pi}{4R}(1-e^{-R^2}) \to 0.$$

利用积分 $\int_0^{+\infty} e^{-t^2} dt = \frac{\sqrt{\pi}}{2}$,在(5.22)式中,令 $R \to +\infty$,取极限得
$$\int_0^{+\infty} e^{ix^2} dx = e^{i\frac{\pi}{4}} \int_0^{+\infty} e^{-r^2} dr = e^{i\frac{\pi}{4}} \frac{\sqrt{\pi}}{2}.$$

于是
$$\int_0^{+\infty} \cos x^2 dx + i \int_0^{+\infty} \sin x^2 dx = \left(\frac{1}{\sqrt{2}} + i \frac{1}{\sqrt{2}} \right) \frac{\sqrt{\pi}}{2}.$$

比较两边的实部与虚部即得
$$\int_0^{+\infty} \sin x^2 dx = \frac{1}{2}\sqrt{\frac{\pi}{2}},$$
$$\int_0^{+\infty} \cos x^2 dx = \frac{1}{2}\sqrt{\frac{\pi}{2}}.$$

利用菲涅耳积分,可得**考纽螺线**的坐标等式. 此曲线的特点在于其弧长 s 与曲率 k 成正比,即 $s = a^2 k$,其中 a 是常数. 因 $k = \frac{d\theta}{ds}$, $\cos\theta = \frac{dx}{ds}$, $\sin\theta = \frac{dy}{ds}$,故
$$\theta = \int_0^s k ds = \frac{1}{a^2} \int_0^s s ds = \frac{s^2}{2a^2}.$$

于是
$$x(s) = \int_0^s \cos\theta ds = \int_0^s \cos\left(\frac{s^2}{2a^2}\right) ds = \sqrt{2} a \int_0^s \cos\left(\frac{s^2}{2a^2}\right) d\left(\frac{s}{\sqrt{2}a}\right),$$
$$y(s) = \int_0^s \sin\theta ds = \int_0^s \sin\left(\frac{s^2}{2a^2}\right) ds = \sqrt{2} a \int_0^s \sin\left(\frac{s^2}{2a^2}\right) d\left(\frac{s}{\sqrt{2}a}\right).$$

记 $\lim_{s \to +\infty} x(s) = x_0$, $\lim_{s \to +\infty} y(s) = y_0$,则
$$x_0 = \int_0^{+\infty} \cos\left(\frac{s^2}{2a^2}\right) ds = \sqrt{2} a \frac{1}{2} \sqrt{\frac{\pi}{2}} = \frac{1}{2} a\sqrt{\pi},$$
$$y_0 = \int_0^{+\infty} \sin\left(\frac{s^2}{2a^2}\right) ds = \sqrt{2} a \frac{1}{2} \sqrt{\frac{\pi}{2}} = \frac{1}{2} a\sqrt{\pi}.$$

考纽螺线见图 5.8.

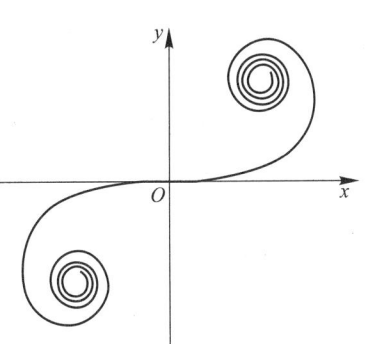

图 5.8

✎ **例 16** 计算泊松积分 $\int_0^{+\infty} e^{-ax^2} \cos bx dx$, $a > 0$, b 为任意实数.

解

$$\int_0^{+\infty} e^{-ax^2}\cos bx\,dx = \frac{1}{2}\int_{-\infty}^{+\infty} e^{-ax^2}(\cos bx - i\sin bx)\,dx$$

$$= \frac{1}{2}\int_{-\infty}^{+\infty} e^{-ax^2-ibx}\,dx = \frac{1}{2}e^{-\frac{b^2}{4a}}\int_{-\infty}^{+\infty} e^{-a\left(x+\frac{ib}{2a}\right)^2}\,dx$$

$$= \frac{1}{2}e^{-\frac{b^2}{4a}}\int_{-\infty+\frac{ib}{2a}}^{+\infty+\frac{ib}{2a}} e^{-az^2}\,dz.$$

沿图 5.9 所画围线 C 积分

$$\oint_C e^{-az^2}\,dz = \int_{C_2+C_3+C_4} e^{-az^2}\,dz + \int_{-R}^{R} e^{-ax^2}\,dx = 0. \tag{5.23}$$

当 $R\to+\infty$ 时,

$$\int_{-R}^{R} e^{-ax^2}\,dx \to \int_{-\infty}^{+\infty} e^{-ax^2}\,dx = \sqrt{\frac{\pi}{a}},$$

$$\left|\int_{C_2} e^{-az^2}\,dz\right| = \left|\int_0^{\frac{b}{2a}} e^{-a(R+iy)^2}i\,dy\right| \leqslant e^{-aR^2}\int_0^{\frac{b}{2a}} e^{ay^2}\,dy \to 0.$$

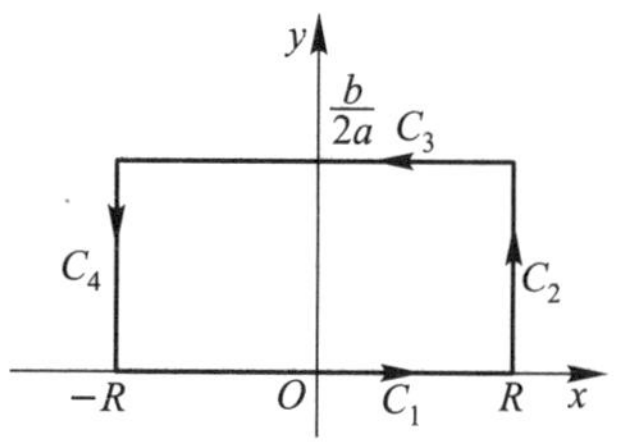

同理,当 $R\to+\infty$ 时,

$$\left|\int_{C_4} e^{-az^2}\,dz\right| \to 0.$$

于是,在(5.23)式中令 $R\to+\infty$,取极限得

$$\sqrt{\frac{\pi}{a}} = \int_{-\infty+\frac{ib}{2a}}^{+\infty+\frac{ib}{2a}} e^{-az^2}\,dz = 2e^{\frac{b^2}{4a}}\int_0^{+\infty} e^{-ax^2}\cos bx\,dx,$$

故

$$\int_0^{+\infty} e^{-ax^2}\cos bx\,dx = \frac{1}{2}\sqrt{\frac{\pi}{a}}\,e^{-\frac{b^2}{4a}}. \tag{5.24}$$

图 5.9

§5.2.5 多值函数的积分

准确地说,这里所谓的多值函数的积分是从复变函数的角度说的,从复数域来看,实变定积分的积分变量 x 在 $x>0$ 时应该理解为 $\arg x = 0$.

一种常见的多值函数积分是

$$I = \int_0^{+\infty} x^{s-1}f(x)\,dx,$$

其中 s 为实数,$f(z)$ 单值,在正实轴上没有奇点.

例 17 证明欧拉积分

$$\int_0^{+\infty} \frac{x^{\alpha-1}}{1+x}\,dx = \frac{\pi}{\sin\alpha\pi}, \quad 0<\alpha<1.$$

证 考虑函数 $f(z) = \dfrac{z^{\alpha-1}}{1+z}$, 这一函数由于 $z^{\alpha-1} = e^{(\alpha-1)\mathrm{Ln} z}$ 而成为多值函数,其支点为 0 及 ∞,它在从 0 点沿正实轴方向到 ∞ 点割破了的平面上可以分出单值分支. 我们选取如图 5.10 所示的积分路径 C,它由支割线上岸的 AB,经 $C_R : z = Re^{i\theta}(0 \leq \theta \leq 2\pi)$,然后沿支割线下岸 $B'A'$ 的方向,再经 $C_r : z = re^{i\theta}(0 \leq \theta \leq 2\pi, r < 1)$ 回到 A 点. 留数定理可以应用于 C 及其所围的区域 D 上,并注意在 D 内有一个一阶极点 $z = -1$. 在 $z = -1$ 的留数为

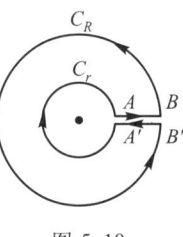

图 5.10

$$\operatorname*{Res}_{z=-1} f(z) = \lim_{z \to -1}(z+1)\frac{z^{\alpha-1}}{1+z} = \lim_{\substack{\rho \to 1 \\ \theta \to \pi}} e^{(\alpha-1)(\ln\rho + i\theta)} = e^{(\alpha-1)\pi i} = -e^{\alpha\pi i},$$

于是

$$\oint_C \frac{z^{\alpha-1}}{z+1} \mathrm{d}z = -2\pi i e^{\alpha\pi i},$$

或写成

$$\int_{AB} + \int_{C_R} - \int_{A'B'} - \int_{C_r} = -2\pi i e^{\alpha\pi i}. \tag{5.25}$$

(i) 沿 AB, $z = x$ ($r \leq x \leq R$), $\dfrac{z^{\alpha-1}}{1+z} = \dfrac{x^{\alpha-1}}{1+x}$, 故

$$\int_{AB} \frac{z^{\alpha-1}}{1+z} \mathrm{d}z = \int_r^R \frac{x^{\alpha-1}}{1+x} \mathrm{d}x \to \int_0^{+\infty} \frac{x^{\alpha-1}}{1+x} \mathrm{d}x \quad (r \to 0, R \to +\infty).$$

(ii) 沿 C_R, $z = Re^{i\theta}(0 \leq \theta \leq 2\pi)$, 因为

$$\left| z \frac{z^{\alpha-1}}{1+z} \right| = \left| Re^{i\theta} \frac{e^{(\alpha-1)(\ln R + i\theta)}}{1+Re^{i\theta}} \right| \leq R \frac{R^{\alpha-1}}{R-1} = \frac{R^{\alpha}}{R-1} \to 0 \ (R \to +\infty),$$

根据大圆弧引理得

$$\int_{C_R} \frac{z^{\alpha-1}}{1+z} \mathrm{d}z \to 0 \ (R \to +\infty).$$

(iii) 沿 $A'B'$, $z = xe^{2\pi i}(r \leq x \leq R)$, 由于

$$\frac{z^{\alpha-1}}{1+z} = \frac{e^{(\alpha-1)(\ln x + 2\pi i)}}{1+x} = \frac{e^{(\alpha-1)\ln x} e^{(\alpha-1)2\pi i}}{1+x} = e^{2(\alpha-1)\pi i} \frac{x^{\alpha-1}}{1+x},$$

得

$$\int_{A'B'} \frac{z^{\alpha-1}}{1+z} \mathrm{d}z = e^{2\alpha\pi i} \int_r^R \frac{x^{\alpha-1}}{1+x} \mathrm{d}x \to e^{2\alpha\pi i} \int_0^{+\infty} \frac{x^{\alpha-1}}{1+x} \mathrm{d}x \ (r \to 0, R \to +\infty).$$

(iv) 沿 C_r, $z = re^{i\theta}(0 \leq \theta \leq 2\pi)$, 因

$$\left| (z-0) \frac{z^{\alpha-1}}{1+z} \right| = \left| re^{i\theta} \frac{e^{(\alpha-1)(\ln r + i\theta)}}{1+re^{i\theta}} \right| \leq r \frac{r^{\alpha-1}}{1-r} \to 0 \ (r \to 0),$$

根据小圆弧引理得

$$\int_{C_r} \frac{z^{\alpha-1}}{1+z} \mathrm{d}z \to 0 \ (r \to 0).$$

于是,由(5.25)式,令 $r \to 0, R \to +\infty$,取极限得

$$(1-\mathrm{e}^{2\alpha\pi\mathrm{i}}) \int_0^{+\infty} \frac{x^{\alpha-1}}{1+x} \mathrm{d}x = -2\pi\mathrm{i}\mathrm{e}^{\alpha\pi\mathrm{i}}.$$

故

$$\int_0^{+\infty} \frac{x^{\alpha-1}}{1+x} \mathrm{d}x = \frac{-2\pi\mathrm{i}\mathrm{e}^{\alpha\pi\mathrm{i}}}{1-\mathrm{e}^{2\alpha\pi\mathrm{i}}} = \frac{\pi}{(\mathrm{e}^{\alpha\pi\mathrm{i}} - \mathrm{e}^{-\alpha\pi\mathrm{i}})/(2\mathrm{i})} = \frac{\pi}{\sin \alpha\pi}.$$

另一种多值函数的积分涉及对数函数.

例 18 计算积分

$$\int_0^{+\infty} \frac{\ln x}{1+x+x^2} \mathrm{d}x.$$

解 由于对数函数的多值性表现在虚部,沿割线上下岸积分时,实部 $\ln x$ 互相抵消,无法得到所需的积分,因此考虑积分 $\oint_C \frac{\ln^2 z}{1+z+z^2} \mathrm{d}z$,其中 C 仍是图 5.10 的围线.

注意到函数 $f(z) = \frac{\ln^2 z}{1+z+z^2}$ 在 D 内有两个一阶极点 $z_1 = -\frac{1}{2} + \frac{\sqrt{3}}{2}\mathrm{i} = \mathrm{e}^{\frac{2\pi\mathrm{i}}{3}}, z_2 = -\frac{1}{2} - \frac{\sqrt{3}}{2}\mathrm{i} = \mathrm{e}^{\frac{4\pi\mathrm{i}}{3}}$,留数分别为

$$\operatorname*{Res}_{z=z_1} f(z) = \frac{\ln^2 z_1}{1+2z_1} = \frac{4\pi^2 \mathrm{i}}{9\sqrt{3}},$$

$$\operatorname*{Res}_{z=z_2} f(z) = \frac{\ln^2 z_2}{1+2z_2} = -\frac{16\pi^2 \mathrm{i}}{9\sqrt{3}},$$

于是

$$\oint_C \frac{\ln^2 z}{1+z+z^2} \mathrm{d}z = 2\pi\mathrm{i} \left[\operatorname*{Res}_{z=z_1} f(z) + \operatorname*{Res}_{z=z_2} f(z) \right] = \frac{8\pi^3}{3\sqrt{3}},$$

或写成

$$\int_{AB} \frac{\ln^2 z}{1+z+z^2} \mathrm{d}z + \int_{C_R} \frac{\ln^2 z}{1+z+z^2} \mathrm{d}z - \int_{A'B'} \frac{\ln^2 z}{1+z+z^2} \mathrm{d}z - \int_{C_r} \frac{\ln^2 z}{1+z+z^2} \mathrm{d}z = \frac{8\pi^3}{3\sqrt{3}}.$$

(5.26)

根据大圆弧引理和小圆弧引理,有

$$\lim_{R \to +\infty} \int_{C_R} \frac{\ln^2 z}{1+z+z^2} \mathrm{d}z \to 0, \quad \lim_{r \to 0} \int_{C_r} \frac{\ln^2 z}{1+z+z^2} \mathrm{d}z \to 0,$$

又有
$$\lim_{\substack{r\to 0\\ R\to +\infty}}\left(\int_{AB}\frac{\ln^2 z}{1+z+z^2}dz - \int_{A'B'}\frac{\ln^2 z}{1+z+z^2}dz\right) = \int_0^{+\infty}\frac{\ln^2 x}{1+x+x^2}dx - \int_0^{+\infty}\frac{(\ln x + 2\pi i)^2}{1+x+x^2}dx$$
$$= -4\pi i\int_0^{+\infty}\frac{\ln x}{1+x+x^2}dx + 4\pi^2\int_0^{+\infty}\frac{1}{1+x+x^2}dx,$$

于是由(5.26)式得
$$-4\pi i\int_0^{+\infty}\frac{\ln x}{1+x+x^2}dx + 4\pi^2\int_0^{+\infty}\frac{1}{1+x+x^2}dx = \frac{8\pi^3}{3\sqrt{3}}.$$

分别取上式的实部和虚部, 得
$$\int_0^{+\infty}\frac{\ln x}{1+x+x^2}dx = 0, \quad \int_0^{+\infty}\frac{1}{1+x+x^2}dx = \frac{2\pi}{3\sqrt{3}}.$$

第三节　辐角原理及其应用

本节将基于留数理论介绍对数留数与辐角原理, 它可以帮助我们判断一个方程 $f(z)=0$ 各个根所在的范围, 这对研究运动的稳定性是有用的.

§ 5.3.1　对数留数

我们把具有下列形式的积分
$$\frac{1}{2\pi i}\int_C \frac{f'(z)}{f(z)}dz$$
称为 $f(z)$ 关于曲线 C 的对数留数(这个名称来源于 $\frac{f'(z)}{f(z)} = \frac{d}{dz}[\operatorname{Ln} f(z)]$).

显然, 函数 $f(z)$ 的零点和奇点都可能是 $\frac{f'(z)}{f(z)}$ 的奇点. 容易证明, 对 $\frac{f'(z)}{f(z)}$ 的奇点, 我们有如下引理.

引理　若 a 为 $f(z)$ 的 n 阶零点, 则 $\operatorname*{Res}_{z=a}\frac{f'(z)}{f(z)} = n$; 若 b 为 $f(z)$ 的 p 阶极点, 则 $\operatorname*{Res}_{z=b}\frac{f'(z)}{f(z)} = -p$.

定理 5.7　设函数 $f(z)$ 在围线 C 上解析且不为 0, 在 C 的内部除可能有极点外也处处解析, 则有

$$\frac{1}{2\pi i}\oint_C \frac{f'(z)}{f(z)}\mathrm{d}z = N(f,C) - P(f,C), \tag{5.27}$$

其中 $N(f,C)$ 与 $P(f,C)$ 分别表示 $f(z)$ 在 C 内部的零点与极点的个数（一个 n 阶零点算作 n 个零点，一个 p 阶极点算作 p 个极点）.

证 由零点的孤立性知，$f(z)$ 在围线 C 内部最多有有限个零点；同样，由于极点是孤立奇点，从而 $f(z)$ 在 C 内部的极点个数也最多有有限个. 由留数定理 5.1 和上面的引理可得 (5.27) 式.

§5.3.2 辐角原理

为讨论对数留数的几何意义，将 (5.27) 式左边改写为

$$\frac{1}{2\pi i}\oint_C \frac{f'(z)}{f(z)}\mathrm{d}z = \frac{1}{2\pi i}\oint_C \frac{\mathrm{d}}{\mathrm{d}z}[\mathrm{Ln}\, f(z)]\mathrm{d}z.$$

当 z 从 C 上某点 z_0 出发，沿 C 的正向绕行一周后回到 z_0 时，$\mathrm{Ln}\, f(z)$ 连续地变化. 其实部从 $\ln|f(z_0)|$ 开始连续变化，最后又回到 $\ln|f(z_0)|$；而虚部则不一定回到原来的值，若令 φ_0 为 $\mathrm{Arg}\, f(z_0)$ 在开始时的值，φ_1 为其绕行后的值（图 5.11），于是有

$$\frac{1}{2\pi i}\oint_C \frac{\mathrm{d}}{\mathrm{d}z}[\mathrm{Ln}\, f(z)]\mathrm{d}z = \frac{1}{2\pi i}\{[\mathrm{Ln}|f(z_0)| + i\varphi_1] - [\mathrm{Ln}|f(z_0)| + i\varphi_0]\}$$

$$= \frac{1}{2\pi}(\varphi_1 - \varphi_0) = \frac{1}{2\pi}\Delta_C \mathrm{Arg}\, f(z),$$

其中 $\Delta_C \mathrm{Arg}\, f(z)$ 表示 z 沿 C 的正向绕行一周后 $\mathrm{Arg}\, f(z)$ 的改变量，它一定是 2π 的整数倍.

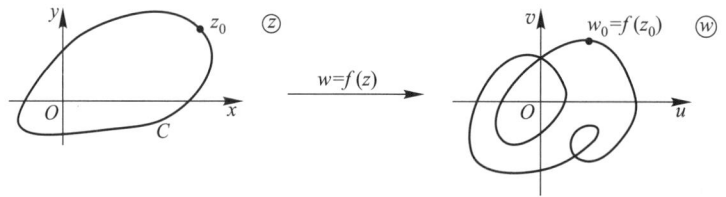

图 5.11

这样，可将定理 5.7 改写为

定理 5.8（辐角原理） 在定理 5.7 的条件下，$f(z)$ 在围线 C 内部的零点个数与极点个数之差，等于当 z 沿 C 的正向绕行一周后 $\mathrm{Arg}\, f(z)$ 的改变量 $\Delta_C \mathrm{Arg}\, f(z)$ 除以 2π，即

$$N(f,C) - P(f,C) = \frac{\Delta_C \mathrm{Arg}\, f(z)}{2\pi}. \tag{5.28}$$

特别地，如果 $f(z)$ 在围线 C 上及其内部均解析，且在 C 上不为零，则

$$N(f,C) = \frac{\Delta_C \operatorname{Arg} f(z)}{2\pi}. \tag{5.29}$$

例 19 设 n 次多项式
$$P(z) = a_0 z^n + a_1 z^{n-1} + \cdots + a_n \quad (a_0 \neq 0)$$
在虚轴上没有零点,试证明它的零点全在左半平面 $\operatorname{Re} z < 0$ 内的充要条件为
$$\Delta_{y(-\infty \nearrow +\infty)} \operatorname{Arg} P(iy) = n\pi.$$
即当点 z 自下而上沿虚轴从点 $-\infty$ 走向点 $+\infty$ 的过程中,$P(z)$ 绕原点转了半圈.

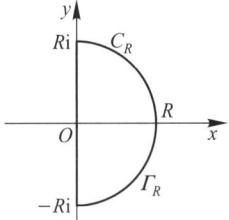

图 5.12

证 令围线 C_R 是右半圆周
$$\Gamma_R : z = R e^{i\theta} \quad \left(-\frac{\pi}{2} \leq \theta \leq \frac{\pi}{2}\right)$$
和虚轴上从 Ri 到 $-Ri$ 的有向线段所构成(图 5.12).

于是 $P(z)$ 的零点全在左半平面的充要条件为 $N(P, C_R) = 0$ 对任意 R 均成立,由(5.29)式即知此条件可写成
$$0 = \lim_{R \to +\infty} \Delta_{C_R} \operatorname{Arg} P(z) = \lim_{R \to +\infty} \Delta_{\Gamma_R} \operatorname{Arg} P(z) - \lim_{R \to +\infty} \Delta_{y(-R \nearrow +R)} \operatorname{Arg} P(iy). \tag{5.30}$$
但我们有
$$\Delta_{\Gamma_R} \operatorname{Arg} P(z) = \Delta_{\Gamma_R} \operatorname{Arg}\{a_0 z^n [1 + g(z)]\}$$
$$= \Delta_{\Gamma_R} \operatorname{Arg}(a_0 z^n) + \Delta_{\Gamma_R} \operatorname{Arg}[1 + g(z)],$$
其中 $g(z) = \dfrac{a_1 z^{n-1} + \cdots + a_n}{a_0 z^n}$,在 $R \to +\infty$ 时,$g(z)$ 沿 Γ_R 一致趋于零.

由此知
$$\lim_{R \to +\infty} \Delta_{\Gamma_R} \operatorname{Arg}[1 + g(z)] = 0.$$
另一方面又有
$$\Delta_{\Gamma_R} \operatorname{Arg} a_0 z^n = \Delta_{\theta(-\frac{\pi}{2} \nearrow +\frac{\pi}{2})} \operatorname{Arg} a_0 R^n e^{in\theta} = n\pi.$$
这样一来,(5.30)式就是我们所要证明的
$$\Delta_{y(-\infty \nearrow +\infty)} \operatorname{Arg} P(iy) = n\pi.$$

注 在自动控制中,若干物理和技术装置的稳定性归结为求常系数线性微分方程
$$a_0 \frac{d^n y}{dt^n} + a_1 \frac{d^{n-1} y}{dt^{n-1}} + \cdots + a_n y = f(t)$$
解的稳定性. 此问题要求其特征多项式
$$P(z) = a_0 z^n + a_1 z^{n-1} + \cdots + a_n$$
的根全在左半平面,例 19 给出了此问题的一个判据.

§5.3.3 儒歇定理

下面的定理是辐角原理的一个推论,在考察函数的零点分布时,用起来更为方便.

定理 5.9(儒歇定理) 设 C 是一围线,函数 $f(z)$ 及 $\varphi(z)$ 满足条件

(1) 它们在 C 和 C 的内部均解析;

(2) 在 C 上,$|f(z)|>|\varphi(z)|$,

则函数 $f(z)$ 与 $f(z)+\varphi(z)$ 在 C 的内部有同样多的零点(n 阶零点算 n 个),即
$$N(f+\varphi,C)=N(f,C).$$

证 由假设知 $f(z)$ 及 $f(z)+\varphi(z)$ 在 C 和 C 的内部解析,在 C 上有
$$|f(z)|>0,\quad |f(z)+\varphi(z)|\geqslant |f(z)|-|\varphi(z)|>0,$$
因而 $f(z)$ 和 $f(z)+\varphi(z)$ 都满足定理 5.8 的条件,于是由(5.29)式,只需证明
$$\Delta_C\mathrm{Arg}[f(z)+\varphi(z)]=\Delta_C\mathrm{Arg}\,f(z). \tag{5.31}$$
由
$$f(z)+\varphi(z)=f(z)\left[1+\frac{\varphi(z)}{f(z)}\right],$$
有
$$\Delta_C\mathrm{Arg}[f(z)+\varphi(z)]=\Delta_C\mathrm{Arg}\,f(z)+\Delta_C\mathrm{Arg}\left[1+\frac{\varphi(z)}{f(z)}\right].$$
根据条件(2),当 z 沿 C 变动时,$\left|\dfrac{\varphi(z)}{f(z)}\right|<1$. 变换 $\eta=1+\dfrac{\varphi(z)}{f(z)}$ 将 z 平面上的围线 C 变成 η 平面上的闭曲线 Γ. 于是 Γ 全在圆周 $|\eta-1|=1$ 内部,即 Γ 不会围着原点 $\eta=0$ 绕行,故
$$\Delta_C\mathrm{Arg}\left[1+\frac{\varphi(z)}{f(z)}\right]=0.$$
从而(5.31)式成立.

例 20 求代数方程 $z^5-5z^3-2=0$ 在区域 $|z|<1$ 内的根的个数.

解 在圆周 $|z|=1$ 上,$f(z)=-5z^3$ 恒不为零,令 $\varphi(z)=z^5-2$,在 $|z|=1$ 上,有 $|z^5-2|<|z^5|+2=3$ 和 $|-5z^3|=5$.

由儒歇定理可知,函数 z^5-5z^3-2 与 $-5z^3$ 在单位圆内部有同样多个零点. 容易看出 $-5z^3$ 在 $|z|<1$ 内有三个零点,因而代数方程 $z^5-5z^3-2=0$ 在单位圆内有 3 个根.

下面的定理是单叶解析函数的一个重要性质,在下一章中要用到,可由儒歇定理得到证明.

定理 5.10 若函数 $f(z)$ 在区域 D 内单叶解析,则在 D 内 $f'(z)\neq 0$.

证（用反证法） 假设存在 $z_0 \in D$，使得 $f'(z_0) = 0$，则 z_0 必为 $f(z)-f(z_0)$ 的一个 $n-1$ 阶零点 $(n \geq 2)$. 由零点的孤立性知，存在 $\delta > 0$，使在圆周 $C: |z-z_0| = \delta$ 上
$$f(z) - f(z_0) \neq 0,$$
在 C 的内部，$f(z)-f(z_0)$ 及 $f'(z)$ 无异于 z_0 的零点.

设 $m = \inf\limits_{z \in C}|f(z)-f(z_0)|$，则由儒歇定理即知，当 $0<|-a|<m$ 时，$f(z)-f(z_0)-a$ 在圆周 C 的内部亦恰有 n 个零点. 但这些零点无一为多重零点，理由是 $f'(z)$ 在 C 内部除 z_0 外无其他零点，而 z_0 显然不是 $f(z)-f(z_0)-a$ 的零点.

以 $z_1, z_2, \cdots, z_n$ 表 $f(z)-f(z_0)-a$ 在 C 内部的 n 个相异零点，于是
$$f(z_k) = f(z_0) + a \quad (k = 1, 2, \cdots, n).$$
这与 $f(z)$ 的单叶性假设矛盾，故在区域 D 内 $f'(z) \neq 0$.

习 题 五

1. 求下列函数在指定点处的留数：

(1) $\dfrac{z}{(z-1)(z+1)^2}$，$z = \pm 1, \infty$；　　(2) $\dfrac{1}{\sin z}$，$z = n\pi$ $(n = 0, \pm 1, \pm 2, \cdots)$；

(3) $\dfrac{1-e^{2z}}{z^4}$，$z = 0, \infty$；　　(4) $e^{\frac{1}{z-1}}$，$z = 1, \infty$.

2. 求下列函数在其孤立奇点（包括无穷远点）处的留数（m 是正整数）：

(1) $z^m \sin\dfrac{1}{z}$；

(2) $\dfrac{z^{2m}}{1+z^m}$；

(3) $\dfrac{1}{(z-\alpha)^m(z-\beta)}$ $(\alpha \neq \beta)$；

(4) $\dfrac{e^z}{z^2-1}$；

(5) $\dfrac{z}{1-\cos z}$；

(6) $\dfrac{\sin 2z}{(z+1)^3}$；

(7) $\dfrac{z^n}{(z-1)^n}$，n 为正整数；

(8) $\dfrac{1}{z}\left[\dfrac{1}{z+1} + \dfrac{1}{(z+1)^2} + \cdots + \dfrac{1}{(z+1)^n}\right]$，$n$ 为正整数.

3. 计算下列积分：

(1) $\oint_{|z|=1} \dfrac{\mathrm{d}z}{z \sin z}$；　　(2) $\oint_C \dfrac{\mathrm{d}z}{(z-1)^2(z^2+1)}$，$C: x^2+y^2 = 2(x+y)$；

(3) $\oint_{|z|=1} \dfrac{\mathrm{d}z}{(z-a)^n(z-b)^n}$，$|a|<1, |b|<1, a \neq b$，$n$ 为正整数；

(4) $\dfrac{1}{2\pi}\oint_{|z|=2} \dfrac{e^{2z}}{1+z^2}\mathrm{d}z$；　　(5) $\oint_{|z|=7} \dfrac{1+z}{1-\cos z}\mathrm{d}z$；

(6) $\oint_{|z|=2} \dfrac{z^3}{1+z} e^{\frac{1}{z}} dz.$

4. 求下列各积分值：

(1) $\displaystyle\int_0^{2\pi} \dfrac{d\theta}{a+\cos\theta}$ ($a>1$);

(2) $\displaystyle\int_0^{2\pi} \dfrac{d\theta}{1+\cos^2\theta}$;

(3) $\displaystyle\int_0^{\frac{\pi}{2}} \dfrac{d\theta}{a+\sin^2\theta}$ ($a>0$);

(4) $\displaystyle\int_0^{\pi} \tan(\theta+ia)d\theta$ (a 为实数且 $a\neq 0$).

5. 求下列各积分值：

(1) $\displaystyle\int_0^{+\infty} \dfrac{x^2 dx}{(x^2+1)(x^2+4)}$;

(2) $\displaystyle\int_{-\infty}^{+\infty} \dfrac{x^2}{(x^2+a^2)^2} dx$ ($a>0$);

(3) $\displaystyle\int_{-\infty}^{+\infty} \dfrac{\cos x}{(x^2+1)(x^2+9)} dx$;

(4) $\displaystyle\int_0^{+\infty} \dfrac{x\sin mx}{x^4+a^4} dx$ ($m>0, a>0$);

(5) $\displaystyle\int_0^{+\infty} \dfrac{1+x^2}{x^4+1} dx.$

6. 仿例 14 的方法计算下列积分：

(1) $\displaystyle\int_0^{+\infty} \dfrac{\sin x}{x(x^2+1)^2} dx$;

(2) $\displaystyle\int_0^{+\infty} \dfrac{\sin x}{x(x^2+a^2)} dx$ ($a\neq 0$).

7. 从 $\oint_C \dfrac{e^{iz}}{\sqrt{z}} dz$ 出发(其中 C 是如图 5.13 所示之围线), 证明

$$\int_0^{+\infty} \dfrac{\cos x}{\sqrt{x}} dx = \int_0^{+\infty} \dfrac{\sin x}{\sqrt{x}} dx = \sqrt{\dfrac{\pi}{2}}.$$

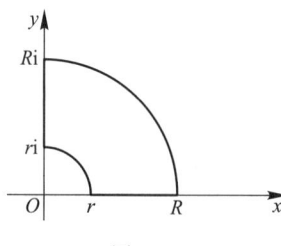

图 5.13

8. 从 $\oint_C \dfrac{\sqrt{z}\ln z}{(1+z)^2} dz$ 出发(其中 C 为如图 5.10 所示之围线), 证明：

(1) $\displaystyle\int_0^{+\infty} \dfrac{\sqrt{x}\ln x}{(1+x)^2} dx = \pi$;

(2) $\displaystyle\int_0^{+\infty} \dfrac{\sqrt{x}}{(1+x)^2} dx = \dfrac{\pi}{2}.$

9. 设 $f(z)$ 沿圆弧 $s_r: z-a=re^{i\theta}$ ($\theta_1\leq\theta\leq\theta_2$, r 充分小)上连续, 且 $\lim\limits_{r\to 0}(z-a)f(z)=\lambda$ 在 s_r 上一致成立, 试证 $\lim\limits_{r\to 0}\displaystyle\int_{s_r} f(z)dz = i(\theta_2-\theta_1)\lambda$.

10. 试证明:若 a 为 $f(z)$ 的 n 阶零点,则 $\operatorname*{Res}_{z=a}\dfrac{f'(z)}{f(z)}=n$;若 b 为 $f(z)$ 的 p 阶极点,则 $\operatorname*{Res}_{z=b}\dfrac{f'(z)}{f(z)}=-p$.

11. 试以一个初等函数为例,说明定理 5.10 的逆定理不真.

12. 设 $\varphi(z)$ 在 $C:|z|=1$ 上及其内部解析,且在 C 上 $|\varphi(z)|<1$. 证明在 C 内只有一个点 z_0 使 $\varphi(z_0)=z_0$.

13. 证明:当 $|a|>\mathrm{e}$ 时,方程 $\mathrm{e}^z-az^n=0$ 在单位圆 $|z|<1$ 内有 n 个根.

14. 证明方程 $z^7-z^3+12=0$ 的根都在圆环 $1\leqslant|z|\leqslant 2$ 内.

第六章 保形变换

在第一章第二节中,我们曾说过,从几何观点来看,一个复变函数 $w=f(z)$ $(z\in E)$ 给出了 z 平面上点集 E 到 w 平面上点集 F 间的一个对应关系(称为映射或变换). 本章将要讨论解析函数所构成的变换(简称**解析变换**)的某些重要特性. 下面我们将要看到,这种变换在使 $f'(z)\neq 0$ 的点处具有一种保角性质,具有这种特性的变换对数学本身以及对解决流体力学、电学等学科的某些实际问题都是一种重要工具.

第一节　解析变换的特性

§6.1.1　单叶变换

设复变函数 $w=f(z)$ $(z\in E)$ 是单值的,则对 z 平面上每一点 $z=x+\mathrm{i}y\in E$,在 w 平面上有且仅有一点 $w=u+\mathrm{i}v$ 与之对应. 但反之则不一定,即可以有两个或更多个点 z 对应于同一个 w 点. 下面我们研究在变换 $w=f(z)$ 下,z 与 w 成一一对应的条件.

记

$$w=f(z)=f_1(x,y)+\mathrm{i}f_2(x,y)=u+\mathrm{i}v, \tag{6.1}$$

则

$$\begin{cases} u=f_1(x,y), \\ v=f_2(x,y). \end{cases} \tag{6.2}$$

要把 x,y 确定为 u,v 的单值函数,就要由方程组(6.2)中解出 x 与 y. 根据隐函数存在定理可知,若 $(x_0,y_0;u_0,v_0)$ 满足(6.2)式,且在该点雅可比行列式

$$J=\frac{\partial(f_1,f_2)}{\partial(x,y)}=\begin{vmatrix} \dfrac{\partial f_1}{\partial x} & \dfrac{\partial f_1}{\partial y} \\ \dfrac{\partial f_2}{\partial x} & \dfrac{\partial f_2}{\partial y} \end{vmatrix}=\begin{vmatrix} \dfrac{\partial u}{\partial x} & \dfrac{\partial u}{\partial y} \\ \dfrac{\partial v}{\partial x} & \dfrac{\partial v}{\partial y} \end{vmatrix}\neq 0,$$

则在该点某邻域内,由方程组(6.2)可唯一地解出 x,y,即对于 w 平面上点 (u_0,v_0) 某邻域内的一点 (u,v),在 z 平面上有且仅有一点 (x,y) 与之对应,且 $(x,y;u,v)$ 满足 (6.2) 式.

今设 $w=f(z)$ 在点 $z_0=x_0+\mathrm{i}y_0$ 解析(从而在包含 z_0 的一个区域内解析),则由于 $w=f(z)$ 在点 $z=z_0$ 满足柯西-黎曼条件 $\dfrac{\partial u}{\partial x}=\dfrac{\partial v}{\partial y},\dfrac{\partial u}{\partial y}=-\dfrac{\partial v}{\partial x}$,因此

$$[J]_{z_0}=\left[\frac{\partial u}{\partial x}\frac{\partial v}{\partial y}-\frac{\partial u}{\partial y}\frac{\partial v}{\partial x}\right]_{z_0}=\left[\left(\frac{\partial u}{\partial x}\right)^2+\left(\frac{\partial v}{\partial x}\right)^2\right]_{z_0}=|f'(z_0)|^2. \tag{6.3}$$

于是我们得到以下定理.

定理 6.1 若 $w=f(z)$ 在 $z=z_0$ 解析,且 $f'(z_0)\neq 0$,则在 z 平面上必存在一个包含 z_0 点的区域,而在 w 平面上有一个包含 $w_0=f(z_0)$ 点的区域,使得解析变换 $w=f(z)$ 给出这两个区域间点与点的一一对应关系.即是说,$w=f(z)$ 在 $z=z_0$ 点附近是单叶解析函数.

若 $w=f(z)$ 是多值函数,即对于 z 平面上的一个点 z,在 w 平面上有不止一个点与之对应,我们在第二章第三节中已经讲过,可用支割线把 z 平面割开,从而得到多值函数 $w=f(z)$ 的若干单值分支,再在 w 平面上划出 $z=f^{-1}(w)$ 的单叶性区域,这样就通过 $w=f(z)$ 的单值分支建立起割开了的 z 平面与 w 平面上某区域的点与点之间的一一对应关系.

§6.1.2 解析函数的保角性

设 $w=f(z)$ 在 $z=z_0$ 点解析,且 $f'(z_0)\neq 0$,则 $w=f(z)$ 在 z_0 的邻域与 w_0 的邻域的点与点之间建立了一个一一对应关系.

为了研究 $w=f(z)$ 的变换特性,我们首先考察 $f'(z_0)$ 的辐角的几何意义.通过 z_0 点任引一有向光滑曲线

$$C:z=z(t)\quad(t_0\leqslant t\leqslant t_1,z_0=z(t_0)),$$

则 C 在 z_0 点的切线 L 存在,切向量 $z'(t_0)\neq 0$,它的倾斜角为 $\theta=\arg z'(t_0)$ (图 6.1).

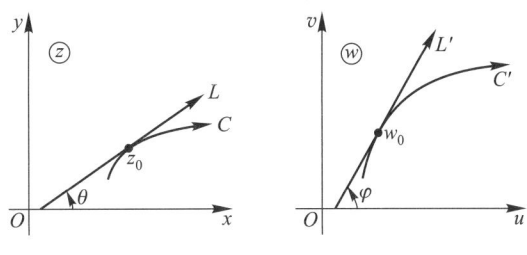

图 6.1

经过解析变换 $w=f(z)$，由于它是单叶变换，故在 w 平面上得到 C 的像曲线 C'，其方程应为 $w=f[z(t)]$（$t_0 \leqslant t \leqslant t_1, w_0 = f[z(t_0)]$）.由于 $w'(t_0) = f'(z_0)z'(t_0) \neq 0$，故 C' 在 $w_0 = f(z_0)$ 点也有切线 L'，其倾斜角 φ 应为

$$\arg w'(t_0) = \arg f'(z_0) + \arg z'(t_0). \tag{6.4}$$

由以上讨论知道，像曲线的切线 L' 的方向可由原像曲线的切线 L 的方向逆时针旋转一个角度 $\arg f'(z_0)$ 得出. $\arg f'(z_0)$ 称作变换 $w=f(z)$ 在 z_0 点的**旋转角**.

其次，我们考察 $|f'(z_0)|$ 的几何意义. 因为

$$|f'(z_0)| = \lim_{z \to z_0} \left| \frac{w-w_0}{z-z_0} \right| = \lim_{\Delta z \to 0} \left| \frac{\Delta w}{\Delta z} \right|, \tag{6.5}$$

所以，导数的模 $|f'(z_0)|$ 代表通过 z_0 点的无穷小线元 $\mathrm{d}z$ 映射到 w 平面上成为无穷小线元 $\mathrm{d}w$ 时，其长度的**伸缩比**.

第三，由于对解析函数而言，比值 $\dfrac{\Delta w}{\Delta z} \to f'(z_0)$（$\Delta z \to 0$）不依赖于 $z \to z_0$ 的方式. 因此，由 (6.4) 式知，过 z_0 点的曲线 C_1 与 C_2（图 6.2）在 z_0 点的切线经映射后都转了同一个角度 $\alpha = \arg f'(z_0)$，即 $\varphi_1 = \theta_1 + \alpha, \varphi_2 = \theta_2 + \alpha$. 因此，$\varphi_2 - \varphi_1 = \theta_2 - \theta_1$，即，两曲线之间的夹角经映射后保持其大小与转向不变，并且，若用 $\mathrm{d}z_1, \mathrm{d}z_2, \mathrm{d}w_1, \mathrm{d}w_2$ 分别表示过 z_0 点在 C_1 和 C_2 上和过 w_0 点在 C_1^* 和 C_2^* 上取的无穷小线元，则 $\left| \dfrac{\mathrm{d}w_1}{\mathrm{d}z_1} \right| = \left| \dfrac{\mathrm{d}w_2}{\mathrm{d}z_2} \right| = |f'(z_0)|$.

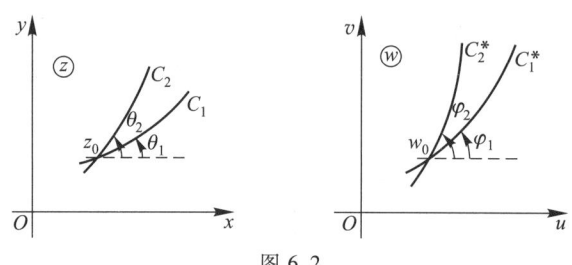

图 6.2

定义 6.1 若 $w=f(z)$ 在 $z=z_0$ 的某邻域内有定义，且在 z_0 的某邻域内，用映射 $w=f(z)$ 把过 z_0 的任意两曲线映成过 $w=w_0$ 的两曲线后，其夹角保持相等（既保持大小，又保持转向），无穷小线元成比例（伸缩率不变），这时，我们说 $w=f(z)$ 在点 z_0 是**保角的**，或称 $w=f(z)$ 在点 z_0 处是**保角变换**. 若 $w=f(z)$ 在区域 D 内处处是**保角的**，则称 $w=f(z)$ 是区域 D 内的**保角变换**.

定义 6.2 若 $f(z)$ 在区域 D 内既是单叶的又是保角的，则称 $f(z)$ 在 D 内是**保形的**，或称 $f(z)$ 是 D 内的**保形变换**（又叫共形映射）.

由定理 6.1 可知，若解析函数 $f(z)$ 在区域 D 内处处满足 $f'(z) \neq 0$，则 $f(z)$ 在 D 内是保角的，也是局部保形的（即在任意点的邻域内是保形的）；若 $f(z)$ 在区域 D 内

还是单叶的,则 $f(z)$ 在 D 内是保形的.

关于保形变换,我们不加证明地指出如下定理[①].

定理 6.2 设 $w=f(z)$ 在区域 D 内单叶解析,则

(1) $w=f(z)$ 将 D 保形变换成区域 $G=f(D)$;

(2) 反函数 $z=f^{-1}(w)$ 在区域 G 内单叶解析,且

$$\left.\frac{\mathrm{d}f^{-1}(w)}{\mathrm{d}w}\right|_{w=w_0} = \frac{1}{f'(z_0)} \quad (z_0 \in D, w_0 = f(z_0) \in G).$$

1936 年梅尼绍夫(D. Menchoff)曾经证明:若 $w=f(z)$ 将区域 D 保形变换成区域 G,则 $w=f(z)$ 在 D 内单叶解析. 即上述定理中结论(1)的逆命题也成立. 也就是说,$w=f(z)$ 为区域 D 内的保形变换的充要条件是 $f(z)$ 在区域 D 内单叶解析.

由此可见,若 $w=f(z)$ 将区域 D 保形变换成区域 $G=f(D)$,则其反函数 $z=f^{-1}(w)$ 将区域 G 保形变换成 D. 这时,区域 D 内的一个无穷小曲边三角形 δ 变成区域 G 内的一个无穷小曲边三角形 Δ(图 6.3),由于保持了曲线间的夹角大小及方向,故 δ 与 Δ "相似". 这就是保形变换这一名称的由来.

显然,两个保形变换的复合仍然是一个保形变换. 即,若 $\zeta=g(z)$ 将 z 平面上的区域 D 保形变换成 ζ 平面上的区域 D_1,而 $w=f(\zeta)$ 把区域 D_1 保形变换成 w 平面上的区域 G,则复合函数 $w=f[g(z)]$ 把 z 平面上的区域 D 保形变换成 w 平面上的区域 G.

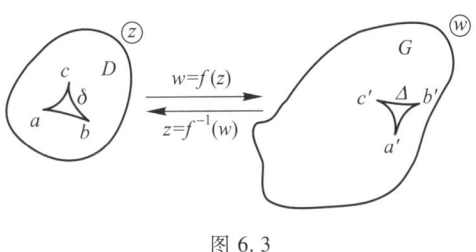

图 6.3

§6.1.3 拉普拉斯算符的变换

在第二章第二节中,我们讲到解析函数与二维拉普拉斯方程的解的关系. 这种关系使得解析函数理论在平面场问题中有重要应用. 在第二章第四节中,我们还讨论了复位势理论,那时,我们给出一个解析函数 $w=w(z)$ 后,问以它为复位势的平面场是什么? 但是,如果给出的是一个具体的平面场(例如绕一定形状物体的平面绕流问题),要求找出它的复位势,那就要在某种具体边界条件下解二维拉普拉斯方程了. 我们知道,任何解析函数的实部与虚部都满足拉普拉斯方程,然而,困难就在于要找出适合具体边界条件的特解. 除非边界条件很简单,或者事先已经知道某个解析函数恰好描写所要求的平面场,否则是很难定出这种特解的. 自然,我们要提出这样的问题:可否将边界化为一种简单形状而使解容易求呢? 这就要用到保形变换. 其基本原理是利用解析函数所代表的变换的一些几何性质来把边界形状变

[①] 参见钟玉泉编《复变函数论》(第四版)第七章.

简单,从而使解易于求出.

我们指出,在保形变换 $\zeta=\xi+i\eta=f(z)$ ($z=x+iy$) 下,二维拉普拉斯算符

$$\nabla=\frac{\partial^2}{\partial x^2}+\frac{\partial^2}{\partial y^2}$$

变成

$$|f'(z)|^2\left(\frac{\partial^2}{\partial \xi^2}+\frac{\partial^2}{\partial \eta^2}\right),$$

从而拉普拉斯方程仍变成拉普拉斯方程. 事实上, 在保形变换 $\zeta=f(z)$ 下, 即是在自变量变换

$$\begin{cases}\xi=\xi(x,y),\\ \eta=\eta(x,y),\end{cases}\quad \begin{cases}x=x(\xi,\eta),\\ y=y(\xi,\eta)\end{cases}$$

下, 二维拉普拉斯方程

$$u_{xx}+u_{yy}=0 \tag{6.6}$$

就化为

$$(\xi_x^2+\xi_y^2)u_{\xi\xi}+2(\xi_x\eta_x+\xi_y\eta_y)u_{\xi\eta}+(\eta_x^2+\eta_y^2)u_{\eta\eta}+(\xi_{xx}+\xi_{yy})u_{\xi}+(\eta_{xx}+\eta_{yy})u_{\eta}=0. \tag{6.7}$$

由于 $\zeta=f(z)$ 解析, 根据 C-R 条件, 有

$$\xi_x^2+\xi_y^2=|f'(z)|^2,\quad \eta_x^2+\eta_y^2=|f'(z)|^2,$$
$$\xi_x\eta_x+\xi_y\eta_y=0,\quad \xi_{xx}+\xi_{yy}=0,\quad \eta_{xx}+\eta_{yy}=0.$$

所以 (6.7) 式成为

$$|f'(z)|^2(u_{\xi\xi}+u_{\eta\eta})=0. \tag{6.8}$$

由于在所讨论区域内 $\zeta=f(z)$ 是保形变换,因此 $f'(z)\neq 0$,故有

$$u_{\xi\xi}+u_{\eta\eta}=0. \tag{6.9}$$

于是,用保形变换 $\zeta=f(z)$ 来作自变量变换,拉普拉斯方程 (6.6) 仍变成拉普拉斯方程 (6.9). 同样,泊松方程

$$\frac{\partial^2 u}{\partial x^2}+\frac{\partial^2 u}{\partial y^2}=-4\pi\rho(x,y) \tag{6.10}$$

通过保形变换 $\zeta=f(z)$ 变成泊松方程

$$\frac{\partial^2 u}{\partial \xi^2}+\frac{\partial^2 u}{\partial \eta^2}=-4\pi\rho^*(\xi,\eta), \tag{6.11}$$

其中

$$\rho^*(\xi,\eta)=|f'(z(\zeta))|^{-2}\rho(x(\xi,\eta),y(\xi,\eta)). \tag{6.12}$$

在第十一章, 我们将简要介绍用保形变换法求解二维拉普拉斯方程的狄利克雷问题.

第二节　分式线性变换

§6.2.1　几种最简单的保形变换

（1）$w = z + b$.

这个变换显然代表图形的**平移**（设想 z 平面与 w 平面重合，下同），即图形的每一点都平移一个相同的向量 b（图 6.4）.

（2）$w = e^{i\alpha}z$，α 是实数.

因为 $|w| = |e^{i\alpha}z| = |z|$，而 $\arg w = \alpha + \arg z$，所以，这个变换代表图形绕坐标原点的转动，转角为 α（图 6.5）.

以上两种变换可用来描述刚体的平面平行运动.

（3）$w = rz$ $(r>0)$.

显然，这种变换代表图形的线性放大（或缩小）.

以上三种变换组合起来，构成一种重要的变换——**整线性变换**

$$w = az + b, \tag{6.13}$$

其中 $a = re^{i\alpha}$（图 6.6）.

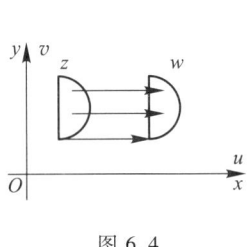

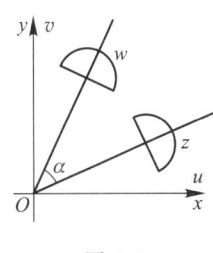

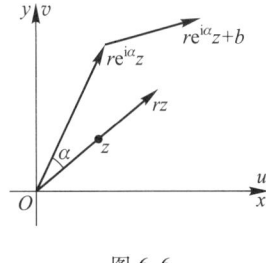

图 6.4　　　　　图 6.5　　　　　图 6.6

（4）$w = \dfrac{1}{z}$.

$w = \dfrac{1}{r}e^{-i\theta}$ 可以分解为

$$\zeta = \frac{1}{r}e^{i\theta}, \quad w = \bar{\zeta}. \tag{6.14}$$

(6.14) 式的第一个变换称作关于单位圆周的对称变换，它把点 z 变到 ζ. 这两点辐角相等，即两点在从原点出发的同一条射线上，而其与原点的距离满足 $|\zeta||z| = 1$.

这样的点 ζ 称作点 z 关于以原点为圆心的单位圆的对称点. (6.14)式的第二个变换是关于实轴的对称变换,把 ζ 变到它关于实轴的对称点 w. 于是,变换 $w=\dfrac{1}{\bar{z}}$ 把单位圆外一点 z 变到单位圆内一点 w(图 6.7),反之亦然. 变换 $w=\dfrac{1}{\bar{z}}$ 称作**反演变换**.

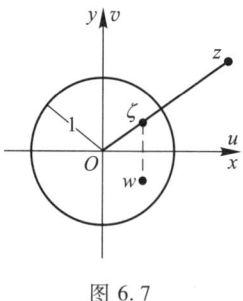

图 6.7

§6.2.2 分式线性变换

$$w=\frac{az+b}{cz+d}, \quad \text{其中 } ad-bc\neq 0 \tag{6.15}$$

称为**分式线性变换**.

条件 $ad-bc\neq 0$ 是必须的,否则将导致 w 恒为常数,就没有变换的意义了. 在 $c=0$ 时,变换(6.15)成为上述整线性变换(6.13). 变换(6.15)除点 $z=-\dfrac{d}{c}$ 外处处解析, $z=-\dfrac{d}{c}$ 为其一阶极点. 下面我们将变换(6.15)的定义域在闭平面上加以补充:

若 $c\neq 0$,在 $z=-d/c$ 处,定义 $w=\infty$;在 $z=\infty$ 处,定义 $w=a/c$.

若 $c=0$,在 $z=\infty$ 处,定义 $w=\infty$.

这样,我们总认为分式线性变换是定义在整个闭平面上的,它是将闭 z 平面一一地变成闭 w 平面的单叶变换. 事实上,变换(6.15)具有逆变换

$$z=\frac{-dw+b}{cw-a}. \tag{6.16}$$

分式线性变换(6.16)总可以分解成形如(6.13)的整线性变换和形如 $w=\dfrac{1}{z}$ 的反演变换. 事实上,当 $c=0$ 时,变换(6.15)已经就是整线性变换

$$w=\frac{a}{d}z+\frac{b}{d}.$$

当 $c\neq 0$ 时,(6.15)式可改写为

$$w=\frac{a}{c}+\frac{bc-ad}{c}\frac{1}{cz+d}.$$

它是下面三个变换的复合:

$$\xi=cz+d, \quad \eta=\frac{1}{\xi}, \quad w=\frac{bc-ad}{c}\eta+\frac{a}{c},$$

其中第二个是反演变换,其余两个是整线性变换. 现在来说明分式线性变换(6.15)在闭平面上是保形的.

由于变换(6.15)在闭平面上是单叶的,为了证明其在闭平面上是保形的,只需证明整线性变换(6.13)和反演变换 $w = \dfrac{1}{z}$ 在闭平面上是保角的.

对于反演变换 $w = \dfrac{1}{z}$,由于

$$\frac{dw}{dz} = -\frac{1}{z^2} \neq 0 \ (z \neq 0, z \neq \infty),$$

故在 $z \neq 0, z \neq \infty$ 的各处,反演变换 $w = \dfrac{1}{z}$ 是保角的. 至于在 $z=0$ 和 $z=\infty$ 处,就涉及如何理解两曲线在无穷远点处交角的意义问题.

定义 6.3 二曲线在无穷远点的交角为 α,当且仅当它们在反演变换下的像曲线在原点的交角为 α.

在 ∞ 处不必考虑伸缩率的不变性,按照定义 6.3,$w = \dfrac{1}{z}$ 在 $z=0$ 及 $z=\infty$ 处就是保角的了.

再来看整线性变换 $w = az+b$ ($a \neq 0$) 在闭平面上的保角性.

由 $\dfrac{dw}{dz} = a \neq 0$ 即知在 $z \neq \infty$ 的各处是保角的. 要证明变换在 $z = \infty$(像点为 $w = \infty$)处保角,由定义 6.3,引入两个反演变换:

$$\lambda = \frac{1}{z}, \ \mu = \frac{1}{w},$$

它们分别将 z 平面的 ∞ 保角变换为 λ 平面的原点;将 w 平面的 ∞ 保角变换为 μ 平面的原点. 现将它们代入(6.13)式,得

$$\frac{1}{\mu} = a \frac{1}{\lambda} + b,$$

即

$$\mu = \frac{\lambda}{b\lambda + a},$$

它将 λ 平面的原点 $\lambda = 0$ 变为 μ 平面的原点 $\mu = 0$,且 $\left.\dfrac{d\mu}{d\lambda}\right|_{\lambda=0} = \dfrac{1}{a} \neq 0$. 故变换 $\mu = \dfrac{\lambda}{b\lambda + a}$ 在 $\lambda = 0$ 是保角的. 于是整线性变换(6.13)在 $z = \infty$ 是保角的,因而在闭平面上是保角的.

综上所述,分式线性变换在扩充 z 平面上是保形的.

§6.2.3 分式线性变换的保交比性

定义 6.4 扩充复平面上有顺序的四个相异点 z_1, z_2, z_3, z_4 构成下面的量,称为它们的**交比**,记为 (z_1, z_2, z_3, z_4),

$$(z_1, z_2, z_3, z_4) = \frac{z_4 - z_1}{z_4 - z_2} : \frac{z_3 - z_1}{z_3 - z_2}.$$

当四点中有一点为 ∞ 时,应将包含此点的项用 1 代替. 例如 $z_1 = \infty$ 时,即有

$$(z_1, z_2, z_3, z_4) = \frac{1}{z_4 - z_2} : \frac{1}{z_3 - z_2},$$

亦即先视 z_1 为有限,再令 $z_1 \to \infty$,取极限而得.

定理 6.3 在分式线性变换下,四点的交比不变.

证 设

$$w_i = \frac{az_i + b}{cz_i + d}, \quad i = 1, 2, 3, 4,$$

则

$$w_i - w_j = \frac{(ad - bc)(z_i - z_j)}{(cz_i + d)(cz_j + d)},$$

因此

$$(w_1, w_2, w_3, w_4) = \frac{w_4 - w_1}{w_4 - w_2} : \frac{w_3 - w_1}{w_3 - w_2} = \frac{z_4 - z_1}{z_4 - z_2} : \frac{z_3 - z_1}{z_3 - z_2} = (z_1, z_2, z_3, z_4).$$

从形式上看,分式线性变换(6.15)具有四个复参数 a, b, c, d,但由条件 $ad - bc \neq 0$ 可知至少有一个不为零,因此就可以用它去除变换(6.15)的分子和分母,于是变换(6.15)实际上就只依赖于三个复参数(即六个实参数).

为确定这三个复参数,由定理 6.3 可知,只需任意指定三对对应点:

$$z_i \leftrightarrow w_i (i = 1, 2, 3)$$

即可. 因为从

$$(w_1, w_2, w_3, w_4) = (z_1, z_2, z_3, z_4)$$

就可得到变换(6.15),其中 a, b, c, d 就可由 z_i 和 $w_i (i = 1, 2, 3)$ 来确定,且除了相差一个常数因子外是唯一的. 因此,三对对应点唯一确定一个分式线性变换:

$$\frac{w - w_1}{w - w_2} : \frac{w_3 - w_1}{w_3 - w_2} = \frac{z - z_1}{z - z_2} : \frac{z_3 - z_1}{z_3 - z_2}.$$

§6.2.4 分式线性变换的保圆周性

整线性变换显然将圆周(直线)变为圆周(直线),这可由上面所述的几何意义

得知.

反演变换将圆周(直线)变为圆周或直线. 事实上,圆周或直线可表为(见习题一第 12,13 题)

$$Az\bar{z}+\bar{B}z+B\bar{z}+C=0 \ (A,C \text{ 为实数},|B|^2>AC), \tag{6.17}$$

其中当 $A=0$ 时就是直线. 经过变换 $w=\dfrac{1}{z}$,(6.17)式成为

$$Cw\bar{w}+\bar{B}\bar{w}+Bw+A=0,$$

它表示圆周还是直线要看 C 是否为 0 而定.

因为分式线性变换是整线性变换和反演变换的复合,这样,我们就证明了分式线性变换将平面上的圆周(直线)变为圆周或直线.

其实,在闭平面上,直线可视为经过无穷远点的圆周,(6.17)式可改写为

$$A+\frac{\bar{B}}{\bar{z}}+\frac{B}{z}+\frac{C}{z\bar{z}}=0,$$

欲其经过 ∞,必须且只需 $A=0$. 因此,可以说分式线性变换将闭平面上的圆周变为圆周. 在这一节里,提到闭平面上的圆周时均包含直线.

§6.2.5 分式线性变换的保对称点性

先说明对称点的概念(如图 6.8):

z_1, z_2 **关于直线 γ 对称**,是指 z_1 与 z_2 的连线与 γ 正交,且被 γ 平分.

z_1, z_2 **关于圆周 γ**:$|z-a|=R$ **对称**,是指 z_1, z_2 都在从圆心 a 出发的同一射线上,且

$$|z_1-a||z_2-a|=R^2. \tag{6.18}$$

此外,规定圆心 a 与 ∞ 关于圆周 γ 对称.

由此,即知 z_1, z_2 关于圆周 γ:$|z-a|=R$ 对称,必须且只需

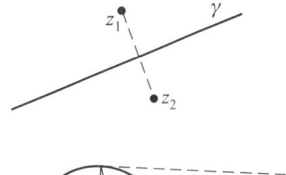
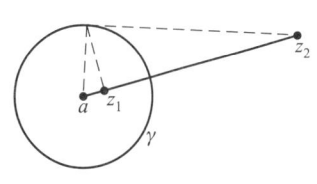

图 6.8

$$z_2-a=\frac{R^2}{\overline{z_1-a}}. \tag{6.19}$$

下述定理从几何方面说明了对称点的特性.

定理 6.4 闭平面上两点 z_1, z_2 关于圆周(直线)γ 对称的充要条件是通过 z_1, z_2 的任意圆周都与 γ 正交.

证 当 γ 为直线时,定理的正确性是很明显的. 我们只就 γ 为圆周 $|z-a|=R$ 的情形加以证明.

必要性 设 z_1, z_2 关于圆周 $\gamma: |z-a|=R$ 对称,则过 z_1, z_2 的直线必须与 γ 正交. 设 δ 是过 z_1, z_2 的任一圆周(非直线), 由 a 作圆周 δ 的切线 $a\zeta$, ζ 为切点(图 6.9). 由平面几何学中的已知定理得

$$|\zeta-a|^2 = |z_1-a||z_2-a|.$$

但由 z_1, z_2 关于圆周 γ 对称的定义,有 $|z_1-a||z_2-a|=R^2$,所以 $|\zeta-a|=R$. 这就是说 $a\zeta$ 是圆 γ 的半径,因此 δ 与 γ 正交.

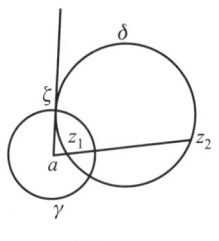

图 6.9

充分性 设过 z_1, z_2 任作一圆(非直线) δ 均与 γ 正交, 若其交点之一为 ζ, 则 γ 的半径 $a\zeta$ 必为 δ 的切线. 连接 z_1, z_2, 延长后必经过 a (因为过 z_1, z_2 的直线与 γ 正交), 于是 z_1, z_2 在从 a 出发的同一射线上,并且由几何定理得

$$R^2 = |\zeta-a|^2 = |z_1-a||z_2-a|.$$

因此, z_1, z_2 关于 γ 对称.

下述定理就是分式线性变换的保对称点性.

定理 6.5 设闭平面上两点 z_1, z_2 关于圆周 γ 对称, $w=L(z)$ 为一分式线性变换, 则 $w_1=L(z_1), w_2=L(z_2)$ 关于圆周 $\Gamma=L(\gamma)$ 对称.

证 设 Δ 是经过 w_1, w_2 的任意圆周, 此时必然存在一个圆周 δ, 它经过 z_1, z_2 且使 $\Delta = L(\delta)$. 因为 z_1, z_2 关于 γ 对称, 故 δ 与 γ 正交. 由分式线性变换的保角性, $\Delta = L(\delta)$ 与 $\Gamma = L(\gamma)$ 亦为正交. 这样由定理 6.4 即知 w_1, w_2 关于 $\Gamma = L(\gamma)$ 对称.

§6.2.6 分式线性变换的应用

设 $w=L(z)$ 是一分式线性变换, γ 为闭平面上的一圆周, 则 $\Gamma = L(\gamma)$ 是闭 w 平面上的一圆周. 由于闭平面被圆周划分为两个区域, 如 γ 分闭 z 平面为区域 d_1, d_2, 而 Γ 分闭 w 平面为 D_1, D_2, 则我们可以断定 d_1 的像必然是 D_1 和 D_2 中的一个, 而 d_2 的像是 D_1 和 D_2 中的另一个. 为了确定对应的区域, 有两个办法, 其一是在一个区域例如 d_1 中取一点 z_1, 若 $w_1 = L(z_1) \in D_1$, 则可以断定 $D_1 = L(d_1)$, 否则 $D_2 = L(d_1)$. 另一办法是在 γ 上任取三点 z_1, z_2, z_3 使沿 z_1, z_2, z_3 绕行 γ 时, d_1 在观察者的左方, 这时沿对应的 w_1, w_2, w_3 绕行 Γ 时, 在观察者左方的那个区域就是 d_1 的像. 理由如下: 过 z_1 作 γ 的一段法线 $\boldsymbol{n}$, 使 $\boldsymbol{n}$ 含于 d_1 (图 6.10), 于是顺着 z_1, z_2, z_3 看, $\boldsymbol{n}$ 在观察者左方. $\boldsymbol{n}$ 的像 $N = L(\boldsymbol{n})$ 是过 w_1 并与 Γ 正交的一段圆弧(或直线段). 由于在 z_1 点的保角性, 顺着 w_1, w_2, w_3 看, N 也应当在观察者的左方, 因此, 在 w_1, w_2, w_3 左方的那个区域就是 d_1 的像.

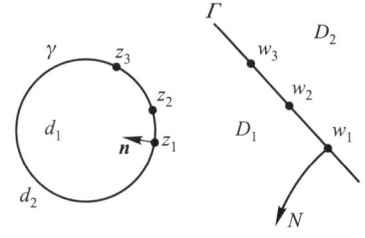

图 6.10

反之,在闭平面上给定区域 d 及 D,其边界均为圆周,则 d 必然可以保形变换成 D. 此保形变换就是分式线性变换. 在一定条件下,此变换是唯一的.

下面两个例子就是反映这个事实的重要特例.

例 1 求出将上半平面 $\mathrm{Im}\, z>0$ 保形变换成单位圆的分式线性变换,并使上半平面内的一点 a（$\mathrm{Im}\, a>0$）变为 $w=0$（图 6.11）.

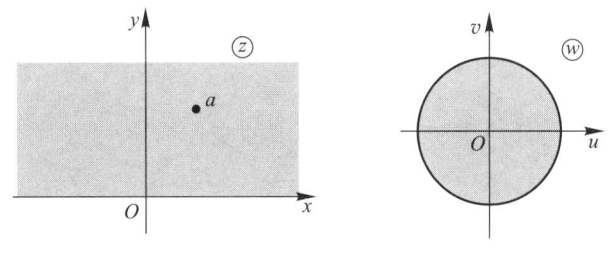

图 6.11

解 根据分式线性变换保对称点的性质,点 a 关于实轴的对称点 $\bar{a}$ 应该变到 $w=0$ 关于单位圆周的对称点 $w=\infty$. 因此这个变换应当具有形状

$$w = k \frac{z-a}{z-\bar{a}}, \tag{6.20}$$

其中 k 是常数. k 的确定应该使得实轴上的一点,例如 $z=0$,变到单位圆周上的一点,即点 $w = k\dfrac{a}{\bar{a}}$ 在单位圆周上. 取绝对值后得 $1 = |k|\left|\dfrac{a}{\bar{a}}\right| = |k|$,因此,可以记 $k = \mathrm{e}^{\mathrm{i}\beta}$（$\beta$ 是常数）. 最后得到所要求的变换为

$$w = \mathrm{e}^{\mathrm{i}\beta} \frac{z-a}{z-\bar{a}}. \tag{6.21}$$

在变换(6.21)中,还有一个实参数 β 需要确定. 为了确定此 β,或者指出实轴上一点与单位圆周上某点的对应关系,或者指出变换在 $z=a$ 处的旋转角 $\arg w'(a)$. 事实上,$w'(z) = \mathrm{e}^{\mathrm{i}\beta} \dfrac{a-\bar{a}}{(z-\bar{a})^2}$,所以 $w'(a) = \dfrac{\mathrm{e}^{\mathrm{i}\beta}}{a-\bar{a}}$,$\arg w'(a) = \arg\left[\dfrac{1}{2\mathrm{Im}\, a}\mathrm{e}^{\mathrm{i}\left(\beta-\frac{\pi}{2}\right)}\right] = \beta - \dfrac{\pi}{2}$. 只要给定 $\arg w'(a)$,即可算出 β.

例 2 求出将单位圆 $|z|<1$ 保形变换成单位圆 $|w|<1$ 的分式线性变换,并使一点 a（$|a|<1$）变到 $w=0$（图 6.12）.

解 根据分式线性变换保对称点性质,点 a（不妨假设 $a\neq 0$）关于单位圆 $|z|=1$ 的对称点 $a^* = \dfrac{1}{\bar{a}}$ 应该变成点 $w=0$ 关于单位圆 $|w|=1$ 的对称点 $w=\infty$. 因此,所求的变换应为

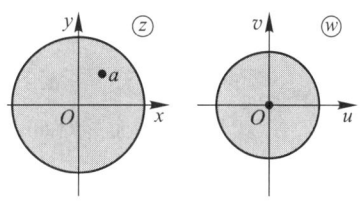

图 6.12

$$w = \frac{k(z-a)}{z-\dfrac{1}{\bar{a}}},$$

整理后得

$$w = \frac{k_1(z-a)}{1-\bar{a}z},$$

其中 k_1 是常数. 选择 k_1, 使得 $z=1$ 变成单位圆周上的点. 于是 $\left|k_1\dfrac{1-a}{1-\bar{a}}\right|=1$, 即 $|k_1|=1$. 因此可令 $k_1 = e^{i\beta}$ (β 是实数), 最后得到所要求的变换为

$$w = e^{i\beta}\frac{z-a}{1-\bar{a}z}. \tag{6.22}$$

β 的确定还需要附加条件, 和例 1 所说过的类似, 读者可以验证变换 (6.22) 中 $\arg w'(a) = \beta$.

第三节 某些初等函数所构成的保形变换

§6.3.1 幂函数与根式函数

先讨论幂函数

$$w = z^n, \tag{6.23}$$

其中 n 是大于 1 的自然数, 它除了 $z=0$ 与 $z=\infty$ 外处处具有不为 0 的导数, 因而在这些点是保角的. 在 $z = re^{i\theta}, w = r^n e^{in\theta}$ 中, 固定 r 而令 z 沿圆周 $|z|=r$ 正向连续变动一周 (即令 $\arg z$ 连续增加 2π) 时, 则 w 依正向在圆周 $|w|=r^n$ 上连续变动 n 周 (即 $\arg w$ 连续增加 $2n\pi$). 固定 θ 而令 z 沿射线 $\arg z = \theta$ 由 0 变到 ∞ 时, 则 w 沿射线 $\arg w = n\theta$ 从 0 变到 ∞.

在 z 平面上考虑以原点为顶点, 张角为 $\alpha\left(\alpha \leqslant \dfrac{2\pi}{n}\right)$ 的角形区域 d: $\theta_1 < \arg z < \theta_1 + \alpha$, 从第二章的讨论即知, 幂函数 (6.23) 在 d 内是单叶的, 又由于导数为零的点 $z=0$ 和 $z=\infty$ 在 d 的边界上, 因而是保形的. 于是 (6.23) 将一个顶点在原点张角为 $\alpha\left(\alpha \leqslant \dfrac{2\pi}{n}\right)$ 的角形区域 d 保形变换成以 $w=0$ 为顶点, 张角为 $n\alpha\left(\alpha \leqslant \dfrac{2\pi}{n}\right)$ 的区域 (图 6.13)

$$D: n\theta_1 < \arg w < n\theta_1 + n\alpha.$$

特别情形 $w = z^n$ 将角形区域 $0 < \arg z < \dfrac{\pi}{n}$ 保形变换成角形区域 $0 < \arg w < \pi$,此即上半平面.

作为由 $w = z^n$ 所定义的变换

$$z = \sqrt[n]{w},$$

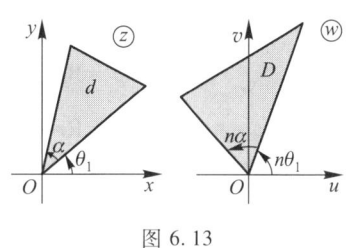

图 6.13

将上述的角形区域 D 保形变换成 d.

总之,以后我们要将角形区域的张角拉大或缩小时,就可以利用幂函数或根式函数.

例 3 试研究水在平底水槽中的流动.槽底有一薄平板状凸起(图 6.14(a))

解 首先设法消除这个凸起.作变换 $z_1 = z^2$,则水槽底变为 z_1 平面正实轴线两岸(图 6.14(b)),凸起被消除,成为 z_1 平面实轴上从 $-h^2$ 到 0 的线段两岸.

再作变换

$$z_2 = z_1 + h^2,$$

水槽底及凸起化为 z_2 平面上正实轴的两岸(图 6.14(c)).

最后作变换

$$\zeta = \sqrt{z_2},$$

它将 z_2 平面上的张角 2π 变成 ζ 平面上的张角 π,水槽底化为实轴,凸起成为实轴上从 $-h$ 到 h 的线段(图 6.14(d)).在 ζ 平面上,流动为平面平行流,其速度势显然是

$$\varphi = \mathrm{Re}(C\zeta).$$

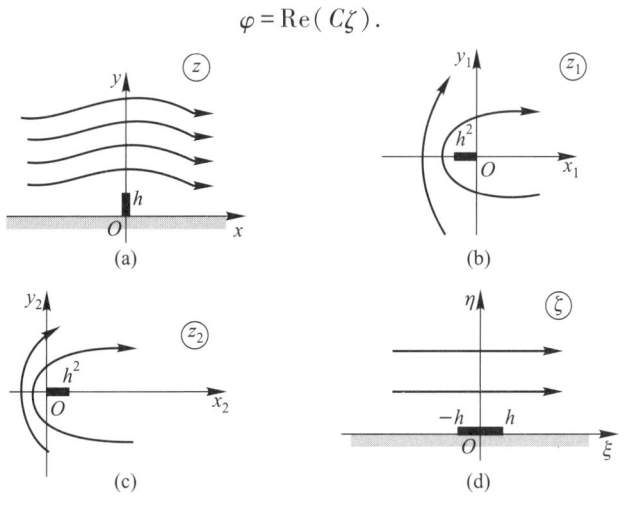

图 6.14

回到原来的自变量,则

$$\begin{aligned}\varphi &= \mathrm{Re}(C\sqrt{z_2}) = \mathrm{Re}(C\sqrt{z_1+h^2}) = \mathrm{Re}(C\sqrt{z^2+h^2})\\ &= \mathrm{Re}(C\sqrt{(x^2-y^2+h^2)+2xy\mathrm{i}})\\ &= C\sqrt{\frac{(x^2-y^2+h^2)+\sqrt{(x^2-y^2+h^2)^2+4x^2y^2}}{2}},\end{aligned}$$

从 φ 可以算出 z 平面上各点流速 $\boldsymbol{v}=\mathrm{grad}\ \varphi$.

§6.3.2 指数函数与对数函数

指数函数

$$w = \mathrm{e}^z \tag{6.24}$$

在任意有限点均有 $\dfrac{\mathrm{d}w}{\mathrm{d}z}=\mathrm{e}^z\neq 0$,因而它在 z 平面上是保角的,但它不是一一对应的. 一点 $w\ (\neq 0,\neq \infty)$ 有无穷多个原像(第二章第三节).

命 $z=x+\mathrm{i}y$,则(6.24)式成为

$$w = \mathrm{e}^x \mathrm{e}^{\mathrm{i}y}. \tag{6.25}$$

固定 $x=x_0$,即令 z 沿平行于虚轴的直线 $\mathrm{Re}\ z=x_0$ 连续变动时,则 w 沿圆周 $|w|=\mathrm{e}^{x_0}$ 连续变动无穷多周. 固定 $y=y_0$,即令 z 沿着平行于实轴的直线 $\mathrm{Im}\ z=y_0$ 连续变动时,则 w 沿射线 $\mathrm{arg}\ w=y_0$ 连续变动(图 6.15).

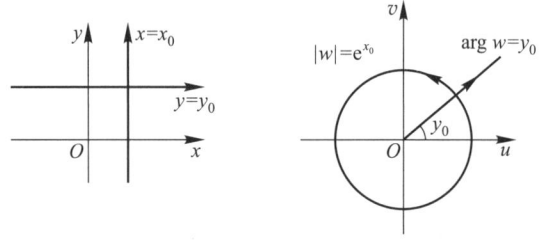

图 6.15

在 z 平面上,考虑边界平行于实轴宽度为 h(h 不超过 2π)的带形区域 δ:$y_1<\mathrm{Im}\ z<y_1+h$. 由上述即知,用变换 $w=\mathrm{e}^z$ 将 δ 变成顶点在原点、张角为 h 的角形区域 Δ:$y_1<\mathrm{arg}\ w<y_1+h$. 在所述区域内,变换是单叶的(图 6.15). 这样,变换 $w=\mathrm{e}^z$ 就将一个边界平行于实轴且宽度为 h(h 不超过 2π)的带形区域 δ:$y_1<\mathrm{Im}\ z<y_1+h$ 保形变换成角形区域 Δ:$y_1<\mathrm{arg}\ w<y_1+h$(图 6.16).

特别情形 变换 $w=\mathrm{e}^z$ 将区域 $0<\mathrm{Im}\ z<2\pi$ 保形变换成 $0<\mathrm{arg}\ w<2\pi$,即是除去正实轴的 w 平面.

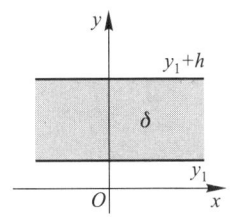
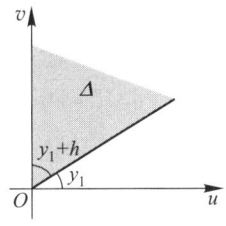

图 6.16

作为 $w = e^z$ 的逆变换

$$w = \ln z, \quad (6.26)$$

是将 z 平面上的一个顶点在原点的角形区域（张角不超过 2π）保形变换成 w 平面上某一带形区域.

例 4 把两块半无穷大的金属板连成一块无穷大的板，使连接处绝缘（图 6.17(a)）. 设两部分的电势分别为 v_1 和 v_2，求板外的电势.

解 用变换 $w = \ln z$ 把 z 平面的上半平面变成 w 平面上的带形区域. 在 w 平面上问题变为求平行板之间的电势，两板的电势分别为 v_1 和 v_2，两板间的距离为 π（图 6.17(b)）.

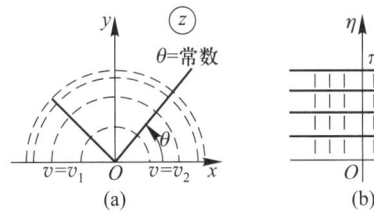

图 6.17

设电势为 $v = A\eta + B$，则由边界条件

$$\eta = 0, \quad v = v_2, \qquad \eta = \pi, \quad v = v_1,$$

得

$$B = v_2, \quad A = \frac{v_1 - v_2}{\pi}.$$

故

$$v = \frac{v_1 - v_2}{\pi}\eta + v_2.$$

因 $\xi = \ln |z|, \eta = \arg z$. 回到 z 平面，得

$$v = \frac{v_1 - v_2}{\pi}\arg z + v_2 = \frac{v_1 - v_2}{\pi}\theta + v_2. \quad (6.27)$$

因此，等势线是由 O 点出发的矢径 $\theta = $ 常数，$0 < r < \infty$（图 6.17(a) 中实线）. 电力线是

与 ξ = 常数相应的曲线 $\ln|z|$ = 常数,即
$$r = 常数, \quad 0 < \theta < \pi.$$
它们是一些半圆(图 6.17(a) 中的虚线).

§6.3.3 茹科夫斯基函数

茹科夫斯基函数定义为
$$w = \frac{1}{2}\left(z + \frac{1}{z}\right).$$

由于 $w' = \frac{1}{2}\left(1 - \frac{1}{z^2}\right)$,因而它在 z 平面除 $z = 0, \pm 1$ 外是保角的,但它不是单叶的.当 $z_1 z_2 = 1$ 时,z_1 和 z_2 对应同一个像点.我们可以考虑用除去原点的单位圆内区域 D_1 和单位圆外区域 D_2 分别作为其单叶性区域,也可以用上半平面 B_1 和下半平面 B_2 作为其单叶性区域.

下面考察 $w = \frac{1}{2}\left(z + \frac{1}{z}\right)$ 把区域 D_1, D_2 变成什么样的区域.设
$$z = re^{i\theta}, \quad w = u + iv,$$
则
$$u = \frac{1}{2}\left(r + \frac{1}{r}\right)\cos\theta, \quad v = \frac{1}{2}\left(r - \frac{1}{r}\right)\sin\theta.$$

因此,z 平面上的每个圆周 $|z| = r_0 > 0$ 都变成 w 平面上的一个椭圆
$$u = \frac{1}{2}\left(r_0 + \frac{1}{r_0}\right)\cos\theta, \quad v = \frac{1}{2}\left(r_0 - \frac{1}{r_0}\right)\sin\theta,$$

其半轴是 $a = \frac{1}{2}\left(r_0 + \frac{1}{r_0}\right), b = \frac{1}{2}\left|r_0 - \frac{1}{r_0}\right|$.对于区域 D_1 内以原点为圆心的圆周,其半径满足 $0 < r_0 < 1$,这时上半圆周变成下半椭圆周,下半圆周变成上半椭圆周;对于区域 D_2 内以原点为圆心的圆周,其半径满足 $r_0 > 1$,这时上半圆周变成上半椭圆周,下半圆周变成下半椭圆周.当 $r_0 \to 1$ 时,$a \to 1, b \to 0$,椭圆"压缩"成接近于实轴上的线段 $[-1, 1]$;当 $r_0 \to 0$ 或 $r_0 \to +\infty$ 时,$a, b \to +\infty$.

由此可见,$w = \frac{1}{2}\left(z + \frac{1}{z}\right)$ 把区域 D_1, D_2 都分别保形变换成去掉线段 $[-1, 1]$ 后的 w 平面,用与上面相仿的讨论还可知,$w = \frac{1}{2}\left(z + \frac{1}{z}\right)$ 把区域 B_1, B_2 都分别保形变换成去掉实轴上射线 $\{-\infty < u \leq -1\}$ 和 $\{1 \leq u < +\infty\}$ 后的整个 w 平面.

习 题 六

1. 求出下列分式线性变换的导数及在所给点的旋转角：

(1) $w = e^{i\theta} \dfrac{z-a}{z-\bar{a}}$，在点 a 处 $(a = c+bi, b>0)$；

(2) $w = e^{i\theta} \dfrac{z-a}{1-\bar{a}z}$，在点 a 处 $(|a|<1)$；

(3) $\dfrac{w-\beta}{w-\bar{\beta}} = e^{i\theta} \dfrac{z-a}{z-\bar{a}}$，在点 a 处 $(\operatorname{Im} a, \operatorname{Im} \beta > 0)$．

2. 求 $w = z^2$ 在 $z = i$ 处的伸缩比和旋转角．问此变换将经过 $z = i$ 且平行于实轴正方向的曲线切线方向变换成 w 平面哪一点的哪一个方向？并作图．

3. 下列各题中，给出了三对对应点 $z_1 \leftrightarrow w_1, z_2 \leftrightarrow w_2, z_3 \leftrightarrow w_3$ 的具体数值．写出相应的分式线性变换，并指出此变换将过 z_1, z_2, z_3 的圆周内部或直线左边（顺着 z_1, z_2, z_3 观察）变换成什么区域．

(1) $2 \leftrightarrow -1, i \leftrightarrow i, -2 \leftrightarrow 1$；

(2) $1 \leftrightarrow \infty, i \leftrightarrow -1, -1 \leftrightarrow 0$；

(3) $\infty \leftrightarrow 0, i \leftrightarrow i, 0 \leftrightarrow \infty$；

(4) $\infty \leftrightarrow 0, 0 \leftrightarrow 1, 1 \leftrightarrow \infty$．

4. 求出将 $|z| < \rho$ 变换成 $|w| < R$ 的分式线性变换，并使 $z = a$ $(|a| < \rho)$ 变成 0．

5. 求出将上半平面 $\operatorname{Im} z > 0$ 变换成圆 $|w| < R$ 的分式线性变换 $w = f(z)$，使其适合条件 $f(i) = 0$．如果再要求 $f'(i) = 1$，此变换是否存在？

6. 求出上半平面到下半平面的分式线性变换，并使 $-1 \leftrightarrow 1, 2 \leftrightarrow 0$．

7. 设 z 平面上有三个互相外切的圆周，切点之一在原点，函数 $w = \dfrac{1}{z}$ 将此三个圆周所围成的区域变换成 w 平面上什么区域？

8. 若 $w = \dfrac{az+b}{cz+d}$ 将单位圆周变成直线，其系数应满足什么条件？

9. 试求以下各区域（除去阴影部分）到上半平面的保形变换．

(1) $|z+i| < 2, \operatorname{Im} z > 0$；　　(2) $|z+i| > \sqrt{2}, |z-i| < \sqrt{2}$；

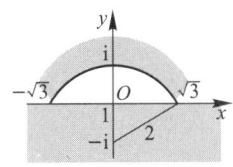 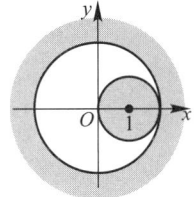

(3) $|z|<2, |z-1|>1$;　　(4) $|z|>2, |z-3|>1$.

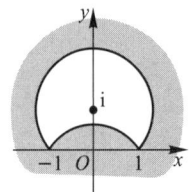 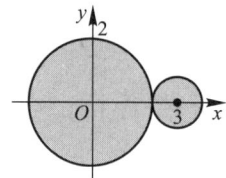

10. 求将闭平面割去 1+i 到 2+2i 的线段后剩下的区域变到上半平面的保形变换.

11. 求将单位圆割去 0 到 1 的半径后剩下的区域变到上半平面的保形变换.

12. 设 $w=\dfrac{(2+i)z+(3+4i)}{z}$,若 z 在单位圆上沿正向转一周时,点 w 在什么曲线上沿什么方向转动?

13. 试作以下保形变换:

(1) 把 $|z|<1$ 及 $|z-1|<1$ 的公共部分变换成 $|w|<1$;

(2) 把扇形 $0<\arg z<a(a<2\pi)$, $|z|<1$ 变换成 $|w|<1$;

(3) 把圆环 $0<a<|z|<b$ 除去实轴上的区间 (a,b) 而得的区域变换成 $|w|<1$;

(4) 把圆 $|z|<1$ 变换成带形 $0<\mathrm{Im}\,w<1$,并把 $-1,1,i$ 分别变换成 ∞,∞,i;

(5) 把上半单位圆变换成上半平面,并把 $1,-1,0$ 分别变换成 $-1,1,\infty$;

(6) 把圆 $|z-4i|<2$ 变换成半平面 $v>u$,并使圆心变换成 -4,而圆周上的点 $2i$ 变换成 $w=0$.

第二篇
数学物理方程

　　数学上许多新概念、新理论都是人们在生产实践和科学实验中从某种物理模型里面抽象出来的,总是先有事实,然后才有概念.本篇所讨论的偏微分方程就是对一些物理规律、物理过程和物理状态,例如弹性体的振动、电磁波的传播、热的传导和粒子扩散等,进行研究后归结出来的.正是由于它们是从物理问题中归结出来的,所以称之为**数学物理方程**.

　　数学物理方程的研究范围十分广泛,但在本篇中,主要讲述一些简单的典型方程,即波动方程、热传导方程和拉普拉斯方程等.因为,一方面,这些方程很好地描述了一些基本的物理现象,能解决一些重要问题;另一方面,也因为通过这些问题的研究,可以掌握一些方法,作为探讨新问题的基础.

　　在数学上,人们把二阶线性偏微分方程分成三类,分别称之为双曲型方程、抛物型方程和椭圆型方程.波动方程可以作为研究双曲型方程的模型,热传导方程可以作为研究抛物型方程的模型,拉普拉斯方程可以作为研究椭圆型方程的模型.例如:

$$u_{tt} = a^2 u_{xx}$$

是一维波动方程(或弦振动方程).

$$u_t = a^2 u_{xx}$$

是一维热传导方程.

$$u_{xx} + u_{yy} = 0$$

是二维拉普拉斯方程.

　　研究数学物理方程的中心内容是求各类定解问题的解并研究解的性质,使我们对其所描述的自然现象有规律性的认识.本篇将着重介绍解各类定解问题的常用解法,如分离变量法、达朗贝尔法、格林函数法、积分变换法等,并对定解问题的适定性作简单介绍.

第七章 一维波动方程的傅里叶解

物理、力学中有一类所谓振动和波的现象,如弹性波、光波、电磁波,等等,虽然各有其特殊规律,但有一个共性——波动.所以,在数学上均能用波动方程来描述其运动规律.最简单的一维波动方程的例子是著名的弦振动方程.本章针对有界弦振动,将引入数学物理方程的一个重要解法——傅里叶解法(也称为分离变量法).

第一节 一维波动方程——弦振动方程的建立

§7.1.1 弦振动方程的建立

设有一根拉紧着的均匀、柔软而有弹性的弦,长为 l,两端钉在 O,L 两点.当它在平衡位置附近作垂直于 OL 方向的微小横振动时,求这弦上各点的运动规律.为了解决这个问题,如图 7.1 选择坐标系,并以 $u(x,t)$ 表示弦上 x 点在时刻 t 沿垂直于 x 方向的位移.

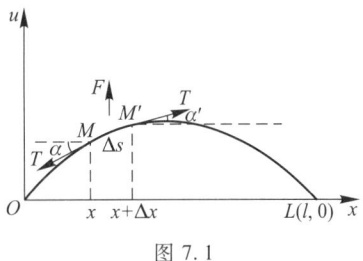

图 7.1

在这弦上,任取一小段弧 $\widehat{MM'}$.由于弦的振动是微小的,即 $|u_x| \ll 1$,因此 u_x 的高阶项可以忽略,故可以认为弦在振动过程中并未伸长,即 $\Delta s = \int_x^{x+\Delta x} \sqrt{1 + u_x^2} \, dx \approx \Delta x$.若以 T 表示各质点间张力的大小,可以证明 T 是一个常数,它与位置 x 和时间 t 均无关.更由于弦是柔软的,所以张力的方向总是沿着弦的切线方向.

现在我们来分析一下,作用在小弧段 $\widehat{MM'}$ 上有哪些力,以便建立动力学方程式,从而导出 $u(x,t)$ 所满足的微分方程:

(i) 作用在 M' 点上的右张力在 u 轴方向的分力为 $T \sin \alpha'$;

(ii) 作用在 M 点上的左张力在 u 轴方向的分力为 $-T \sin \alpha$;

（iii）作用在 $\widehat{MM'}$ 上，垂直于 x 轴的外力为 $F\Delta x$，其中 $F=F(x,t)$ 是在点 x 处的外力的线密度．

设弦的密度为 ρ，根据牛顿第二定律有

$$T\sin\alpha' - T\sin\alpha + F\Delta x = \rho\Delta x u_{tt}. \tag{7.1}$$

因 $\tan\alpha = u_x$，故

$$\sin\alpha = \frac{\tan\alpha}{\sqrt{1+\tan^2\alpha}} = \frac{u_x}{\sqrt{1+u_x^2}} \approx u_x - \frac{1}{2}(u_x)^3.$$

忽略 u_x 的高阶项，我们有

$$\sin\alpha \approx u_x(x,t).$$

同理

$$\sin\alpha' \approx u_x(x+\Delta x, t).$$

代入（7.1）式，得

$$T[u_x(x+\Delta x, t) - u_x(x,t)] + F\Delta x = \rho\Delta x u_{tt}.$$

应用中值定理，得

$$Tu_{xx}\Delta x + F\Delta x = \rho\Delta x u_{tt},^{①}$$

其中 $u_{xx} = u_{xx}(\xi_1, t)$，$x < \xi_1 < x+\Delta x$．令 $\Delta x \to 0$，就得到**弦的强迫横振动方程**

$$u_{tt} = a^2 u_{xx} + f,$$

其中

$$a^2 = \frac{T}{\rho}, \quad f = \frac{F}{\rho}.$$

若外力消失，则得到**弦的自由横振动方程**

$$u_{tt} = a^2 u_{xx}.$$

不仅弦振动，力学上弹性杆的纵振动、管道中气体小扰动的传播等问题都可以归结成上述的偏微分方程，电报方程也是这种形式．这就是说，同一个方程所反映的不只是一个而是一类物理现象，因而对一个方程所得到的结果可以用来解释一类物理现象．

§7.1.2 定解条件的提出

对于一个偏微分方程来说，如果存在一个函数 $u(x,t)$，具有所需要的各阶连续

---

① 严格说来，式中的 F 和 u_{tt} 应该分别表示平均力和平均加速度．因此
$$F = F(\xi_2, t), \quad x < \xi_2 < x+\Delta x, \quad u_{tt} = u_{tt}(\xi_3, t), \quad x < \xi_3 < x+\Delta x.$$
当 $\Delta x \to 0$ 时，显然 $x+\Delta x \to x$，所以 $\xi_1 \to x, \xi_2 \to x, \xi_3 \to x$，于是 $u_{xx}(\xi_1, t) \to u_{xx}(x,t), F(\xi_2,t) \to F(x,t), u_{tt}(\xi_3,t) \to u_{tt}(x,t)$．

偏导数,将它们代入方程时能使方程成为恒等式,则称这个函数为该方程的**解**(这种解又称为**古典解**,§10.1.3 之末将推广解的概念,引入**广义解**). 微分方程列出以后,目的就是要求出它的解. 为了知道弦的振动情况,就需要求出相应的弦振动方程的解.

仅仅有了方程还不足以完全确定方程的解,或者说,还不足以完全确定具体的物理过程,因为具体的物理过程还与其初始状态以及边界所受的外界作用有关. 因此,必须找出一些补充条件,用以确定该物理过程.

在上述弦振动问题中,弦的两端被固定在 O,L 两点,因此,$u(x,t)$ 就应该满足条件
$$u(0,t)=0, \quad u(l,t)=0 \quad (t \geqslant 0),$$
我们称之为**边界条件**或**边值条件**. 又设弦在初始时刻 $t=0$ 时的位置与速度分别为
$$u(x,0)=\varphi(x), \quad u_t(x,0)=\psi(x) \quad (0 \leqslant x \leqslant l),$$
我们称之为**初值条件**(或**初始条件**). 边界条件和初值条件都称为**定解条件**. 定解条件可以有多种形式,依不同的物理问题而定. 方程(或称为**泛定方程**)加上定解条件,就称为**定解问题**. 若定解条件为初值条件,则称该定解问题为**初值问题**(或称为**柯西问题**);若定解条件为边界条件,则称该定解问题为**边值问题**.

边界条件一般有三种基本类型,即

(1) **第一边界条件**(又称狄利克雷边界条件)
$$u(0,t)=\mu(t),$$
(2) **第二边界条件**(又称诺伊曼边界条件)
$$u_x(0,t)=\nu(t),$$
(3) **第三边界条件**(又称罗宾边界条件)
$$u_x(0,t)-hu(0,t)=\theta(t),$$
其中 $\mu(t),\nu(t),\theta(t)$ 为已知函数,h 为已知常数.

右端 $\mu(t),\nu(t)$ 或 $\theta(t)$ 恒等于零的边界条件,称为**齐次边界条件**.

在另一个端点 $x=l$ 处,只要将 u_x 换为 $-u_x$,即可以同样地提出上述三种边界条件.

对于这三种边界条件的物理意义,我们仍以弦振动为例作如下的说明:

第一边界条件指的是已知端点的运动规律. 譬如上述的函数 $\mu(t)$ 就是人们测知的弦的左端点沿 u 轴(垂直于 x 轴)的运动规律. 当 $\mu(t) \equiv 0$ 时,第一边界条件就变成 $u(0,t)=0$,这就是常见的**固定(端点)边界条件**.

第二边界条件指的是已知端点所受的外力. 设弦的左端点受到外力 $\nu_1(t)$ 的作用,于是就给出第二边界条件. 事实上,由于弦是张紧的,所以其左端点随时都受到张力 T 的作用. 在前面建立方程的讨论过程中,我们知道,弦的左端点所受到的张

力在 u 轴方向的分力为 $Tu_x(0,t)$. 此分力垂直于 x 轴,它完全是由那个垂直于 x 轴的外力 $\nu_1(t)$ 引起的. 因此,二者的大小相等,方向相反. 于是得到

$$-Tu_x(0,t)=\nu_1(t),$$

从而得到了第二边界条件

$$u_x(0,t)=\nu(t),$$

其中 $\nu(t)=-\nu_1(t)/T$.

如果左端点不受到外力作用,即 $\nu(t)\equiv 0$,这时左端点自由地上下运动着,相应的第二边界条件就变为 $u_x(0,t)=0$. 此条件常常被叫做**自由(端点)边界条件**.

第三边界条件指的是已知弹性支承所受的外力. 设在 $x=0$ 处安置一个垂直于 x 轴的弹簧,弦的左端点固定于弹簧的自由顶端,弦的左端点(也就是弹簧的顶端)受到垂直于 x 轴的已知外力 $\theta_1(t)$ 的作用而上下运动.

外力 $\theta_1(t)$ 引起了在弦的左端点的垂直张力和弹性力,二者的合力与外力 $\theta_1(t)$ 大小相等,方向相反. 由上面的讨论我们知道,垂直张力为 $Tu_x(0,t)$. 设此弹簧遵从胡克定律,其弹性系数为 $k>0$,那么弹性力等于 $-ku(0,t)$. 这里出现负号,是因为弹性力与位移 $u(0,t)$ 的方向相反. 由于外力同张力与弹性力的合力反方向,所以

$$-[Tu_x(0,t)-ku(0,t)]=\theta_1(t).$$

等式两端同除以 $-T$,于是得到第三边界条件

$$u_x(0,t)-hu(0,t)=\theta(t),$$

其中常数 $h=k/T>0$,而 $\theta(t)=-\theta_1(t)/T$.

当左端点只受到弹簧的约束而无外力时,$\theta(t)\equiv 0$. 这时,相应地,第三边界条件变为

$$u_x(0,t)-hu(0,t)=0.$$

此条件常常被叫做**弹性支承边界条件**.

顺便指出,当弹簧十分"松软"时,即 k 非常小时,可以认为 $k=0$,从而 $h=0$,这时相应的第三边界条件就变为第二边界条件了.

本书对三类方程,主要都就第一边界条件来讲解.

第二节 齐次方程混合问题的傅里叶解

§7.2.1 利用分离变量法求解齐次弦振动方程的混合问题

对于偏微分方程,除了可以提初值问题和边值问题外,还可以提**混合问题**. 所

第二节 齐次方程混合问题的傅里叶解

谓混合问题就是既有边界条件,又有初值条件.

现在我们来求解弦振动方程的混合问题

$$\begin{cases} u_{tt} = a^2 u_{xx} & (0<x<l, t>0), \quad (7.2) \\ u(0,t) = 0, \ u(l,t) = 0 & (t \geqslant 0), \quad (7.3) \\ u(x,0) = \varphi(x), u_t(x,0) = \psi(x) & (0 \leqslant x \leqslant l), \quad (7.4) \end{cases}$$

其中 $\varphi(x), \psi(x)$ 为已知函数[①].

要找一个函数既满足方程(7.2),又满足定解条件(7.3)和(7.4),怎么办?读者很自然地会去模仿求解常微分方程的办法,先求出方程的通解,再用定解条件去确定任意常数.现在,如能找出方程(7.2)的通解,再利用定解条件(7.3),(7.4)去确定任意函数,岂不就解决问题了吗?不然,对偏微分方程来说,除个别情况外,这个办法基本上是行不通的.所以,人们在解决实际问题时,便放弃先求通解,再找特解的方法,而是去直接探求满足定解条件的特解.**分离变量法**就是常用的直接求特解的办法,这是一个非常重要的方法.

现在,我们回想在物理学中曾经介绍过的波的函数 $y = ae^{i(x-\omega t)}$,容易看出,它的自变量 x, t 可以分离开,即 $y = ae^{ix}e^{-i\omega t}$.因而,我们可以设想方程(7.2)具有可以分离变量的非零特解

$$u(x,t) = T(t)X(x).$$

也就是说,变量 x 和变量 t 可以分开,$X(x)$ 只是 x 的函数,$T(t)$ 只是 t 的函数.现在把这个试解代入方程(7.2),得到

$$T''X = a^2 TX'',$$

或

$$\frac{T''}{a^2 T} = \frac{X''}{X}.$$

这等式左边只是 t 的函数,右边只是 x 的函数,而 x, t 是两个相互独立的变量,所以只有两边都是常数时,等式才能成立.令这个常数为 $-\lambda$,则有

$$\frac{T''}{a^2 T} = \frac{X''}{X} = -\lambda.$$

由此得到两个常微分方程

$$X'' + \lambda X = 0, \quad (7.5)$$
$$T'' + \lambda a^2 T = 0, \quad (7.6)$$

其中 λ 称为**分离常数**.因此如果偏微分方程(7.2)具有分离变量形式的解 $T(t)X(x)$,其中的 $X(x)$ 必满足常微分方程(7.5),而 $T(t)$ 必满足常微分方程(7.6).反之,如

[①] 本书主要让读者掌握解决定解问题的方法,对定解条件和方程的自由项只假定它们是已知函数,而不处处去研究它们的光滑性和衔接条件.当然,讨论适定性和个别问题时,必须考虑.参见§10.1.3之末.

果 $X(x)$ 和 $T(t)$ 分别是常微分方程(7.5)和(7.6)对应于同一 λ 值的解,则 $u=TX$ 必满足偏微分方程(7.2).

我们记得,在求解常系数线性齐次常微分方程的初值问题时,是先求出方程足够数目的特解(基本解组),然后利用叠加原理作出这些特解的线性组合,使其满足给定的初值条件. 这就启发我们去先求出方程(7.2)满足边界条件(7.3)的足够数目的特解,然后利用叠加原理,使之满足初值条件(7.4),从而得到上述混合问题的解.

现在,将 $u(x,t)=T(t)X(x)$ 代入边界条件(7.3),得
$$T(t)X(0)=0,\quad T(t)X(l)=0.$$
因为我们考虑的是非零解 $u(x,t)$,所以 $T(t)$ 应不恒为零,故有
$$X(0)=X(l)=0.$$
这样一来,为了求偏微分方程定解问题的解,引出了一个辅助问题,即求常微分方程 $X''+\lambda X=0$ 满足齐次边界条件 $X(0)=X(l)=0$ 的非平凡解(即非零解). 这个辅助问题只有当 λ 取某些特定数值时才有非平凡解. 我们称这些特定的 λ 值为常微分方程边值问题
$$\begin{cases} X''+\lambda X=0,\\ X(0)=X(l)=0 \end{cases}$$
的**特征值**(或**本征值,固有值**),相应的非平凡解称为**特征函数**(**本征函数,固有函数**),而求特征值和特征函数的问题称为**特征值问题**(**本征值问题,固有值问题**).

现在来求解上述特征值问题,分下面三种情形讨论:

(i) $\lambda<0$ 这时,方程 $X''+\lambda X=0$ 的通解为
$$X(x)=Ae^{\sqrt{-\lambda}x}+Be^{-\sqrt{-\lambda}x},$$
其中 A,B 为两个任意常数. 代入边界条件,得
$$\begin{cases} X(0)=A\cdot 1+B\cdot 1=0,\\ X(l)=Ae^{\sqrt{-\lambda}l}+Be^{-\sqrt{-\lambda}l}=0. \end{cases}$$
因
$$\begin{vmatrix} 1 & 1 \\ e^{\sqrt{-\lambda}l} & e^{-\sqrt{-\lambda}l} \end{vmatrix}\neq 0,$$
故 $A=B=0$,从而 $X(x)\equiv 0$. 所以,当 $\lambda<0$ 时,方程 $X''+\lambda X=0$ 的边值问题只有平凡解.

(ii) $\lambda=0$ 这时,方程 $X''+\lambda X=0$ 的通解为
$$X=Ax+B,$$
其中 A,B 为两个任意常数. 代入边界条件,得
$$X(0)=A\cdot 0+B=B=0,\quad X(l)=Al+B=0,$$

从而 $A = B = 0$. 此时,也只有平凡解.

(iii) $\lambda > 0$　这时,方程 $X'' + \lambda X = 0$ 的通解为
$$X(x) = A \cos\sqrt{\lambda}\, x + B \sin\sqrt{\lambda}\, x.$$
代入边界条件,得到
$$X(0) = A \cdot 1 + B \cdot 0 = 0,$$
$$X(l) = A \cos\sqrt{\lambda}\, l + B \sin\sqrt{\lambda}\, l = 0,$$
即
$$A = 0, \quad B \sin\sqrt{\lambda}\, l = 0.$$
为使 $X(x)$ 不恒为零,应有 $B \neq 0$,故
$$\sin\sqrt{\lambda}\, l = 0.$$
于是得
$$\sqrt{\lambda}\, l = n\pi, \quad n = 1, 2, 3, \cdots.$$
满足这等式的 λ 值就是特征值,记为 λ_n,即
$$\lambda_n = \frac{n^2 \pi^2}{l^2}.$$
相应的特征函数为
$$X_n(x) = B_n \sin\frac{n\pi x}{l},$$
其中 B_n 为任意常数.

对应于每一特征值 λ_n,方程
$$T'' + \lambda_n a^2 T = 0$$
的解是
$$T_n(t) = C_n' \cos\frac{n\pi a t}{l} + D_n' \sin\frac{n\pi a t}{l},$$
其中 C_n', D_n' 为任意常数.

于是我们得到方程(7.2)满足边界条件(7.3)的可分离变量的一系列特解
$$u_n(x,t) = T_n(t) X_n(x)$$
$$= \left(C_n \cos\frac{n\pi a t}{l} + D_n \sin\frac{n\pi a t}{l} \right) \sin\frac{n\pi x}{l}, \quad n = 1, 2, 3, \cdots, \tag{7.7}$$
其中 $C_n = C_n' B_n, D_n = D_n' B_n$.

一般说来,这些解中的任一个 $u_n(x,t)$ 均不满足初值条件(7.4).为要得到方程(7.2)满足初值条件(7.4)的解,我们把(7.7)叠加起来,记其和为 $u(x,t)$,则
$$u(x,t) = \sum_{n=1}^{\infty} \left(C_n \cos\frac{n\pi a t}{l} + D_n \sin\frac{n\pi a t}{l} \right) \sin\frac{n\pi x}{l}. \tag{7.8}$$

由于它的每一项都满足方程(7.2)和边界条件(7.3),所以可以认为整个级数也满足(7.2)和(7.3). 现在的问题是如何选择叠加系数 C_n, D_n, 使整个级数还能满足初值条件(7.4). 为此,将初值条件代入(7.8)式,得到

$$u(x,0) = \varphi(x) = \sum_{n=1}^{\infty} C_n \sin \frac{n\pi x}{l}, \tag{7.9}$$

$$u_t(x,0) = \psi(x) = \sum_{n=1}^{\infty} D_n \frac{n\pi a}{l} \sin \frac{n\pi x}{l}. \tag{7.10}$$

由于求得的特征函数系 $\left\{ \sin \dfrac{n\pi x}{l}, n = 1, 2, 3, \cdots \right\}$ 在区间 $[0, l]$ 上具有一个重要性质——正交性,即

$$\int_0^l \sin \frac{n\pi x}{l} \sin \frac{m\pi x}{l} \mathrm{d}x = 0, \quad m \neq n, \tag{7.11}$$

因此,在(7.9)式两端同乘 $\sin \dfrac{n\pi x}{l}$,并逐项积分,就得到

$$\int_0^l \varphi(x) \sin \frac{n\pi x}{l} \mathrm{d}x = \sum_{m=1}^{\infty} C_m \int_0^l \sin \frac{m\pi x}{l} \sin \frac{n\pi x}{l} \mathrm{d}x = C_n \int_0^l \sin^2 \frac{n\pi x}{l} \mathrm{d}x.$$

又因

$$\int_0^l \sin^2 \frac{n\pi x}{l} \mathrm{d}x = \frac{l}{2},$$

所以

$$C_n = \frac{2}{l} \int_0^l \varphi(\xi) \sin \frac{n\pi \xi}{l} \mathrm{d}\xi, \quad n = 1, 2, 3, \cdots. \tag{7.12}$$

同理可得

$$\begin{aligned} D_n &= \frac{l}{n\pi a} \frac{2}{l} \int_0^l \psi(\xi) \sin \frac{n\pi \xi}{l} \mathrm{d}\xi \\ &= \frac{2}{n\pi a} \int_0^l \psi(\xi) \sin \frac{n\pi \xi}{l} \mathrm{d}\xi, \quad n = 1, 2, 3, \cdots. \end{aligned} \tag{7.13}$$

级数(7.8)在形式上[①]既满足方程(7.2),又满足条件(7.3)和(7.4). 以后我们还要证明当函数 $\varphi(x), \psi(x)$ 满足一定条件时,有关级数的收敛性都是成立的,因此,它确为上述混合问题的解. 这种形式的解,称为**傅里叶解**或**傅氏解**. 上面所讲的分离变量法,其基本思想是把求解偏微分方程的问题,经过分离变量,化成求解常微分方程的问题,从而使问题得到简化,这是一个很常用的方法. 对于含两个以上自变量的偏微分方程,也往往采用分离变量法,把偏微分方程化为常微分方程或所

---

① 由于级数(7.8)的一致收敛性以及对它的一次、二次逐项可微性均未予以证明,所以我们暂时只能说级数(7.8)形式上满足方程(7.2).

含自变量较少的偏微分方程,将问题简化,使之容易求解.

§7.2.2 傅里叶解的物理意义

下面我们对傅里叶解
$$u(x,t) = \sum_{n=1}^{\infty} \left(C_n \cos \frac{n\pi at}{l} + D_n \sin \frac{n\pi at}{l} \right) \sin \frac{n\pi x}{l}$$
的物理意义进行一些分析.为此,先把级数中的每一项写成
$$u_n(x,t) = N_n \sin(\omega_n t + \delta_n) \sin \frac{n\pi x}{l},$$
其中 $N_n = \sqrt{C_n^2 + D_n^2}$, $\delta_n = \arctan \dfrac{C_n}{D_n}$, $\omega_n = \dfrac{n\pi a}{l}$.

我们知道,形如 $N_n \sin(\omega_n t + \delta_n)$ 的函数表示一种简谐振动,它的圆频率为 ω_n,初相位为 δ_n. 因此
$$u_n(x,t) = N_n \sin \frac{n\pi x}{l} \sin(\omega_n t + \delta_n)$$
代表这样的振动波:在所考察的弦上各点以同一圆频率作简谐振动,其振幅 $\left| N_n \sin \dfrac{n\pi x}{l} \right|$ 依赖于点 x 的位置.

在 $x = 0, \dfrac{l}{n}, \dfrac{2l}{n}, \cdots, \dfrac{(n-1)l}{n}, l$ 这些点上,振幅 $\left| N_n \sin \dfrac{n\pi x}{l} \right| = 0$,这些点称为振动波 u_n 的**节点**,或称**波节**. 在两个波节之间,各点的振动都有相同的相位,它们同时达到自己的最大位移,又同时通过平衡位置. 在同一波节两边的各点,其振动相位相反,即同时达到最大位移,但符号相反,又同时通过平衡位置,但速度的方向相反.

在 $x = \dfrac{l}{2n}, \dfrac{3l}{2n}, \dfrac{5l}{2n}, \cdots, \dfrac{(2n-1)l}{2n}$ 这些点上,振幅 $\left| N_n \sin \dfrac{n\pi x}{l} \right| = N_n$ 达到最大值,这些点称为振动波 u_n 的**腹点**,或称**波腹**. 弦的振动情形就好像是由互不连接的几段组成的,每段的端点恰好就像固定在各个节点上,永远保持不动. 显然,对 $u_n(x,t)$ 而言,连同固定的端点共有 $n+1$ 个节点,我们把这种包含节点的振动波称为**驻波**. 驻是停的意思,看起来这种波就好像在那里不动一样. 图 7.2 画出了在某一时刻节点数为 2,3,4 的驻波的形状.

于是我们也可以说解 $u(x,t)$ 是由一系列频率不同(成倍增长)、相位不同、振幅不同的驻波叠加而成的. 所以分离变量法又称为**驻波法**. 各驻波振幅的大小和相位的差异,由初值条件决定,而圆频率 $\omega_n \left(= \dfrac{n\pi a}{l} \right)$ 与初值条件无关,所以也称为弦的**固有频率**.

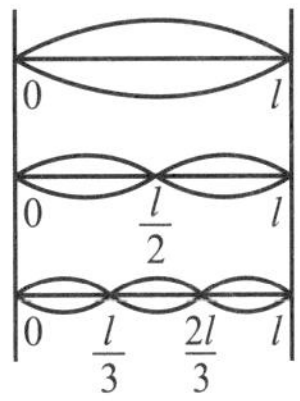

图 7.2

$\{\omega_n\}$ 中最小的一个 $\omega_1 = \dfrac{\pi a}{l}$ 称为**基频**,相应地,

$$u_1(x,t) = N_1 \sin\frac{\pi x}{l} \sin\left(\frac{\pi a}{l}t + \delta_1\right)$$

称为**基波**. $\omega_2, \omega_3, \omega_4, \cdots$ 称为**谐频**,相应地,$u_2, u_3, u_4, \cdots$ 称为**谐波**. 基波的作用往往最显著.

振动着的弦激起空气的振动,人的耳朵就感觉弦在发出声音. 声音的大小由振动的振幅来决定,音调的高低依赖于振动频率,弦发出的最低音由弦的最低固有频率 ω_1 来确定,叫做弦的**基音**. 其余对应于频率 $\omega_2, \omega_3, \omega_4, \cdots$ 的音叫做**泛音**. 而音品(音色)则是与基音和伴随着它的诸泛音的状况有关.

1753 年,伯努利就是以这样一个重要的物理现象为背景来开展研究的. 他认为,弦所发生的声音是由基音和无穷多个泛音所组成. 弦的振动也正好像由弦的各部分的无穷多个振动所组成. 因此把对应着各种泛音的正弦曲线叠加起来,就得到弦的形状. 接着,伯努利把这种物理上的想法进一步数学化了:他把弦振动方程的解 u 用形如(7.8)式的三角级数表示出来. 这种解在当时引起了很大的争论,一直到 1824 年傅里叶关于"把任意函数展开为三角级数"的文章问世以后,有关的疑问才消除了. 所以分离变量法又称为**傅里叶解法**或**傅氏解法**. 由此可见,伯努利可算最早发现了线性振动的叠加原理,并且获得了后来称为解偏微分方程的傅里叶解法,即本节所讲的解法.

令 $U_n = \sum\limits_{i=1}^{n} u_i$,则有 $U_n \to u$ $(n \to \infty)$,因此,U_n 可以作为 u 的近似解. 有时我们也确实利用 U_n 来近似地代替 u,近似解 U_n 随着 n 的增加而与精确解 u 无限逼近.

第三节 电报方程

人们发现,在某些不同的物理现象间常有共同之点,因而在用数学工具处理问题时,可以用同一个方程描述某些不同的物理现象. 最简单的例子是方程

$$a\frac{\mathrm{d}^2 x}{\mathrm{d}t^2} + bx = 0,$$

它描述一些不同的最简单体系的振动过程,如数学摆、重物在弹性力作用下的振动、有电感和电容的简单电路的电振荡等. 当电流、电压与时间和位置都有关时,这样的电振荡可以用偏微分方程来描述.

众所周知,在分布参数的作用不能忽视的电路中,我们可以用电流强度 I 与电

压 v 来描述电流通过的情形. I 与 v 都是位置 x 与时间 t 的函数. 应用欧姆定律于长度为 Δx 的某段导体上,即得导体 Δx 上的电压差等于电动势之和

$$v(x,t)-v(x+\Delta x,t)=\frac{\partial I}{\partial t}L\Delta x+IR\Delta x.$$

对上式左端利用中值定理,即可将它变形为

$$-\frac{\partial v}{\partial x}\Delta x=\frac{\partial I}{\partial t}L\Delta x+IR\Delta x, \tag{7.14}$$

式中的 L 与 R 分别为单位长度导体上的电感与电阻. 在时间 Δt 内流进这段导体 Δx 的电量为

$$[I(x,t)-I(x+\Delta x,t)]\Delta t=-\frac{\partial I}{\partial x}\Delta x\Delta t, \tag{7.15}$$

它等于为了把这段导体 Δx 充电到所需要的电量与由于绝缘不良而耗失的电量之和

$$C[v(x,t+\Delta t-v(x,t)]\Delta x+G\Delta x\cdot v\Delta t=\left(C\frac{\partial v}{\partial t}+Gv\right)\Delta x\Delta t, \tag{7.16}$$

式中的 C 与 G 分别表示单位长度上的电容与电漏. 这里我们假设耗失的电量与导体上所考察点的电压成正比.

在(7.14),(7.15),(7.16)三式中,令 $\Delta x\to 0$,$\Delta t\to 0$,则可以得出方程组

$$\begin{cases}\dfrac{\partial I}{\partial x}+C\dfrac{\partial v}{\partial t}+Gv=0,\\ \dfrac{\partial v}{\partial x}+L\dfrac{\partial I}{\partial t}+RI=0,\end{cases} \tag{7.17}$$

这就是**电报方程组**.

为了得到只是关于 I 的方程,先将方程(7.17)中的第一式对 x 微分,第二式对 t 微分,再乘 C,然后两式相减,得

$$\frac{\partial^2 I}{\partial x^2}+G\frac{\partial v}{\partial x}-CL\frac{\partial^2 I}{\partial t^2}-CR\frac{\partial I}{\partial t}=0.$$

再和方程组(7.17)的第二式联立消去 $\dfrac{\partial v}{\partial x}$,得

$$\frac{\partial^2 I}{\partial x^2}=CL\frac{\partial^2 I}{\partial t^2}+(CR+GL)\frac{\partial I}{\partial t}+GRI. \tag{7.18}$$

同理得

$$\frac{\partial^2 v}{\partial x^2}=CL\frac{\partial^2 v}{\partial t^2}+(CR+GL)\frac{\partial v}{\partial t}+GRv. \tag{7.19}$$

如果电漏耗失可忽略不计,而电阻又很小,则可以把电报方程近似地表示为

$$\frac{\partial^2 I}{\partial t^2} = a^2 \frac{\partial^2 I}{\partial x^2}, \qquad (7.18')$$

$$\frac{\partial^2 v}{\partial t^2} = a^2 \frac{\partial^2 v}{\partial x^2}, \qquad (7.19')$$

其中 $a = \sqrt{\dfrac{1}{LC}}$. (7.18), (7.19) 或 (7.18'), (7.19') 称为**电报方程**.

这里 a 代表光速, 也就是电磁波传播的速度. 此时无法用肉眼看出电磁波的传播, 但可做实验观察驻波. 比如, 在双线传输线上, 等距地安装一串电灯泡, 接通电源, 并调整传输线的长度 (波长 $\ll$ 线长), 使在线上形成驻波. 由此, 我们可以看到有些地点的灯泡不亮, 这些点就是波节, 其电压为零; 有些地点的灯泡很亮, 这些点就是波腹, 其电压最高. 同弦振动一样, 波节之间的距离是相等的, 波腹位于两个波节的中点.

第四节 非齐次方程的求解

在前面的讨论中, 我们假设弦在振动过程中不受外力的作用, 振动纯粹是由初始位移和初始速度引起的. 现在来讨论在外力 $f(x,t)$ 作用下的强迫弦振动问题

$$\begin{cases} u_{tt} = a^2 u_{xx} + f(x,t) & (0<x<l, t>0), & (7.2') \\ u(0,t) = 0, u(l,t) = 0 & (t \geq 0), & (7.3) \\ u(x,0) = \varphi(x), u_t(x,0) = \psi(x) & (0 \leq x \leq l). & (7.4) \end{cases}$$

参考齐次方程 (7.2) 的傅氏解 (7.8), 我们假设, 这个定解问题的解 $u(x,t)$ 可以展开成傅氏级数

$$u(x,t) = \sum_{n=1}^{\infty} T_n(t) \sin \frac{n\pi x}{l}. \qquad (7.20)$$

显然, 它满足边界条件 (7.3). 为了使它还能满足初值条件 (7.4), 关键在于如何确定 $T_n(t)$. 自然, 这里的 $T_n(t)$ 与本章第二节中所求得的应有所不同, 因为方程 (7.2') 不是齐次的.

现在把级数 (7.20) 代入方程 (7.2'), 得到

$$\sum_{n=1}^{\infty} \left[T_n''(t) + \frac{n^2 \pi^2 a^2}{l^2} T_n(t) \right] \sin \frac{n\pi x}{l} = f(x,t).$$

再将函数 $f(x,t)$ 考虑为 x 的函数, 并把它展开成傅氏级数

$$f(x,t) = \sum_{n=1}^{\infty} f_n(t) \sin \frac{n\pi x}{l},$$

其中
$$f_n(t) = \frac{2}{l}\int_0^l f(\xi,t)\sin\frac{n\pi\xi}{l}\mathrm{d}\xi, \quad n=1,2,3,\cdots,$$
便得
$$\sum_{n=1}^\infty \left[T_n''(t)+\frac{n^2\pi^2 a^2}{l^2}T_n(t)\right]\sin\frac{n\pi x}{l} = \sum_{n=1}^\infty f_n(t)\sin\frac{n\pi x}{l}.$$
比较系数,得到常微分方程
$$T_n''(t)+\frac{n^2\pi^2 a^2}{l^2}T_n(t) = f_n(t). \tag{7.21}$$
我们从(7.4)式又导出 $T_n(t)$ 应该满足的初值条件
$$\begin{cases} u(x,0) = \varphi(x) = \sum_{n=1}^\infty T_n(0)\sin\frac{n\pi x}{l}, \\ u_t(x,0) = \psi(x) = \sum_{n=1}^\infty T_n'(0)\sin\frac{n\pi x}{l}. \end{cases} \tag{7.22}$$
将函数 $\varphi(x),\psi(x)$ 也展成傅氏级数
$$\begin{cases} \varphi(x) = \sum_{n=1}^\infty \varphi_n \sin\frac{n\pi x}{l}, \\ \psi(x) = \sum_{n=1}^\infty \psi_n \sin\frac{n\pi x}{l}, \end{cases} \quad n=1,2,3,\cdots. \tag{7.23}$$
其中 $\varphi_n = \frac{2}{l}\int_0^l \varphi(\xi)\sin\frac{n\pi\xi}{l}\mathrm{d}\xi, \psi_n = \frac{2}{l}\int_0^l \psi(\xi)\sin\frac{n\pi\xi}{l}\mathrm{d}\xi$,比较(7.22)式与(7.23)式得到
$$\begin{cases} T_n(0) = \varphi_n, \\ T_n'(0) = \psi_n. \end{cases} \tag{7.24}$$
由常微分方程(7.21)和初值条件(7.24)不难解出
$$T_n(t) = \varphi_n \cos\frac{n\pi at}{l} + \frac{1}{n\pi a}\psi_n \sin\frac{n\pi at}{l} + \frac{1}{n\pi a}\int_0^t \sin\frac{n\pi a(t-\tau)}{l}f_n(\tau)\mathrm{d}\tau. \tag{7.25}$$
将(7.25)式代入(7.20)式即得上述偏微分方程定解问题的解 $u(x,t)$.这个结论,当函数 $\varphi(x),\psi(x)$ 满足一定条件时,也是可以严格证明的.

关于非齐次边界条件的问题,我们通常是作一个代换,先把边界条件化成齐次的.这里,若所给的边界条件(7.3)不是齐次的,而是
$$u(0,t) = \mu_1(t), \quad u(l,t) = \mu_2(t), \tag{7.3'}$$
则可令
$$v(x,t) = u(x,t) - U(x,t),$$
其中 $U(x,t)$ 满足和 $u(x,t)$ 相同的边界条件(7.3′).这样的函数是容易作出的,

例如取

$$U(x,t)=\mu_1(t)+\frac{x}{l}(\mu_2(t)-\mu_1(t))$$

即可. 显然, 函数 $v(x,t)$ 满足方程

$$v_{tt}=a^2v_{xx}+f(x,t)-\mu_1''(t)-\frac{x}{l}(\mu_2''(t)-\mu_1''(t))$$

和初值条件

$$v(x,0)=\varphi(x)-\mu_1(0)-\frac{x}{l}(\mu_2(0)-\mu_1(0)),$$

$$v_t(x,0)=\psi(x)-\mu_1'(0)-\frac{x}{l}(\mu_2'(0)-\mu_1'(0))$$

以及齐次边界条件. 重复前面的做法, 立即可以得出 v, 从而也就得到 u.

在工程实际问题中要遇到杆件横向弯曲振动, 或简称为杆件的横振动. 这种以弯曲为主要形变的杆件可称为**梁**, 梁的振动方程是一个四阶偏微分方程

$$u_{tt}+b^2u_{xxxx}=f(x,t).$$

关于它的定解问题(混合问题)与弦振动方程类似, 也可以用分离变量法去求解.

总结分离变量法, 大体上可以分为如下三个步骤:

(i) 将可分离变量的试解 $u=T(t)X(x)$ 代入偏微分方程及齐次边界条件, 从而导出关于 $T(t)$ 和 $X(x)$ 的两个常微分方程以及关于 $X(x)$ 的边界条件.

(ii) 求解关于 $X(x)$ 的特征值问题, 并解出 $T(t)$, 然后叠加起来, 作无穷级数 $\sum T_n(t)X_n(x)$.

(iii) 由初值条件确定上述无穷级数的待定系数.

不难看出, 最重要的环节是求解特征值问题. 分离变量法是否有效, 要看特征值是否存在, 特征函数系是否正交, 所给的已知函数是否能按特征函数展开? 对于三角函数系的情形, 回答是肯定的, 因为傅里叶级数的理论解决了这些问题.

习 题 七

1. 今有一弦, 其两端 $x=0$ 和 $x=2$ 被钉子钉紧, 做自由振动, 它的初位移为

$$\varphi(x)=\begin{cases}hx & (0\leqslant x\leqslant 1),\\ h(2-x) & (1\leqslant x\leqslant 2),\end{cases}$$

初速度为 0, 试求其傅里叶解, 其中 h 为已知常数.

2. 将前题之初值条件改为

$$\varphi(x)=\begin{cases}h(1+x) & (-1\leqslant x\leqslant 0),\\ h(1-x) & (0\leqslant x\leqslant 1),\end{cases}$$

试求其傅里叶解. (提示: 令 $x=x'-1$.)

3. 今有一弦,其两端 $x=0$ 与 $x=l$ 为钉所固定,做自由振动,它的初位移为 0,初速度为
$$\psi(x)=\begin{cases} c & (x\in[\alpha,\beta]), \\ 0 & (x\notin[\alpha,\beta]), \end{cases}$$
其中 c 为已知常数,$0<\alpha<\beta<l$. 试求其傅里叶解.

4. 今有一弦,其两端固定在 $x=0$ 和 $x=l$ 两处. 在开始的一瞬间,它的形状是一条以过 $x=\dfrac{l}{2}$ 点的铅垂线为对称轴的抛物线,其顶点的纵坐标为 h. 假定没有初速度,试用傅里叶方法求弦的振动情况.

提示:先求抛物线的方程.

5. 求解混合问题
$$\begin{cases} u_{tt}=a^2 u_{xx}, \\ u(0,t)=0, u(l,t)=0 & (t\geqslant 0), \\ u(x,0)=\sin\dfrac{\pi x}{l}, u_t(x,0)=\sin\dfrac{\pi x}{l} & (0\leqslant x\leqslant l). \end{cases}$$

6. 求解混合问题
$$\begin{cases} u_{tt}=a^2 u_{xx}, \\ u(0,t)=0, u(l,t)=0 & (t\geqslant 0), \\ u(x,0)=\sin\dfrac{3\pi x}{l}, u_t(x,0)=x(l-x) & (0\leqslant x\leqslant l). \end{cases}$$

7. 今有偏微分方程
$$u_{tt}=a^2 u_{xx}+b u_x,$$
其中 b 为已知常数. 作代换 $u=e^{\beta x}v$,问 β 取何值时可消去方程中的一阶导数项?

8. 今有偏微分方程
$$u_{tt}=a^2 u_{xx}+c u_t,$$
其中 c 为已知常数. 作代换 $u=e^{\alpha t}v$,问 α 取何值时可消去方程中的一阶导数项?

9. 化简偏微分方程
$$u_{tt}=a^2 u_{xx}+b u_x+c u_t+d u,$$
其中 b,c,d 为已知常数.

提示:令 $u=e^{\alpha t+\beta x}v$.

10. 试用分离变量法求解混合问题
$$\begin{cases} u_{tt}=u_{xx}, \\ u(0,t)=E, u(1,t)=0 & (t\geqslant 0), \\ u(x,0)=0, u_t(x,0)=0 & (0\leqslant x\leqslant 1), \end{cases}$$

其中 E 为已知常数.

11. 试用分离变量法求解混合问题
$$\begin{cases} u_{tt} = a^2 u_{xx} + b\sinh x, \\ u(0,t) = 0, u(l,t) = 0 & (t \geq 0), \\ u(x,0) = 0, u_t(x,0) = 0 & (0 \leq x \leq l), \end{cases}$$
其中 b 为已知常数.

12. 试用分离变量法求解混合问题
$$\begin{cases} u_{tt} = a^2 u_{xx} - 2hu_t, \\ u(0,t) = 0, u(l,t) = 0 & (t \geq 0), \\ u(x,0) = \varphi(x), u_t(x,0) = \psi(x) & (0 \leq x \leq l), \end{cases}$$
其中 h 是一个充分小的正数,$\varphi(x),\psi(x)$ 为充分光滑的已知函数.

13. 试用分离变量法求解混合问题
$$\begin{cases} u_{tt} = a^2 u_{xx}, \\ u_x(0,t) = 0, u(l,t) = 0 & (t \geq 0), \\ u(x,0) = \varphi(x), u_t(x,0) = \psi(x) & (0 \leq x \leq l), \end{cases}$$
其中 $\varphi(x),\psi(x)$ 为充分光滑的已知函数.

14. 试用分离变量法求解混合问题
$$\begin{cases} u_{tt} = a^2 u_{xx} + g, \\ u(0,t) = 0, u_x(l,t) = 0 & (t \geq 0), \\ u(x,0) = 0, u_t(x,0) = 0 & (0 \leq x \leq l), \end{cases}$$
其中 g 为已知常数.

15. 设弹簧的一端固定,另一端在外力作用下做周期振动,此时归结为混合问题
$$\begin{cases} u_{tt} = a^2 u_{xx}, \\ u(0,t) = 0, u(l,t) = A\sin\omega t & (t \geq 0), \\ u(x,0) = 0, u_t(x,0) = 0 & (0 \leq x \leq l), \end{cases}$$
其中 A,ω 为已知正常数.试求其解.

16. 试用分离变量法求解混合问题
$$\begin{cases} u_{tt} + b^2 u_{xxxx} = 0, \\ u(0,t) = 0, u(l,t) = 0, u_{xx}(0,t) = 0, u_{xx}(l,t) = 0 & (t \geq 0), \\ u(x,0) = \varphi(x), u_t(x,0) = \psi(x) & (0 \leq x \leq l), \end{cases}$$
其中 b 为已知常数,$\varphi(x),\psi(x)$ 为充分光滑的已知函数.

第八章 热传导方程的傅里叶解

如果物体内各点的温度不同,那么热量从温度较高的地方流向温度较低的地方;如果溶液中各点的浓度不同,那么分子从浓度较高的地方流向浓度较低的地方;又如在反应堆中,当中子分布的密度不均匀时,也发生中子的迁移运动.凡是由于物理量的密度不同而产生的运动,通称为扩散.

在数学上,描述热传导规律和扩散规律的是同一种方程,人们把它作为研究抛物型方程的模型.

第一节 热传导方程和扩散方程的建立

§8.1.1 热传导方程的建立

我们首先建立热传导方程.在不少的生产实际问题中,经常需要考察物体上各点的温度分布状态.例如,对柴油机的活塞来说,由于汽缸内高温高压的影响,使活塞内部各点的温度不一致,温差可达 200 ℃左右.由于内部温度分布的不均匀,会造成各部分热胀冷缩程度的不一致,从而在活塞内部产生应力,称为热应力.这种热应力是使活塞在运行过程中产生裂纹的一个重要原因.为了计算热应力大小,防止事故发生,就必须首先知道它的温度分布.

又如,混凝土水坝在施工和拦水过程中,或由于混凝土凝结所散发的水化热的影响,或由于坝体两侧水温和气温的温差的影响,在坝体内部也会发生较强的热应力,而可能使坝体产生裂缝.因此,在水坝的设计和施工的过程中,必须对坝体在各种情形下的热应力状况进行分析,并采取适当的措施加以控制.而为了计算坝体的热应力,同样首先必须知道它的温度分布状况.

作为一个简单的模型,我们考察一根均匀细杆内热量传播的过程.设细杆的横截面面积为常数 A,又设它的侧面绝热,即热量只能沿长度方向传导.由于细杆很细,以致在任何时刻,都可以把横截面上各点的温度视为相同,因此,是一个一维的情形.

如图 8.1 所示,取 x 轴与细杆轴线重合,以 $u(x,t)$ 表示 x 点在时刻 t 的温度,问题就是要确定函数 $u(x,t)$.

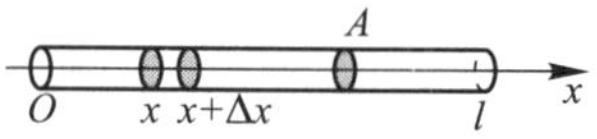

图 8.1

和建立弦振动方程一样,我们采用微元分析的办法来导出函数 $u(x,t)$ 所满足的偏微分方程. 考察在时间间隔 t 到 $t+\Delta t$ 内,细杆上 x 到 $x+\Delta x$ 微元段的热量流动情况. 此时应成立热平衡方程式,即

引起温度变化所吸取的热量 ΔQ = 流入的热量 $\Delta Q'$.

我们知道,单位质量的物质升高单位温度所需的热量称为这个物质的**比热容**,记为 c,它和此物质的材料性质有关. 若所考察的细杆的密度为 ρ,则此微元段的质量为 $\rho A \Delta x$. 另外在时间 Δt 内微元段的温度升高为 $u(x,t+\Delta t)-u(x,t)$. 利用中值定理,得

$$u(x,t+\Delta t)-u(x,t) = u_t \Delta t,$$

其中 $u_t = u_t(x,t')$, $t < t' < t+\Delta t$. 于是,我们得知引起微元段 $[x, x+\Delta x]$ 温度升高所需要的热量为

$$\Delta Q = c(\rho A \Delta x)(u_t \Delta t) = c\rho A u_t \Delta x \Delta t.$$

另一方面,热传导理论中的傅里叶实验定律告诉我们,在 Δt 时间内,沿 Ox 轴正向流过 x 截面(其面积为 A)的热量 ΔQ_1 为

$$\Delta Q_1 = -k u_x(x,t) A \Delta t,$$

其中 $k > 0$ 称为热传导系数,假定它是一个常数,它与细杆的材料有关,式中的负号表示热量从高温处向低温处流动.

同样,在 Δt 时间内,流过 $x+\Delta x$ 截面的热量 ΔQ_2 为

$$\Delta Q_2 = -k u_x(x+\Delta x, t) A \Delta t.$$

因此,流入微元段 $[x, x+\Delta x]$ 的热量 $\Delta Q'$ 等于通过 x 截面流入微元段的热量减去通过 $x+\Delta x$ 截面流出微元段的热量,亦即

$$\Delta Q' = \Delta Q_1 - \Delta Q_2 = [-kAu_x(x,t)\Delta t] - [-kAu_x(x+\Delta x, t)\Delta t]$$
$$= kA[u_x(x+\Delta x, t) - u_x(x,t)]\Delta t.$$

利用中值定理,上式就变形为

$$\Delta Q' = kA u_{xx} \Delta x \Delta t,$$

其中 $u_{xx} = u_{xx}(\xi, t)$, $x < \xi < x+\Delta x$.

由热平衡方程 $\Delta Q = \Delta Q'$ 可得

$$c\rho A u_t \Delta x \Delta t = kA u_{xx} \Delta x \Delta t.$$

令 $\Delta x \to 0, \Delta t \to 0$,从而 $\xi \to x, t' \to t$,于是得

$$u_t = a^2 u_{xx}, \tag{8.1}$$

其中 $a^2 = \dfrac{k}{c\rho}$. 这就是所谓的**热传导方程**.

当细杆内存在热源(发出热或吸收热)时,若此热源的密度为 $F(x,t)$,即在 t 时刻和 x 处,在单位时间内和单位长度上所放出的热量. 则在时间间隔 t 到 $t+\Delta t$ 内,微元段 $[x, x+\Delta x]$ 中的热源所产生的热量为 $F(x,t)\Delta x \Delta t$,因此在上述热传导方程右边还要加一个非齐次项 $f(x,t) = \dfrac{F(x,t)}{c\rho A}$,而成为

$$u_t = a^2 u_{xx} + f. \tag{8.1'}$$

§8.1.2 扩散方程的建立

设有一充满了清水的玻璃管,如果我们在它的一端滴一滴红墨水,则红墨水的分子就要逐渐向另一端扩散. 制造半导体元件时的锑扩散、硼扩散和磷扩散等也是完全类似的,只不过后者是杂质在固体中的扩散. 下面,我们来导出描述扩散过程的数学方程.

设有一块半导体材料如图 8.2 所示,每一点 x 的横截面面积相等,其值为 A. 在这块材料中,有一种杂质正在扩散. 我们用 N 表示杂质浓度,即单位体积内所含杂质的质量. 由于各个横截面上的杂质浓度不一样,而且它又是随时间改变的(设同一时刻同一横截面上各点处的浓度是相同的),所以,N 是位置 x 和时间 t 的函数,即 $N = N(x,t)$. 考察这块材料位于 x 处厚度为 Δx 的微元体,它的体积为 $\Delta V = A\Delta x$,里面所含的杂质的质量为

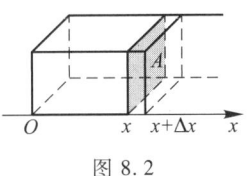

图 8.2

$$m = N(x,t)\Delta V = N(x,t)A\Delta x.$$

在从时间 t 到 $t+\Delta t$ 的间隔内,杂质的增量为

$$\Delta m = m_t \Delta t = N_t A \Delta x \Delta t.$$

另一方面,扩散理论中的涅恩斯特实验定律告诉我们,在时间 Δt 内,杂质沿 x 轴正向流过 x 处截面(其面积为 A)的质量为

$$\Delta m_1 = -DN_x(x,t)A\Delta t,$$

这里 $D>0$ 称为**扩散系数**,假定它是一个常数,负号表示杂质分子从浓度高处往浓度低处扩散.

在时间 Δt 内,杂质分子流过 $x+\Delta x$ 截面的质量为

$$\Delta m_2 = -DN_x(x+\Delta x, t)A\Delta t.$$

于是,在时间间隔 Δt 内,流入微元体的杂质的质量为

$$\Delta m' = \Delta m_1 - \Delta m_2 = [(-DN_x(x,t)A\Delta t) - (-DN_x(x+\Delta x,t)A\Delta t)]$$
$$= D[N_x(x+\Delta x,t) - N_x(x,t)]A\Delta t = DN_{xx}A\Delta x\Delta t.$$

由质量守恒定律可知
$$\Delta m = \Delta m',$$
亦即
$$N_t A \Delta x \Delta t = D N_{xx} A \Delta x \Delta t.$$

令 $\Delta x \to 0, \Delta t \to 0$, 得
$$N_t = D N_{xx}. \tag{8.2}$$

这就是所谓的**扩散方程**. 如果记 $D = a^2$, 就得到与热传导方程完全一样的形式.

§8.1.3 定解条件的提出

与波动方程一样,要具体确定热传导方程的解,还必须给出适当的定解条件. 从物理上知道,只要测出物体上初始时刻的温度分布和边界上的温度或热交换情况就可以了. 以细杆为例,其初始条件的提法为
$$u(x,0) = \varphi(x).$$
其边界条件的提法通常也有三种,即

第一边界条件 已知细杆端点(比如 $x = l$)的温度
$$u(l,t) = \mu(t),$$

第二边界条件 已知通过细杆端点(比如 $x = l$)的热量
$$u_x(l,t) = \nu(t),$$

第三边界条件 已知杆端 $x = l$ 与某种介质接触,它们之间按热传导中的牛顿实验定律进行着热交换,相应的边界条件为
$$k u_x(l,t) + h u(l,t) = \theta(t),$$
其中 $\mu(t), \nu(t), \theta(t)$ 为已知函数, k 为热传导系数, h 为热交换系数.

在左端点 $x = 0$ 处,只要将 u_x 换为 $-u_x$ 即可同样地提出上述三种边界条件.

下面,我们来解释上述三种边界条件的物理意义. 如果已经测到了端点 $x = l$ 处的温度为 $\mu(t)$, 则可以给出第一边界条件.

如果已经测知单位时间内, 由 $x = l$ 处的单位截面面积流出去的热量为 $\nu_1(t)$, 则由热传导的傅里叶定律可知, 由 $x = l$ 处的截面流出的热量为
$$\nu_1(t) A = -k u_x(l,t) A.$$
这就是说, 我们可以给出第二边界条件
$$u_x(l,t) = \nu(t), \quad \nu(t) = -\frac{1}{k} \nu_1(t).$$

现在讨论第三边界条件. 设端点 $x = l$ 处的截面与某种介质接触, 它们按照热传

导中的牛顿定律进行热交换.已知端点截面的温度为 $u(l,t)$,介质温度为 $\theta_1(t)$.牛顿定律告诉我们,在单位时间内,由端点流入介质的热量为
$$\Delta Q = h[u(l,t)-\theta_1(t)]A,$$
其中 $h>0$ 为热交换系数.

另一方面,傅里叶定律告诉我们,在单位时间内,细杆经由端点 $x=l$ 处的截面流出的热量为
$$\Delta Q = -ku_x(l,t)A,$$
其中 k 为热传导系数.于是
$$h[u(l,t)-\theta_1(t)]A = -ku_x(l,t)A.$$
因此,我们就可以给出第三边界条件
$$ku_x(l,t)+hu(l,t)=\theta(t),\theta(t)=h\theta_1(t).$$

最后,我们还要指出第二边界条件的一个重要特殊情况,即 $v(t)\equiv 0$.这时相应的边界条件变为 $u_x(l,t)=0$,称为绝热条件.它的物理意义是:把细杆端点 $x=l$ 处的截面用一种完全绝热的物质包裹起来,使得在端点 $x=l$ 处,既无热量流出去,也无热量流进来.

第二节 混合问题的傅里叶解

对于有界杆的热传导现象,我们只考察齐次方程在齐次边界条件下的混合问题

$$\begin{cases} u_t = a^2 u_{xx} & (0<x<l, t>0), \quad (8.1)\\ u(0,t)=0, u(l,t)=0 & (t\geq 0), \quad (8.3)\\ u(x,0)=\varphi(x) & (0\leq x\leq l), \quad (8.4) \end{cases}$$

其中 $\varphi(x)$ 为已知函数.

仿第七章第二节的做法,可以平行地得到上述问题的傅里叶解:

作试解
$$u(x,t) = T(t)X(x),$$
代入方程(8.1),两端除以 $a^2 TX$,得到
$$\frac{1}{a^2}\frac{T'}{T} = \frac{X''}{X} = -\lambda,$$
其中 λ 是常数.由此便得
$$X''+\lambda X = 0,$$

$$T' + a^2\lambda T = 0.$$

由边界条件(8.3)给出

$$X(0) = X(l) = 0.$$

为了决定函数 $X(x)$,我们求解一个特征值问题

$$\begin{cases} X'' + \lambda X = 0, \\ X(0) = X(l) = 0. \end{cases}$$

在讨论弦振动方程时已经证明了,只有当 λ 的值等于

$$\lambda_n = \frac{n^2\pi^2}{l^2}, \quad n = 1, 2, 3, \cdots$$

时,上述特征值问题才有非零解

$$X_n(x) = \sin\frac{n\pi x}{l}.$$

又方程

$$T' + a^2\lambda T = 0$$

对应于 λ_n 的解为

$$T_n(t) = C_n e^{-a^2\lambda_n t},$$

其中 C_n 是积分常数. 于是函数

$$u_n(x,t) = T_n(t) X_n(x) = C_n e^{-a^2\lambda_n t} \sin\frac{n\pi x}{l}$$

是方程(8.1)满足边界条件(8.3)的解. 为了得到还能满足初值条件(8.4)的解,我们把 u_n 叠加起来而组成一个级数,令

$$u(x,t) = \sum_{n=1}^{\infty} C_n e^{-\frac{n^2\pi^2}{l^2}a^2 t} \sin\frac{n\pi x}{l}. \tag{8.5}$$

它显然满足边界条件(8.3),要使它还满足初值条件(8.4),则必须

$$u(x,0) = \varphi(x) = \sum_{n=1}^{\infty} C_n \sin\frac{n\pi x}{l},$$

从而定出了 C_n 的值为

$$C_n = \frac{2}{l}\int_0^l \varphi(\xi) \sin\frac{n\pi\xi}{l}d\xi, \quad n = 1, 2, 3, \cdots. \tag{8.6}$$

将(8.6)式代入(8.5)式后,级数(8.5)在形式上既满足方程(8.1),又满足条件(8.3)和(8.4).当函数 $\varphi(x)$ 满足一定条件时,有关这个级数的收敛性都是成立的.因此它确为上述混合问题的解.还可以证明,在初值函数分段连续,且与边值函数不衔接的情形下,(8.5)仍为一连续解.

关于解的物理意义,因与下一节的讨论基本一致,故这里略而不述.

仿照第七章第四节的做法,不难求出非齐次热传导方程带有非齐次边界条件

的定解问题

$$\begin{cases} u_t = a^2 u_{xx} + f(x,t) & (0<x<l, t>0), \\ u(0,t) = \mu_1(t), u(l,t) = \mu_2(t) & (t \geq 0), \\ u(x,0) = \varphi(x) & (0 \leq x \leq l) \end{cases}$$

的解.

第三节 初值问题的傅里叶解

§8.3.1 傅里叶积分

本节将用到傅里叶积分的概念,这里先补充讲一点.

在本章第二节解混合问题时,空间坐标 x 的变动区间为 $[0,l]$. 如果考虑的是无界杆的热传导,且这时仍然试图用傅里叶级数来表达解,就遇到了困难. 因为把一个函数 $f(x)$ 在区间 $[-l,l]$ 上展开成傅里叶级数,乃是以 $2l$ 为周期,先将 $f(x)$ 开拓到整个区间 $(-\infty, +\infty)$,且使开拓后的函数在区间 $(-\infty, +\infty)$ 为周期函数. 如果 $f(x)$ 本来就定义在整个区间 $(-\infty, +\infty)$,而且又不是周期函数,那么,当然就无法展开成傅里叶级数了. 此时,人们便把 $f(x)$ 先在 $[-l,l]$ 上展开成傅里叶级数,再让区间 $[-l,l]$ 无限扩大,看将得到什么结果? 结论是这样的:在一定的条件下,傅里叶级数变成了一个积分形式,称之为傅里叶积分. 现简单介绍如下:

设 $f(x)$ 定义在 $(-\infty, +\infty)$ 内,且在任一有限区间 $[-l,l]$ 上分段光滑,则 $f(x)$ 可以展开为傅里叶级数

$$f(x) = \frac{a_0}{2} + \sum_{n=1}^{\infty} \left(a_n \cos \frac{n\pi x}{l} + b_n \sin \frac{n\pi x}{l} \right), \tag{8.7}$$

其中

$$\begin{cases} a_n = \frac{1}{l} \int_{-l}^{l} f(\xi) \cos \frac{n\pi \xi}{l} d\xi, & n = 0, 1, 2, \cdots, \\ b_n = \frac{1}{l} \int_{-l}^{l} f(\xi) \sin \frac{n\pi \xi}{l} d\xi, & n = 1, 2, 3, \cdots. \end{cases}$$

将 a_n, b_n 代入级数(8.7),得

$$f(x) = \frac{1}{2l} \int_{-l}^{l} f(\xi) d\xi + \sum_{n=1}^{\infty} \frac{1}{l} \int_{-l}^{l} f(\xi) \cos \frac{n\pi(\xi-x)}{l} d\xi.$$

现设 $f(x)$ 在 $(-\infty, +\infty)$ 上绝对可积,即

$$\int_{-\infty}^{+\infty} |f(x)| \mathrm{d}x = 有限值,$$

那么,当 $l \to +\infty$ 时,

$$f(x) = \lim_{l \to +\infty} \sum_{n=1}^{\infty} \frac{1}{l} \int_{-l}^{l} f(\xi) \cos \frac{n\pi}{l}(\xi-x) \mathrm{d}\xi.$$

若记 $\lambda_1 = \dfrac{\pi}{l}, \lambda_2 = \dfrac{2\pi}{l}, \cdots, \lambda_n = \dfrac{n\pi}{l}, \cdots, \Delta\lambda = \lambda_{n+1} - \lambda_n = \dfrac{\pi}{l}$,则上列极限又可写成

$$\begin{aligned}f(x) &= \lim_{\Delta\lambda \to 0} \frac{1}{\pi} \sum_{n=1}^{\infty} \Delta\lambda \int_{-l}^{l} f(\xi) \cos \lambda_n(\xi-x) \mathrm{d}\xi \\ &= \frac{1}{\pi} \int_{0}^{+\infty} \mathrm{d}\lambda \int_{-\infty}^{+\infty} f(\xi) \cos \lambda(\xi-x) \mathrm{d}\xi.\end{aligned}$$

由于被积函数 $\cos \lambda(\xi-x)$ 是 λ 的偶函数,因此上式可变形为

$$f(x) = \frac{1}{2\pi} \int_{-\infty}^{+\infty} \mathrm{d}\lambda \int_{-\infty}^{+\infty} f(\xi) \cos \lambda(\xi-x) \mathrm{d}\xi. \tag{8.8}$$

(8.8)式称为 $f(x)$ 的**傅里叶积分**或**傅氏积分**. 可以证明,在 $f(x)$ 及 $f'(x)$ 的连续点处, $f(x)$ 的傅氏积分收敛于它在该点的函数值.

(8.8)式还可以写成

$$f(x) = \int_{-\infty}^{+\infty} [A(\lambda) \cos \lambda x + B(\lambda) \sin \lambda x] \mathrm{d}\lambda \tag{8.9}$$

的形式,其中

$$\begin{cases} A(\lambda) = \dfrac{1}{2\pi} \int_{-\infty}^{+\infty} f(\xi) \cos \lambda\xi \mathrm{d}\xi, \\ B(\lambda) = \dfrac{1}{2\pi} \int_{-\infty}^{+\infty} f(\xi) \sin \lambda\xi \mathrm{d}\xi. \end{cases} \tag{8.10}$$

§8.3.2 利用傅里叶积分解热传导方程的初值问题

现在我们来求解热传导方程的初值问题

$$\begin{cases} u_t = a^2 u_{xx} & (-\infty < x < +\infty, t > 0), \tag{8.1} \\ u(x,0) = \varphi(x) & (-\infty < x < +\infty), \tag{8.11} \end{cases}$$

其中 $\varphi(x)$ 为已知函数.

如果方程(8.1)描述一个热传导过程,则此初值问题表示:已知一个无限长的细杆在初始时刻的温度分布,而求其以后的温度分布. 又如果方程(8.1)描述一个扩散过程,则这个初值问题又表示:已知初始时刻物质的浓度分布,而求其以后的浓度分布.

我们用分离变量法求解,令
$$u(x,t) = T(t)X(x).$$
和前面一样,得到两个常微分方程
$$T' + \lambda a^2 T = 0,$$
$$X'' + \lambda X = 0,$$
其中 λ 为泛定常数. 先考虑第一个方程的解
$$T = e^{-\lambda a^2 t}.$$

当 $\lambda < 0$ 时, $T(t)$ 将随时间 t 的增加而无限增大. 这样一来,物体内的温度或者扩散物质的浓度也将随着时间的增加而无限增高. 这显然是不合理的,故有 $\lambda \geq 0$. 于是,可以记 $\lambda = \mu^2$,并将上述两个常微分方程改写成
$$T' + \mu^2 a^2 T = 0,$$
$$X'' + \mu^2 X = 0.$$

当 $\mu \neq 0$ 时,分别得到这两个方程的解
$$T = T_\mu = e^{-\mu^2 a^2 t},$$
$$X = X_\mu = A \cos \mu x + B \sin \mu x,$$
其中 A, B 与 x, t 无关,但依赖于 μ.

当 $\mu = 0$ 时,则得
$$T = T_0,$$
$$X = X_0 = c_1 + c_2 x,$$
这里 T_0, c_1, c_2 为积分常数,且 c_2 必须为零. 因若 $c_2 \neq 0$,则当 $x \to \infty$ 时, $X(x)$ 无界,这不合理. 从而
$$T_0 X_0 = T_0 c_1 \quad (\text{常数}).$$

于是得到热传导方程的一系列解,记为 u_μ,即
$$u_\mu(x,t) = T_\mu X_\mu = e^{-\mu^2 a^2 t}[A(\mu)\cos \mu x + B(\mu)\sin \mu x].$$
这里的 μ 由于没有边界条件的限制可以取任意实数值. 为了求得满足初值条件的解,我们仿照以往常用的办法,首先把 u_μ 叠加起来. 但由于这里的 μ 要取所有的实数值,因此就无法离散地把 u_μ 一个一个地相加,而必须对参变量 μ 从 $-\infty$ 到 $+\infty$ 求积分. 令
$$u(x,t) = \int_{-\infty}^{+\infty} e^{-\mu^2 a^2 t}[A(\mu)\cos \mu x + B(\mu)\sin \mu x]\,d\mu. \tag{8.12}$$

下面我们利用初值条件
$$u(x,0) = \varphi(x) = \int_{-\infty}^{+\infty}[A(\mu)\cos \mu x + B(\mu)\sin \mu x]\,d\mu$$
来确定 $A(\mu)$ 和 $B(\mu)$. 根据函数的傅里叶积分展开式(8.9),应有

$$\begin{cases} A(\mu) = \dfrac{1}{2\pi} \displaystyle\int_{-\infty}^{+\infty} \varphi(\xi) \cos\mu\xi \, \mathrm{d}\xi, \\ B(\mu) = \dfrac{1}{2\pi} \displaystyle\int_{-\infty}^{+\infty} \varphi(\xi) \sin\mu\xi \, \mathrm{d}\xi. \end{cases} \tag{8.13}$$

再将(8.13)式代入(8.12)式,则得

$$\begin{aligned} u(x,t) &= \frac{1}{2\pi} \int_{-\infty}^{+\infty} \mathrm{e}^{-\mu^2 a^2 t} \left\{ \int_{-\infty}^{+\infty} \varphi(\xi) [\cos\mu\xi \cos\mu x + \sin\mu\xi \sin\mu x] \, \mathrm{d}\xi \right\} \mathrm{d}\mu \\ &= \frac{1}{2\pi} \int_{-\infty}^{+\infty} \varphi(\xi) \left[\int_{-\infty}^{+\infty} \mathrm{e}^{-\mu^2 a^2 t} \cos\mu(\xi - x) \, \mathrm{d}\mu \right] \mathrm{d}\xi \\ &= \frac{1}{\pi} \int_{-\infty}^{+\infty} \varphi(\xi) \left[\int_{0}^{+\infty} \mathrm{e}^{-\mu^2 a^2 t} \cos\mu(\xi - x) \, \mathrm{d}\mu \right] \mathrm{d}\xi. \end{aligned} \tag{8.14}$$

由(5.24)式知

$$\frac{1}{\pi} \int_{0}^{+\infty} \mathrm{e}^{-\mu^2 a^2 t} \cos\mu(\xi - x) \, \mathrm{d}\mu = \frac{1}{2a\sqrt{\pi t}} \mathrm{e}^{-\frac{(\xi - x)^2}{4a^2 t}}.$$

故(8.14)式可以简化为

$$u(x,t) = \frac{1}{2a\sqrt{\pi t}} \int_{-\infty}^{+\infty} \varphi(\xi) \mathrm{e}^{-\frac{(\xi - x)^2}{4a^2 t}} \mathrm{d}\xi. \tag{8.15}$$

不难验证(8.15)确为上述热传导方程初值问题的解.因为 $t>0$ 时,函数

$$V(x,t) = \frac{1}{2a\sqrt{\pi t}} \mathrm{e}^{-\frac{(\xi - x)^2}{4a^2 t}} \tag{8.16}$$

满足方程(8.1),从而(8.15)也满足方程(8.1).还可以证明(8.15)满足初值条件(8.11).

§8.3.3 傅里叶解的物理意义

形如(8.15)式的解具有重要的物理意义.首先我们考察函数 V 作为方程(8.1)的解,有什么物理意义呢?

在具有单位横截面面积的细杆上,取 x_0 点附近的一个小单元 $(x_0-\delta, x_0+\delta)$,设在区间 $(x_0-\delta, x_0+\delta)$ 之外,函数 $\varphi(x)$ 等于零,而在其内 $\varphi(x) = U_0$(常数).物理上可以这样来描述:在初始时刻,这个单元吸取了热量 $Q = \rho(2\delta)U_0 c$,使得在这一段上温度升高 U_0,此后温度在细杆上的分布就由公式(8.15)给出.在此情形下,公式(8.15)取下面形状:

$$\frac{1}{2a\sqrt{\pi t}} \int_{x_0-\delta}^{x_0+\delta} U_0 \mathrm{e}^{-\frac{(\xi-x)^2}{4a^2 t}} \mathrm{d}\xi = \frac{Q}{2c\rho a\sqrt{\pi t}} \frac{1}{2\delta} \int_{x_0-\delta}^{x_0+\delta} \mathrm{e}^{-\frac{(\xi-x)^2}{4a^2 t}} \mathrm{d}\xi.$$

第三节 初值问题的傅里叶解

如果我们让 δ 趋近于 0，也就是说，我们将分布在整个一小段上的热量 Q 看作在极限情形只作用在 x_0 点，则在 $x=x_0$ 有瞬时点热源，强度为 Q. 由于这样的热源，在细杆上得到的温度分布就依从表达式

$$\lim_{\delta \to 0} \frac{Q}{2c\rho a\sqrt{\pi t}} \frac{1}{2\delta} \int_{x_0-\delta}^{x_0+\delta} e^{-\frac{(\xi-x)^2}{4a^2 t}} d\xi. \tag{8.17}$$

根据积分中值定理，有

$$\frac{1}{2\delta} \int_{x_0-\delta}^{x_0+\delta} e^{-\frac{(\xi-x)^2}{4a^2 t}} d\xi = e^{-\frac{(\xi_0-x)^2}{4a^2 t}},$$

其中 $x_0-\delta<\xi_0<x_0+\delta$. 显然当 $\delta \to 0$ 时，$\xi_0 \to x_0$，而上面的表达式 (8.17) 的值为

$$\frac{Q}{c\rho} \frac{1}{2a\sqrt{\pi t}} e^{-\frac{(x_0-x)^2}{4a^2 t}}. \tag{8.16'}$$

因此，(8.16) 式所代表的温度分布，是当初始时刻 $t=0$ 时，细杆在 $x=\xi$（x_0 换成 ξ）处受到强度为 $Q=c\rho$ 的瞬时点热源的作用而产生的. 现在再看解 (8.15) 式的物理意义就很明显了. 为了在初始时刻要使细杆在 $x=\xi$ 处具有温度 $\varphi(\xi)$，则在此处近邻的一个小单元 $d\xi$ 上需要吸取热量

$$dQ = \rho d\xi \varphi(\xi) c = c\rho \varphi(\xi) d\xi,$$

或者，在 $x=\xi$ 点有强度为 dQ 的瞬时点热源. 按照 (8.16') 式，这个热源所产生的温度分布就是

$$\varphi(\xi) d\xi \frac{1}{2a\sqrt{\pi t}} e^{-\frac{(\xi-x)^2}{4a^2 t}}.$$

在细杆的所有 ξ 点上，初始温度 $\varphi(\xi)$ 的总作用就是由这些个别单元的作用叠加而成的. 这就给出了上面得到的解 (8.15)

$$u(x,t) = \frac{1}{2a\sqrt{\pi t}} \int_{-\infty}^{+\infty} \varphi(\xi) e^{-\frac{(\xi-x)^2}{4a^2 t}} d\xi.$$

这就是说，由初始温度 $\varphi(\xi)$ 引起的温度分布 $u(x,t)$ 可以看作是由各个瞬时点热源引起的温度分布的叠加.

对于扩散现象，也可以类似地作如上的讨论.

现在，我们对不同的 t 值绘出代表 V 的一些曲线. 如图 8.3 所示，这些曲线关于 $x=\xi$ 是对称的，曲线的形态则随着时间 t 的增加而逐渐趋于扁平. 反之，随着 $t \to 0$，图形的峰顶在直线 $x=\xi$ 的附近无限增高，而曲线在 ξ 点以外都接近于 x 轴. 曲线形态的这种变化趋势，其物理意义是明显的. 值得注意，对于任何时刻 t，沿着整个 x 轴，对 $c\rho V$ 积分始终有

$$\int_{-\infty}^{+\infty} \frac{c\rho}{2a\sqrt{\pi t}} e^{-\frac{(\xi-x)^2}{4a^2 t}} dx = \frac{c\rho}{\sqrt{\pi}} \int_{-\infty}^{+\infty} e^{-\alpha^2} d\alpha = c\rho \quad \left(\alpha = \frac{\xi-x}{2a\sqrt{t}}\right).$$

这就是说,在初始时刻,置于 ξ 处的强度为 $c\rho$ 的瞬时点热源,虽经热的传导,但热量沿细杆分布的总和始终等于初始的热量 $c\rho$,或者说,细杆上热量的总和不随时间而变化.

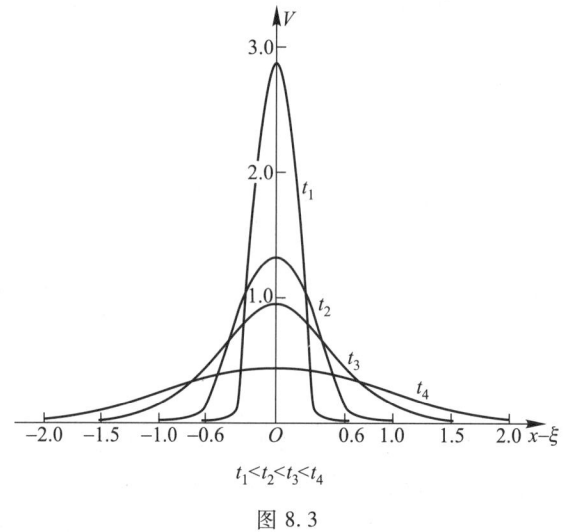

图 8.3

最后,我们指出,由公式(8.15)可以看出,如果函数 $\varphi(x)$ 在某点 ξ 附近一个任意小的区间上为正而在其他地方处处等于零,则不管 t 多小和 x 多大,解 $u(x,t)$ 恒为正. 也就是说,即使在极短的时间内,热传导的影响也可以达到任意远. 因此,似乎可以得出这样一个结论:热在细杆上是以无限大的速度传播着. 这当然是荒谬的. 之所以产生这种结果,是因为我们作了这样的假定:只要有温差,就立刻出现热流($\Delta Q = -k u_x A \Delta t$)[①],而没有计及分子运动过程中的惯性[②]. 所以热传导方程(同样的,扩散方程)只是客观规律的近似反映,但是用它来研究实际热传导现象(同样地,扩散现象)是比较方便的. 目前在解决生产实际问题中,还不失为一种有效的方法.

第四节　一端有界的热传导问题

§8.4.1　定解问题的解

所谓一端有界,就是指空间坐标 x 的变动区间只有一端是无限的,而另一端是

---

① 建立扩散方程时,也有完全类似的规定:只要杂质的浓度不同,就立刻会出现杂质流($\Delta m = -D N_x A \Delta t$).

② 人们认为物体温度的高低,决定于物体分子运动的激烈程度,分子的平均动能愈大,温度就愈高. 热在物体里的传播过程就是分子互相碰撞的过程,而分子的互相碰撞是需要时间的,不可能立刻出现热流,这就是所谓分子运动过程中的惯性. 正是由于这个惯性,使得热不可能以无限大的速度传播.

有限的. 因此, 又称为半无限问题. 即

$$\begin{cases} u_t = a^2 u_{xx} & (0<x<+\infty, t>0), & (8.1) \\ u(0,t)=0 & (t\geq 0), & (8.18) \\ u(x,0)=\psi(x) & (0\leq x<+\infty). & (8.19) \end{cases}$$

解决半无限问题的方法, 是把"半无限"开拓为"两端无限". 这样就可以从已有的初值问题的解(8.15)出发, 根据边界条件的不同来解决问题.

为此, 先对(8.15)式所确定的函数

$$u(x,t) = \frac{1}{2a\sqrt{\pi t}} \int_{-\infty}^{+\infty} \varphi(\xi) e^{-\frac{(\xi-x)^2}{4a^2 t}} d\xi$$

证明两条性质:

(i) 若 $\varphi(x)$ 为奇函数, 即

$$\varphi(x) = -\varphi(-x),$$

则函数 $u(x,t)$ 在 $x=0$ 处等于零, 即 $u(0,t)=0$.

因为积分

$$u(0,t) = \frac{1}{2a\sqrt{\pi t}} \int_{-\infty}^{+\infty} \varphi(\xi) e^{-\frac{\xi^2}{4a^2 t}} d\xi$$

中的被积函数是对 ξ 的奇函数, 而积分上下限又对称于坐标原点, 故积分值应为零, 即 $u(0,t)=0$.

(ii) 若 $\varphi(x)$ 是偶函数, 即

$$\varphi(x) = \varphi(-x),$$

则函数 $u(x,t)$ 的导数当 $t>0$ 时, 在 $x=0$ 处等于零, 即 $u_x(0,t)=0$.

因为积分

$$u_x(0,t) = \frac{1}{4a^3 \pi^{\frac{1}{2}} t^{\frac{3}{2}}} \int_{-\infty}^{+\infty} \xi \varphi(\xi) e^{-\frac{\xi^2}{4a^2 t}} d\xi$$

中的被积函数也是对 ξ 的奇函数, 故 $u_x(0,t)=0$.

由性质(i), 利用表达式(8.15)不难找出半无限问题(8.1)、(8.18)和(8.19)的解. 因为函数(8.15)满足方程(8.1), 如果被积函数 $\varphi(x)$ 为奇函数, 则还满足条件(8.18), 因此, 我们不妨将(8.19)中的初值函数 $\psi(x)$ 作奇延拓, 构造一个定义在 $(-\infty,+\infty)$ 上的新的初值函数

$$\varphi(x) = \begin{cases} \psi(x) & (x\geq 0), \\ -\psi(-x) & (x<0). \end{cases}$$

于是函数

$$U(x,t) = \frac{1}{2a\sqrt{\pi t}} \int_{-\infty}^{+\infty} \varphi(\xi) e^{-\frac{(\xi-x)^2}{4a^2 t}} d\xi$$

就在无穷区间$(-\infty, +\infty)$上有定义,并且满足方程(8.1)以及条件

$$U(0,t) = 0 \qquad (t \geq 0),$$
$$U(x,0) = \varphi(x) \qquad (-\infty < x < +\infty).$$

假定只在我们所关心的区域 $x \geq 0$ 内来考虑函数 $U(x,t)$,则得上述半无限问题的解. 现求它的表达式.

$$U(x,t) = \frac{1}{2a\sqrt{\pi t}} \int_{-\infty}^{+\infty} \varphi(\xi) e^{-\frac{(\xi-x)^2}{4a^2 t}} d\xi$$

$$= \frac{-1}{2a\sqrt{\pi t}} \int_{-\infty}^{0} \psi(-\xi) e^{-\frac{(\xi-x)^2}{4a^2 t}} d\xi + \frac{1}{2a\sqrt{\pi t}} \int_{0}^{+\infty} \psi(\xi) e^{-\frac{(\xi-x)^2}{4a^2 t}} d\xi.$$

令 $\xi = -\eta$,则前项变为

$$\frac{-1}{2a\sqrt{\pi t}} \int_{-\infty}^{0} \psi(-\xi) e^{-\frac{(\xi-x)^2}{4a^2 t}} d\xi = \frac{-1}{2a\sqrt{\pi t}} \int_{0}^{+\infty} \psi(\eta) e^{-\frac{(\eta+x)^2}{4a^2 t}} d\eta$$

$$= \frac{-1}{2a\sqrt{\pi t}} \int_{0}^{+\infty} \psi(\xi) e^{-\frac{(\xi+x)^2}{4a^2 t}} d\xi.$$

于是得方程(8.1)满足初值条件(8.19)的解为

$$u(x,t) = \frac{1}{2a\sqrt{\pi t}} \int_{0}^{+\infty} \psi(\xi) \left[e^{-\frac{(\xi-x)^2}{4a^2 t}} - e^{-\frac{(\xi+x)^2}{4a^2 t}} \right] d\xi. \tag{8.20}$$

我们说,这个解也确实满足边界条件(8.18),因为

$$u(0,t) = \frac{1}{2a\sqrt{\pi t}} \int_{0}^{+\infty} \psi(\xi) \left(e^{-\frac{\xi^2}{4a^2 t}} - e^{-\frac{\xi^2}{4a^2 t}} \right) d\xi = 0.$$

类似地,由性质(ii),不难找出热传导方程(8.1)带有齐次的第二边界条件 $u_x(0,t) = 0 (t>0)$ 与初值条件 $u(x,0) = \psi(x) (0 \leq x < +\infty)$ 的解为

$$u(x,t) = \frac{1}{2a\sqrt{\pi t}} \int_{0}^{+\infty} \psi(\xi) \left[e^{-\frac{(\xi-x)^2}{4a^2 t}} + e^{-\frac{(\xi+x)^2}{4a^2 t}} \right] d\xi. \tag{8.21}$$

§8.4.2 举例

下面仅就第一边值问题举三个实例.

例1 一个具有常初温 u_0 的细杆,已知它的一端保持温度为零,求杆上以后的温度分布. 这个问题可以归结为

$$\begin{cases} u_t = a^2 u_{xx} & (0<x<+\infty, t>0), \\ u(0,t)=0 & (t \geq 0), \\ u(x,0)=u_0 & (0 \leq x<+\infty). \end{cases} \quad \begin{array}{r}(8.1)\\(8.18)\\(8.22)\end{array}$$

由表达式(8.20)立即得这个定解问题的解为

$$u(x,t) = \frac{u_0}{2a\sqrt{\pi t}} \int_0^{+\infty} \left[e^{-\frac{(\xi-x)^2}{4a^2 t}} - e^{-\frac{(\xi+x)^2}{4a^2 t}} \right] d\xi. \quad (8.23)$$

为了化简(8.23)式,作代换

$$\alpha = \frac{\xi-x}{2a\sqrt{t}}, \quad \beta = \frac{\xi+x}{2a\sqrt{t}}.$$

于是

$$u(x,t) = \frac{u_0}{\sqrt{\pi}} \int_{\frac{-x}{2a\sqrt{t}}}^{+\infty} e^{-\alpha^2} d\alpha - \frac{u_0}{\sqrt{\pi}} \int_{\frac{x}{2a\sqrt{t}}}^{+\infty} e^{-\beta^2} d\beta.$$

再记 α, β 为 ξ,则

$$u(x,t) = \frac{u_0}{\sqrt{\pi}} \int_{\frac{-x}{2a\sqrt{t}}}^{+\infty} e^{-\xi^2} d\xi - \frac{u_0}{\sqrt{\pi}} \int_{\frac{x}{2a\sqrt{t}}}^{+\infty} e^{-\xi^2} d\xi = \frac{u_0}{\sqrt{\pi}} \int_{\frac{-x}{2a\sqrt{t}}}^{\frac{x}{2a\sqrt{t}}} e^{-\xi^2} d\xi$$

$$= u_0 \frac{2}{\sqrt{\pi}} \int_0^{\frac{x}{2a\sqrt{t}}} e^{-\xi^2} d\xi = u_0 \operatorname{erf}\left(\frac{x}{2a\sqrt{t}}\right), \quad (8.24)$$

这里

$$\operatorname{erf}(s) = \frac{2}{\sqrt{\pi}} \int_0^s e^{-\xi^2} d\xi, \quad (8.25)$$

称为**误差积分**或**误差函数**.

从(8.24)式可知,若 $u_0 > 0 (<0)$,则温度 u 随着时间 t 的增加而降低(升高).

例 2 假若我们取一个硅片(图 8.4),让其表面暴露在具有定常浓度 N_0 的杂质的大量气体中. 气体的量是如此之大,使得杂质浓度 N_0 可看作是与时间 t 无关的常量. 随后,杂质通过平面 $x=0$ 扩散到硅片里面形成一种分布. 可以想象硅片内杂质的浓度将随着离表面距离的增加而减小. 如果扩散允许进行足够长的时间,那么硅片将被杂质均匀地渗透至浓度 N_0. 但实际上是做不到的,因为扩散是进行得相当缓慢的.

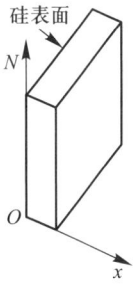

图 8.4

综上所述,可以归结为求解扩散问题

$$\begin{cases} N_t = D N_{xx} & (0<x<+\infty, t>0), \\ N(0,t) = N_0 & (t \geq 0), \\ N(x,0) = 0 & (0 \leq x<+\infty). \end{cases} \quad \begin{array}{r}(8.2)\\(8.26)\\(8.27)\end{array}$$

为此,我们先作一个辅助问题

$$\begin{cases} \tilde{N}_t = D\tilde{N}_{xx} & (0<x<+\infty, t>0), \\ \tilde{N}(0,t) = 0 & (t \geqslant 0), \\ \tilde{N}(x,0) = -N_0 & (0 \leqslant x<+\infty). \end{cases}$$

显然,如果我们求得了辅助问题的解 $\tilde{N}(x,t)$,则

$$N(x,t) = N_0 + \tilde{N}(x,t)$$

就是原扩散问题的解. 现将这个辅助问题和例 1 的定解问题比较,仅仅是把 a^2 换成了 D,把 u_0 换成了 $-N_0$,因此只需把(8.24)式中的 a 换成 $\sqrt{D}$,u_0 换成 $-N_0$,即得辅助问题的解

$$\tilde{N}(x,t) = -N_0 \operatorname{erf}\left(\frac{x}{2\sqrt{Dt}}\right).$$

从而扩散问题的解就是

$$N(x,t) = N_0 + \tilde{N}(x,t) = N_0\left[1-\operatorname{erf}\left(\frac{x}{2\sqrt{Dt}}\right)\right] = N_0 \operatorname{erfc}\left(\frac{x}{2\sqrt{Dt}}\right). \tag{8.28}$$

式中 $\operatorname{erfc}(s) = 1-\operatorname{erf}(s)$ 称为**余误差函数**. 显然

$$\operatorname{erfc}(s) = \frac{2}{\sqrt{\pi}} \int_s^{+\infty} e^{-\xi^2} d\xi. \tag{8.29}$$

从表达式(8.28)可知,浓度 N 随时间的增加而趋于 N_0. 图 8.5 绘出了硅片内杂质的浓度 N 在时刻 t_1, t_2, t_3 的分布情形.

例 3 在石油开发中,一个重要的问题是考察石油在地下各点的压力分布情形. 作为一个简单的例子,我们假设油井排列在一条直线上,而且相当密集,以致可以看成是一条直线排液沟(图 8.6). 我们认为油井未开发之前,地下石油未发生流动,各处压力相同,设为 P_0. 然后开井采油,且控制沟边(即井底)的压力,使其保持为 P_1 不变,自然 $P_1 < P_0$. 求此后地下石油的压力分布情形.

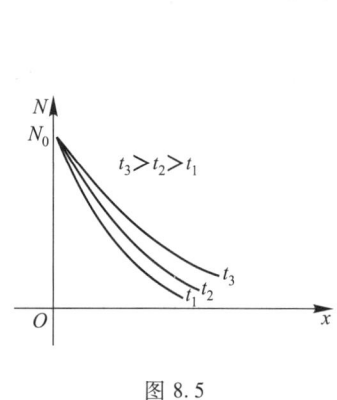

图 8.5

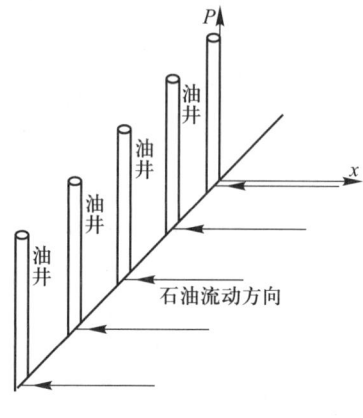

图 8.6

首先,应注意到,开井采油之后,地下石油从沟的两旁沿着垂直于沟的方向彼此平行地流入沟内.因此,石油在沟内两旁的流动是对称的,从而只需考察排液沟一旁的压力分布即可,而且可以作为半无限的一维情形来处理.于是得定解问题

$$\begin{cases} P_t = kP_{xx} & (0<x<+\infty, t>0), \\ P(0,t) = P_1 & (t \geq 0), \\ P(x,0) = P_0 & (0 \leq x < +\infty), \end{cases}$$

其中 $P(x,t)$ 代表地下石油的压力,$k>0$ 称为导压系数.它的解显然可以直接从例1和例2的解相加而得,即

$$P(x,t) = P_0 \mathrm{erf}\left(\frac{x}{2\sqrt{kt}}\right) + P_1\left[1-\mathrm{erf}\left(\frac{x}{2\sqrt{kt}}\right)\right] = P_1 + (P_0-P_1)\mathrm{erf}\left(\frac{x}{2\sqrt{kt}}\right).$$

根据一般常识,开井采油之后,地下石油的压力 P 将逐渐减小,直到与沟边压力 P_1 相等.事实上,由于

$$P_0 - P_1 > 0, \quad 0 < \mathrm{erf}\left(\frac{x}{2\sqrt{kt}}\right) < 1, \quad \mathrm{erf}\left(\frac{x}{2\sqrt{kt}}\right) \to 0 \; (t \to +\infty),$$

故有

$$P_1 < P(x,t) < P_1 + (P_0 - P_1) \cdot 1 = P_0,$$

而且当 $t \to +\infty$ 时,

$$P(x,t) \to P_1.$$

另外,当 x 很小时,$P(x,t) \approx P_1$,也就是说,地下石油在邻近沟边的压力大约与 P_1 相等.

§8.4.3 齐次化原理

齐次化原理是一个简单而通用的方法.这里以热传导方程的混合问题为例加以介绍.

今有定解问题

$$\begin{cases} u_t = a^2 u_{xx} + f(x,t) & (0<x<+\infty, t>0), \\ u(0,t) = \mu_1(t), u(l,t) = \mu_2(t) & (t \geq 0), \\ u(x,0) = \varphi(x) & (0 \leq x < +\infty), \end{cases}$$

其中,$\varphi(x), \mu_1(t), \mu_2(t), f(x,t)$ 为已知函数.

对它的求解,可以分成以下三个定解问题分别求解,即

$$\mathrm{I} \begin{cases} u_t = a^2 u_{xx}, \\ u(0,t) = u(l,t) = 0, \\ u(x,0) = \varphi(x), \end{cases} \quad \mathrm{II} \begin{cases} u_t = a^2 u_{xx}, \\ u(0,t) = \mu_1(t), u(l,t) = \mu_2(t), \\ u(x,0) = 0, \end{cases}$$

$$\text{III} \begin{cases} u_t = a^2 u_{xx} + f(x,t), \\ u(0,t) = u(l,t) = 0, \\ u(x,0) = 0. \end{cases}$$

然后将Ⅰ,Ⅱ,Ⅲ的解相加,即得原混合问题的解.

定解问题Ⅰ即定解问题(8.1),(8.3),(8.4),已在本章第二节中解决,对定解问题Ⅱ,可以对边界条件作一个代换,和前面一样,令

$$v(x,t) = u(x,t) - U(x,t),$$

其中,$U(x,t)$是与$u(x,t)$满足同样的边界条件$U(0,t)=\mu_1(t),U(l,t)=\mu_2(t)$的任意函数,通常取为$x$的线性函数,即

$$U(x,t) = \mu_1(t) + \frac{x}{l}(\mu_2(t) - \mu_1(t)).$$

经过代换,得到关于$v(x,t)$的定解问题

$$\begin{cases} v_t = a^2 v_{xx} - \mu_1'(t) - \frac{x}{l}(\mu_2'(t) - \mu_1'(t)), \\ v(0,t) = v(l,t) = 0, \\ v(x,0) = \varphi(x) - \mu_1(0) - \frac{x}{l}(\mu_2(0) - \mu_1(0)). \end{cases}$$

这个定解问题又可分为上面Ⅰ型和Ⅲ型两个定解问题. 而定解问题Ⅰ是已经解决了的,余下的就是求解定解问题Ⅲ了.

齐次化原理(杜阿梅尔原则)

$f(x,t)$表示热源的强度,这个热源从时刻0起一直持续到时刻t(时刻t以后的热源不影响时刻t的温度分布,所以不考虑时刻t以后的热源). 持续热源可看作许许多多前后相继的"瞬时"热源的叠加. $t=\tau$时的"瞬时"热源$f(x,\tau)$产生的温度分布$v(x,t)$应满足定解问题

$$\begin{cases} v_t = a^2 v_{xx} \quad (t > \tau), \\ v(0,t) = v(l,t) = 0, \\ v(x,\tau) = f(x,\tau). \end{cases}$$

对$v(x,t)$按时间t叠加后,持续热源$f(x,t)$所产生的温度分布

$$u(x,t) = \int_0^t v(x,t;\tau) \, d\tau,$$

就应该满足定解问题Ⅲ.

$u(x,t)$满足Ⅲ的定解条件是显然的. 现证明它还满足方程,因

$$u_t = \int_0^t v_t \, d\tau + v \big|_{\tau=t}, \quad a^2 u_{xx} = \int_0^t a^2 v_{xx} \, d\tau,$$

故

$$u_t - a^2 u_{xx} = \int_0^t (v_t - a^2 v_{xx})\,\mathrm{d}\tau + f(x,t) = f(x,t),$$

即 $u(x,t)$ 是定解问题 Ⅲ 的解.

不难看到,齐次化原理对非齐次偏微分方程的应用,实际上和常微分方程中的冲量方法,或者说参数变动法的思想是完全一致的.

下面列出三个定解问题的齐次化原理(包括波动方程的),留给读者作练习.

热传导方程初值问题的齐次化原理:若 $v(x,t;\tau)$ 满足

$$\begin{cases} v_t = a^2 v_{xx} & (t>\tau), \\ v\big|_{t=\tau} = f(x,\tau). \end{cases}$$

则 $u(x,t) = \int_0^t v(x,t;\tau)\,\mathrm{d}\tau$ 满足

$$\begin{cases} u_t = a^2 u_{xx} + f(x,t), \\ u(x,0) = 0. \end{cases}$$

一维波动方程初值问题的齐次化原理:若 $v(x,t;\tau)$ 满足

$$\begin{cases} v_{tt} = a^2 v_{xx} & (t>\tau), \\ v\big|_{t=\tau} = 0, \\ v_t\big|_{t=\tau} = f(x,\tau). \end{cases}$$

则 $u(x,t) = \int_0^t v(x,t;\tau)\,\mathrm{d}\tau$ 满足

$$\begin{cases} u_{tt} = a^2 u_{xx} + f(x,t), \\ u(x,0) = u_t(x,0) = 0. \end{cases}$$

一维波动方程混合问题的齐次化原理:若 $v(x,t;\tau)$ 满足

$$\begin{cases} v_{tt} = a^2 v_{xx} & (t>\tau), \\ v(0,t) = v(l,t) = 0, \\ v\big|_{t=\tau} = 0, \\ v_t\big|_{t=\tau} = f(x,\tau), \end{cases}$$

则 $u(x,t) = \int_0^t v(x,t;\tau)\,\mathrm{d}\tau$ 满足

$$\begin{cases} u_{tt} = a^2 u_{xx} + f(x,t), \\ u(0,t) = u(l,t) = 0, \\ u(x,0) = u_t(x,0) = 0. \end{cases}$$

最后,请读者借用例 2 的结果,应用杜阿梅尔原则直接推出定解问题

$$\begin{cases} u_t = a^2 u_{xx} & (0<x<+\infty,\ t>0), \\ u(0,t) = \mu(t) & (t \geq 0), \\ u(x,0) = 0 & (0 \leq x < +\infty) \end{cases}$$

的解的表达式.

习 题 八

1. 证明函数
$$u(x,y,t;\xi,\eta,\tau) = \frac{1}{4a^2\pi(t-\tau)} e^{\frac{(x-\xi)^2+(y-\eta)^2}{4a^2(t-\tau)}}$$
对于变量 (x,y,t) 满足方程
$$u_t = a^2(u_{xx}+u_{yy}),$$
对于变量 (ξ,η,τ) 满足方程
$$u_\tau + a^2(u_{\xi\xi}+u_{\eta\eta}) = 0.$$

2. 如果 $u_1(x,t), u_2(y,t)$ 分别是两个定解问题
$$\begin{cases} u_{1t} = a^2 u_{1xx}, \\ u_1(x,0) = \varphi_1(x), \end{cases} \quad \begin{cases} u_{2t} = a^2 u_{2yy}, \\ u_2(y,0) = \varphi_2(y) \end{cases}$$
的解,则 $u(x,y,t) = u_1(x,t)u_2(y,t)$ 是定解问题
$$\begin{cases} u_t = a^2(u_{xx}+u_{yy}), \\ u(x,y,0) = \varphi_1(x)\varphi_2(y) \end{cases}$$
的解,试证之.

3. 一根长为 l 的枢轴,它的初始温度为常数 u_0,其两端的温度保持为 0,试求在枢轴上温度的分布情况.

4. 求解混合问题
$$\begin{cases} u_t = a^2 u_{xx} - b^2 u, \\ u(0,t) = 0, u(l,t) = 0 \quad (t \geq 0), \\ u(x,0) = \varphi(x) \quad (0 \leq x \leq l), \end{cases}$$
其中 b 为已知常数,$\varphi(x)$ 为已知的连续函数.

提示:令 $u(x,t) = e^{-b^2 t} v(x,t)$.

5. 有一两端无界的枢轴,其初始温度为
$$u(x,0) = \begin{cases} 1 & (|x|<1), \\ 0 & (|x| \geq 1), \end{cases}$$
试求在枢轴上的温度分布为
$$u(x,t) = \frac{2}{\pi} \int_0^{+\infty} \frac{\sin\mu}{\mu} \cos(\mu x) e^{-a^2\mu^2 t} d\mu.$$

6. 利用前题的结果,证明下面重要的定积分
$$\int_0^{+\infty} \frac{\sin x}{x} dx = \frac{\pi}{2}.$$

7. 试求半导体的预定积扩散问题

$$\begin{cases} u_t = Du_{xx}, \\ u(x,0) = \begin{cases} Q/h & (|x|<h), \\ 0 & (|x|\geq h) \end{cases} \end{cases}$$

的解. 并证明当 $h \to 0$ 时, 解的极限为

$$\frac{Q}{\sqrt{D\pi t}} e^{-\frac{x^2}{4Dt}},$$

其中 Q, h 均为已知常数.

8. 求解初值问题

$$\begin{cases} u_t = a^2 u_{xx} + f(x,t), \\ u(x,0) = 0 \quad (-\infty < x < +\infty), \end{cases}$$

其中 $f(x,t)$ 为已知的连续函数.

9. 求解混合问题

$$\begin{cases} u_t = a^2 u_{xx}, \\ u_x(0,t) = 0, u(l,t) = u_0 \quad (t \geq 0), \\ u(x,0) = \dfrac{u_0}{l} x \quad (0 \leq x \leq l), \end{cases}$$

其中 u_0 为已知常数.

10. 求解混合问题

$$\begin{cases} u_t = a^2 u_{xx}, \\ u(0,t) = A\sin\omega t, u(l,t) = 0 \quad (t \geq 0), \\ u(x,0) = 0 \quad (0 \leq x \leq l), \end{cases}$$

其中 A, ω 均为已知正常数.

11. 求解混合问题

$$\begin{cases} u_t = a^2 u_{xx} - b^2 u, \\ u(0,t) = 0, u(l,t) = 0 \quad (t \geq 0), \\ u(x,0) = \varphi(x) \quad (0 \leq x \leq l), \end{cases}$$

其中 $b > 0$ 为已知常数, $\varphi(x)$ 为已知的连续函数.

12. 求解混合问题

$$\begin{cases} u_t = a^2 u_{xx}, \\ u(0,t) = 0, u_x(l,t) + hu(l,t) = 0 \quad (t \geq 0), \\ u(x,0) = \varphi(x) \quad (0 \leq x \leq l), \end{cases}$$

其中 h 为已知正常数, $\varphi(x)$ 为已知的连续函数.

13. 求解 §8.4.3 中最后列出的三个定解问题.

第九章 拉普拉斯方程的圆的狄利克雷问题的傅里叶解

第一节 圆的狄利克雷问题

§9.1.1 定解问题的提法

在第八章中,我们讨论的热传导现象和扩散现象都是随时间的变化而变化的.但有一种特殊情况,即它们已经处于稳定状态,或者说,变化相当的小,以致可以看成与时间 t 无关($u=u(x,y,z)$).这时,$u_t=0$,而方程变为

$$u_{xx}+u_{yy}+u_{zz}=0,$$

或

$$u_{xx}+u_{yy}=0.$$

研究膜振动的平衡现象时,也同样得到这个方程.这种形式的方程,我们称为**拉普拉斯方程**或**调和方程**.

如果一个函数 u 在某个区域 D 内连续,且满足拉普拉斯方程,则称该函数是 D 内的**调和函数**,或者说,函数 u 在 D 内调和.

本章主要用傅氏方法解圆内拉普拉斯方程第一边值问题.第十一章还将对有关拉普拉斯方程更多和更深入的问题进行讨论.

设有一个半径为 l 的无限长圆柱,把它的对称轴取作 z 轴.假设在圆柱的表面上温度不随时间而改变,则过了一段时间以后,在圆柱的每一点处,温度也会稳定下来而与 t 无关.再设热的传导与 z 坐标无关,这时圆柱内的温度函数 $u(x,y)$ 就满足二维拉普拉斯方程

$$u_{xx}+u_{yy}=0.$$

可以把 $u(x,y)$ 看作圆柱的任一横截面上的温度分布. 由于讨论的是圆形区域,所以用极坐标 (r,θ) 比用直角坐标 (x,y) 方便得多. 在极坐标表示下二维拉普拉斯方程具有如下的形式:

$$u_{rr}+\frac{1}{r}u_r+\frac{1}{r^2}u_{\theta\theta}=0.$$

设柱面上的温度由边界条件

$$u(l,\theta)=f(\theta)$$

给出, 由于所考虑的是和时间 t 无关的稳定温度分布, 因此和波动方程及热传导方程的情况不同, 这里没有初值条件, 而且, 边界条件也自然与 t 无关. 于是给出了边值问题

$$\begin{cases} u_{rr}+\dfrac{1}{r}u_r+\dfrac{1}{r^2}u_{\theta\theta}=0 & (0\leq r<l,0\leq\theta\leq 2\pi), \quad (9.1)\\ u(l,\theta)=f(\theta) & (0\leq\theta\leq 2\pi), \quad (9.2) \end{cases}$$

其中 $f(\theta)$ 为已知函数, 并有 $f(\theta+2\pi)=f(\theta)$. 上述边值问题, 习惯上称为圆的**狄利克雷问题**.

§9.1.2 定解问题的傅里叶解法

我们仍用分离变量法来解边值问题 (9.1), (9.2).

令

$$u(r,\theta)=\Theta(\theta)R(r),$$

代入方程 (9.1), 得到

$$r^2\Theta(\theta)R''(r)+r\Theta(\theta)R'(r)+\Theta''(\theta)R(r)=0,$$

或

$$\frac{\Theta''(\theta)}{\Theta(\theta)}=-\frac{r^2R''(r)+rR'(r)}{R(r)}=-\lambda,$$

其中 λ 为一常数. 从而得到两个常微分方程

$$\Theta''(\theta)+\lambda\Theta(\theta)=0, \quad (9.3)$$

$$r^2R''(r)+rR'(r)-\lambda R(r)=0. \quad (9.4)$$

请注意, 当角度 θ 从 θ 变到 $\theta+2\pi$ 时, 单值函数 $u(r,\theta)$ 应该回复到初始的数值, 即

$$u(r,\theta+2\pi)=u(r,\theta).$$

由此推得

$$\Theta(\theta+2\pi)=\Theta(\theta),$$

即是说,$\Theta(\theta)$是θ的以2π为周期的周期函数.又当$\lambda<0$时,方程(9.3)的解不可能具有周期性,因此必须取$\lambda=0$和$\lambda=n^2$,$n=1,2,3,\cdots$.这时,方程(9.3)的通解为

$$\Theta_0(\theta)=a_0, \quad \Theta_n(\theta)=a_n\cos n\theta+b_n\sin n\theta,$$

其中a_0,a_n,b_n为任意常数.同时,方程(9.4)相应地变成

$$rR''(r)+R'(r)=0, \tag{9.4'}$$

$$r^2R''(r)+rR'(r)-n^2R(r)=0, \quad n=1,2,3,\cdots, \tag{9.4''}$$

显然,方程(9.4')和(9.4'')的通解分别为

$$R_0(r)=c_0+d_0\ln r,$$

$$R_n(r)=c_nr^n+d_nr^{-n},$$

这里c_0,d_0,c_n,d_n均为任意常数.但在$r\to 0$时将有$r^{-n}\to+\infty$,$\ln r\to-\infty$.从物理上看,温度$u(r,\theta)$在圆心的值应该是有限的,所以必须取$d_0=0,d_n=0$,才能保证方程(9.1)的解在$r=0$是有限值.

今用A_n记任意常数a_nc_n,B_n记b_nc_n,$\dfrac{A_0}{2}$记a_0c_0,于是得到方程(9.1)的一系列解

$$u_0=\frac{A_0}{2},$$

$$u_n(r,\theta)=\Theta_n(\theta)R_n(r)=(A_n\cos n\theta+B_n\sin n\theta)r^n.$$

$u_0(r,\theta)$和每一个$u_n(r,\theta)$都满足方程(9.1).由于方程(9.1)是线性齐次的,所以这些解的和

$$\frac{A_0}{2}+\sum_{n=1}^{\infty}(A_n\cos n\theta+B_n\sin n\theta)r^n \tag{9.5}$$

也是方程(9.1)的解.

我们把级数(9.5)记为$u(r,\theta)$,即

$$u(r,\theta)=\frac{A_0}{2}+\sum_{n=1}^{\infty}(A_n\cos n\theta+B_n\sin n\theta)r^n. \tag{9.5'}$$

为了解定任意常数A_0,A_n和B_n,我们要求$u(r,\theta)$满足边界条件$u(l,\theta)=f(\theta)$.为此,在(9.5')中,令$r=l$,得

$$f(\theta)=\frac{A_0}{2}+\sum_{n=1}^{\infty}(A_n\cos n\theta+B_0\sin n\theta)l^n.$$

计算傅里叶系数,求出

$$\begin{cases}A_n=\dfrac{1}{\pi l^n}\displaystyle\int_0^{2\pi}f(\varphi)\cos n\varphi\,\mathrm{d}\varphi, & n=0,1,2,\cdots,\\[2mm] B_n=\dfrac{1}{\pi l^n}\displaystyle\int_0^{2\pi}f(\varphi)\sin n\varphi\,\mathrm{d}\varphi, & n=1,2,3,\cdots,\end{cases}$$

代入级数(9.5'),于是

$$u(r,\theta) = \frac{1}{2\pi}\int_0^{2\pi} f(\varphi)\mathrm{d}\varphi + \sum_{n=1}^{\infty}\left[\frac{1}{\pi l^n}\int_0^{2\pi} f(\varphi)\cos n\varphi \cos n\theta \mathrm{d}\varphi + \right.$$
$$\left.\frac{1}{\pi l^n}\int_0^{2\pi} f(\varphi)\sin n\varphi \sin n\theta \mathrm{d}\varphi\right] r^n$$
$$= \frac{1}{2\pi}\int_0^{2\pi} f(\varphi)\left[1 + 2\sum_{n=1}^{\infty}(\cos n\varphi \cos n\theta + \sin n\varphi \sin n\theta)\left(\frac{r}{l}\right)^n\right]\mathrm{d}\varphi$$
$$= \frac{1}{2\pi}\int_0^{2\pi} f(\varphi)\left[1 + 2\sum_{n=1}^{\infty}\left(\frac{r}{l}\right)^n \cos n(\varphi - \theta)\right]\mathrm{d}\varphi. \tag{9.6}$$

由公式
$$1 + 2\sum_{n=1}^{\infty}\rho^n \cos nx = \frac{1-\rho^2}{1-2\rho\cos x + \rho^2}, \quad 0 \le \rho < 1^{①},$$

并令 $\rho = \frac{r}{l}, x = \varphi - \theta$, 得

$$u(r,\theta) = \frac{1}{2\pi}\int_0^{2\pi} f(\varphi)\frac{l^2 - r^2}{l^2 - 2lr\cos(\varphi-\theta) + r^2}\mathrm{d}\varphi. \tag{9.7}$$

这公式称为**泊松积分**. 当函数 $f(\theta)$ 连续甚至分段连续时, 均可证明(9.7)确为上述圆的狄利克雷问题(9.1),(9.2)的解.

对调和函数 u, 可以求任意阶导数. 事实上, 在公式(9.7)中, 当 $0 \le \frac{r}{l} < 1$ 时,

$$l^2 - 2lr\cos(\varphi-\theta) + r^2 \ge l^2 - 2lr + r^2 = (l-r)^2 \ne 0,$$

故

$$\frac{l^2 - r^2}{l^2 - 2lr\cos(\varphi-\theta) + r^2}$$

对 r,θ 的任意阶导数都是连续的, 从而对 u 求各阶导数都可以通过在积分号下进行. 还可以进一步证明, 调和函数可以展开成泰勒级数. 实际上, 这已是复变函数论中所熟知的事实.

调和函数在物理、力学上的应用是比较广泛的. 比如, 设某流体的速度 $\boldsymbol{v}(x,y,z)$, 可以用一个数量函数 $u(x,y,z)$ 来表示,

$$\boldsymbol{v} = -\operatorname{grad} u = -(u_x \boldsymbol{i} + u_y \boldsymbol{j} + u_z \boldsymbol{k}),$$

---

① 当 $0 \le \rho < 1$ 时,
$$1 + 2\sum_{n=1}^{\infty}\rho^n \cos nx = 1 + \sum_{n=1}^{\infty}\rho^n(\mathrm{e}^{\mathrm{i}nx} + \mathrm{e}^{-\mathrm{i}nx})$$
$$= 1 + \sum_{n=1}^{\infty}\{[\rho\mathrm{e}^{\mathrm{i}x}]^n + [\rho\mathrm{e}^{-\mathrm{i}x}]^n\} = 1 + \frac{\rho\mathrm{e}^{\mathrm{i}x}}{1-\rho\mathrm{e}^{\mathrm{i}x}} + \frac{\rho\mathrm{e}^{-\mathrm{i}x}}{1-\rho\mathrm{e}^{-\mathrm{i}x}}$$
$$= \frac{1 - \rho\mathrm{e}^{\mathrm{i}x} - \rho\mathrm{e}^{-\mathrm{i}x} + \rho^2 + \rho\mathrm{e}^{\mathrm{i}x} - \rho^2 + \rho\mathrm{e}^{-\mathrm{i}x} - \rho^2}{1 - \rho\mathrm{e}^{\mathrm{i}x} - \rho\mathrm{e}^{-\mathrm{i}x} + \rho^2} = \frac{1-\rho^2}{1-2\rho\cos x + \rho^2}.$$

u 称为**速度势**. 如果该速度场是无源的, 即

$$\operatorname{div} \boldsymbol{v} = \frac{\partial v_x}{\partial x} + \frac{\partial v_y}{\partial y} + \frac{\partial v_z}{\partial z} = 0,$$

或者

$$\operatorname{div} \operatorname{grad} u = u_{xx} + u_{yy} + u_{zz} = 0.$$

这就是说, 此时的速度势 u 应满足拉普拉斯方程, 从而是一个调和函数. 拉普拉斯方程经常用符号表示为

$$\Delta u = 0.$$

同样, 波动方程和抛物型方程也经常写成

$$u_{tt} = a^2 \Delta u,$$
$$u_t = a^2 \Delta u,$$

符号 $\Delta = \frac{\partial^2}{\partial x^2} + \frac{\partial^2}{\partial y^2} + \frac{\partial^2}{\partial z^2}$ 称为**拉普拉斯算子**.

第二节 δ 函 数

由于物理类专业的学生需要尽早地知道由狄拉克引入的 δ 函数(也称狄拉克函数), 所以我们提前在这里加以介绍. 此函数反映着物理上集中的量, 如点质量、点电荷、点热源等. 在讨论连续分布的量和集中的量之间的关系时, 它起着十分重要的作用.

§9.2.1 δ 函数的引入

所谓 δ 函数是指具有以下性质的函数:

(i) $\delta(x) = \begin{cases} 0 & (x \neq 0), \\ +\infty & (x = 0). \end{cases}$

(ii) $\int_{-\infty}^{+\infty} \delta(x) \mathrm{d}x = 1.$

(ii) 式规定了 δ 函数的量纲 $= \frac{1}{[x]}$. 图 9.1 是 δ 函数的示意图. 曲线的"峰"无限高, 但无限窄, 曲线下的面积是有限值 1. 由定义(i)和(ii)或图 9.1, 容易看出, $\delta(x)$ 是偶函数, 即 $\delta(-x) = \delta(x)$.

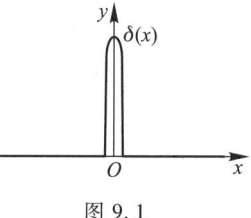

图 9.1

显然,δ函数不是一个普通的函数.因为我们知道,只改变函数在一点的值不应该影响该函数的积分值,然而,δ函数在整个 x 轴上,除原点外,处处等于零,而它的积分值为1,却不是零.因此,在狄拉克开始引入 δ 函数时,曾遭到很多数学家的非难.但是由于δ函数真实地反映着集中的量这个事实,所以它被有效地应用着.其实,从物理上来看,提出 δ 函数的概念是十分自然的,因为在物理学中,常常运用质点、点电荷、瞬时力等抽象模型.质点的体积为零,却有质量,即密度的体积积分(即总质量)是有限的,所以它的密度(质量/体积)为无限大;点电荷的体积为零,却有电量,即电荷密度的体积积分(即总电量)是有限的,所以它的电荷密度(电量/体积)为无限大;瞬时力的延续时间为零,而力的时间积分(冲量)是有限的,所以力的大小为无限大,故 δ 函数也称为脉冲函数(尖顶).可见用 δ 函数来描述质点的密度、点电荷的密度、瞬时力的强度是合适的.

如果 x 轴上的区间 $[a,b]$ 表示一弦段,其密度函数用 $\rho(x)$ 表示,则计算此弦段的总质量 M 的公式应该是

$$M = \int_a^b \rho(x)\,\mathrm{d}x.$$

假定只有一个单位质量 ($M=1$) 集中于坐标原点 $x=0$,且 $0 \in (a,b)$,那么

$$\int_a^b \rho(x)\,\mathrm{d}x = 1,$$

自然也可以写为

$$\int_{-\infty}^{+\infty} \rho(x)\,\mathrm{d}x = 1.$$

这时,如果我们用 $\delta(x)$ 表示密度函数,容易理解

$$\delta(x) = \begin{cases} 0 & (x \neq 0), \\ +\infty & (x = 0). \end{cases}$$

相当于集中的量的密度函数.

本书介绍 δ 函数的目的是给学生提供一个有用的数学工具,因此,我们对一些命题不去追求数学上的严谨叙述或证明,而只给予一定的解释或说明.

§9.2.2 δ 函数的性质

δ 函数的一个很重要的性质是对任何一个连续函数 $\varphi(x)$ 都有

$$\int_{-\infty}^{+\infty} \varphi(x)\delta(x)\,\mathrm{d}x = \varphi(0). \tag{9.8}$$

事实上,对于任意 $\varepsilon > 0$,都有

$$1 = \int_{-\infty}^{+\infty} \delta(x)\,\mathrm{d}x = \int_{-\varepsilon}^{\varepsilon} \delta(x)\,\mathrm{d}x.$$

因此,利用积分中值定理的思想,我们可以建立等式

$$\int_{-\infty}^{+\infty}\varphi(x)\delta(x)\mathrm{d}x = \int_{-\varepsilon}^{\varepsilon}\varphi(x)\delta(x)\mathrm{d}x = \varphi(\xi)\int_{-\varepsilon}^{\varepsilon}\delta(x)\mathrm{d}x = \varphi(\xi),$$

其中 ξ 是 $(-\varepsilon,\varepsilon)$ 内的某个数. 在上式中令 $\varepsilon\to 0$,从而 $\xi\to 0$,于是得到(9.8)式.

我们也可用(9.8)式来定义 $\delta(x)$. 即如果某函数乘以任何一个连续函数 $\varphi(x)$ 后,在 $(-\infty,+\infty)$ 上积分,其积分值为 $\varphi(0)$,则该函数就叫做 δ 函数. 这个定义与上一段定义的 δ 函数是等价的.

如果把坐标原点 $x=0$ 平移至 $x=\xi$ 处,则 $\delta(x)$ 就变形为 $\delta(x-\xi)$,它相当于把单位质量集中放到点 $x=\xi$ 处. 这种情形下,密度函数显然为

$$\delta(x-\xi) = \begin{cases} 0 & (x\neq\xi), \\ +\infty & (x=\xi), \end{cases}$$

并且

$$\int_{-\infty}^{+\infty}\delta(x-\xi)\mathrm{d}x = 1.$$

同前面一样,不难说明,对任何一个连续函数都有

$$\int_{-\infty}^{+\infty}\varphi(x)\delta(x-\xi)\mathrm{d}x = \varphi(\xi). \tag{9.9}$$

因此,也可以用(9.9)式来定义 $\delta(x-\xi)$. 后面常用到这种形式的定义.

§9.2.3 δ 函数的数学理论简介

在上一节中,我们从物理概念引进了 δ 函数,由于它不符合古典函数的定义,不能用古典函数来理解和解释,因此,必须在数学上建立新的理论来阐述 δ 函数.

下面,我们要说明 δ 函数是普通函数序列弱收敛的弱极限.

首先,我们介绍弱收敛和弱极限的概念如下:所谓函数序列 $\{f_n(x), n=1,2,3,\cdots\}$ 弱收敛于函数 $f(x)$(或者说,$f(x)$ 是该序列的弱极限),指的是对于任何一个连续函数 $\varphi(x)$ 都有

$$\lim_{n\to\infty}\int_a^b \varphi(x)[f_n(x)-f(x)]\mathrm{d}x = 0,$$

或

$$\lim_{n\to\infty}\int_a^b \varphi(x)f_n(x)\mathrm{d}x = \int_a^b \varphi(x)f(x)\mathrm{d}x, \tag{9.10}$$

并记为 $f_n(x)\xrightarrow[n\to\infty]{\text{弱}} f(x)$,其中 n 为正整数.

对于弱收敛问题,我们作几点补充说明:

(i) $f_n(x)$ 可以是连续函数,也可以是具有其他性质的函数,这要视问题的要求而定.

(ii)（9.10）式中在$[a,b]$上的积分可以换为在$(-\infty,+\infty)$上的积分,不过,这时$\varphi(x)$除了是连续函数外还要加上另外的条件.

(iii)容易把弱收敛的定义推广为$f_\varepsilon(x)\xrightarrow[\varepsilon\to\varepsilon_0]{弱}f(x)$,其中$\varepsilon,\varepsilon_0$为实数.

(iv) $f_n(x)\xrightarrow[n\to\infty]{弱}f(x)$并不能保证$f_n(x)$本身在普遍意义下收敛,更不用说一致收敛于$f(x)$了.

其次,我们考虑脉冲函数(平顶)(图9.2)
$$S_\varepsilon(x)=\begin{cases}\dfrac{1}{\varepsilon} & \left(|x|\leqslant\dfrac{\varepsilon}{2}\right),\\ 0 & \left(|x|>\dfrac{\varepsilon}{2}\right).\end{cases}$$

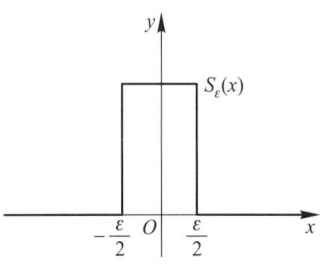

图 9.2

对应于各种ε的值,$S_\varepsilon(x)$形成一个函数序列,它们中的每一个函数都是普通函数.

现在,我们来说明$S_\varepsilon(x)\xrightarrow[\varepsilon\to\varepsilon_0]{弱}\delta(x)$. 因为对任何一个连续函数$\varphi(x)$都有

$$\int_{-\infty}^{+\infty}\varphi(x)S_\varepsilon(x)\mathrm{d}x=\int_{-\frac{\varepsilon}{2}}^{\frac{\varepsilon}{2}}\varphi(x)\frac{1}{\varepsilon}\mathrm{d}x=\frac{1}{\varepsilon}\int_{-\frac{\varepsilon}{2}}^{\frac{\varepsilon}{2}}\varphi(x)\mathrm{d}x$$
$$=\frac{1}{\varepsilon}\varphi(\xi)\left[\frac{\varepsilon}{2}-\left(-\frac{\varepsilon}{2}\right)\right]=\varphi(\xi),\quad -\frac{\varepsilon}{2}<\xi<\frac{\varepsilon}{2}. \quad (9.11)$$

令$\varepsilon\to0$,则$\xi\to0$,于是由(9.8)式和(9.11)式便得

$$\lim_{\varepsilon\to0}\int_{-\infty}^{+\infty}\varphi(x)S_\varepsilon(x)\mathrm{d}x=\varphi(0)=\int_{-\infty}^{+\infty}\varphi(x)\delta(x)\mathrm{d}x. \quad (9.12)$$

对照(9.10)式,刚好(9.12)式就是$S_\varepsilon(x)\xrightarrow[\varepsilon\to\varepsilon_0]{弱}\delta(x)$. 换言之,$\delta$函数是脉冲函数$S_\varepsilon(x)$序列的弱极限.

我们强调指出,除了脉冲函数外,还存在许多别的函数序列,它们的弱极限也是$\delta(x)$.

例1 在(8.15)式中,设函数$\varphi(\xi)$有界连续,则

$$\frac{1}{2a\sqrt{\pi t}}\mathrm{e}^{-\frac{(\xi-x)^2}{4a^2t}}\xrightarrow[t\to0]{弱}\delta(\xi-x). \quad (9.13)$$

事实上,由

$$u(x,t)=\int_{-\infty}^{+\infty}\varphi(\xi)\frac{1}{2a\sqrt{\pi t}}\mathrm{e}^{-\frac{(\xi-x)^2}{4a^2t}}\mathrm{d}\xi,$$

有

$$\lim_{t\to 0^+} u(x,t) = \lim_{t\to 0^+} \int_{-\infty}^{+\infty} \varphi(\xi) \frac{1}{2a\sqrt{\pi t}} e^{-\frac{(\xi-x)^2}{4a^2 t}} d\xi$$

$$= \varphi(x) = \int_{-\infty}^{+\infty} \varphi(\xi) \delta(\xi - x) d\xi, \qquad (9.14)$$

即(9.13)式成立.

例 2 在(9.7)式中,设 $f(\varphi)$ 是以 2π 为周期的连续函数,则

$$\frac{1}{2\pi} \frac{l^2 - r^2}{l^2 - 2lr\cos(\varphi-\theta) + r^2} \xrightarrow[r\to l^-]{\text{弱}} \delta(\varphi - \theta). \qquad (9.15)$$

事实上,由

$$u(r,\theta) = \frac{1}{2\pi} \int_0^{2\pi} f(\varphi) \frac{l^2 - r^2}{l^2 - 2lr\cos(\varphi-\theta) + r^2} d\varphi$$

有

$$\lim_{r\to l^-} u(r,\theta) = \lim_{r\to l^-} \int_0^{2\pi} f(\varphi) \frac{1}{2\pi} \frac{l^2 - r^2}{l^2 - 2lr\cos(\varphi - \theta) + r^2} d\varphi$$

$$= f(\theta) = \int_0^{2\pi} f(\varphi) \delta(\varphi - \theta) d\varphi, \qquad (9.16)$$

即(9.15)式成立.

下面我们再说明 δ 函数是广义函数.

考察某函数空间(如区间 $[a,b]$ 上的连续函数空间 $C[a,b]$)上的线性连续泛函. 我们知道,如果 $f(x)$ 是 $[a,b]$ 上的普通可积函数,则可以下列方式定义 $C[a,b]$ 上的一个线性连续泛函

$$F(\varphi) = \langle f, \varphi \rangle = \int_a^b f(x) \varphi(x) dx, \quad \forall \varphi(x) \in C[a,b]. \qquad (9.17)$$

即 $[a,b]$ 上一个普通可积函数 $f(x)$ 都有一个线性连续泛函 $\langle f, \varphi \rangle$ 与之对应. 但反过来,$C[a,b]$ 上的线性连续泛函却不一定与一个普通可积函数相对应,例如

$$\langle \delta(x), \varphi(x) \rangle = \int_{-\infty}^{+\infty} \varphi(x) \delta(x) dx = \varphi(0), \quad \forall \varphi(x) \in C(-\infty, +\infty),$$

不难验证,它是 $C(-\infty, +\infty)$ 上的线性连续泛函,而它对应的 $\delta(x)$ 却不是一个普通可积函数. 现在,我们把 $C[a,b]$ 上的线性连续泛函

$$\langle f, \varphi \rangle = \int_a^b f(x) \varphi(x) dx, \quad \forall \varphi(x) \in C[a,b]$$

定义为**广义函数**,这样一来,函数的范围就扩大了,δ 函数符合广义函数的定义,所以 δ 函数是广义函数.

可以证明,以上两个概念是等价的.

§9.2.4 高维空间中的 δ 函数及 δ 函数的其他性质

以三维空间为例,我们用 $\delta(x,y,z)$ 表示把单位质量集中于坐标原点的密度函数. 这时,对任何连续函数 $\varphi(x,y,z)$ 都有

$$\iiint \varphi(x,y,z)\delta(x,y,z)\,\mathrm{d}x\mathrm{d}y\mathrm{d}z = \varphi(0,0,0). \tag{9.18}$$

如果把坐标原点 $(0,0,0)$ 移至点 $N(\xi,\eta,\zeta)$ 处,则 $\delta(x,y,z)$ 就变形为 $\delta(x-\xi,y-\eta,z-\zeta)$,这相当于把单位质量集中放到点 N 处. 在这种情形下,我们有

$$\iiint \varphi(x,y,z)\delta(x-\xi,y-\eta,z-\zeta)\,\mathrm{d}x\mathrm{d}y\mathrm{d}z = \varphi(\xi,\eta,\zeta), \tag{9.19}$$

或者

$$\iiint \varphi(M)\delta(M-N)\,\mathrm{d}M = \varphi(N),$$

其中 $M = M(x,y,z)$.

下面我们介绍 δ 函数的其他几个性质:

(i) 三维 δ 函数可以看作是三个一维 δ 函数的乘积,即

$$\delta(x,y,z) = \delta(x)\delta(y)\delta(z). \tag{9.20}$$

因为

$$\iiint \varphi(x,y,z)\delta(x)\delta(y)\delta(z)\,\mathrm{d}x\mathrm{d}y\mathrm{d}z = \iint \varphi(0,y,z)\delta(y)\delta(z)\,\mathrm{d}y\mathrm{d}z$$

$$= \int \varphi(0,0,z)\delta(z)\,\mathrm{d}z = \varphi(0,0,0), \tag{9.21}$$

比较 (9.18) 式和 (9.21) 式就得到 (9.20) 式.

(ii) δ 函数是偶函数,即

$$\delta(x) = \delta(-x) \quad \text{或} \quad \delta(x-\xi) = \delta(\xi-x).$$

(iii) $x\delta(x) = 0.$

因为,对于任何一个连续函数 $\varphi(x)$ 都有

$$\int_a^b \varphi(x)[x\delta(x)]\,\mathrm{d}x = \int_a^b [x\varphi(x)]\delta(x)\,\mathrm{d}x$$

$$= \begin{cases} [x\varphi(x)]_{x=0} = 0, & 0 \in [a,b], \\ 0, & 0 \notin [a,b]. \end{cases}$$

(iv) 一维 δ 函数可以看作是赫维赛德**单位函数**(又称**单位阶跃函数**)$H(x)$ 的(广义)导数,即

$$\delta(x) = \frac{\mathrm{d}H(x)}{\mathrm{d}x}, \tag{9.22}$$

其中

$$H(x) = \begin{cases} 0 & (x<0), \\ 1 & (x>0). \end{cases}$$

可以这样来理解(9.22)式：$\delta(x)$ 的原函数为 $H(x)$，事实上

$$\int_{-\infty}^{x} \delta(x)\,\mathrm{d}x = \begin{cases} 0 & (x<0), \\ 1 & (x>0). \end{cases}$$

习 题 九

1. 试证拉普拉斯方程 $u_{xx}+u_{yy}=0$ 在极坐标下的形式为

$$u_{rr}+\frac{1}{r}u_r+\frac{1}{r^2}u_{\theta\theta}=0.$$

2. 求解狄利克雷问题

$$\begin{cases} u_{rr}+\dfrac{1}{r}u_r+\dfrac{1}{r^2}u_{\theta\theta}=0, \\ u(1,\theta)=\begin{cases} A, & |\theta|<\alpha, \\ 0, & |\theta|\geqslant\alpha \end{cases} \quad (-\pi\leqslant\theta\leqslant\pi), \end{cases}$$

其中 A, α 为已知常数.

3. 求解狄利克雷问题

$$\begin{cases} u_{rr}+\dfrac{1}{r}u_r+\dfrac{1}{r^2}u_{\theta\theta}=0, \\ u(1,\theta)=A\cos\theta \quad (-\pi\leqslant\theta\leqslant\pi) \end{cases}$$

其中 A 为已知常数.

4. 求解定解问题

$$\begin{cases} u_{rr}+\dfrac{1}{r}u_r+\dfrac{1}{r^2}u_{\theta\theta}=0, \\ u(r,0)=0, u(r,\alpha)=0 \quad (0\leqslant r\leqslant l), \\ u(l,\theta)=f(\theta) \quad (0\leqslant\theta\leqslant\alpha), \end{cases}$$

其中 $f(\theta)$ 为已知的连续函数，而 $\alpha<2\pi$.

5. 考察由下列定解问题

$$\begin{cases} u_{xx}+u_{yy}=0, \\ u(0,y)=0, u(a,y)=0, \\ u(x,0)=f(x), u(x,b)=0, \end{cases}$$

描述的矩形平板 $(0\leqslant x\leqslant a, 0\leqslant y\leqslant b)$ 上的温度分布，其中 $f(x)$ 为已知的连续函数.

6. 求解定解问题

$$\begin{cases} u_{xx}+u_{yy}=0, \\ u(0,y)=0, u(l,y)=0 & (0\leqslant y<+\infty), \\ u(x,0)=A\left(1-\dfrac{x}{l}\right), \lim\limits_{y\to\infty}u(x,y)=0 & (0\leqslant x\leqslant l), \end{cases}$$

其中 A 为已知常数.

7. 在以原点为圆心，a 为半径的圆内，试求泊松方程
$$u_{xx}+u_{yy}=-4$$
的解，使它满足边界条件
$$u\mid_{x^2+y^2=a^2}=0.$$

8. 在以原点为圆心，a 为半径的圆内，试求泊松方程
$$u_{xx}+u_{yy}=-xy$$
的解，使它满足边界条件
$$u\mid_{x^2+y^2=a^2}=0.$$

9. 在矩形区域 $D: 0\leqslant x\leqslant a, -\dfrac{b}{2}\leqslant y\leqslant \dfrac{b}{2}$ 内，试求泊松方程
$$u_{xx}+u_{yy}=-2$$
的解，使它在 D 的边界上取零值.

10. 求解定解问题
$$\begin{cases} u_{xx}+u_{yy}=0, \\ u(0,y)=A, u(a,y)=Ay \quad (0\leqslant y\leqslant b), \\ u_y(x,0)=0, u_y(x,b)=0 \quad (0\leqslant x\leqslant a), \end{cases}$$
其中 A 为已知常数.

11. 求解定解问题
$$\begin{cases} u_{xx}+u_{yy}=0, \\ u_x(0,y)=A, u_x(a,y)=A \quad (0\leqslant y\leqslant b), \\ u_y(x,0)=B, u_y(x,b)=B \quad (0\leqslant x\leqslant a), \end{cases}$$
其中 A,B 为已知常数.

12. 试证明
$$\frac{\sin Nx}{\pi x} \xrightarrow[N\to\infty]{弱} \delta(x).$$

提示：利用微积分中的狄利克雷积分
$$\lim_{N\to\infty}\int_{-\infty}^{+\infty} f(x)\frac{\sin Nx}{\pi x}\mathrm{d}x = f(0).$$

13. 试证明
$$\frac{1}{\pi}\frac{a}{a^2+x^2} \xrightarrow[a\to 0]{弱} \delta(x).$$

第十章 波动方程的达朗贝尔解

第一节 弦振动方程初值问题的达朗贝尔解法

§10.1.1 达朗贝尔解的推出

前面我们用分离变量法解决了三种方程的某些定解问题,且在讨论弦振动方程时得到了驻波. 我们知道,驻波的形成通常是在前进波与反射波相干涉的情况下发生的. 如果所考察的弦,其长度很长,而所需知道的又只是在较短时间内或离边界较远的一段范围中的运动情况,那么边界条件的影响就可以不予考虑. 此时的波动是在向前传播的,称为**传播波**或**行进波**. 在数学上,就把弦的长度视为无限,而把所考察的定解问题归结为如下的初值问题:

$$\begin{cases} u_{tt} = a^2 u_{xx} & (-\infty < x < +\infty, t > 0), \quad (10.1)\\ u(x,0) = \varphi(x) & (-\infty < x < +\infty), \quad (10.2)\\ u_t(x,0) = \psi(x) & (-\infty < x < +\infty), \quad (10.3) \end{cases}$$

其中 $\varphi(x), \psi(x)$ 为已知函数. 考察"无限长"杆的自由纵振动,或电阻、电漏都为零的"无限长"传输线上电流、电压的变化,都可以提出相同的定解问题.

为了求出方程(10.1)的解,我们首先把它化成比较容易求积分的形式. 引入新的自变量①

$$\xi = x - at, \quad \eta = x + at. \quad (10.4)$$

利用复合函数求导法则,容易算出

$$u_x = u_\xi \xi_x + u_\eta \eta_x = u_\xi + u_\eta,$$
$$u_{xx} = (u_x)_\xi \xi_x + (u_x)_\eta \eta_x = (u_x)_\xi + (u_x)_\eta = (u_\xi + u_\eta)_\xi + (u_\xi + u_\eta)_\eta = u_{\xi\xi} + 2u_{\xi\eta} + u_{\eta\eta},$$

---

① 参见第十四章第九节中的特征方程.

$$u_t = u_\xi \xi_t + u_\eta \eta_t = a(-u_\xi + u_\eta),$$
$$u_{tt} = (u_t)_\xi \xi_t + (u_t)_\eta \eta_t = a[-(u_t)_\xi + (u_t)_\eta] = a[-a(-u_\xi + u_\eta)_\xi + a(-u_\xi + u_\eta)_\eta]$$
$$= a^2(u_{\xi\xi} - 2u_{\xi\eta} + u_{\eta\eta}).$$

将 u_{tt}, u_{xx} 代入方程(10.1),得到
$$a^2(u_{\xi\xi} - 2u_{\xi\eta} + u_{\eta\eta}) = a^2(u_{\xi\xi} + 2u_{\xi\eta} + u_{\eta\eta}),$$
即
$$u_{\xi\eta} = 0.$$

对于这个方程,先关于 η 求积分,得
$$u_\xi = \int 0 \mathrm{d}\eta = c(\xi).$$

将上式再关于 ξ 求积分,得
$$u = \int c(\xi) \mathrm{d}\xi = f_1(\xi) + f_2(\eta),$$

其中 $f_1(\xi), f_2(\eta)$ 分别是 ξ, η 的任意函数. 把变换(10.4)代入上式,得到
$$u(x,t) = f_1(x - at) + f_2(x + at). \tag{10.5}$$

容易验证,只要 f_1, f_2 具有二阶连续偏导数,表达式(10.5)就是自由弦振动方程(10.1)的解,而且是通解.

下面我们来确定任意函数 f_1 和 f_2. 由初值条件(10.2),(10.3)得到
$$u(x,0) = f_1(x) + f_2(x) = \varphi(x), \tag{10.6}$$
$$u_t(x,0) = -af_1'(x) + af_2'(x) = \psi(x). \tag{10.7}$$

对(10.7)式,从任意一点 x_0 到 x 积分,得
$$f_1(x) - f_2(x) = c - \frac{1}{a} \int_{x_0}^x \psi(\alpha) \mathrm{d}\alpha, \tag{10.8}$$

其中 c 是积分常数. 联立解(10.6)式,(10.8)式得
$$f_1(x) = \frac{1}{2}\varphi(x) - \frac{1}{2a} \int_{x_0}^x \psi(\alpha) \mathrm{d}\alpha + \frac{c}{2},$$
$$f_2(x) = \frac{1}{2}\varphi(x) + \frac{1}{2a} \int_{x_0}^x \psi(\alpha) \mathrm{d}\alpha - \frac{c}{2}.$$

将 $f_1(x)$ 中的 x 换为 $x - at$,将 $f_2(x)$ 中的 x 换为 $x + at$,代入(10.5)式,得
$$u(x,t) = \frac{\varphi(x+at) + \varphi(x-at)}{2} + \frac{1}{2a} \int_{x-at}^{x+at} \psi(\alpha) \mathrm{d}\alpha. \tag{10.9}$$

这个式子称为**达朗贝尔公式**或者**达朗贝尔解**. 这种求解方法称为**达朗贝尔解法**. 读者可以直接验证,当 $\varphi(x), \psi(x)$ 充分光滑时,表达式(10.9)确为上述初值问题的解.

达朗贝尔解法的思路容易理解,先求出通解,然后从中挑选特解.但是对一般偏微分方程而言,这是十分困难的,所以这种方法,并不是求解数理方程的常用方法,这在§7.2.1已经提到了.

§10.1.2 达朗贝尔解的物理意义

现在我们来分析这个解有什么物理意义.

首先,我们指出,自由弦振动方程的解,总可以写成

$$u(x,t) = f_1(x-at) + f_2(x+at) \tag{10.5}$$

的形式.先考察第一项

$$u_1 = f_1(x-at).$$

显然,它是方程(10.1)的解.给 t 以不同的值,就可以看出弦在各时刻相应的振动状态.在 $t=0$ 时, $u_1(x,0) = f_1(x)$,它对应于初始时刻的振动状态,假设如图 10.1 的实线所示.经过时间 t_0 后, $u_1(x,t_0) = f_1(x-at_0)$,在 xOu 平面上,它相当于原来的图形 $u_1 = f_1(x)$ 向右平移了一段距离 at_0,如图 10.1 的虚线所示.随着时间的推移,这个图形还将不断地向右移动,可见方程(10.1)的

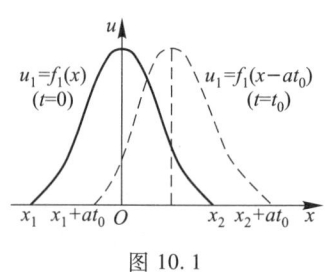

图 10.1

解表示成 $f_1(x-at)$ 的形式时,振动的波形是以常速度 a 向右传播,因此 $f_1(x-at)$ 所描述的振动规律,称为**右传播波**或**正行波**.同理,方程(10.1)的解表示成 $f_2(x+at)$ 形式时,振动的波形便以常速度 a 向左传播.因此, $f_2(x+at)$ 所描述的振动规律,称为**左传播波**或**逆行波**.由此可见,通解(10.5)表示弦上的任意振动总是以行波的形式分别向相反的两个方向传播出去,故达朗贝尔解法又称为**传播波法**或**行波法**. a 为波的传播速度.

由于 $a = \sqrt{\dfrac{T}{\rho}}$,可见张力越大,或者说弦拉得越紧,波就传播得越快;密度越小,或者说弦越轻细,波也传播得越快.

既已弄清通解的物理意义,现在回头来讨论满足初值条件(10.2),(10.3)的特解.从这个特解的表达式(10.9)就可以看出,沿 x 轴正、负方向传播的行进波,各包含两个部分,一部分来源于初始位移,另一部分来源于初始速度.

§10.1.3 举例

我们考虑这样一种情况,弦初始是静止的($\psi(x) = 0$),而初始位移 $\varphi(x)$ 不为

零. 于是自由弦振动方程的解由

$$u(x,t) = \frac{\varphi(x+at) + \varphi(x-at)}{2} \quad (10.10)$$

给出. 为了简单起见,假设

$$\varphi(x) = \begin{cases} 0 & (x < -\alpha), \\ 2 + \dfrac{2x}{\alpha} & (-\alpha \leqslant x \leqslant 0), \\ 2 - \dfrac{2x}{\alpha} & (0 \leqslant x \leqslant \alpha), \\ 0 & (x > \alpha). \end{cases} \quad (10.11)$$

也就是说,初始位移是区间 $[-\alpha, \alpha]$ 上的一个等腰三角形.
图 10.2 给出了这个弦每经过时间 $\dfrac{\alpha}{4a}$ 后的相继位置. 假如画出每经过充分小一段时间之后这弦的相继位置,并以它们为镜头组成活动影片,就可以清楚地显示出所给初始扰动的传播过程.

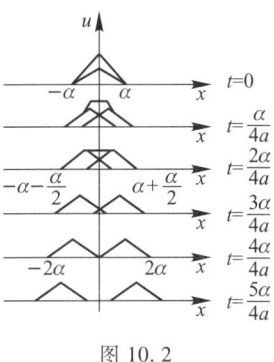

图 10.2

以上例子,从物理现象来看,乃是十分明显的事实. 然而由于初始函数 (10.11) 的导数有不连续点,致使解 (10.10) 不能处处满足 (10.1). 这个矛盾启发人们把数学上解的概念加以扩充,用一个充分光滑的初值函数序列来逼近不够光滑的初值函数,前者所对应的解序列的极限就定义为后者所确定的解,称为问题的**广义解**. 这就是首先由索伯列夫所引入的广义解的概念. 引入广义解概念的好处,就在于对定解条件的要求放宽了,从而使方程所能描述的物理现象更为广泛.

§10.1.4　依赖区间　决定区域和影响区域

下面我们提出这样一个问题:上述初值问题的解在一点 (x_0, t_0) 的值与初值函数在 x 轴上哪些点的值有关呢?

为此,在 xOt 平面上,过点 (x_0, t_0) 作两条直线

(i) $\quad x - at = x_0 - at_0 = x_1,$

(ii) $\quad x + at = x_0 + at_0 = x_2,$

它们分别与 x 轴相交于 $x_1 = x_0 - at_0$ 和 $x_2 = x_0 + at_0$ 两点,如图 10.3. 由达朗贝尔公式有

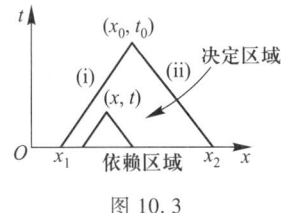

图 10.3

$$u(x_0, t_0) = \frac{\varphi(x_1) + \varphi(x_2)}{2} + \frac{1}{2a} \int_{x_1}^{x_2} \psi(\alpha) \, d\alpha,$$

可见,函数 $u(x,t)$ 在点 (x_0,t_0) 的值系由初值函数 $\varphi(x),\psi(x)$ 在区间 $[x_1,x_2]$ 上的值完全确定,而与它们在区间 $[x_1,x_2]$ 以外的值无关. 或者说,解 $u(x,t)$ 在点 (x_0,t_0) 的值仅仅依赖于初值函数在区间 $[x_1,x_2]$ 上的值. 因此,我们把 $[x_1,x_2]$(即 $[x_0-at_0,x_0+at_0]$)称为点 (x_0,t_0) 的**依赖区间**.

另外,在以 (x_0,t_0) 为顶点的三角形区域中,任一点 (x,t) 的依赖区间都必然落在区间 $[x_1,x_2]$ 之内,因此解 $u(x,t)$ 在此三角形中的值就完全由初值函数在区间 $[x_1,x_2]$ 上的值所决定. 自然地,这个三角形区域就称为区间 $[x_1,x_2]$ 的**决定区域**.

反过来,我们考虑这样的问题:如果在初始时刻 $t=0$,扰动仅在一有限区间 $[x_1,x_2]$ 上存在,那么,经过时间 t 后,它所影响到的范围是什么呢?

在 xOt 平面上,过 $(x_1,0)$ 和 $(x_2,0)$ 两点,分别作直线

(i) $\quad x=x_1-at$,

(ii) $\quad x=x_2+at$,

于是得到一个向上敞开的区域 I(图 10.4). 在区域 I 中,任一点 (x,t) 的依赖区间必与 $[x_1,x_2]$ 相交. 也就是说,解 $u(x,t)$ 在区域 I 中任一点的值都要受到区间 $[x_1,x_2]$ 上初始扰动的影响. 而在区域 II,III 中,任一点 (x,t) 的依赖区间则不与 $[x_1,x_2]$ 相交. 也就是说,解 $u(x,t)$ 在区域 II,III 中任一点的值,都不会受到 $[x_1,x_2]$ 上初始扰动的影响. 因此,我们把区域 I 称为区间 $[x_1,x_2]$ 的**影响区域**.

特别,将区间 $[x_1,x_2]$ 缩为一点 x_0 时,则得该点 x_0 的影响区域是以 x_0 为顶点的角状区域(图 10.5).

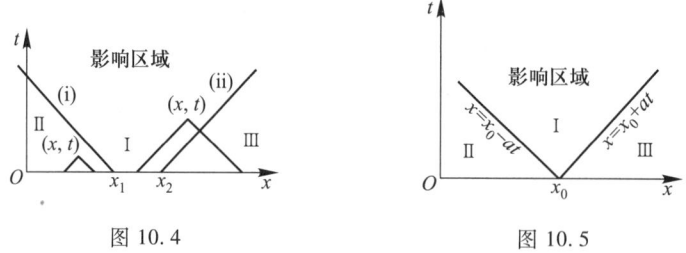

图 10.4　　　　　　图 10.5

在上面的讨论中,我们看到了 (x,t) 平面上的直线 $x\pm at=c$(常数)对波动方程的研究起着重要的作用,它们称为波动方程的**特征线**[①].

最后我们指出,在求解二阶线性常微分方程时,通解中包含两个任意常数,因此,只需两个定解条件,就能完全从中确定一个特解. 而今对于线性偏微分方程,比如对弦振动方程,在求得达朗贝尔解时,只用了两个定解条件,即两个初值条件,而在求得傅氏解时则又添了两个边界条件,一共用了四个定解条件. 那么,对于一个偏微分方程,究竟要多少个定解条件,就恰好(不多不少)能够从中确定一个特解

---

① 参见第十四章第九节.

呢？这一问题没有固定的答案.这个事实说明偏微分方程的定解问题比常微分方程要复杂得多.

§10.1.5 半无界弦问题

✏️ 考虑一端固定的半无界弦的自由振动,其定解问题为

$$\begin{cases} u_{tt} = a^2 u_{xx} & (0<x<+\infty, t>0), \\ u(x,0)=\varphi(x), u_t(x,0)=\psi(x) & (0\leq x<+\infty), \\ u(0,t)=0 & (t\geq 0), \end{cases}$$

其中 $\varphi(x), \psi(x)$ 为已知函数.

方程的通解为

$$u(x,t) = f_1(x-at) + f_2(x+at),$$

代入初值条件,得

$$\begin{cases} u(x,0) = f_1(x) + f_2(x) = \varphi(x), \\ u_t(x,0) = a[-f_1'(x) + f_2'(x)] = \psi(x), \end{cases}$$

解之得

$$\begin{cases} f_1(x) = \dfrac{1}{2}\varphi(x) - \dfrac{1}{2a}\int_{x_0}^{x} \psi(\xi)\,d\xi + \dfrac{c}{2}, x\geq 0, \\ f_2(x) = \dfrac{1}{2}\varphi(x) + \dfrac{1}{2a}\int_{x_0}^{x} \psi(\xi)\,d\xi - \dfrac{c}{2}, x\geq 0. \end{cases}$$

由于当 $t>\dfrac{x}{a}$ 时, $x-at<0$,还需要 f_1 在自变量小于零时的表达式,为此,将通解代入边界条件,得

$$u(0,t) = f_1(-at) + f_2(at) = 0.$$

令 $-at = x$,则 $x<0$,故有

$$f_1(x) = -f_2(-x) = -\dfrac{1}{2}\varphi(-x) - \dfrac{1}{2a}\int_{x_0}^{-x} \psi(\xi)\,d\xi + \dfrac{c}{2}, \quad x<0.$$

由此得到解的分段表达式为

$$u(x,t) = \begin{cases} \dfrac{\varphi(x+at)+\varphi(x-at)}{2} + \dfrac{1}{2a}\int_{x-at}^{x+at} \psi(\xi)\,d\xi & \left(t < \dfrac{x}{a}\right), \\ \dfrac{\varphi(x+at)-\varphi(at-x)}{2} + \dfrac{1}{2a}\int_{at-x}^{x+at} \psi(\xi)\,d\xi & \left(t \geq \dfrac{x}{a}\right). \end{cases}$$

当 $t<\dfrac{x}{a}$ 时,解为达朗贝尔解,表明端点的影响尚未到达.

当 $t \geqslant \dfrac{x}{a}$ 时,端点的影响已经到达 x 处. 为讨论简单,设初速度 $\psi \equiv 0$,此时

$$u(x,t) = \frac{\varphi(x+at) - \varphi(at-x)}{2},$$

第一项是初始波形 $\dfrac{1}{2}\varphi(x)$ 以速度 a 向左传播的逆行波,称为**入射波**;第二项 $-\dfrac{1}{2}\varphi(at-x) = -\dfrac{1}{2}\varphi[-(x-at)]$ 是初始波形 $-\dfrac{1}{2}\varphi(-x)$ 以速度 a 向右传播的正行波,称为**反射波**. 弦的振动为入射波与它在端点的反射波的叠加. 在 $x=0$,弦不动,入射波和反射波位相恰好相反,相叠加为零. 这种现象称为**半波损失**.

第二节 高维波动方程

§10.2.1 三维波动方程的初值问题

现在考察三维波动方程的初值问题

$$\begin{cases} u_{tt} = a^2 \Delta u = a^2 (u_{xx} + u_{yy} + u_{zz}) & (-\infty < x,y,z < +\infty, t>0), \\ u(x,y,z,0) = \varphi(x,y,z) & (-\infty < x,y,z < +\infty), \\ u_t(x,y,z,0) = \psi(x,y,z) & (-\infty < x,y,z < +\infty), \end{cases}$$
(10.12)
(10.13)
(10.14)

其中 $\varphi(x,y,z), \psi(x,y,z)$ 为已知函数.

从定解问题的形式上看,三维和一维是相似的. 因此,我们猜想,解的形式和求解途径也可能是相似的. 这种平行推广的办法在数学上是常用的. 当然这种办法有时行得通,有时行不通,那就看所讨论的问题在一维和高维之间,有没有本质差别. 如果有本质差别,一般则难平行推广,必须另作研究.

现在我们把达朗贝尔解(10.9)改写为如下的形式:

$$u(x,t) = \frac{\partial}{\partial t}\left[\frac{t}{2at}\int_{x-at}^{x+at}\varphi(\alpha)\,\mathrm{d}\alpha\right] + \frac{t}{2at}\int_{x-at}^{x+at}\psi(\alpha)\,\mathrm{d}\alpha. \tag{10.9'}$$

在(10.9')中有三点是值得注意的:

(i) $\dfrac{1}{2at}\displaystyle\int_{x-at}^{x+at}\omega(\alpha)\,\mathrm{d}\alpha$ 是函数 $\omega(\alpha)$ 在区间 $[x-at, x+at]$ 上的算术平均值. 积分值的大小依赖于区间的中点 x 和区间的半径长 at,即是说,这个平均值是两个变量 (x, t) 的函数,记为 $v(x,t)$.

(ii) $\omega(x)$ 是一个任意函数,但 $u_1 = tv(x,t)$, $u_2 = \dfrac{\partial [tv(x,t)]}{\partial t}$ 永远都满足方程 $u_{tt} = a^2 u_{xx}$.

(iii) 如果要求 u_1 还满足初值条件(10.3),则只需将被积函数 $\omega(x)$ 换为 $\psi(x)$. 如果还要求 u_2 满足初值条件(10.2),则只需将 $\omega(x)$ 换为 $\varphi(x)$. 两者都换了以后, $u_1 + u_2$ 就成为问题(10.1),(10.2)及(10.3)的解了.

现在仿照公式(10.9′)构造三维波动方程初值问题(10.12),(10.13)和(10.14)的达朗贝尔解. 为此,先作一些对应的比较:

一　　维	三　　维
区间: $[x-at, x+at]$	球面: $(\alpha-x)^2 + (\beta-y)^2 + (\gamma-z)^2 = a^2 t^2$
区间的中点: x	球心: (x, y, z)
区间的半径: at	球的半径: at
区间的长度: $2at$ (积分区间)	球的表面积: $4\pi a^2 t^2$ (积分区域)
任意函数 $\omega(x)$ 在区间上的平均值为 $$v(x,t) = \frac{1}{2at} \int_{x-at}^{x+at} \omega(\alpha) d\alpha$$	任意函数 $\omega(x, y, z)$ 在球面上的平均值为 $$v(x,y,z,t) = \frac{1}{4\pi a^2 t^2} \int_0^{2\pi} \int_0^{\pi} \omega(\alpha, \beta, \gamma) dS$$ $$= \frac{1}{4\pi} \int_0^{2\pi} \int_0^{\pi} \omega(\alpha, \beta, \gamma) d\Omega$$ $\alpha = x + at \sin\theta \cos\varphi$ $\beta = y + at \sin\theta \sin\varphi$ $\gamma = z + at \cos\theta$ $dS = a^2 t^2 \sin\theta d\theta d\varphi$ (半径为 at 的球面元素) $d\Omega = \sin\theta d\theta d\varphi$ (半径为 1 的球面元素) 图 10.6

将被积函数 ω 换为 ψ,则得 $u_1 = tv$ 为方程(10.12)满足初值条件(10.14)的解. 再将 ω 换为 φ,又得 $u_2 = \dfrac{\partial}{\partial t}(tv)$ 为方程(10.12)满足初值条件(10.13)的解. 因此 $u_1 + u_2$ 就应该是问题(10.12),(10.13)和(10.14)的解,记为

$$u(M,t) = u(x,y,z,t)$$
$$= \frac{\partial}{\partial t}\left[\frac{t}{4\pi a^2 t^2}\int_0^{2\pi}\int_0^{\pi}\varphi(\alpha,\beta,\gamma)\,dS\right] + \frac{t}{4\pi a^2 t^2}\int_0^{2\pi}\int_0^{\pi}\psi(\alpha,\beta,\gamma)\,dS$$
$$= \frac{\partial}{\partial t}\left[\frac{t}{4\pi}\int_0^{2\pi}\int_0^{\pi}\varphi(\alpha,\beta,\gamma)\,d\Omega\right] + \frac{t}{4\pi}\int_0^{2\pi}\int_0^{\pi}\psi(\alpha,\beta,\gamma)\,d\Omega, \qquad (10.15)$$

其中 M 表示点 (x,y,z). 只要初始函数足够光滑,读者可以直接验证. 公式 (10.15) 通常称为**泊松公式**. 以上所用的方法也称为**平均值方法**.

§10.2.2 降维法

关于二维波动方程

$$\begin{cases} u_{tt} = a^2(u_{xx} + u_{yy}) & (-\infty < x,y < +\infty, t > 0), & (10.16) \\ u(x,y,0) = \varphi(x,y) & (-\infty < x,y < +\infty), & (10.17) \\ u_t(x,y,0) = \psi(x,y) & (-\infty < x,y < +\infty), & (10.18) \end{cases}$$

我们可以用所谓的**降维法**来求解,把它看成三维问题的特殊情形. 也就是说, 函数 u 与 z 无关, $u_z = 0$. 自然, 初值函数与 z 无关.

下面我们从公式 (10.15) 来导出这个定解问题的解.

如图 10.7, 公式 (10.15) 的积分是取在球面 S_{at}^M 上的. 由于初值函数 φ 和 ψ 不依赖于 z, 因而在上半球面的积分可以用在平面 π 与球体 K_{at}^M 相截所得的圆形区域 Σ_{at}^M 上的积分来代替. 球面元素 dS 与平面元素 $d\sigma$ ($dxdy$) 之间有如下的关系:

$$d\sigma = \cos\theta\, dS,$$

其中

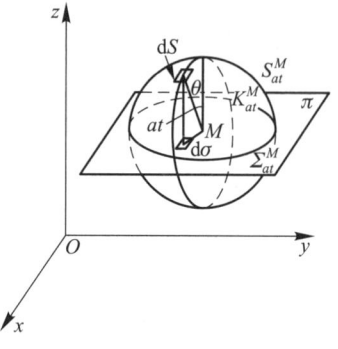

图 10.7

$$\cos\theta = \frac{\sqrt{(at)^2 - \rho^2}}{at} = \frac{\sqrt{(at)^2 - (\alpha-x)^2 - (\beta-y)^2}}{at}.$$

在下半球面的积分也有相同的代替关系,因此,应取 Σ_{at}^M 上积分的 2 倍, 于是由公式 (10.15), 即得上述初值问题的解

$$u(M,t) = u(x,y,t) = \frac{1}{2\pi a}\left[\frac{\partial}{\partial t}\iint_{\Sigma_{at}^M}\frac{\varphi(\alpha,\beta)\,d\alpha d\beta}{\sqrt{(at)^2 - (\alpha-x)^2 - (\beta-y)^2}} + \iint_{\Sigma_{at}^M}\frac{\psi(\alpha,\beta)\,d\alpha d\beta}{\sqrt{(at)^2 - (\alpha-x)^2 - (\beta-y)^2}}\right]. \qquad (10.19)$$

(10.19) 中的积分区域是以 $M(x,y)$ 为中心, at 为半径的圆域 Σ_{at}^M.

§10.2.3 解的物理意义

现在我们来解释公式(10.15)所描述的波动传播规律.为了清晰和形象,我们假定初值函数 φ 和 ψ 在空间某有限区域 T_0 为正,而在 T_0 外为零.任取一点 M_0,考察各个时刻在 M_0 处所受到的初始扰动影响的情形.因为函数 u 在点 M_0 和时刻 t 的值 $u(M_0,t)$ 系由初值函数 φ 和 ψ 在球面 $S_{at}^{M_0}$ 上的值所决定,由上面的假定,只有当球面 $S_{at}^{M_0}$ 和区域 T_0 相交时,(10.15)中的积分才不为零,从而 $u(M_0,t)$ 也才不为零.用 d 和 D 分别表示点 M_0 到 T_0 的最近距离和最远距离(图10.8).设 $t_1=\dfrac{d}{a}$,$t_2=\dfrac{D}{a}$.当 $t<t_1$ 时,$at<d$,显然球面 $S_{at}^{M_0}$ 不与 T_0 相交,公式(10.15)中的曲面积分为零,因而 $u(M_0,t)=0$,这时扰动还未达到 M_0 处.从时刻 t_1 到 t_2,球面 $S_{at}^{M_0}$ 一直和 T_0 相交,公式(10.15)中的曲面积分大于零,这时点 M_0 处于扰动状态.当 $t>t_2$ 时,球面 $S_{at}^{M_0}$ 又不与 T_0 相交,$u(M_0,t)$ 又取零值,这时,扰动已经越过了点 M_0.这种现象的最简单例子就是声音的传播,从某个点声源发出一个声音,经过一定时间后传到某人耳中,所听到声音的长短和发出声音的长短一样.

再看于某时刻 t_0 初始扰动的影响所及.同上面一样,处于扰动状态的所有点,其相应的球面 $S_{at_0}^{M}$ 应与初始扰动区域 T_0 相交,这样 $u(M,t)$ 才不为零.由此可知,在时刻 t_0 处于扰动状态的区域 E 是由无数的球面所组成,这些球面就是以 T_0 的点 P 为球心,at_0 为半径的所有球面 $S_{at_0}^{P}$.球面族 $S_{at_0}^{P}$ 的包络面是区域 E 的边界面.外包络面称为传播波的**前阵面**(简称**波前**),内包络面称为传播波的**后阵面**(简称**波后**).这前后阵面的中间部分就是受到影响的部分.前阵面以外的部分表示还未传到的区域,而后阵面以内的部分是波已传过并恢复了原来状态的区域.因此当初始扰动限制在空间某一局部范围内时,波的传播有清晰的前阵面和后阵面,这现象在物理学中称为**惠更斯原理**或**无后效现象**.在解决处理一些问题时,如果先前一时刻的波前已经知道,就有办法作出以后某一时刻的波前,这个方法是惠更斯1690年提出来的,它对信号的传送与接收具有重要的意义.当 T_0 是半径为 R_0 的球形时,波前和波后都是球面,这种解称为**球面波**(图10.9).

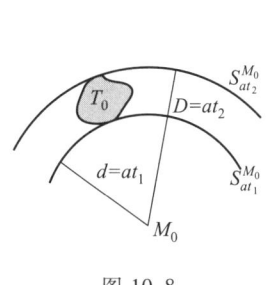

图 10.8

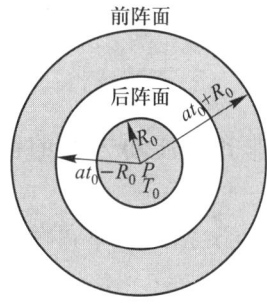

图 10.9

对于二维的情况,也可以作如上的讨论. 但有一点值得注意,由于积分不是在圆周上进行而是在圆域上进行的,所以对任一点 M_0,随着时间 t 的增加,$u(M_0,t)$ 由等于零变为大于零之后,就再不会像空间情形那样,又由大于零变为等于零. 但它将从某一时刻起逐渐减小,所以二维情形与三维情形有明显不同之处,传播波只有前阵面,而无后阵面. 惠更斯原理在此不成立. 人们称这种现象为波的**弥散**,或者说,这种波具有**后效现象**. 对于二维问题,可以把它看作所给初始扰动是在一个无限长的柱体内发生,而不依赖于 z 坐标的空间问题,由此可以想象其产生后效现象的原因和过程,这种解称为**柱面波**.

对于一般 n 维波动方程

$$\frac{\partial^2 u}{\partial t^2} = a^2 \left(\frac{\partial^2 u}{\partial x_1^2} + \frac{\partial^2 u}{\partial x_2^2} + \cdots + \frac{\partial^2 u}{\partial x_n^2} \right)$$

满足初值条件

$$u\big|_{t=0} = 0, \quad \frac{\partial u}{\partial t}\bigg|_{t=0} = \omega(x_1, x_2, \cdots, x_n)$$

的解,可以证明,在空间维数 n 是奇数时($n=1$ 除外),

$$u(x_1, x_2, \cdots, x_n, t) = \frac{2^{\frac{n-3}{2}}}{1 \cdot 3 \cdots (n-2)} \cdot \frac{\partial^{\frac{n-3}{2}}}{\partial (t^3)^{\frac{n-3}{2}}} [t^{n-2} \Gamma_{at}\{\omega(M)\}],$$

总成立前述的惠更斯原理;而当空间维数 n 是偶数时,

$$u(x_1, x_2, \cdots, x_n, t) = \frac{2^{\frac{n-2}{2}}}{2 \cdot 4 \cdots (n-2)} \cdot \frac{\partial}{\partial t} \int_0^{at} \frac{r}{\sqrt{t^2 - r^2}} \frac{\partial^{\frac{n-2}{2}}}{\partial (r^2)^{\frac{n-2}{2}}} [r^{n-2} \Gamma_r\{\omega(M)\}] \mathrm{d}r,$$

总有波的弥散现象发生,其中 $\Gamma_\rho\{\omega(M)\}$ 是函数 $\omega(x_1, x_2, \cdots, x_n)$ 沿以 $M(x_1, x_2, \cdots, x_n)$ 为球心、ρ 为半径的球面的算术平均值.

第三节 非齐次波动方程 推迟势

§10.3.1 非齐次波动方程的初值问题

为了求得无界空间中非齐次波动方程

$$u_{tt} = a^2(u_{xx} + u_{yy} + u_{zz}) + f(x,y,z,t) \tag{10.12'}$$

满足初值条件(10.13)和(10.14)的解,仍然可以应用齐次化原理将连续力 $f(x,y,$

$z,t)$的影响作为所有瞬时力$f(x,y,z,\tau)$的影响的叠加,其中$0<\tau\leqslant t$. 为此,我们首先考虑带齐次初值条件的初值问题

$$\begin{cases} u_{tt} = a^2 \Delta u + f(x,y,z,t), & (10.12') \\ u(x,y,z,0) = 0, & (10.20) \\ u_t(x,y,z,0) = 0. & (10.21) \end{cases}$$

它的解加上齐次方程(10.12)满足初值条件(10.13)和(10.14)的解,就等于定解问题(10.12'),(10.13)和(10.14)的解.

现在,先求定解问题

$$\begin{cases} U_{tt} = a^2 \Delta U, \\ U(x,y,z,\tau) = 0, \\ U_t(x,y,z,\tau) = f(x,y,z,\tau) \end{cases}$$

的解. 由公式(10.15)知

$$U(x,y,z,t;\tau) = \frac{t-\tau}{4\pi} \int_0^{2\pi} \int_0^{\pi} f[x+\alpha_1 a(t-\tau), y+\alpha_2 a(t-\tau), z+\alpha_3 a(t-\tau), \tau] d\Omega,$$

其中$\alpha_1 = \sin\theta\cos\varphi, \alpha_2 = \sin\theta\sin\varphi, \alpha_3 = \cos\theta$. 于是可以验证

$$\begin{aligned} u(x,y,z,t) &= \int_0^t U(x,y,z,t;\tau) d\tau \\ &= \frac{1}{4\pi} \int_0^t (t-\tau) \int_0^{2\pi} \int_0^{\pi} f[x+\alpha_1 a(t-\tau), y+\alpha_2 a(t-\tau), z+\alpha_3 a(t-\tau), \tau] d\Omega d\tau, \end{aligned}$$
(10.22)

即为初值问题(10.12'),(10.20)和(10.21)的解.

如令$r = a(t-\tau)$,则可将(10.22)中的三次积分变为沿以(x,y,z)为球心、at为半径的球的三重积分:

$$\begin{aligned} u(x,y,z,t) &= \frac{1}{4\pi a^2} \int_0^{at} \int_0^{2\pi} \int_0^{\pi} \frac{f\left(x+\alpha_1 r, y+\alpha_2 r, z+\alpha_3 r, t-\frac{r}{a}\right)}{r} r^2 \sin\theta d\theta d\varphi dr \\ &= \frac{1}{4\pi a^2} \iiint_{r \leqslant at} \frac{f\left(\alpha, \beta, \gamma, t-\frac{r}{a}\right)}{r} dV, \end{aligned}$$
(10.23)

其中$\alpha = x+\alpha_1 r, \beta = y+\alpha_2 r, \gamma = z+\alpha_3 r, r = \sqrt{(\alpha-x)^2+(\beta-y)^2+(\gamma-z)^2}$ ($\alpha_1^2+\alpha_2^2+\alpha_3^2=1$). 表达式(10.23)中被积函数$f$的第四个变元的形式表明,函数$f$要取在时刻$t-\frac{r}{a}$,这个时刻是在计算函数$u$的时刻$t$之前. 时刻之差$\frac{r}{a}$给出当速度为$a$时由点$(\alpha,\beta,\gamma)$到点$(x,y,z)$所需要的时间. 表达式(10.23)通常称为**推迟势**.

同理，对于二维和一维的非齐次波动方程

$$u_{tt} = a^2(u_{xx}+u_{yy}) + f(x,y,t)$$

和

$$u_{tt} = a^2 u_{xx} + f(x,t),$$

带有齐次初值条件的初值问题的解，应分别为

$$u(x,y,t) = \frac{1}{2\pi a} \int_0^t \iint_{\rho \le a(t-\tau)} \frac{f(\alpha,\beta,\tau)}{\sqrt{a^2(t-\tau)^2 - \rho^2}} \mathrm{d}\alpha \mathrm{d}\beta \mathrm{d}\tau$$

$$[\rho^2 = (\alpha-x)^2 + (\beta-y)^2]$$

和

$$u(x,t) = \frac{1}{2a} \int_0^t \int_{x-a(t-\tau)}^{x+a(t-\tau)} f(\alpha,\tau) \mathrm{d}\alpha \mathrm{d}\tau.$$

§10.3.2 非线性方程

非线性方程和线性方程，其性质有很大的差异。比如在连续介质中，小扰动的传播是以线性双曲型方程来描述，而强扰动的传播则是以拟线性双曲型方程[①]来描述。拟线性双曲型方程和线性双曲型方程一个本质的不同，就在于这样的事实：甚至当初值条件充分光滑时，其初值问题的连续可导解也只能保证在初始曲线的局部邻域中存在。但其相应的力学现象，却往往不会终止于某一时刻，而且常常产生出间断性的现象，如空气动力学中的激波，水力学中的涌波等，因此必须在大范围中考察问题的间断解。此外，从有些问题中所提出的初值条件本身就是间断的，这也促使人们去研究非线性方程的**间断解**。

在数学物理问题中以 KdV 方程(Korteweg-de Vries equation)为中心所展开的关于所谓孤粒子(soliton)的研究[②]十分活跃。

什么叫孤粒子呢？虽然在许多物理学的分支中，已广泛地使用了这个术语，但在数学上还没有一个统一的定义。这里就以 KdV 方程为例，给一个尽可能完善的描述。为此首先定义孤立波。

KdV 方程

$$u_t + uu_x + u_{xxx} = 0 \tag{10.24}$$

的形如

$$u(x,t) = \varphi(x-vt) = \varphi(\xi) \tag{10.25}$$

的特解称为行进波，其中 v 为常数，称为行进速度。一个局部性的行进波 $u(x,t) = $

---

① 拟线性双曲型方程最简单的模型是 $u_t + uu_x = 0$。
② Scott, Chu, Maclaughlin. The Soliton: A New Concept in Applied Science. Proc. IEEE, Vol. 61, No. 10, Oct. 1973: 1443-1482.

$\varphi(\xi)$ 就叫做**孤立波**. 即当 $\xi \to \pm\infty$ 时, $\varphi(\xi)$ 及其一、二阶导数都趋于零(图 10.10). 把(10.25)代入(10.24)进行三次积分,不难确定出函数 $\varphi(\xi)$. 于是(10.25)便可具体写为

$$u(x,t) = 3v\,\text{sech}^2\left[\frac{\sqrt{v}}{2}(x-vt)\right]. \qquad (10.26)$$

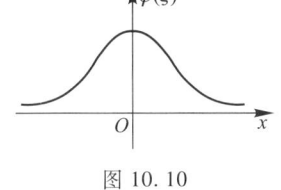

图 10.10

(10.26)就称为 KdV 方程(10.24)的**孤立波**. 从(10.26)可以看出,孤立波的波幅与它的行进速度成正比,而波的"宽度"(局部性程度)与行进速度的平方根成反比. 这是 KdV 方程的孤立波的一个基本性质.

孤立波这种现象早在 1834 年就为英国的物理学家罗素在英吉利海峡所观察到,但真正成为数学物理中的一个研究课题,则是 20 世纪 60 年代的事了.

如果一个孤立波与其他孤立波发生碰撞(相遇)之后,仍保持碰撞前的形状和速度而离开,并继续前进,则称这种孤立波为**孤粒子**. 上述 KdV 方程(10.24)的孤立波(10.26)就是一个孤粒子.

目前,在数学物理方程中至少已经发现了六个方程(或方程组)呈现出孤粒子效应. 例如戈登正弦方程

$$u_{tt} - u_{xx} + \sin u = 0,$$

非线性薛定谔方程

$$\mathrm{i}u_t + u_{xx} + k|u|^2 u = 0 \qquad (k\text{ 为常数})$$

等. 孤粒子效应在基本粒子理论、材料科学、非线性光学、统计力学、流体力学、力学等离子体物理和分子生物学等的研究中,引起了广泛的注意. 世界上不少著名的物理学家和数学家,如李政道、盖尔范德、拉克斯等,都对之很感兴趣. 以上三个半线性方程在近代科学技术中有较多应用.

习　题　十

1. 试求满足以下两个方程的公共解:
$$u_{tt} = a^2 u_{xx}, \qquad u_t^2 = a^2 u_x^2.$$

2. 验证 $u(x,t) = \tan(x+at) + (x-at)^{3/2}$ 满足波动方程
$$u_{tt} = a^2 u_{xx}.$$

3. 验证 $u(x,y) = \varphi(3x-y) + \psi(x+y)$ 是偏微分方程
$$u_{xx} + 2u_{xy} - 3u_{yy} = 0$$
的解,其中 φ 和 ψ 是充分光滑的任意函数.

4. 试证方程
$$x^2 u_{xx} - 2xy u_{xy} + y^2 u_{yy} + x u_x + y u_y = 0$$
的通解为 $u(x,y) = \varphi(xy)\ln x + \psi(xy)$,其中 φ 和 ψ 为充分光滑的任意函数.

提示:作变换 $\xi = xy, \eta = x$.

5. 试证方程

$$\frac{\partial}{\partial x}\left[\left(1-\frac{x}{h}\right)^2\frac{\partial u}{\partial x}\right]=\frac{1}{a^2}\left(1-\frac{x}{h}\right)^2\frac{\partial^2 u}{\partial t^2}$$

的通解为 $u=\{f_1(x-at)+f_2(x+at)\}/(h-x)$,其中 h 为已知常数, f_1,f_2 为充分光滑的任意函数.

提示:令 $v(x,t)=(h-x)u(x,t)$.

6. 试求满足前题的方程和下列初值条件

$$\begin{cases} u(x,0)=\varphi(x) & (-\infty<x<+\infty), \\ u_t(x,0)=\psi(x) & (-\infty<x<+\infty), \end{cases}$$

的解,其中 $\varphi(x),\psi(x)$ 为充分光滑的已知函数.

7. 一根无限长的弦与 x 轴的正半轴重合,并处于平衡状态中,弦的左端位于原点.当 $t>0$ 时左端点做微小振动 $A\sin\omega t$,试证弦的振动规律为

$$u(x,t)=\begin{cases} 0 & \left(t\leqslant\dfrac{x}{a}\right), \\ A\sin\omega\left(t-\dfrac{x}{a}\right) & \left(t>\dfrac{x}{a}\right), \end{cases}$$

其中 A,ω 为已知常数.

8. 求解弦振动方程的古尔萨问题

$$\begin{cases} u_{tt}=u_{xx}, \\ u(x,-x)=\varphi(x) & (-\infty<x<+\infty), \\ u(x,x)=\psi(x) & (-\infty<x<+\infty), \end{cases}$$

其中 $\varphi(x),\psi(x)$ 为充分光滑的已知函数,且 $\varphi(0)=\psi(0)$.

9. 求解定解问题

$$\begin{cases} u_{tt}=a^2\left(u_{xx}+\dfrac{2}{x}u_x\right), \\ u(x,0)=\varphi(x) & (-\infty<x<+\infty), \\ u_t(x,0)=\psi(x) & (-\infty<x<+\infty), \end{cases}$$

其中 $\varphi(x),\psi(x)$ 为充分光滑的已知函数.

提示:令 $v(x,t)=xu(x,t)$.

10. 求解定解问题

$$\begin{cases} u_{xx}+2\cos x\cdot u_{xy}-\sin^2 x\cdot u_{yy}-\sin x\cdot u_y=0, \\ u(x,\sin x)=\varphi(x) & (-\infty<x<+\infty), \\ u_y(x,\sin x)=\psi(x) & (-\infty<x<+\infty), \end{cases}$$

其中 $\varphi(x),\psi(x)$ 为充分光滑的已知函数.

提示:令 $\xi=x-\sin x+y, \eta=x+\sin x-y$.

11. 求解初值问题

$$\begin{cases} u_{tt} = a^2 u_{xx} + \dfrac{x}{(1+x^2)^2}, \\ u(x,0) = 0 & (-\infty < x < +\infty), \\ u_t(x,0) = \dfrac{1}{1+x^2} & (-\infty < x < +\infty). \end{cases}$$

12. 设有球面波自原点发出向各个方向传播,则波函数 $u(x,y,z,t)$ 之值在同一球面上保持不变. 问此时之波动方程为何? 并求其通解.

提示:可从球坐标系下的波动方程出发求解.

13. 验证
$$u(x,y,z,t) = f(\alpha x + \beta y + \gamma z + at)$$
满足方程
$$u_{tt} = a^2(u_{xx} + u_{yy} + u_{zz}),$$
其中 f 为充分光滑的已知函数,$\alpha^2 + \beta^2 + \gamma^2 = 1$. 并说明此时函数 $u(x,y,z,t)$ 代表一个平面波.

14. 利用二维泊松公式求解定解问题
$$\begin{cases} u_{tt} = a^2(u_{xx} + u_{yy}), \\ u(x,y,0) = x^2(x+y) & (-\infty < x,y < +\infty), \\ u_t(x,y,0) = 0 & (-\infty < x,y < +\infty). \end{cases}$$

15. 利用三维泊松公式求解定解问题
$$\begin{cases} u_{tt} = a^2(u_{xx} + u_{yy} + u_{zz}), \\ u(x,y,z,0) = x^3 + y^2 z & (-\infty < x,y,z < +\infty), \\ u_t(x,y,z,0) = 0 & (-\infty < x,y,z < +\infty). \end{cases}$$

16. 求解定解问题
$$\begin{cases} u_{tt} = a^2(u_{xx} + u_{yy} + u_{zz}) + 2(y-t), \\ u(x,y,z,0) = 0 & (-\infty < x,y,z < +\infty), \\ u_t(x,y,z,0) = x^2 + yz & (-\infty < x,y,z < +\infty). \end{cases}$$

17. 求解定解问题
$$\begin{cases} v_{tt} = a^2(v_{xx} + v_{yy}) + c^2 v, \\ v(x,y,0) = \varphi(x,y) & (-\infty < x,y < +\infty), \\ v_t(x,y,0) = \psi(x,y) & (-\infty < x,y < +\infty), \end{cases}$$
其中 c 为已知常数,$\varphi(x,y),\psi(x,y)$ 为充分光滑的已知函数.

提示:在三维波动方程中令 $u(x,y,z,t) = e^{\frac{cz}{a}} v(x,y,t)$.

18. 试在条件 $GL = CR$ 与任意初值条件下,解电报方程(7.18).

提示:作变换 $I(x,t) = e^{-\mu t} u(x,t)$,并适当选择因子 μ,使得在方程中不含 $\dfrac{\partial u}{\partial t}$ 项.

第十一章 拉普拉斯方程(续)

在前几章中,我们主要介绍了数理方程的两种解法,即所谓傅里叶解法和达朗贝尔解法.傅氏解是一种无穷级数的形式,达朗贝尔解是一种有限的积分形式.本章将利用微积分中的格林公式导出拉普拉斯方程解的积分表达式.这一方法称为格林函数法.格林函数又称为点源(影响)函数,是数学物理中的一个重要概念.格林函数代表一个点源在一定的边界条件和(或)初值条件下所产生的场.知道了点源的场就可以用叠加的方法解决问题.

第一节 格林公式 调和函数的基本性质

§11.1.1 球对称解

这里,首先介绍拉普拉斯方程的球对称解.众所周知,在球坐标系下,空间拉普拉斯方程

$$u_{xx}+u_{yy}+u_{zz}=0 \tag{11.1}$$

变为如下的形式:

$$\frac{1}{r^2\sin\theta}\left[\frac{\partial}{\partial r}\left(r^2\sin\theta\frac{\partial u}{\partial r}\right)+\frac{\partial}{\partial\theta}\left(\sin\theta\frac{\partial u}{\partial\theta}\right)+\frac{\partial}{\partial\varphi}\left(\frac{1}{\sin\theta}\frac{\partial u}{\partial\varphi}\right)\right]=0. \tag{11.2}$$

如果解 u 具有球对称性,即 u 不依赖于 θ 与 φ,而仅与 r 有关,则方程(11.2)简化为

$$\frac{d}{dr}\left(r^2\frac{du}{dr}\right)=0.$$

它的解显然是

$$u=\frac{C_1}{r}+C_2 \quad (r\neq 0),$$

这里 C_1, C_2 为任意常数.若取 $C_1=1, C_2=0$,则可得球对称解

$$u = \frac{1}{r} \quad (r \neq 0).$$

在平面的情形,拉普拉斯方程

$$u_{xx} + u_{yy} = 0 \tag{11.1'}$$

在极坐标系下变为如下的形式:

$$\frac{\partial^2 u}{\partial r^2} + \frac{1}{r}\frac{\partial u}{\partial r} + \frac{1}{r^2}\frac{\partial^2 u}{\partial \theta^2} = 0. \tag{11.2'}$$

如果 u 关于原点对称,即 u 不依赖于 θ,这时,方程(11.2′)简化为

$$\frac{\mathrm{d}^2 u}{\mathrm{d} r^2} + \frac{1}{r}\frac{\mathrm{d} u}{\mathrm{d} r} = 0.$$

它的解显然是

$$u = C_1 \ln r + C_2 \quad (r \neq 0),$$

这里 C_1, C_2 为任意常数. 若取 $C_1 = -1, C_2 = 0$,则可得

$$u = \ln \frac{1}{r} \quad (r \neq 0).$$

容易看出,除 $r=0$ 外,$\frac{1}{r}$ 确为(11.2)的解,$\ln\frac{1}{r}$ 确为(11.2′)的解. 读者还可验算,如果 $r = \sqrt{x^2 + y^2 + z^2}$,则 $\frac{1}{r}$ 和 $\ln\frac{1}{r}$ 除原点外,分别满足方程(11.1)和(11.1′). 当然,若令

$$r = \sqrt{(x-x_0)^2 + (y-y_0)^2 + (z-z_0)^2},$$

则除点 (x_0, y_0, z_0) 外,$\frac{1}{r}$ 满足(11.1). 在平面的情形,对 $\ln\frac{1}{r}$ 有同样的结论.

§11.1.2 格林公式

设 D 是以分片光滑的曲面 S 为边界的有界连通区域,$P(x,y,z)$,$Q(x,y,z)$,$R(x,y,z)$ 是在 $D \cup S$ 上连续而在 D 内有连续偏导数的任意函数,则成立如下的高斯公式[1]

$$\iiint_D \left(\frac{\partial P}{\partial x} + \frac{\partial Q}{\partial y} + \frac{\partial R}{\partial z} \right) \mathrm{d}V = \iint_S [P\cos(\widehat{\boldsymbol{n},x}) + Q\cos(\widehat{\boldsymbol{n},y}) + R\cos(\widehat{\boldsymbol{n},z})] \mathrm{d}S,$$

其中 $\mathrm{d}V$ 是体积元素,$\boldsymbol{n}$ 是 S 的外法线方向,$\mathrm{d}S$ 是 S 上的面积元素.

设函数 $u(x,y,z)$ 和 $v(x,y,z)$ 以及它们的所有一阶偏导数在闭区域 $D \cup S$ 上是

---

[1] 又称奥斯特罗格拉茨基公式.

连续的,它们在 D 内具有连续的所有二阶偏导数.在上述公式中,令

$$P = u\frac{\partial v}{\partial x}, \quad Q = u\frac{\partial v}{\partial y}, \quad R = u\frac{\partial v}{\partial z},$$

得到**格林第一公式**

$$\iiint_D (u\Delta v)\,\mathrm{d}V = \iint_S u\frac{\partial v}{\partial \boldsymbol{n}}\mathrm{d}S - \iiint_D \left(\frac{\partial u}{\partial x}\frac{\partial v}{\partial x} + \frac{\partial u}{\partial y}\frac{\partial v}{\partial y} + \frac{\partial u}{\partial z}\frac{\partial v}{\partial z}\right)\mathrm{d}V, \tag{11.3}$$

其中 Δ 是三维拉普拉斯算子,$\dfrac{\partial v}{\partial \boldsymbol{n}}$ 表示 v 关于 S 的外法向导数.

再将函数 u,v 的位置互易,又得

$$\iiint_D (v\Delta u)\,\mathrm{d}V = \iint_S v\frac{\partial u}{\partial \boldsymbol{n}}\mathrm{d}S - \iiint_D \left(\frac{\partial u}{\partial x}\frac{\partial v}{\partial x} + \frac{\partial u}{\partial y}\frac{\partial v}{\partial y} + \frac{\partial u}{\partial z}\frac{\partial v}{\partial z}\right)\mathrm{d}V.$$

两式相减,得**格林第二公式**

$$\iiint_D (u\Delta v - v\Delta u)\,\mathrm{d}V = \iint_S \left(u\frac{\partial v}{\partial \boldsymbol{n}} - v\frac{\partial u}{\partial \boldsymbol{n}}\right)\mathrm{d}S. \tag{11.4}$$

通常又把格林第二公式叫做**格林公式**.显然,对于在 D 内为二阶连续可导,而在 $D \cup S$ 上有连续一阶偏导数的任意函数 $u(x,y,z), v(x,y,z)$,格林公式都是成立的.

§11.1.3 调和函数的基本性质

由格林公式可以推出调和函数的几个重要基本性质.

性质 1 设 u 在 $D \cup S$ 上有连续一阶偏导数,且在 D 内调和,则

$$u(M_0) = -\frac{1}{4\pi}\iint_S \left[u\frac{\partial\left(\frac{1}{r}\right)}{\partial \boldsymbol{n}} - \frac{1}{r}\frac{\partial u}{\partial \boldsymbol{n}}\right]\mathrm{d}S, \tag{11.5}$$

其中 $M_0 \in D$,r 是由 M_0 到变点 M 的距离(下同).

证 在格林公式中,令 u 为给定的调和函数,而取 $v = \dfrac{1}{r}$,其中

$$r = \sqrt{(x-x_0)^2 + (y-y_0)^2 + (z-z_0)^2}$$

为定点 $M_0(x_0, y_0, z_0)$ 到动点 $M(x,y,z)$ 的距离,如图 11.1. 因为 $\dfrac{1}{r}$ 在 M_0 处将变为无穷大,故对区域 D 不能直接应用格林公式.但如果在 D 中挖去一个以 M_0 为球心,以充分小正数 ρ 为半径的小球,则在剩下的部分 D_1 中函数 $v = \dfrac{1}{r}$ 就是连续可导的了. 用 $S_\rho^{M_0}$ 记小球的球面,则在区域 $D_1 \cup S \cup S_\rho^{M_0}$ 上,函数 u 与 v

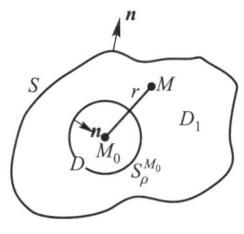

图 11.1

具有所要求的光滑性,于是对这个区域应用格林公式就得到

$$\iiint_{D_1}\left[u\Delta\left(\frac{1}{r}\right)-\frac{1}{r}\Delta u\right]\mathrm{d}V = \iint_{S}\left[u\frac{\partial\left(\frac{1}{r}\right)}{\partial\boldsymbol{n}}-\frac{1}{r}\frac{\partial u}{\partial\boldsymbol{n}}\right]\mathrm{d}S + \iint_{S_\rho^{M_0}}\left[u\frac{\partial\left(\frac{1}{r}\right)}{\partial\boldsymbol{n}}-\frac{1}{r}\frac{\partial u}{\partial\boldsymbol{n}}\right]\mathrm{d}S. \quad (11.6)$$

因为在 D_1 内 $\Delta u = 0$, $\Delta\left(\frac{1}{r}\right) = 0$,而在球面 $S_\rho^{M_0}$ 上,外法线的方向指向球内,与半径 r 的方向刚好相反,故有

$$\left.\frac{\partial\left(\frac{1}{r}\right)}{\partial\boldsymbol{n}}\right|_{r=\rho} = -\left.\frac{\partial}{\partial r}\left(\frac{1}{r}\right)\right|_{r=\rho} = \frac{1}{\rho^2},$$

于是得到

$$\iint_{S}\left[u\frac{\partial\left(\frac{1}{r}\right)}{\partial\boldsymbol{n}}-\frac{1}{r}\frac{\partial u}{\partial\boldsymbol{n}}\right]\mathrm{d}S + \iint_{S_\rho^{M_0}}\frac{1}{\rho^2}u\,\mathrm{d}S - \iint_{S_\rho^{M_0}}\frac{1}{r}\frac{\partial u}{\partial\boldsymbol{n}}\mathrm{d}S = 0.$$

由积分中值定理,有

$$\iint_{S_\rho^{M_0}}\frac{1}{\rho^2}u(M)\,\mathrm{d}S = \frac{1}{\rho^2}u(M_1)4\pi\rho^2 = 4\pi u(M_1),$$

$$\iint_{S_\rho^{M_0}}\frac{1}{r}\frac{\partial u}{\partial\boldsymbol{n}}\mathrm{d}S = \iint_{S_\rho^{M_0}}\frac{1}{\rho}\frac{\partial u}{\partial\boldsymbol{n}}\mathrm{d}S = \frac{1}{\rho}\left.\frac{\partial u}{\partial\boldsymbol{n}}\right|_{M_2}4\pi\rho^2 = \left.\frac{\partial u}{\partial\boldsymbol{n}}\right|_{M_2}4\pi\rho,$$

其中 M_1, M_2 是球面 $S_\rho^{M_0}$ 上的某两点. 让 $\rho \to 0$,则 $M_1 \to M_0, M_2 \to M_0$. 再注意到 $\frac{\partial u}{\partial\boldsymbol{n}}$ 在 M_0 的邻域内是有界的,所以当 $\rho \to 0$ 时,$\left.\frac{\partial u}{\partial\boldsymbol{n}}\right|_{M_2}4\pi\rho \to 0$. 于是得调和函数的基本积分公式

$$\iint_{S}\left[u\frac{\partial\left(\frac{1}{r}\right)}{\partial\boldsymbol{n}}-\frac{1}{r}\frac{\partial u}{\partial\boldsymbol{n}}\right]\mathrm{d}S + 4\pi u(M_0) = 0,$$

即

$$u(M_0) = -\frac{1}{4\pi}\iint_{S}\left[u\frac{\partial\left(\frac{1}{r}\right)}{\partial\boldsymbol{n}}-\frac{1}{r}\frac{\partial u}{\partial\boldsymbol{n}}\right]\mathrm{d}S. \quad (11.5)$$

这就是说,只要知道调和函数 u 和它的法向导数 $\frac{\partial u}{\partial\boldsymbol{n}}$ 在边界 S 上的值,就可以按公式

(11.5)算出它在区域 D 内任何一点 M_0 处的值 $u(M_0)$.

若 u 不是 D 内的调和函数,而只是二阶连续可导的函数,则在 D_1 内 Δu 不恒为零,于是(11.6)成为

$$\iiint_D \frac{\Delta u}{r}\mathrm{d}V + \iint_S \left[u\frac{\partial\left(\frac{1}{r}\right)}{\partial \boldsymbol{n}} - \frac{1}{r}\frac{\partial u}{\partial \boldsymbol{n}}\right]\mathrm{d}S + \iint_{S_\rho^{M_0}} \frac{1}{\rho^2}u\mathrm{d}S - \iint_{S_\rho^{M_0}} \frac{1}{r}\frac{\partial u}{\partial \boldsymbol{n}}\mathrm{d}S = 0,$$

从而有

$$u(M_0) = -\frac{1}{4\pi}\iint_S\left[u\frac{\partial\left(\frac{1}{r}\right)}{\partial \boldsymbol{n}} - \frac{1}{r}\frac{\partial u}{\partial \boldsymbol{n}}\right]\mathrm{d}S - \frac{1}{4\pi}\iiint_D \frac{\Delta u}{r}\mathrm{d}V. \tag{11.7}$$

性质 2 若函数 u 在 D 内调和,在 $D \cup S$ 上有连续一阶偏导数,则

$$\iint_S \frac{\partial u}{\partial \boldsymbol{n}}\mathrm{d}S = 0. \tag{11.8}$$

证 在公式(11.4)中,令 u 是所给的调和函数,取 $v \equiv 1$,即得证.

公式(11.8)说明,调和函数的法向导数沿区域边界的积分等于零.对稳定的温度场来说,这表示经过物体界面流入和流出该物体的热量相等,否则就不能保持热的动态平衡,而使温度场不稳定.

性质 3(平均值定理) 设 u 在以点 M_0 为球心,R 为半径的球内调和,且在此闭球上有一阶连续偏导数,则

$$u(M_0) = \frac{1}{4\pi R^2}\iint_{S_R^{M_0}} u\mathrm{d}S. \tag{11.9}$$

证 把公式(11.5)应用于球面 $S_R^{M_0}$,得

$$u(M_0) = -\frac{1}{4\pi}\left[\iint_{S_R^{M_0}} u\frac{\partial\left(\frac{1}{r}\right)}{\partial \boldsymbol{n}}\mathrm{d}S - \iint_{S_R^{M_0}} \frac{1}{r}\frac{\partial u}{\partial \boldsymbol{n}}\mathrm{d}S\right].$$

由公式(11.8)知

$$\iint_{S_R^{M_0}} \frac{1}{r}\frac{\partial u}{\partial \boldsymbol{n}}\mathrm{d}S = \frac{1}{R}\iint_{S_R^{M_0}} \frac{\partial u}{\partial \boldsymbol{n}}\mathrm{d}S = 0,$$

而

$$\frac{1}{4\pi}\iint_{S_R^{M_0}} u\frac{\partial\left(\frac{1}{r}\right)}{\partial \boldsymbol{n}}\mathrm{d}S = \frac{1}{4\pi}\iint_{S_R^{M_0}} u\frac{\partial\left(\frac{1}{r}\right)}{\partial r}\mathrm{d}S = -\frac{1}{4\pi R^2}\iint_{S_R^{M_0}} u\mathrm{d}S,$$

于是得

$$u(M_0) = \frac{1}{4\pi R^2} \iint_{S_R^{M_0}} u \, dS.$$

我们知道，对稳定的温度场来说，热量的流动处于动态平衡，当内部没有热源时(即方程是齐次的，$\Delta u = 0$)，温度分布不可能在内部有最高点和最低点. 否则，热量将由温度高的地方流向温度低的地方，这就与没有热源的稳定温度场的假定相违背. 这种自然现象所反映的特性，启发我们从数学上加以归纳并给予严格的证明，于是得出所谓的极值原理.

性质 4(极值原理) 若函数 u 在 D 内调和，在 $D \cup S$ 上连续，且不为常数，则它的最大值和最小值只能在边界 S 上达到.

证 利用平均值定理，容易证出极值原理，且在证明中，只要用 $-u$ 换 u，最小值的情形就可以化为最大值的情形，因此，我们只需对最大值的情形进行考察. 今用反证法，假定函数 u 在 D 内的某内点 M_1 达到最大值，那么便可推出 u 必恒等于常数，这就与 u 不为常数的假定互相矛盾了.

为此，首先证明，如果 u 在 D 的内点 M_1 达到最大值，那么以 M_1 为球心，任意长 ρ 为半径，在 D 内作球面 $S_\rho^{M_1}$，则在此球面上 $u(M) \equiv u(M_1)$. 事实上，如果在此球面上存在一点 M 使 $u(M) < u(M_1)$，则由函数的连续性，必在包含此点的一小片球面上也有 $u(M) < u(M_1)$. 于是，下面的严格不等式必定成立：

$$\frac{1}{4\pi\rho^2} \iint_{S_\rho^{M_1}} u(M) \, dS < \frac{1}{4\pi\rho^2} \iint_{S_\rho^{M_1}} u(M_1) \, dS = \frac{1}{4\pi\rho^2} u(M_1) 4\pi\rho^2 = u(M_1).$$

但由平均值定理，

$$\frac{1}{4\pi\rho^2} \iint_{S_\rho^{M_1}} u(M) \, dS = u(M_1),$$

这就发生了矛盾. 因此在以 M_1 为球心，ρ 为半径的球面上，$u(M) \equiv u(M_1)$.

又由于 ρ 的任意性，可知 $u(M)$ 在此球内处处等于 $u(M_1)$，就是说 $u(M)$ 在此球体上恒等于常数值 $u(M_1)$.

下面证明 u 在 D 内任一点 N 的值亦等于 $u(M_1)$. 由于区域 D 为有界连通的，故可用完全含于 D 内的有限长折线 l 将 M_1 和 N 连接起来(图 11.2). 记折线 l 到区域边界 S 的最小距离为 d，以 M_1 为球心，以小于 d 之数，譬如 $\frac{d}{2}$ 为半径，在 D 内作球，在此球体上 $u(M) = u(M_1)$. 设 M_2 是该球球面与 l 的交点，则 $u(M_2) = u(M_1)$.

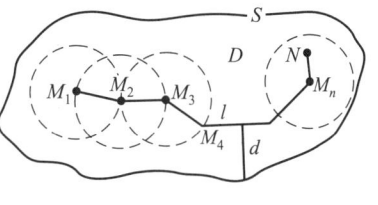

图 11.2

又以 M_2 为球心,$\frac{d}{2}$ 为半径在 D 内作球,则在此球体上,$u(M) = u(M_2) = u(M_1)$. 又设第二个球面与 l 交于 M_3,则 $u(M_3) = u(M_2) = u(M_1)$.

这样继续做下去,经过有限次后,点 N 一定包含在以某点 M_n 为球心,$\frac{d}{2}$ 为半径的球体内,因而 $u(N) = u(M_n) = \cdots = u(M_1)$. 由于 N 点的任意性,即得在 D 内处处有 $u(M) = u(M_1) =$ 常数. 这就与 $u(M)$ 不为常数的假定相矛盾,从而证得 u 的最大值只能在边界上达到.

以上讨论,对于二维情形也是一样的. 不过应以 $\ln\frac{1}{r}$ 代替 $\frac{1}{r}$,此时,与公式 (11.4),(11.5),(11.8),(11.9) 相当的公式分别为

$$\iint_D (u\Delta v - v\Delta u)\,\mathrm{d}S = \int_l \left(u\frac{\partial v}{\partial \boldsymbol{n}} - v\frac{\partial u}{\partial \boldsymbol{n}} \right)\mathrm{d}s, \tag{11.4'}$$

$$u(M_0) = -\frac{1}{2\pi}\int_l \left[u\frac{\partial\left(\ln\frac{1}{r}\right)}{\partial \boldsymbol{n}} - \ln\frac{1}{r}\frac{\partial u}{\partial \boldsymbol{n}} \right]\mathrm{d}s, \tag{11.5'}$$

$$\int_l \frac{\partial u}{\partial \boldsymbol{n}}\mathrm{d}s = 0, \tag{11.8'}$$

$$u(M_0) = \frac{1}{2\pi R}\int_{C_R^{M_0}} u\,\mathrm{d}s, \tag{11.9'}$$

其中 l 为平面区域 D 的边界(图 11.3),$C_R^{M_0}$ 是以 M_0 为圆心,R 为半径的圆周.

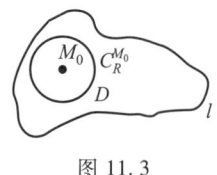

图 11.3

第二节 拉普拉斯方程的球的狄利克雷问题

§11.2.1 边值问题的提法

数学物理的许多问题都归结为求拉普拉斯方程的解. 按照边界条件的不同提

法,也可以把它的定解问题分为三类,即

第一边值问题,又称**狄利克雷问题** 求一函数,使在区域 D 内调和,而在 D 的边界 S 上取已知值,$u\mid_S=f_1$. 这在第九章已经讲到了.

第二边值问题,又称**诺伊曼问题** 求一函数,使在区域 D 内调和,而在 D 的边界 S 上,它的外法向导数取已知值,$\dfrac{\partial u}{\partial \boldsymbol{n}}\bigg|_S=f_2$.

第三边值问题,又称**罗宾问题** 求一函数,使在区域 D 内调和,而在 D 的边界 S 上,它本身和它的外法向导数的线性组合取已知值,$\left[\alpha\dfrac{\partial u}{\partial \boldsymbol{n}}+\beta u\right]\bigg|_S=f_3$,$\alpha,\beta$ 是不同时为零的常数(一般为非负数),f_1,f_2,f_3 为已知函数.

这里所述的定解问题,都是要求在区域的内部求解,故又称为**内问题**. 若在区域的外部求解,则称为**外问题**.

§11.2.2 球的狄利克雷问题

在椭圆型方程中,最简单最重要的就是拉普拉斯方程和泊松方程. 在第九章,我们已用傅氏方法解决了平面上拉普拉斯方程的圆内狄利克雷问题. 这里,我们再求解空间中拉普拉斯方程的球内狄利克雷问题

$$\begin{cases}\Delta u=0 & (\text{在球内}), & (11.1)\\ u=f & (\text{在球面上}). & (11.10)\end{cases}$$

也就是说,求一函数 u,在球内调和,在球内直到球面上连续,并在球面上取已知值 f.

如图 11.4,设 R 是球 K_R^0 的半径,O 是球心,M' 是球面 S_R^0 上的变点,$f(M')$ 是函数 u 在球面 S_R^0 上的给定值,今在球内任意固定一点 M_0,用 r 记 M_0 到球体 $K_R^0\cup S_R^0$ 上的变点 M 之间的距离. 我们利用公式(11.5)

$$u(M_0)=-\frac{1}{4\pi}\iint\limits_{S_R^0}\left[u\frac{\partial\left(\dfrac{1}{r}\right)}{\partial \boldsymbol{n}}-\frac{1}{r}\frac{\partial u}{\partial \boldsymbol{n}}\right]\mathrm{d}S$$

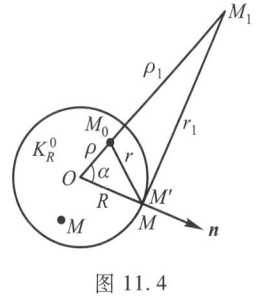

图 11.4

来求解. 因为积分号下的函数 u 可直接用已知边值函数 f 来代替,剩下的只需设法消去 $\dfrac{\partial u}{\partial \boldsymbol{n}}$ 了. 现在,考虑格林公式(11.4)

$$\iiint\limits_{K_R^0}(u\Delta v-v\Delta u)\mathrm{d}V=\iint\limits_{S_R^0}\left(u\frac{\partial v}{\partial \boldsymbol{n}}-v\frac{\partial u}{\partial \boldsymbol{n}}\right)\mathrm{d}S,$$

只要找到一个在整个球内无奇点的调和函数,同时又在球面上与 $\dfrac{1}{r}$ 等值,然后利用公式(11.4)和(11.5),则上述目的不难达到. 为此,不妨在球外于 OM_0 的延长线上再固定一点 M_1,使得

$$\rho\rho_1 = R^2,$$

其中 ρ 代表 OM_0 之长,ρ_1 代表 OM_1 之长,在 $\triangle OM_0M'$ 与 $\triangle OM'M_1$ 中,$\angle O$ 为公共角,且夹角的两边成比例,即

$$\frac{OM_0}{OM'} = \frac{OM'}{OM_1} \left(\frac{\rho}{R} = \frac{R}{\rho_1}\right).$$

因此,

$$\triangle OM_0M' \backsim \triangle OM'M_1,$$

从而有

$$\frac{M_0M'}{OM_0} = \frac{M'M_1}{OM'}.$$

用 r_1 记 M_1 到球体 $K_R^0 \cup S_R^0$ 上的变点 M 之间的距离,显然 $\dfrac{1}{r_1}$ 在整个球内调和. 当点 M 出现在球面 S_R^0 上时,点 M 就是点 M',此时,上面比例式可写为

$$\frac{r}{\rho} = \frac{r_1}{R},$$

即

$$\frac{R}{\rho} \frac{1}{r_1} = \frac{1}{r}. \tag{11.11}$$

公式(11.11)给出调和函数 $\dfrac{R}{\rho}\dfrac{1}{r_1}$ 在球面上的边值. 有了以上的分析,我们就可以立刻得出球内狄利克雷问题的解.

设 u 是狄利克雷问题的未知解,公式(11.5)给出

$$u(M_0) = -\frac{1}{4\pi}\iint\limits_{S_R^0}\left[u\frac{\partial\left(\dfrac{1}{r}\right)}{\partial \boldsymbol{n}} - \frac{1}{r}\frac{\partial u}{\partial \boldsymbol{n}}\right]dS. \tag{11.12}$$

另一方面,应用格林公式(11.4)于调和函数 u 与 $v = \dfrac{R}{\rho}\dfrac{1}{r_1}$,得

$$0 = \iint\limits_{S_R^0}\left[u\frac{\partial\left(\dfrac{R}{\rho}\dfrac{1}{r_1}\right)}{\partial \boldsymbol{n}} - \frac{R}{\rho}\frac{1}{r_1}\frac{\partial u}{\partial \boldsymbol{n}}\right]dS. \tag{11.13}$$

第二节 拉普拉斯方程的球的狄利克雷问题

在式(11.13)中,用 $\dfrac{R}{\rho}\dfrac{1}{r_1}$ 的边值 $\dfrac{1}{r}$ 代替 $\dfrac{R}{\rho}\dfrac{1}{r_1}$,再乘 $\dfrac{1}{4\pi}$,然后与(11.12)式相加,得

$$u(M_0)=\frac{1}{4\pi}\iint_{S_R^0}u\left[\frac{R}{\rho}\frac{\partial\left(\dfrac{1}{r_1}\right)}{\partial n}-\frac{\partial\left(\dfrac{1}{r}\right)}{\partial n}\right]\mathrm{d}S.$$

在 S_R^0 上,未知函数 u 可以表示成已知函数 $f(M')$,于是积分号下全是已知的量了,即

$$u(M_0)=\frac{1}{4\pi}\iint_{S_R^0}f(M')\left[\frac{R}{\rho}\frac{\partial\left(\dfrac{1}{r_1}\right)}{\partial n}-\frac{\partial\left(\dfrac{1}{r}\right)}{\partial n}\right]\mathrm{d}S. \tag{11.14}$$

我们再来改写方括号中的差,主要就是改写 $\dfrac{\partial\left(\dfrac{1}{r}\right)}{\partial \boldsymbol{n}}$ 与 $\dfrac{\partial\left(\dfrac{1}{r_1}\right)}{\partial \boldsymbol{n}}$。设 $\boldsymbol{n}^0$ 是球面 S_R^0 的单位外法矢量,则

$$\frac{\partial\left(\dfrac{1}{r}\right)}{\partial \boldsymbol{n}}=\frac{\partial\left(\dfrac{1}{r}\right)}{\partial r}\frac{\partial r}{\partial \boldsymbol{n}}=-\frac{1}{r^2}\frac{\partial r}{\partial \boldsymbol{n}}=-\frac{1}{r^2}\mathrm{grad}\, r\cdot \boldsymbol{n}^0=-\frac{1}{r^2}\left(\frac{\partial r}{\partial x}\boldsymbol{i}+\frac{\partial r}{\partial y}\boldsymbol{j}+\frac{\partial r}{\partial z}\boldsymbol{k}\right)\cdot \boldsymbol{n}^0.$$

因 $r=\sqrt{(x-x_0)^2+(y-y_0)^2+(z-z_0)^2}$,$(x,y,z)$ 是 M 点的坐标,(x_0,y_0,z_0) 是 M_0 点的坐标,故

$$\frac{\partial r}{\partial x}=\frac{x-x_0}{r},\quad \frac{\partial r}{\partial y}=\frac{y-y_0}{r},\quad \frac{\partial r}{\partial z}=\frac{z-z_0}{r}.$$

设 $\boldsymbol{r}^0$ 是 $\boldsymbol{r}$ 方向的单位矢量,于是

$$\frac{\partial\left(\dfrac{1}{r}\right)}{\partial \boldsymbol{n}}=-\frac{1}{r^2}\frac{(x-x_0)\boldsymbol{i}+(y-y_0)\boldsymbol{j}+(z-z_0)\boldsymbol{k}}{r}\cdot \boldsymbol{n}^0$$

$$=-\frac{1}{r^2}\frac{r\boldsymbol{r}^0}{r}\cdot \boldsymbol{n}^0=-\frac{1}{r^2}\boldsymbol{r}^0\cdot \boldsymbol{n}^0=-\frac{1}{r^2}\cos(\widehat{\boldsymbol{r},\boldsymbol{n}}).$$

同理,

$$\frac{\partial\left(\dfrac{1}{r_1}\right)}{\partial \boldsymbol{n}}=-\frac{1}{r_1^2}\cos(\widehat{\boldsymbol{r}_1,\boldsymbol{n}}),$$

从而(11.14)方括号中的差为

$$\frac{R}{\rho}\frac{\partial\left(\dfrac{1}{r_1}\right)}{\partial \boldsymbol{n}}-\frac{\partial\left(\dfrac{1}{r}\right)}{\partial \boldsymbol{n}}=\frac{1}{r^2}\cos(\widehat{\boldsymbol{r},\boldsymbol{n}})-\frac{R}{\rho r_1^2}\cos(\widehat{\boldsymbol{r}_1,\boldsymbol{n}}).$$

又由 $\triangle OM_0M'$ 与 $\triangle OM'M_1$ 有

$$\cos(\widehat{\boldsymbol{r},\boldsymbol{n}}) = \frac{R^2+r^2-\rho^2}{2Rr},$$

$$\cos(\widehat{\boldsymbol{r}_1,\boldsymbol{n}}) = \frac{R^2+r_1^2-\rho_1^2}{2Rr_1},$$

再考虑到(11.11)式与 $\rho\rho_1 = R^2$ 的关系,上式立刻简化为

$$\frac{R}{\rho}\frac{\partial\left(\frac{1}{r_1}\right)}{\partial\boldsymbol{n}} - \frac{\partial\left(\frac{1}{r}\right)}{\partial\boldsymbol{n}} = \frac{R^2-\rho^2}{Rr^3}.$$

于是表达式(11.14)可以改写成

$$u(M_0) = \frac{1}{4\pi R}\iint\limits_{S_R^0} f(M')\frac{R^2-\rho^2}{r^3}\mathrm{d}S \qquad (11.14')$$

的形式. 或者引入以球心为坐标原点的球坐标系,设点 M' 的球坐标为 (R,θ',φ'),点 M_0 的球坐标为 $(\rho,\theta_0,\varphi_0)$,再将 $\angle O$ 记为 α,则(11.14')式又可写为

$$u(\rho,\theta_0,\varphi_0) = \frac{R}{4\pi}\int_0^{2\pi}\int_0^{\pi} f(\theta',\varphi')\frac{R^2-\rho^2}{(R^2-2R\rho\cos\alpha+\rho^2)^{3/2}}\sin\theta'\mathrm{d}\theta'\mathrm{d}\varphi'. \qquad (11.14'')$$

可以证明,当 $f(M')$ 是连续函数时,表达式(11.14″)确为球内狄利克雷问题(11.1)和(11.10)的解. 我们也把(11.14″)叫做**球的泊松积分**. 对于圆的狄利克雷问题,也可以类似地构造它的解,同样导出泊松积分(9.7).

§11.2.3 狄利克雷外问题

容易看出,由于球的内外法向导数只差一个符号,故积分

$$v(M_0) = \frac{1}{4\pi R}\iint\limits_{S_R^0} f(M')\frac{\rho^2-R^2}{r^3}\mathrm{d}S,$$

或者

$$v(\rho,\theta_0,\varphi_0) = \frac{R}{4\pi}\int_0^{2\pi}\int_0^{\pi} f(\theta',\varphi')\frac{\rho^2-R^2}{(R^2-2R\rho\cos\alpha+\rho^2)^{3/2}}\sin\theta'\mathrm{d}\theta'\mathrm{d}\varphi',$$

恰好给出上述狄利克雷外问题的解,只不过在这里 $\rho>R$ 罢了.

同理,积分

$$v(r,\theta) = \frac{1}{2\pi}\int_0^{2\pi} f(\varphi)\frac{r^2-l^2}{l^2-2lr\cos(\varphi-\theta)+r^2}\mathrm{d}\varphi$$

给出平面上拉普拉斯方程关于圆外狄利克雷问题的解,其中 $r>l$.

显然,当变点无限远移时,有

$$\lim_{\rho \to \infty} v(\rho, \theta_0, \varphi_0) = 0$$

和

$$\lim_{r \to \infty} v(r, \theta) = \frac{1}{2\pi} \int_0^{2\pi} f(\varphi) \, d\varphi \ (\text{有限值}),$$

这两个事实的重要性将在第十四章第六节中见到.

第三节 格 林 函 数

§11.3.1 格林函数的定义

通过拉普拉斯方程的球内狄利克雷问题的解决,可以引出关于一般曲面 S 的狄利克雷问题

$$\begin{cases} \Delta u = 0 & (\text{在区域 } D \text{ 内}), \\ u = f & (\text{在 } D \text{ 的边界 } S \text{ 上}) \end{cases}$$

的求解方法. 如前所知,解决球内狄利克雷问题的关键,在于从公式(11.5)中消去 $\dfrac{\partial u}{\partial \boldsymbol{n}}$,而这是在找到了函数 $\dfrac{R}{\rho} \dfrac{1}{r_1}$ 后才做到的. 对任意曲面 S,也可以同样地从公式(11.5)中消去 $\dfrac{\partial u}{\partial \boldsymbol{n}}$,但也需要寻找一个相当于 $\dfrac{R}{\rho} \dfrac{1}{r_1}$ 的已知调和函数. 为此,我们在格林公式(11.4)中,设 $\Delta u = 0$,并以另一在 D 内的调和函数 g 代替 v,得

$$0 = \iint_S \left(u \frac{\partial g}{\partial \boldsymbol{n}} - g \frac{\partial u}{\partial \boldsymbol{n}} \right) dS.$$

用 $\dfrac{1}{4\pi}$ 乘上式,然后和(11.5)式相加,于是得到

$$u(M_0) = -\frac{1}{4\pi} \iint_S \left[u \left(\frac{\partial \left(\frac{1}{r} \right)}{\partial \boldsymbol{n}} - \frac{\partial g}{\partial \boldsymbol{n}} \right) - \left(\frac{1}{r} - g \right) \frac{\partial u}{\partial \boldsymbol{n}} \right] dS.$$

现在我们要求调和函数 g 在界面 S 上与函数 $\dfrac{1}{r}$ 相等,于是积分号下的 $\dfrac{1}{r} - g = 0$,再以边值函数 f 代替 u,那么,上式就变为

$$u(M_0) = -\frac{1}{4\pi} \iint_S f \frac{\partial}{\partial \boldsymbol{n}} \left(\frac{1}{r} - g \right) dS.$$

可见,对任一曲面 S,只要找到函数 g,这公式就解决了该区域上的狄利克雷问题. 不过严格证明解函数 u 满足边界条件是比较困难的. 这里的函数 g 在 D 内处处调和,在界面 S 上与 $\dfrac{1}{r}$ 相等,其中

$$r = \sqrt{(x-x_0)^2 + (y-y_0)^2 + (z-z_0)^2}.$$

因此,g 和函数 u 完全无关,但和曲面 S 的形状与点 $M_0(x_0, y_0, z_0)$ 的位置有关. 就是说,g 是两点 M 和 M_0 的函数,

$$g = g(M; M_0) = g(x, y, z; x_0, y_0, z_0).$$

令

$$G(M; M_0) = \frac{1}{r} - g(M; M_0),$$

于是狄利克雷问题的解就可表示为

$$u(M_0) = -\frac{1}{4\pi} \iint_S f \frac{\partial G}{\partial \boldsymbol{n}} \mathrm{d}S. \tag{11.15}$$

对于平面的情形,完全类似地,可以推得

$$u(M_0) = -\frac{1}{2\pi} \int_L f \frac{\partial G}{\partial \boldsymbol{n}} \mathrm{d}s, \tag{11.15'}$$

其中

$$G(M; M_0) = \ln \frac{1}{r} - g(M; M_0).$$

函数 G 称为拉普拉斯方程 $\Delta u = 0$ 关于区域 D 的狄利克雷问题的**格林函数**. 格林函数的存在解决了狄利克雷问题. 这种利用格林函数求解定解问题的方法称为**格林函数法**.

由 $g(M; M_0)$ 的定义推出格林函数有下列两个基本性质:

(i) 除点 M_0 外,函数 $G(M; M_0)$ 在 D 内调和;当 $M \to M_0$ 时,$G(M; M_0)$ 趋于无穷大,而差 $G - \dfrac{1}{r}$ 保持有界.

(ii) 在界面 S 上,函数 G 恒等于零.

此外,格林函数还有所谓的对称性、正值性和 $\iint_S \dfrac{\partial G}{\partial \boldsymbol{n}} \mathrm{d}S = -4\pi$ 等性质.

根据性质(i)和(ii),格林函数也可定义如下:

定解问题

$$\begin{cases} \Delta G = -4\pi \delta(M - M_0) & \text{(在区域 } D \text{ 内)}, \\ G = 0 & \text{(在 } D \text{ 的边界 } S \text{ 上)} \end{cases}$$

的解称为拉普拉斯方程(泊松方程)关于区域 D 的狄利克雷问题的格林函数.

格林函数和格林函数法的物理背景是富有启发性的. 在线性物理中,连续分布的源可以看成由许许多多点源叠加而成. 因而相对比较容易地先求出点源产生的影响,然后再叠加(积分),就可得到连续分布的源所产生的影响. 这个**点源(影响)函数**就是格林函数.

通过以上讨论,我们得到了一个满意的结论,要解决狄利克雷问题

$$\begin{cases} \Delta u = 0 & (在区域 D 内), \\ u = f & (在 D 的边界 S 上), \end{cases}$$

只需对区域 D 求得格林函数 G. 不过,要知道区域 D 上的格林函数 G,又必须解一个特殊的狄利克雷问题

$$\begin{cases} \Delta u = 0 & (在区域 D 上), \\ u = \dfrac{1}{r} & (在 D 的边界 S 上). \end{cases}$$

对于一般区域,要解决这个特殊的狄利克雷问题同样是困难的. 但是,我们并不因此就否定了这种求解的方法,因为

(i) 它揭示了边界(或者说区域)在狄利克雷问题中的重要性,并且,格林函数仅依赖于这个边界,而与所给的边界条件无关. 如果求得了某个区域上的格林函数,就一劳永逸地解决了这个区域上的一切狄利克雷问题.

(ii) 它明确地指出了解应有的形式.

(iii) 对于若干重要形式的区域,也真可以用初等方法求出格林函数而解决该区域上的狄利克雷问题.

§11.3.2 用电像法作格林函数

格林函数在静电学上有非常明显的物理意义:设想区域 D 的界面 S 是接地的导体(表面电势为零). 如果在 D 内 M_0 处有一个单位正电荷,那么格林函数 G 恰恰代表区域 D 中的电势. 第一项 $\dfrac{1}{r}$ 显然是点电荷的电场产生的电势,而第二项 $-g$ 则代表在导体内表面 S 上感应电荷的电场产生的电势. 因此要求格林函数,就归结为确定这个感应电势. 当区域的边界具有特殊的对称性时,就可以用类似于求反射波的方法求得格林函数.

假设在区域外也有一个点电荷,它在自由空间的电场产生的电势和 M_0 处的单位正电荷所产生的电势在边界面上恰好抵消,这个假想的点电荷在区域内的电势就等于感应电荷所产生的电势. 容易想象,这个假想电荷的位置应该是 M_0 关于边界曲面的某种对称点. 人们便利用这种对称性来求感应电场,从而构造出格林函数. 这种方法在物理上称为**电像法**或**镜像法**.

例如在§11.2.2中，解决球的狄利克雷问题时，实际上就是通过寻找M_0点关于球面的对称点（反演点）M_1，作出了关于**球的格林函数**

$$G(M;M_0) = \frac{1}{r} - \frac{R}{\rho}\frac{1}{r_1},$$

其中$r = |M_0M|$，$r_1 = |M_1M|$.

对圆而言，沿用图11.4，也可以像作关于球的格林函数那样作出关于**圆的格林函数**

$$G(M;M_0) = \ln\frac{1}{r} - \ln\frac{R}{\rho}\frac{1}{r_1}.$$

下面，我们再用电像法对半空间和半平面的情形作格林函数.

半空间的情形 即求一个在上半空间$z>0$内的调和函数$u(x,y,z)$，且在边界面$z=0$上满足

$$u(x,y,0) = f(x,y).$$

设r是由$M_0(x_0,y_0,z_0)$到变点M之间的距离，其中$z_0>0$，r_1是由$M_1(x_0,y_0,-z_0)$到变点M之间的距离. 对于平面$z=0$而言，M_1是M_0的对称点（图11.5）. 因为M_1位于半空间之外，故在半空间$z>0$内，$\frac{1}{r_1}$是M的调和函数. 当M出现在边界面$z=0$上时，显然有$\frac{1}{r_1} = \frac{1}{r}$，如此，在所考虑的情形下，格林函数为

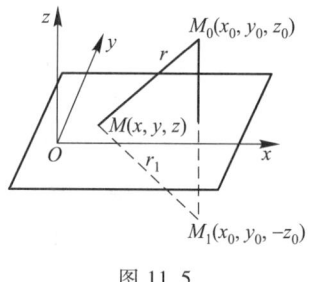

图 11.5

$$G(M;M_0) = \frac{1}{r} - \frac{1}{r_1} = \frac{1}{\sqrt{(x-x_0)^2 + (y-y_0)^2 + (z-z_0)^2}} - \frac{1}{\sqrt{(x-x_0)^2 + (y-y_0)^2 + (z+z_0)^2}}.$$

对于半空间$z>0$而言，边界面$z=0$的外法线方向与z轴的方向相反，就是说$\frac{\partial}{\partial n} = -\frac{\partial}{\partial z}$，于是公式(11.15)给出问题的解

$$u(x_0,y_0,z_0) = \frac{1}{4\pi}\int_{-\infty}^{+\infty}\int_{-\infty}^{+\infty} f(x,y)\frac{\partial}{\partial z}\left[\frac{1}{\sqrt{(x-x_0)^2 + (y-y_0)^2 + (z-z_0)^2}} - \frac{1}{\sqrt{(x-x_0)^2 + (y-y_0)^2 + (z+z_0)^2}}\right]_{z=0} dxdy$$

$$= \frac{z_0}{2\pi}\int_{-\infty}^{+\infty}\int_{-\infty}^{+\infty} \frac{f(x,y)}{[(x-x_0)^2 + (y-y_0)^2 + z_0^2]^{3/2}} dxdy. \tag{11.16}$$

半平面的情形　与半空间的情形类似,当考虑半平面 $y>0$ 内的狄利克雷问题时,格林函数为

$$\ln\frac{1}{r}-\ln\frac{1}{r_1}=\ln\frac{1}{\sqrt{(x-x_0)^2+(y-y_0)^2}}-\ln\frac{1}{\sqrt{(x-x_0)^2+(y+y_0)^2}},$$

并且对于边界条件

$$u(x,0)=f(x),$$

公式(11.15′)给出问题的解

$$u(x_0,y_0)=\frac{y_0}{\pi}\int_{-\infty}^{+\infty}\frac{f(x)}{(x-x_0)^2+y_0^2}\mathrm{d}x. \tag{11.17}$$

可以严格证明表达式(11.16),(11.17)确为狄利克雷问题之解.

§11.3.3　格林函数的对称性

在以上几个例子中,我们清楚地看到

$$G(M;M_0)=G(M_0;M),$$

这叫做格林函数的**对称性**. 它在电学上的意义可以这样来描述:M_0 处的单位点电荷在 M 处产生的电势等于 M 处的单位点电荷在 M_0 处所产生的电势. 更一般地说,在 M_0 处放置"源"在 M 点所发生的作用,等于在 M 处放置的相同"源"在 M_0 点所发生的作用. 这就是物理学中的**互易原理**.

现在我们在一般的情形下来证明格林函数的对称性. 设 $G(M;M_0)$ 是关于区域 D 的格林函数,D 的界面为 S,M_1 和 M_2 为 D 内的任意两点,则

$$G(M_1;M_2)=G(M_2;M_1).$$

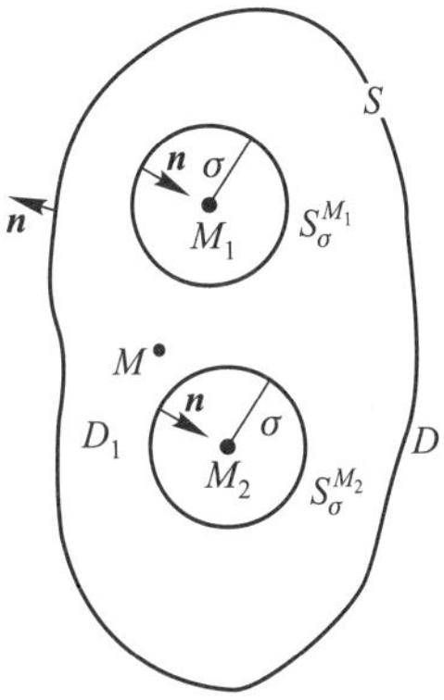

如图11.6,以 M_1,M_2 为球心,分别以充分小的 σ 为半径,作两个小球,使它们都含于 D 内,且相应的小球面 $S_\sigma^{M_1}$ 和 $S_\sigma^{M_2}$ 彼此不相交,挖去此两个小球所剩下的区域部分记为 D_1,则格林函数 $G(M;M_1)$,$G(M;M_2)$ 在 D_1 内处处调和. 代入公式(11.4),有

图 11.6

$$\iiint_{D_1}[G(M;M_1)\Delta G(M;M_2)-G(M;M_2)\Delta G(M;M_1)]\mathrm{d}V$$

$$=\iint_{S}\left[G(M;M_1)\frac{\partial G(M;M_2)}{\partial\boldsymbol{n}}-G(M;M_2)\frac{\partial G(M;M_1)}{\partial\boldsymbol{n}}\right]\mathrm{d}S+$$

$$\iint_{S_\sigma^{M_1}}\left[G(M;M_1)\frac{\partial G(M;M_2)}{\partial\boldsymbol{n}}-G(M;M_2)\frac{\partial G(M;M_1)}{\partial\boldsymbol{n}}\right]\mathrm{d}S+$$

$$\iint_{S_\sigma^{M_2}} \left[G(M;M_1) \frac{\partial G(M;M_2)}{\partial \boldsymbol{n}} - G(M;M_2) \frac{\partial G(M;M_1)}{\partial \boldsymbol{n}} \right] \mathrm{d}S.$$

因在 D_1 中 $\Delta G(M;M_1) = \Delta G(M;M_2) = 0$,故上式左端为零. 又因 $G(M;M_1), G(M;M_2)$ 在界面 S 上为零,故上式右端第一个面积分为零. 于是积分等式简化为

$$\iint_{S_\sigma^{M_1}} \left[G(M;M_1) \frac{\partial G(M;M_2)}{\partial \boldsymbol{n}} - G(M;M_2) \frac{\partial G(M;M_1)}{\partial \boldsymbol{n}} \right] \mathrm{d}S +$$

$$\iint_{S_\sigma^{M_2}} \left[G(M;M_1) \frac{\partial G(M;M_2)}{\partial \boldsymbol{n}} - G(M;M_2) \frac{\partial G(M;M_1)}{\partial \boldsymbol{n}} \right] \mathrm{d}S = 0. \quad (11.18)$$

我们先计算(11.18)式左端第二个积分 $\iint_{S_\sigma^{M_2}}$,在球面 $S_\sigma^{M_2}$ 上有

$$G(M;M_2) = \frac{1}{r} - g = \frac{1}{\sigma} - g,$$

$$\frac{\partial G(M;M_2)}{\partial \boldsymbol{n}} = -\frac{\partial G}{\partial r} = \frac{1}{r^2} + \frac{\partial g}{\partial r} = \frac{1}{\sigma^2} + \frac{\partial g}{\partial r},$$

故

$$\iint_{S_\sigma^{M_2}} = \iint_{S_\sigma^{M_2}} \left[G(M;M_1) \left(\frac{1}{\sigma^2} + \frac{\partial g}{\partial r} \right) - \left(\frac{1}{\sigma} - g \right) \frac{\partial G(M;M_1)}{\partial \boldsymbol{n}} \right] \mathrm{d}S$$

$$= \iint_{S_\sigma^{M_2}} \frac{1}{\sigma^2} G(M;M_1) \mathrm{d}S - \iint_{S_\sigma^{M_2}} \frac{1}{\sigma} \frac{\partial G(M;M_1)}{\partial \boldsymbol{n}} \mathrm{d}S +$$

$$\iint_{S_\sigma^{M_2}} \left[G(M;M_1) \frac{\partial g}{\partial r} + g \frac{\partial G(M;M_1)}{\partial \boldsymbol{n}} \right] \mathrm{d}S. \quad (11.19)$$

沿 $S_\sigma^{M_2}$ 积分时,变点 M 与 M_1 不可能相重合,故 $G(M;M_1)$ 和 $\frac{\partial G(M;M_1)}{\partial \boldsymbol{n}}$ 都是连续的,于是由积分中值定理有

$$\iint_{S_\sigma^{M_2}} \frac{1}{\sigma^2} G(M;M_1) \mathrm{d}S = \frac{1}{\sigma^2} G(\overline{M};M_1) 4\pi\sigma^2 = G(\overline{M};M_1) 4\pi, \quad (11.20)$$

$$\iint_{S_\sigma^{M_2}} \frac{1}{\sigma} \frac{\partial G(M;M_1)}{\partial \boldsymbol{n}} \mathrm{d}S = \frac{1}{\sigma} \frac{\partial G}{\partial \boldsymbol{n}} \bigg|_{\overline{\overline{M}}} 4\pi\sigma^2 = \frac{\partial G}{\partial \boldsymbol{n}} \bigg|_{\overline{\overline{M}}} 4\pi\sigma, \quad (11.21)$$

$$\iint_{S_\sigma^{M_2}} \left[G(M;M_1) \frac{\partial g}{\partial r} + g \frac{\partial G(M;M_1)}{\partial \boldsymbol{n}} \right] \mathrm{d}S = \left(G \frac{\partial g}{\partial r} + g \frac{\partial G}{\partial \boldsymbol{n}} \right) \bigg|_{\overline{\overline{\overline{M}}}} 4\pi\sigma^2, \quad (11.22)$$

其中 $\overline{M}, \overline{\overline{M}}, \overline{\overline{\overline{M}}}$ 均为 $S_\sigma^{M_2}$ 上的点. 故当 $\sigma \to 0$ 时, $\overline{M}, \overline{\overline{M}}, \overline{\overline{\overline{M}}} \to M_2$,从而

$$G(\overline{M};M_1) 4\pi \to 4\pi G(M_2;M_1),$$

$$\left.\frac{\partial G}{\partial \boldsymbol{n}}\right|_{\overline{M}} 4\pi\sigma \to 0, \quad \left.\left(G\frac{\partial g}{\partial r}+g\frac{\partial G}{\partial \boldsymbol{n}}\right)\right|_{\overline{M}} 4\pi\sigma^2 \to 0.$$

于是由(11.19)式得到,当 $\sigma \to 0$ 时,

$$\iint_{S_\sigma^{M_2}}\left[G(M;M_1)\frac{\partial G(M;M_2)}{\partial \boldsymbol{n}}-G(M;M_2)\frac{\partial G(M;M_1)}{\partial \boldsymbol{n}}\right]\mathrm{d}S \to 4\pi G(M_2;M_1).$$

同理可证,当 $\sigma \to 0$ 时,(11.18)式左端第一个积分

$$\iint_{S_\sigma^{M_1}}\left[G(M;M_1)\frac{\partial G(M;M_2)}{\partial \boldsymbol{n}}-G(M;M_2)\frac{\partial G(M;M_1)}{\partial \boldsymbol{n}}\right]\mathrm{d}S \to -4\pi G(M_1;M_2).$$

再由(11.18)式

$$\iint_{S_\sigma^{M_1}} + \iint_{S_\sigma^{M_2}} = 0,$$

当 $\sigma \to 0$ 时,得到

$$-4\pi G(M_1;M_2)+4\pi G(M_2;M_1)=0,$$

即

$$G(M_1;M_2)=G(M_2;M_1).$$

以上讨论全是针对的第一边值问题. 对第二、第三边值问题也可作同样讨论,所得的格林函数分别称为第二种格林函数(诺伊曼函数),第三种格林函数(罗宾函数). 但对第二边值问题须作修正.

设第二边值问题为

$$\begin{cases}\Delta u = f & (在区域 D 内),\\ \dfrac{\partial u}{\partial n}=f_2 & (在 D 的边界 S 上).\end{cases}$$

在格林公式(11.4)中,令 $v \equiv 1$,则有

$$\iiint_D f\mathrm{d}V = \iint_S f_2\mathrm{d}S,$$

此条件称为第二边值问题的相容性条件. 只有满足相容性条件的第二边值问题才有解存在,且在相差一个常数的意义下是唯一的. 这一结论可从以下物理意义看出,左端表示热源产生的热量,右端表示通过边界散发的热量,只有两者相等,才能保持温度场的稳定.

§11.3.4 保形变换法

对于一般平面单连通区域拉普拉斯方程的格林函数,可以通过保形变换的办

法化为单位圆上的问题而求得.

设单叶解析函数
$$\zeta = f(z) = \xi(x,y) + i\eta(x,y), \quad \zeta_0 = f(z_0)$$
将(x,y)平面上的单连通区域D保形变换为(ξ,η)平面上的区域D_1,将D的边界∂D一一地变换为D_1的边界∂D_1. 如果
$$G_1(\zeta,\zeta_0) = \ln\frac{1}{|\zeta-\zeta_0|} - g_1(\zeta,\zeta_0)$$
是区域D_1上的格林函数,那么
$$G(z,z_0) = G_1(f(z),f(z_0)) \tag{11.23}$$
就是区域D上的格林函数.

事实上,在∂D上,$G_1(f(z),f(z_0))=0$. 又有
$$\begin{aligned}G(z,z_0) &= \ln\frac{1}{|f(z)-f(z_0)|} - g_1(f(z),f(z_0))\\&= \ln\frac{1}{|z-z_0|} - g(z,z_0),\end{aligned}$$
其中
$$g(z,z_0) = \ln\frac{|f(z)-f(z_0)|}{|z-z_0|} + g_1(f(z),f(z_0)).$$
由§6.1.3的讨论可知,在区域D内$g(z,z_0)$当$z\ne z_0$时满足拉普拉斯方程;当$z\to z_0$时,$\dfrac{f(z)-f(z_0)}{z-z_0}\to f'(z_0)\ne 0$,从而$g(z,z_0)$在$z=z_0$处也满足拉普拉斯方程. 即$g(z,z_0)$是区域$D$内的调和函数,亦即$G(z,z_0)=G_1(f(z),f(z_0))$是区域$D$上的格林函数.

由黎曼存在定理[①]可知:对于任一给定的单连通区域必存在一个保形变换,将此单连通区域变换为单位圆,并将区域内一点变换为单位圆的圆心. 因而只要求出单位圆的格林函数,就可以用(11.23)求得一般单连通区域的格林函数.

例如,当D是上半平面时,由于函数$\zeta = \dfrac{z-z_0}{z-\bar{z}_0}$将$D$变换为单位圆,并将$z=z_0$变换为$\zeta=\zeta_0=0$,由(11.23)可得上半平面的格林函数为
$$G(z,z_0) = \ln\left|\frac{z-\bar{z}_0}{z-z_0}\right| = \ln\sqrt{\frac{(x-x_0)^2+(y+y_0)^2}{(x-x_0)^2+(y-y_0)^2}}.$$
可以看到,这和电像法所得结果是一致的.

从上述得知,二维拉普拉斯方程的狄利克雷问题,对于一般单连通区域之所以

---

① 见钟玉泉编《复变函数论》(第四版)第七章.

都能获得解决,关键在于那个变换函数 $w=f(z)$(把任意单连通区域 D 变换为单位圆)的存在.事实上,这个变换函数的存在恰恰等价于格林函数的存在.

第四节 泊松方程

§11.4.1 泊松方程的导出

在研究有外力作用下的薄膜平衡和有热源的热平衡以及稳定电场的静电势等问题时,都会遇到所谓的泊松方程

$$\Delta u = u_{xx} + u_{yy} + u_{zz} = F(x,y,z),$$

其中 $F(x,y,z)$ 是已知函数.

例如,对于稳定电荷的静电场 $\boldsymbol{E}(x,y,z)$,由于它是无旋场,即旋度

$$\operatorname{rot} \boldsymbol{E} = \boldsymbol{0},$$

因而是一个有势场.即是说,存在一个数量函数 $u(x,y,z)$ 使得

$$\boldsymbol{E} = -\operatorname{grad} u.$$

这里 $u(x,y,z)$ 称为该电场的**势函数**.

设 $\rho(x,y,z)$ 是介质内电荷的体积密度,而该介质的介电常数 $\varepsilon = 1$,则根据电动力学的基本定律,有

$$\iint_S \boldsymbol{E}_n \mathrm{d}S = 4\pi \sum e_i = 4\pi \iiint_D \rho \mathrm{d}V,$$

式中的 D 是场内任一体积,S 是 D 的界面,而 $\sum e_i$ 是 D 内的总电荷.

利用高斯公式,上式左端可写为

$$\iint_S \boldsymbol{E}_n \mathrm{d}S = \iiint_D \operatorname{div} \boldsymbol{E} \mathrm{d}V = -\iiint_D \operatorname{div} \operatorname{grad} u \mathrm{d}V = -\iiint_D \Delta u \mathrm{d}V,$$

于是

$$-\iiint_D \Delta u \mathrm{d}V = 4\pi \iiint_D \rho \mathrm{d}V.$$

故得**泊松方程**

$$\Delta u = -4\pi \rho^{①}. \tag{11.24}$$

---

① 有的书将右端函数取为 f 或 $-f$.本书取法照顾了物理意义,且与柯朗著《数学物理方法》一致.

如果没有体积电荷($\rho=0$),那么,势函数 u 满足拉普拉斯方程
$$\Delta u = 0.$$

§11.4.2 泊松方程的狄利克雷问题

现对泊松方程,求解狄利克雷问题
$$\begin{cases} \Delta u = -4\pi\rho & (\text{在区域 } D \text{ 内}), \\ u = f & (\text{在 } D \text{ 的边界 } S \text{ 上}). \end{cases} \quad (11.25)$$
$$\quad (11.26)$$

考虑公式(11.7)
$$u(M_0) = -\frac{1}{4\pi}\iint_S \left[u\frac{\partial\left(\frac{1}{r}\right)}{\partial \boldsymbol{n}} - \frac{1}{r}\frac{\partial u}{\partial \boldsymbol{n}} \right] dS - \frac{1}{4\pi}\iiint_D \frac{\Delta u}{r} dV,$$

再在(11.4)中,用构成格林函数 G 的调和函数 g 代替 v,并注意到在 S 上 $g = \frac{1}{r}$,于是有
$$0 = \frac{1}{4\pi}\iint_S \left(u\frac{\partial g}{\partial \boldsymbol{n}} - \frac{1}{r}\frac{\partial u}{\partial \boldsymbol{n}} \right) dS + \frac{1}{4\pi}\iiint_D g\Delta u dV.$$

将以上两个等式相加并消去 $\frac{\partial u}{\partial \boldsymbol{n}}$,并注意到在 D 内,$\Delta u = -4\pi\rho$,$\frac{1}{r} - g = G$,在 S 上,$u = f$,即得定解问题(11.25)和(11.26)的解
$$u(M_0) = -\frac{1}{4\pi}\iint_S f\frac{\partial G}{\partial \boldsymbol{n}} dS + \iiint_D \rho G dV. \quad (11.27)$$

事实上,(11.27)式的第一项,即公式(11.15)的右端,是定解问题
$$\begin{cases} \Delta u = 0 & (\text{在区域 } D \text{ 内}), \\ u = f & (\text{在 } D \text{ 的边界 } S \text{ 上}) \end{cases}$$
的解. 同时,可以严格证明,当函数 $\rho(x,y,z)$ 满足一定的光滑条件时,(11.27)式的第二项(记为 II)就是定解问题
$$\begin{cases} \Delta u = -4\pi\rho, \\ u\Big|_S = 0 \end{cases}$$
的解. 故表达式(11.27)为定解问题(11.25)和(11.26)的解.

现将积分 II 分为两项,
$$\text{II} = \iiint_D \frac{\rho}{r} dV - \iiint_D \rho g dV.$$

因 II 满足泊松方程,而 II 的第二项又满足拉普拉斯方程,故

$$\iiint_D \frac{\rho}{r} dV \qquad (11.28)$$

应是泊松方程(11.25)的解.

我们知道,$\frac{1}{r}$ 表示在 M_0 点的单位质量(或电荷)所产生的场的势,故三重积分(11.28)称为**体势**.对于电场来说,它表示按电荷密度 ρ 分布的带电体 D 在电场中产生的电势.

格林公式(11.4)可以推广.应用推广的格林公式,对一般的椭圆型方程、抛物型方程和双曲型方程,都可以把它们的解表示为一个积分公式,用解函数 u 及其法向导数 $\frac{\partial u}{\partial \boldsymbol{n}}$ 在区域边界上的值来表示解在区域内任一点的值.因此,这一章的标题也可写为数学物理方程的解的积分公式.

习 题 十 一

1. 求解定解问题

$$\begin{cases} \Delta u = [4(x^2+y^2+z^2)-6] e^{-(x^2+y^2+z^2)}, \\ \lim_{r\to\infty} u = 0, \end{cases}$$

其中 $r = \sqrt{x^2+y^2+z^2}$.

提示:设问题的解为 $u = F(r^2)$.

2. 求圆 $x^2+y^2 \leq R^2$ 的格林函数,并由此对平面拉普拉斯方程导出求解圆的狄利克雷内问题的泊松公式.

3. 利用前题中的泊松公式求解狄利克雷问题

$$\begin{cases} u_{rr} + \frac{1}{r} u_r + \frac{1}{r^2} u_{\theta\theta} = 0, \\ u(1,\theta) = A \cos \theta \quad (-\pi \leq \theta \leq \pi), \end{cases}$$

其中 A 为已知常数.

4. 利用球内狄利克雷问题的泊松公式求积分

$$\iint_{S_R^0} \frac{dS}{r^3}$$

之值,其中 S_R^0 和 r 的含义见第十一章第二节.

5. 求区域 $0 \leq x < +\infty$,$0 \leq y < +\infty$ 的格林函数,并由此求解狄利克雷问题

$$\begin{cases} u_{xx} + u_{yy} = 0, \\ u(0,y) = f(y) \quad (0 \leq y < +\infty), \\ u(x,0) = 0 \quad (0 \leq x < +\infty), \end{cases}$$

其中 f 为已知的连续函数,且 $f(0)=0$.

6. 假定关于区域 D 的格林函数存在,试证第一边值问题的格林函数具有下列性质:

(1) $0 < G(M;M_0) < \dfrac{1}{r}$.

(2) $\iint\limits_{S} \dfrac{\partial G}{\partial \boldsymbol{n}} \mathrm{d}S = -4\pi$,其中 S 为区域 D 的边界.

第十二章　傅里叶变换 >>>

在本章和下一章,我们将介绍一种求解数理方程的常用方法——积分变换法. 所谓积分变换,就是把某函数类 A 中的函数 $f(x)$,经过某种可逆的积分手续

$$F(p) = \int k(x,p) f(x) \, \mathrm{d}x$$

变成另一函数类 B 中的函数 $F(p)$. $F(p)$ 称为 $f(x)$ 的像, $f(x)$ 称为 $F(p)$ 的原像.

在这种变换之下,原来的偏微分方程可以减少自变量的个数,直到变成常微分方程,原来的常微分方程可以变成代数方程,从而使在函数类 B 中的运算简化,找出在 B 中的一个解;再经过逆变换,便得到原来要在 A 中所求的解,而且是显式解.

第一节　傅里叶变换的定义及其基本性质

§12.1.1　傅里叶变换的定义

我们在第八章讨论傅里叶积分时,曾得到

$$f(x) = \frac{1}{2\pi} \int_{-\infty}^{+\infty} \mathrm{d}\lambda \int_{-\infty}^{+\infty} f(\xi) \cos \lambda(x-\xi) \, \mathrm{d}\xi,$$

又因 $\sin \lambda(x-\xi)$ 是 λ 的奇函数,得到

$$0 = \frac{1}{2\pi} \int_{-\infty}^{+\infty} \mathrm{d}\lambda \int_{-\infty}^{+\infty} f(\xi) \sin \lambda(x-\xi) \, \mathrm{d}\xi,$$

乘 i 再和前式相加,得

$$f(x) = \frac{1}{2\pi} \int_{-\infty}^{+\infty} \mathrm{d}\lambda \int_{-\infty}^{+\infty} f(\xi) [\cos \lambda(x-\xi) + \mathrm{i} \sin \lambda(x-\xi)] \, \mathrm{d}\xi$$

$$= \frac{1}{2\pi} \int_{-\infty}^{+\infty} \mathrm{d}\lambda \int_{-\infty}^{+\infty} f(\xi) \mathrm{e}^{\mathrm{i}\lambda(x-\xi)} \, \mathrm{d}\xi.$$

若引进新函数

$$F(\lambda) = \int_{-\infty}^{+\infty} f(\xi) e^{-i\lambda\xi} d\xi,$$

亦即

$$F(\lambda) = \int_{-\infty}^{+\infty} f(x) e^{-i\lambda x} dx, \qquad (12.1)$$

则

$$f(x) = \frac{1}{2\pi} \int_{-\infty}^{+\infty} F(\lambda) e^{i\lambda x} d\lambda. \qquad (12.2)$$

$F(\lambda)$ 称为 $f(x)$ 的**傅里叶变换**(简称**傅氏变换**)或**像**,而 $f(x)$ 称为 $F(\lambda)$ 的**傅里叶逆变换**(简称**傅氏逆变换**)或**原像**. 若将 (12.1) 的右端记为 $\mathscr{F}[f(x)]$ 或 $\mathscr{F}[f]$,将 (12.2) 的右端记为 $\mathscr{F}^{-1}[F(\lambda)]$ 或 $\mathscr{F}^{-1}[F]$,则有

$$\mathscr{F}^{-1}[F(\lambda)] = \mathscr{F}^{-1}[\mathscr{F}[f(x)]] = \mathscr{F}^{-1}\mathscr{F}[f(x)] = f(x),$$

或者简写为

$$\mathscr{F}^{-1}\mathscr{F}[f] = f.$$

显然

$$\mathscr{F}\mathscr{F}^{-1}[F] = F.$$

可以证明,若 $f(x)$ 在 $(-\infty, +\infty)$ 绝对可积,且在任一有限区间上最多有有限个极值点和第一类间断点,则它的傅氏变换存在,而且这个变换的逆变换就等于 $f(x)$.[①]

§12.1.2 傅里叶变换的基本性质

下面我们介绍傅氏变换的几个基本性质. 当涉及一函数需要进行傅氏变换时,我们约定,这个函数总是满足变换条件的.

性质 1(线性定理) 傅氏变换是一个线性变换,即是说,如果 α,β 为任意常数,则对函数 $f_1(x)$ 和 $f_2(x)$ 有

$$\mathscr{F}[\alpha f_1 + \beta f_2] = \alpha\mathscr{F}[f_1] + \beta\mathscr{F}[f_2].$$

定义 12.1 设 $f_1(x), f_2(x)$ 都满足傅氏变换的条件,则称

$$\int_{-\infty}^{+\infty} f_1(x-\eta) f_2(\eta) d\eta$$

为 $f_1(x)$ 和 $f_2(x)$ 的**卷积**,记为 $f_1(x) * f_2(x)$.

显然

$$f_1(x) * f_2(x) = f_2(x) * f_1(x).$$

如果 $f_1(x) * f_2(x)$ 也满足傅氏变换的条件,则有下述性质.

[①] 如果 x 是函数 $f(x)$ 的第一类间断点,则 $f(x)$ 应理解为 $\frac{f(x+0)+f(x-0)}{2}$,下同.

性质 2(卷积定理)　$f_1(x)$ 和 $f_2(x)$ 的卷积的傅氏变换等于 $f_1(x)$ 和 $f_2(x)$ 的傅氏变换的乘积,即

$$\mathscr{F}[f_1 * f_2] = \mathscr{F}[f_1]\mathscr{F}[f_2]$$

或

$$f_1 * f_2 = \mathscr{F}^{-1}[\mathscr{F}(f_1)\mathscr{F}(f_2)].$$

证

$$\mathscr{F}[f_1 * f_2] = \int_{-\infty}^{+\infty} e^{-i\lambda x} \int_{-\infty}^{+\infty} f_1(x-\eta) f_2(\eta) \mathrm{d}\eta \mathrm{d}x,$$

由于 f_1 和 f_2 在 $(-\infty, +\infty)$ 上绝对可积,积分次序可以交换,因此

$$\begin{aligned}
\mathscr{F}[f_1 * f_2] &= \int_{-\infty}^{+\infty} f_2(\eta) \mathrm{d}\eta \int_{-\infty}^{+\infty} f_1(x-\eta) e^{-i\lambda x} \mathrm{d}x \\
&= \int_{-\infty}^{+\infty} f_2(\eta) \mathrm{d}\eta \int_{-\infty}^{+\infty} f_1(\xi) e^{-i\lambda(\eta+\xi)} \mathrm{d}\xi \\
&= \int_{-\infty}^{+\infty} f_1(\xi) e^{-i\lambda \xi} \mathrm{d}\xi \int_{-\infty}^{+\infty} f_2(\eta) e^{-i\lambda \eta} \mathrm{d}\eta \\
&= \mathscr{F}[f_1]\mathscr{F}[f_2].
\end{aligned}$$

性质 3(乘积定理)　$f_1(x)$ 和 $f_2(x)$ 的乘积的傅氏变换等于它们各自的傅氏变换的卷积再乘 $\dfrac{1}{2\pi}$,即

$$\mathscr{F}[f_1 f_2] = \frac{1}{2\pi} \mathscr{F}[f_1] * \mathscr{F}[f_2].$$

证

$$\begin{aligned}
\mathscr{F}[f_1 f_2] &= \int_{-\infty}^{+\infty} f_1(x) f_2(x) e^{-i\lambda x} \mathrm{d}x \\
&= \int_{-\infty}^{+\infty} f_1(x) \left[\frac{1}{2\pi} \int_{-\infty}^{+\infty} F_2(\mu) e^{i\mu x} \mathrm{d}\mu \right] e^{-i\lambda x} \mathrm{d}x \\
&= \frac{1}{2\pi} \int_{-\infty}^{+\infty} F_2(\mu) \left[\int_{-\infty}^{+\infty} f_1(x) e^{-i(\lambda-\mu)x} \mathrm{d}x \right] \mathrm{d}\mu \\
&= \frac{1}{2\pi} \int_{-\infty}^{+\infty} F_2(\mu) F_1(\lambda-\mu) \mathrm{d}\mu \\
&= \frac{1}{2\pi} \mathscr{F}[f_1] * \mathscr{F}[f_2].
\end{aligned}$$

性质 4(原像的导数定理)　如果当 $|x| \to \infty$ 时,$f(x) \to 0$,则

$$\mathscr{F}[f'] = i\lambda \mathscr{F}[f].$$

证
$$\mathscr{F}[f'] = \int_{-\infty}^{+\infty} f'(x) e^{-i\lambda x} dx = \left[f(x) e^{-i\lambda x} \right]_{-\infty}^{+\infty} + \int_{-\infty}^{+\infty} f(x) i\lambda e^{-i\lambda x} dx$$
$$= i\lambda \int_{-\infty}^{+\infty} f(x) e^{-i\lambda x} dx = i\lambda \mathscr{F}[f].$$

性质 5(像的导数定理)
$$\frac{d}{d\lambda} \mathscr{F}[f] = \mathscr{F}[-ixf].$$

证
$$\frac{d}{d\lambda} \mathscr{F}[f] = \frac{d}{d\lambda} \int_{-\infty}^{+\infty} f(x) e^{-i\lambda x} dx = \int_{-\infty}^{+\infty} -f(x) ix e^{-i\lambda x} dx = \mathscr{F}[-ixf].$$

§12.1.3 n 维傅里叶变换

在 n 维的情况下,完全可以类似地定义函数 $f(x_1, x_2, \cdots, x_n)$ 的傅氏变换如下:
$$F(\lambda_1, \lambda_2, \cdots, \lambda_n) = \mathscr{F}[f(x_1, x_2, \cdots, x_n)]$$
$$= \int_{-\infty}^{+\infty} \cdots \int_{-\infty}^{+\infty} f(x_1, x_2, \cdots, x_n) e^{-i(\lambda_1 x_1 + \lambda_2 x_2 + \cdots + \lambda_n x_n)} dx_1 \cdots dx_n.$$

它的逆变换公式为
$$f(x_1, x_2, \cdots, x_n) = \frac{1}{(2\pi)^n} \int_{-\infty}^{+\infty} \cdots \int_{-\infty}^{+\infty} F(\lambda_1, \lambda_2, \cdots, \lambda_n) e^{i(\lambda_1 x_1 + \lambda_2 x_2 + \cdots + \lambda_n x_n)} d\lambda_1 \cdots d\lambda_n.$$

同样可以证明,n 维傅氏变换具有与上面平行的五个性质:

(i) $\mathscr{F}[\alpha f_1 + \beta f_2] = \alpha \mathscr{F}[f_1] + \beta \mathscr{F}[f_2].$

(ii) $\mathscr{F}[f_1 * f_2] = \mathscr{F}[f_1] \mathscr{F}[f_2],$

其中
$$f_1 * f_2 = \int_{-\infty}^{+\infty} \cdots \int_{-\infty}^{+\infty} f_1(x_1 - \eta_1, x_2 - \eta_2, \cdots, x_n - \eta_n) f_2(\eta_1, \eta_2, \cdots, \eta_n) d\eta_1 \cdots d\eta_n.$$

(iii) $\mathscr{F}[f_1 f_2] = \dfrac{1}{(2\pi)^n} \mathscr{F}[f_1] * \mathscr{F}[f_2].$

(iv) $\mathscr{F}\left[\dfrac{\partial f}{\partial x_k}\right] = i\lambda_k \mathscr{F}[f], \quad k=1,2,\cdots,n.$

(v) $\dfrac{\partial}{\partial \lambda_k} \mathscr{F}[f] = \mathscr{F}[-ix_k f], \quad k=1,2,\cdots,n.$

§12.1.4 δ 函数的傅里叶变换

在本章第三节我们将看到,δ 函数的傅氏变换在求解数理方程中有着特殊的作

用. 这里先介绍其有关知识. 根据(12.1)式和(9.8)式,显然有
$$\mathscr{F}[\delta(x)] = \int_{-\infty}^{+\infty} \delta(x) e^{-i\lambda x} dx = e^{-i\lambda x}\big|_{x=0} = 1.$$
这就是说,δ 函数的傅氏变换是常数 1. 由此,我们认为 1 的傅氏逆变换或原像就是 $\delta(x)$,即
$$\mathscr{F}^{-1}[1] = \delta(x).$$

同理,根据(12.1)式和(9.9)式,显然有
$$\mathscr{F}[\delta(x-\xi)] = \int_{-\infty}^{+\infty} \delta(x-\xi) e^{-i\lambda x} dx = e^{-i\lambda \xi},$$
即 $\delta(x-\xi)$ 的傅氏变换为 $e^{-i\lambda\xi}$. 这时,我们自然也认为
$$\mathscr{F}^{-1}[e^{-i\lambda\xi}] = \delta(x-\xi).$$

以上的讨论和推导当然是不严格的,但可以看出在数学上可能有些什么推广和发展. 事实上,δ 函数最早是由狄拉克为了简单写出量子力学的基本公式而导入的,但其严格的数学基础,则属于尔后发展起来的广义函数理论. 根据傅氏变换的古典定义,很多简单函数,如 $f(x) \equiv$ 常数,都不能进行变换,因此,为了运算的方便,而又不引入广义函数的概念,人们才作了以上的补充约定.

第二节　用傅里叶变换解数理方程举例

例 1　求解弦振动方程的初值问题
$$\begin{cases} u_{tt} = a^2 u_{xx} & (-\infty < x < +\infty, t > 0), & (12.3)\\ u(x,0) = \varphi(x) & (-\infty < x < +\infty), & (12.4)\\ u_t(x,0) = 0 & (-\infty < x < +\infty). & (12.5) \end{cases}$$

解　对(12.3),(12.4)和(12.5)的两端关于 x 分别进行傅氏变换[①],并记
$$\mathscr{F}[u(x,t)] = \tilde{u}(\lambda,t), \quad \mathscr{F}[\varphi(x)] = \tilde{\varphi}(\lambda).$$
利用性质 4,得到
$$\begin{cases} \dfrac{d^2 \tilde{u}}{dt^2} = -a^2 \lambda^2 \tilde{u}, & (12.3')\\ \tilde{u}(\lambda,0) = \tilde{\varphi}(\lambda), & (12.4')\\ \dfrac{d\tilde{u}(\lambda,0)}{dt} = 0. & (12.5') \end{cases}$$

---

① 在用傅氏变换求解微分方程的定解问题时,我们不考虑有关函数(例如这里的 u 和 φ)能否作傅氏变换. 因此,这样得出的解是形式解.

$(12.3')$,$(12.4')$ 和 $(12.5')$ 是带参数 λ 的常微分方程的初值问题,它的解是
$$\tilde{u}(\lambda,t)=\tilde{\varphi}(\lambda)\cos a\lambda t.$$
于是定解问题(12.3),(12.4) 和 (12.5) 的解应为
$$\begin{aligned}u(x,t)&=\mathscr{F}^{-1}[\tilde{u}(\lambda,t)]=\mathscr{F}^{-1}[\tilde{\varphi}(\lambda)\cos a\lambda t]\\&=\frac{1}{2\pi}\int_{-\infty}^{+\infty}\tilde{\varphi}(\lambda)\cos a\lambda t\mathrm{e}^{\mathrm{i}\lambda x}\mathrm{d}\lambda\\&=\frac{1}{4\pi}\int_{-\infty}^{+\infty}[\mathrm{e}^{\mathrm{i}(x+at)\lambda}+\mathrm{e}^{\mathrm{i}(x-at)\lambda}]\tilde{\varphi}(\lambda)\mathrm{d}\lambda.\end{aligned}$$
由逆变换公式(12.2)得
$$u(x,t)=\frac{1}{2}[\varphi(x+at)+\varphi(x-at)].$$

只要 $\varphi(x)$ 充分光滑,它确是定解问题(12.3),(12.4) 和 (12.5) 的解.

例 2 求解热传导方程的初值问题
$$\begin{cases}u_t=a^2u_{xx}&(-\infty<x<+\infty,t>0),\\u(x,0)=\varphi(x)&(-\infty<x<+\infty).\end{cases}\quad\begin{aligned}(12.6)\\(12.7)\end{aligned}$$

解 对(12.6)和(12.7)的两端关于 x 分别进行傅氏变换,并利用性质4,得到
$$\frac{\mathrm{d}\tilde{u}}{\mathrm{d}t}=-a^2\lambda^2\tilde{u},\tag{12.6'}$$
$$\tilde{u}(\lambda,0)=\tilde{\varphi}(\lambda).\tag{12.7'}$$
$(12.6')$ 和 $(12.7')$ 是带参数 λ 的常微分方程的初值问题,它的解是
$$\tilde{u}(\lambda,t)=\tilde{\varphi}(\lambda)\mathrm{e}^{-a^2\lambda^2 t},$$
于是定解问题(12.6)和(12.7)的解应为
$$u(x,t)=\mathscr{F}^{-1}[\tilde{u}(\lambda,t)]=\mathscr{F}^{-1}[\tilde{\varphi}(\lambda)\mathrm{e}^{-a^2\lambda^2 t}].$$
由性质2
$$u(x,t)=\varphi(x)*\mathscr{F}^{-1}[\mathrm{e}^{-a^2\lambda^2 t}].$$
而
$$\mathscr{F}^{-1}[\mathrm{e}^{-a^2\lambda^2 t}]=\frac{1}{2\pi}\int_{-\infty}^{+\infty}\mathrm{e}^{-a^2\lambda^2 t}\mathrm{e}^{\mathrm{i}\lambda x}\mathrm{d}\lambda=\frac{1}{2\pi}\int_{-\infty}^{+\infty}\mathrm{e}^{-a^2\lambda^2 t}(\cos\lambda x+\mathrm{i}\sin\lambda x)\mathrm{d}\lambda$$
$$=\frac{1}{2\pi}\int_{-\infty}^{+\infty}\mathrm{e}^{-a^2\lambda^2 t}\cos\lambda x\mathrm{d}\lambda=\frac{1}{\pi}\int_{0}^{+\infty}\mathrm{e}^{-a^2\lambda^2 t}\cos\lambda x\mathrm{d}\lambda,$$
由(5.24)
$$\mathscr{F}^{-1}[\mathrm{e}^{-a^2\lambda^2 t}]=\frac{1}{2a\sqrt{\pi t}}\mathrm{e}^{-\frac{x^2}{4a^2 t}},$$
故

$$u(x,t) = \varphi(x) * \frac{1}{2a\sqrt{\pi t}} e^{-\frac{x^2}{4a^2 t}} = \frac{1}{2a\sqrt{\pi t}} \int_{-\infty}^{+\infty} \varphi(\xi) e^{-\frac{(\xi-x)^2}{4a^2 t}} d\xi.$$

这与我们在第八章所得的结果(8.15)式完全一样.

第三节 格林函数法(续)

在§11.3.1中已经提到利用格林函数求解定解问题的方法称为格林函数法,本节将进一步讲述格林函数法.

§12.3.1 方程的基本解

在第十一章中,我们用电像法构造了拉普拉斯方程(泊松方程)关于几种特殊区域的狄利克雷问题的格林函数,同时也定义了格林函数就是定解问题

$$\begin{cases} \Delta G = -4\pi\delta(M-M_0) & (在区域 D 内), \\ G = 0 & (在 D 的边界 S 上) \end{cases}$$

的解,其中 $M = M(x,y,z)$,$M_0 = M_0(x_0,y_0,z_0)$,这里我们改记为 $M_0 = M_0(\xi,\eta,\zeta)$. 当 D 是全空间时,则可得到方程 $\Delta G = -4\pi\delta(M-M_0)$ 的一个解为

$$G(x,y,z;\xi,\eta,\zeta) = \frac{1}{r} = \frac{1}{\sqrt{(x-\xi)^2+(y-\eta)^2+(z-\zeta)^2}}.$$

它代表位于 M_0 处的单位点电荷在空间任意点 M 所产生的电势,除 M_0 这一个点之外,它处处满足拉普拉斯方程

$$\Delta u = u_{xx} + u_{yy} + u_{zz} = 0.$$

再通过叠加(积分)得到

$$u(x,y,z) = \iiint_D \frac{\rho(\xi,\eta,\zeta) d\xi d\eta d\zeta}{\sqrt{(x-\xi)^2+(y-\eta)^2+(z-\zeta)^2}}.$$

它代表区域 D 中密度为 $\rho(x,y,z)$ 的电荷所产生的电势,它是泊松方程

$$\Delta u = -4\pi\rho$$

的一个特解.

由此可见,函数 $\frac{1}{r}$ 在求解拉普拉斯方程和泊松方程时所起到的重要作用,人们把它称为三维拉普拉斯方程或者泊松方程的**基本解**. 也可以说,$\frac{1}{r}$ 满足泊松方程,

只不过此时的密度函数 ρ 当 (x,y,z) 与 (ξ,η,ζ) 不重合时为零,重合时为 ∞. 上述所谓的重要作用也就是基本解的实质,或者说,基本解是由某些奇异性定义的.

类似地,函数

$$V = \frac{1}{2a\sqrt{\pi t}} e^{-\frac{(\xi-x)^2}{4a^2 t}}$$

代表在初始时刻,细杆于 $x=\xi$ 处受到点热源的作用而产生的温度分布. 它满足热传导方程

$$u_t = a^2 u_{xx}$$

和这样的初值条件,即在 $t=0$ 时,当 $x \neq \xi$ 时为零, $x=\xi$ 时为 ∞,而

$$u = \int_{-\infty}^{+\infty} \varphi(\xi) V d\xi$$

则代表初始时刻整个细杆上受到连续热源 $\varphi(x)$ 的作用而产生的温度分布,它满足方程

$$u_t = a^2 u_{xx}$$

和初值条件

$$u(x,0) = \varphi(x).$$

由此可见,函数 V 在求解热传导方程初值问题时所起到的重要作用,人们把它称为一维热传导方程初值问题的基本解.

从这两个例子可以看出,基本解有一个共同点,它们都是由一个集中的量(比如点电荷、点热源)所产生的分布,而方程或者定解问题的解则是由连续分布的量(密度函数)所产生的. 由于线性方程满足叠加原理,所以我们常可将一个连续分布的量视为无数个集中的量的叠加,而连续分布的量所产生的效果可以由这些集中的量各自产生的效果叠加而得到. 由于集中的量所产生的效果可用基本解来描述,因此连续分布的量所产生的效果应该可以用基本解乘以密度函数的积分来表示. 所以说,基本解在求解数理方程时起到了重要作用. 读者注意,这两个基本解在某处由集中的量产生的奇异性正是 δ 函数的基本点,下面我们就用 δ 函数来一般地定义基本解.

定义二阶常系数线性**微分算子**

$$L \equiv \sum_{i=1}^{n} \sum_{j=1}^{n} a_{ij} \frac{\partial^2}{\partial x_i \partial x_j} + \sum_{i=1}^{n} b_i \frac{\partial}{\partial x_i} + C,$$

则 $Lu = \delta(M-M_0)$ 的解 $G(M,M_0)$ 称为方程 $Lu = f(M)$ 的**基本解**,有时也称为方程 $Lu = 0$ 的基本解.

根据叠加原理[①],因为 $LG(M,M_0) = \delta(M-M_0)$,那么

---

① 第十四章第十节.

$$u(M) = \int G(M, M_0) f(M_0) \, dM_0$$

是 $Lu = f(M)$ 的一个解. 事实上

$$Lu(M) = \int LG(M, M_0) f(M_0) \, dM_0 = \int \delta(M - M_0) f(M_0) \, dM_0 = f(M).$$

因此也可以这样来定义上述基本解:如果

(ⅰ) $LG(M, M_0) = 0 \ (M \neq M_0)$;

(ⅱ) 对任意充分光滑的函数 $f(M)$,

$$u(M) = \int G(M, M_0) f(M_0) \, dM_0$$

满足 $Lu = f(M)$,则称 $G(M, M_0)$ 为 $Lu = f(M)$ 的基本解. 显然基本解不是唯一的,任意一个基本解加上对应齐次方程的解仍然是基本解,但通常都唯一地认定一个.

由格林函数和基本解的定义以及具体的格林函数和基本解的物理意义可知,二者实际上是同一种点源函数,没有实质差别,有的书也将拉普拉斯方程的基本解称为格林函数,或者方程关于无界空间的格林函数. 有些《数学物理方法》教材在讲述格林函数法时,均未提及基本解,本书不拟讨论它们的差别.

现在,我们用傅氏变换求方程的格林函数.

例 3 求拉普拉斯方程

$$\Delta u = u_{xx} + u_{yy} + u_{zz} = 0$$

或泊松方程

$$\Delta u = -4\pi \rho$$

的格林函数.

解 即求方程

$$\Delta G = -4\pi \delta(x - \xi) \delta(y - \eta) \delta(z - \zeta)$$

的解. 为简便计,先将 (ξ, η, ζ) 取为 $(0, 0, 0)$,然后,对方程两端关于 x, y, z 进行傅氏变换,得

$$-(\lambda_1^2 + \lambda_2^2 + \lambda_3^2) \widetilde{G} = -4\pi,$$

即

$$\widetilde{G} = \frac{4\pi}{\lambda_1^2 + \lambda_2^2 + \lambda_3^2}.$$

故有

$$G(x, y, z) = \mathscr{F}^{-1}[\widetilde{G}]$$
$$= \frac{4\pi}{(2\pi)^3} \int_{-\infty}^{+\infty} \int_{-\infty}^{+\infty} \int_{-\infty}^{+\infty} \frac{e^{i(\lambda_1 x + \lambda_2 y + \lambda_3 z)}}{\lambda_1^2 + \lambda_2^2 + \lambda_3^2} d\lambda_1 d\lambda_2 d\lambda_3. \tag{12.8}$$

在右端积分表达式中,(x, y, z) 为一固定点,或者说为一参变点. 若令 $\boldsymbol{\lambda} = (\lambda_1,$

$\lambda_2,\lambda_3)$, $\boldsymbol{r}=(x,y,z)$,则 $\lambda_1 x+\lambda_2 y+\lambda_3 z=\boldsymbol{\lambda}\cdot\boldsymbol{r}$. 可见函数 $G(x,y,z)$ 实际上只是 $r=|\boldsymbol{r}|=\sqrt{x^2+y^2+z^2}$ 的函数. 这时,可记 $G(x,y,z)=G(r)$. 为了计算(12.8)关于 $(\lambda_1,\lambda_2,\lambda_3)$ 的积分,不妨把它化成球坐标系下的积分. 又由于球的对称性,可以旋转坐标轴 $(\lambda_1,\lambda_2,\lambda_3)$,使轴 λ_3 恰与矢量 $\boldsymbol{r}$ 的方向一致. 矢量 $\boldsymbol{r}$ 在新坐标系下变为 $(0,0,r)$ (图 12.1)[①]. 令 $\lambda=\sqrt{\lambda_1^2+\lambda_2^2+\lambda_3^2}$,则上述积分化为

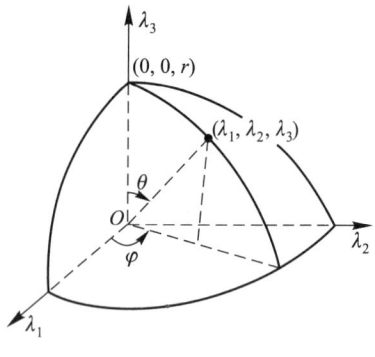

图 12.1

$$G(r)=\frac{1}{2\pi^2}\int_0^{+\infty}\int_0^{\pi}\int_0^{2\pi}\frac{\mathrm{e}^{\mathrm{i}\lambda r\cos\theta}}{\lambda^2}\lambda^2\sin\theta\mathrm{d}\varphi\mathrm{d}\theta\mathrm{d}\lambda=\frac{1}{\pi}\int_0^{+\infty}\int_0^{\pi}\mathrm{e}^{\mathrm{i}\lambda r\cos\theta}\sin\theta\mathrm{d}\theta\mathrm{d}\lambda$$

$$=\frac{1}{\pi}\int_0^{+\infty}\left[-\frac{\mathrm{e}^{\mathrm{i}\lambda r\cos\theta}}{\mathrm{i}\lambda r}\right]_0^{\pi}\mathrm{d}\lambda=\frac{2}{\pi r}\int_0^{+\infty}\frac{\sin\lambda r}{\lambda}\mathrm{d}\lambda.$$

因为 $r>0$,所以由(5.21),得

$$G(r)=\frac{2}{\pi r}\int_0^{+\infty}\frac{\sin r\lambda}{\lambda}\mathrm{d}\lambda=\frac{2}{\pi r}\frac{\pi}{2}=\frac{1}{r}.$$

现将 $(0,0,0)$ 还原为 (ξ,η,ζ),则得

$$G(r)=G(x,y,z;\xi,\eta,\zeta)=\frac{1}{r},$$

其中 $r=\sqrt{(x-\xi)^2+(y-\eta)^2+(z-\zeta)^2}$. 这就是拉普拉斯方程 $\Delta u=0$ 或者泊松方程 $\Delta u=-4\pi\rho$ 的格林函数,而函数

$$u(x,y,z)=\iiint\frac{\rho(\xi,\eta,\zeta)\mathrm{d}\xi\mathrm{d}\eta\mathrm{d}\zeta}{\sqrt{(x-\xi)^2+(y-\eta)^2+(z-\zeta)^2}}$$

则为泊松方程

$$\Delta u=-4\pi\rho$$

的解.

同理可得二维拉普拉斯方程或泊松方程的格林函数为

$$G(r)=\ln\frac{1}{r},$$

物理上称为对数位势. $n(n>3)$ 维拉普拉斯方程或泊松方程的格林函数为

$$G(r)=\frac{1}{r^{n-2}}.$$

---

① 严格地说,新坐标系应改记为 $(\lambda_1',\lambda_2',\lambda_3')$;同时,为了使 $(\lambda_1',\lambda_2',\lambda_3')$ 空间的球坐标不与 (x,y,z) 空间的球坐标相混,按习惯这里不宜记为 θ,φ. 但我们出于回避这些繁琐记号而又不影响其实质和结果,采用了本书的记号和讨论.

当 $n=2$ 与 $n>3$ 时,求 $\tilde{G}(\lambda)$ 的傅氏逆变换不如 $n=3$ 时那么简单,但可以直接验证它们确实是格林函数[①].

读者作为练习可以推算出下列结果:

热传导方程的格林函数为

$$G(x,t;\xi,\tau)=\begin{cases}\dfrac{1}{2a\sqrt{\pi(t-\tau)}}e^{-\frac{(x-\xi)^2}{4a^2(t-\tau)}} & (t\geqslant\tau),\\ 0 & (t<\tau).\end{cases}$$

一维、二维和三维波动方程的格林函数分别为

$$G(x,t;\xi,\tau)=\begin{cases}\dfrac{1}{2a} & (|x-\xi|\leqslant a(t-\tau),t\geqslant\tau),\\ 0 & (|x-\xi|>a(t-\tau),t<\tau);\end{cases}$$

$$G(x,y,t;\xi,\eta,\tau)=\begin{cases}\dfrac{1}{2\pi a\sqrt{a^2(t-\tau)^2-r^2}}\\ \qquad(r=\sqrt{(x-\xi)^2+(y-\eta)^2}\leqslant a(t-\tau),t\geqslant\tau),\\ 0\quad(r>a(t-\tau),t<\tau);\end{cases}$$

$$G(x,y,z,t;\xi,\eta,\zeta,\tau)=\begin{cases}\dfrac{\delta[r-a(t-\tau)]}{4\pi ar}\\ \qquad(r=\sqrt{(x-\xi)^2+(y-\eta)^2+(z-\zeta)^2}\\ \qquad\leqslant a(t-\tau),t\geqslant\tau),\\ 0\quad(r>a(t-\tau),t<\tau).\end{cases}$$

§12.3.2 齐次方程定解问题的格林函数

我们在研究泊松方程时,非齐次项表示"源",而对非定常型齐次方程的初值问题则不包含这个"源",但却由初值条件提供了"瞬时源",所以在初值条件中将出现 δ 函数.

例 4 求热传导方程初值问题[②]

$$\begin{cases}u_t=a^2u_{xx}, & (12.6)\\ u(x,0)=\varphi(x) & (12.7)\end{cases}$$

的格林函数.

---

① 由于泊松方程右端的系数取法不同,所得的二维、三维和 n 维格林函数可以分别是 $\dfrac{1}{2\pi}\ln\dfrac{1}{r}$, $\dfrac{1}{4\pi r}$ 和 $\dfrac{1}{(n-2)\omega_n}\dfrac{1}{r^{n-2}}$,其中 $\omega_n=\dfrac{2\pi^{n/2}}{\Gamma(n/2)}$ 是 n 维单位球面的面积.

② 因定解问题是重复前面的内容,为避免累赘,未注明自变量的取值范围,下同.

解 即求初值问题

$$\begin{cases} G_t = a^2 G_{xx}, & (12.9) \\ G(x,0) = \delta(x-\xi) & (12.10) \end{cases}$$

的解. 对(12.9)式和(12.10)式的两端关于变量 x 进行傅氏变换, 得

$$\begin{cases} \dfrac{\mathrm{d}\widetilde{G}}{\mathrm{d}t} = -a^2 \lambda^2 \widetilde{G}, & (12.9') \\ \widetilde{G}(\lambda,0) = \mathrm{e}^{-\mathrm{i}\lambda\xi}. & (12.10') \end{cases}$$

显然, (12.9′) 和 (12.10′) 的解是

$$\widetilde{G}(\lambda,t) = \mathrm{e}^{-\mathrm{i}\lambda\xi} \mathrm{e}^{-a^2\lambda^2 t}.$$

于是, 求 $\widetilde{G}(\lambda,t)$ 的傅氏逆变换, 就得到定解问题(12.9) 和 (12.10) 的解为

$$G(x,\xi,t) = \mathscr{F}^{-1}[\widetilde{G}] = \frac{1}{2\pi}\int_{-\infty}^{+\infty} \mathrm{e}^{-a^2\lambda^2 t} \mathrm{e}^{\mathrm{i}\lambda(x-\xi)} \mathrm{d}\lambda$$

$$= \frac{1}{2a\sqrt{\pi t}} \mathrm{e}^{-\frac{(x-\xi)^2}{4a^2 t}} = \frac{1}{2a\sqrt{\pi t}} \mathrm{e}^{-\frac{(\xi-x)^2}{4a^2 t}}.$$

这就是初值问题(12.6)和(12.7)的格林函数, 通过叠加(积分), 得

$$u(x,t) = \frac{1}{2a\sqrt{\pi t}}\int_{-\infty}^{+\infty} \varphi(\xi)\mathrm{e}^{-\frac{(\xi-x)^2}{4a^2 t}} \mathrm{d}\xi,$$

即初值问题(12.6)和(12.7)的解, 与(8.15)式完全一致.

例 5 求三维波动方程初值问题

$$\begin{cases} u_{tt} = a^2(u_{xx}+u_{yy}+u_{zz}), & (12.11) \\ u(x,y,z,0) = \varphi(x,y,z), & (12.12) \\ u_t(x,y,z,0) = \psi(x,y,z) & (12.13) \end{cases}$$

的格林函数.

解 我们把这个初值问题分解为初值问题

$$\mathrm{I} \begin{cases} v_{tt} = a^2(v_{xx}+v_{yy}+v_{zz}), \\ v(x,y,z,0) = \varphi(x,y,z), \\ v_t(x,y,z,0) = 0 \end{cases}$$

和

$$\mathrm{II} \begin{cases} w_{tt} = a^2(w_{xx}+w_{yy}+w_{zz}), \\ w(x,y,z,0) = 0, \\ w_t(x,y,z,0) = \psi(x,y,z). \end{cases}$$

显然 $u = v+w$. 因此, 只要求出了上述两个初值问题的解 v 和 w, 我们就得到了初

值问题(12.11),(12.12)和(12.13)的解 $u(x,y,z,t)$. 又由§10.2.1得知,只需求出 Ⅱ 的解即可.

要求 Ⅱ 的解,先求初值问题

$$\begin{cases} G_{tt} = a^2(G_{xx}+G_{yy}+G_{zz}), \\ G(x,y,z,0) = 0, \\ G_t(x,y,z,0) = \delta(x-\xi)\delta(y-\eta)\delta(z-\zeta) \end{cases}$$

的解. 仿照例4的做法,关于变量 x,y,z 作傅氏变换,得

$$\begin{cases} \dfrac{\mathrm{d}^2 \widetilde{G}}{\mathrm{d}t^2} = -a^2(\lambda_1^2+\lambda_2^2+\lambda_3^2)\widetilde{G}, \\ \widetilde{G}(\lambda_1,\lambda_2,\lambda_3,0) = 0, \\ \widetilde{G}_t(\lambda_1,\lambda_2,\lambda_3,0) = \mathrm{e}^{-\mathrm{i}\lambda_1\xi}\mathrm{e}^{-\mathrm{i}\lambda_2\eta}\mathrm{e}^{-\mathrm{i}\lambda_3\zeta}. \end{cases}$$

它的解显然为

$$\widetilde{G} = \frac{\sin \lambda at}{\lambda a}\mathrm{e}^{-\mathrm{i}(\lambda_1\xi+\lambda_2\eta+\lambda_3\zeta)},$$

其中 $\lambda = \sqrt{\lambda_1^2+\lambda_2^2+\lambda_3^2}$. 所以

$$\begin{aligned} G(x,y,z,t;\xi,\eta,\zeta) &= \mathscr{F}^{-1}[\widetilde{G}] \\ &= \frac{1}{(2\pi)^3}\int_{-\infty}^{+\infty}\int_{-\infty}^{+\infty}\int_{-\infty}^{+\infty}\frac{\sin \lambda at}{\lambda a}\mathrm{e}^{\mathrm{i}[\lambda_1(x-\xi)+\lambda_2(y-\eta)+\lambda_3(z-\zeta)]}\mathrm{d}\lambda_1\mathrm{d}\lambda_2\mathrm{d}\lambda_3. \end{aligned}$$

(12.14)

令

$$\boldsymbol{\lambda} = (\lambda_1,\lambda_2,\lambda_3), \quad \boldsymbol{r} = (x-\xi,y-\eta,z-\zeta),$$

则

$$\boldsymbol{\lambda} \cdot \boldsymbol{r} = \lambda_1(x-\xi)+\lambda_2(y-\eta)+\lambda_3(z-\zeta) = \lambda r \cos\theta,$$

其中 $r = \sqrt{(x-\xi)^2+(y-\eta)^2+(z-\zeta)^2}$,$\theta$ 为矢量 $\boldsymbol{\lambda}$ 和 $\boldsymbol{r}$ 的夹角. 于是(12.14)式可改写为球坐标形式

$$\begin{aligned} G(r,t) &= \frac{1}{(2\pi)^3}\int_0^{+\infty}\int_0^{\pi}\int_0^{2\pi}\frac{\sin \lambda at}{\lambda a}\mathrm{e}^{\mathrm{i}\lambda r\cos\theta}\lambda^2 \sin\theta \mathrm{d}\varphi \mathrm{d}\theta \mathrm{d}\lambda \\ &= \frac{1}{(2\pi)^2 a}\int_0^{+\infty}\sin \lambda at \left(\int_0^{\pi}\mathrm{e}^{\mathrm{i}\lambda r\cos\theta}\lambda \sin\theta \mathrm{d}\theta\right)\mathrm{d}\lambda \\ &= \frac{1}{(2\pi)^2 ar}\int_0^{+\infty}2\sin \lambda at \sin \lambda r \mathrm{d}\lambda \\ &= \frac{1}{4\pi^2 ar}\int_0^{+\infty}[\cos \lambda(r-at)-\cos \lambda(r+at)]\mathrm{d}\lambda \end{aligned}$$

$$= \frac{1}{4\pi ar} \lim_{N\to\infty} \left[\frac{\sin N(r-at)}{\pi(r-at)} - \frac{\sin N(r+at)}{\pi(r+at)} \right].$$

由习题九第 12 题可知

$$G(r,t) = \frac{1}{4\pi ar}[\delta(r-at) - \delta(r+at)].\text{①}$$

因 $r+at>0$,故 $\delta(r+at)=0$,于是得

$$G(r,t) = \frac{1}{4\pi ar}\delta(r-at) \quad (t>0).$$

这就是 II 的,也是原初值问题的格林函数,而 II 的解则是

$$w(x,y,z,t) = w(M) = \int_{-\infty}^{+\infty}\int_{-\infty}^{+\infty}\int_{-\infty}^{+\infty} \frac{\delta(r-at)}{4\pi ar}\psi(\xi,\eta,\zeta)\,\mathrm{d}\xi\mathrm{d}\eta\mathrm{d}\zeta$$

$$= \frac{1}{4\pi a}\int_0^{+\infty} \delta(r-at)\left(\iint_{S_r^N} \frac{\psi}{r}\mathrm{d}S\right)\mathrm{d}r$$

$$= \frac{1}{4\pi a}\iint_{S_{at}^M} \frac{\psi}{at}\mathrm{d}S = \frac{1}{4\pi a^2 t}\int_0^{2\pi}\int_0^{\pi} \psi\mathrm{d}S. \tag{12.15}$$

同理,I 的解应为

$$v(x,y,z,t) = \frac{\partial}{\partial t}\int_{-\infty}^{+\infty}\int_{-\infty}^{+\infty}\int_{-\infty}^{+\infty} G(r,t)\varphi(\xi,\eta,\zeta)\,\mathrm{d}\xi\mathrm{d}\eta\mathrm{d}\zeta. \tag{12.16}$$

今把(12.16)改写为

$$v(x,y,z,t) = \frac{\partial}{\partial t}\left(\frac{1}{4\pi a^2 t}\int_0^{2\pi}\int_0^{\pi}\varphi\mathrm{d}S\right), \tag{12.17}$$

则因 $u=v+w$,故由(12.17)和(12.15),即得定解问题(12.11),(12.12)和(12.13)的解

$$u(x,y,z,t) = \frac{\partial}{\partial t}\left(\frac{1}{4\pi a^2 t}\int_0^{2\pi}\int_0^{\pi}\varphi\mathrm{d}S\right) + \frac{1}{4\pi a^2 t}\int_0^{2\pi}\int_0^{\pi}\psi\mathrm{d}S,$$

这正好就是泊松公式(10.15).

例 6 求一维波动方程初值问题

$$\begin{cases} u_{tt} = a^2 u_{xx}, \\ u(x,0) = \varphi(x), \\ u_t(x,0) = \psi(x) \end{cases}$$

的格林函数.

解 完全类似于例 5 的做法,即求初值问题

------

① 严格说来,是在弱收敛意义下相等.

$$\begin{cases} G_{tt} = a^2 G_{xx}, \\ G(x,0) = 0, \\ G_t(x,0) = \delta(x-\xi) \end{cases}$$

的解. 运用博氏变换,再利用(5.21),容易推得

$$G(x,t;\xi) = \frac{1}{2\pi a}\int_0^{+\infty} \frac{\sin(x-\xi+at)\lambda}{\lambda}d\lambda + \frac{1}{2\pi a}\int_0^{+\infty}\frac{\sin(\xi-x+at)\lambda}{\lambda}d\lambda$$

$$= \begin{cases} \dfrac{1}{2a} & (|x-\xi| \leq at), \\ 0 & (|x-\xi| > at). \end{cases}$$

这就是上述初值问题的格林函数,

$$u(x,t) = \frac{\partial}{\partial t}\Big[\int_{-\infty}^{+\infty} G(x,t;\xi)\varphi(\xi)d\xi\Big] + \int_{-\infty}^{+\infty} G(x,t;\xi)\psi(\xi)d\xi$$

$$= \frac{\partial}{\partial t}\Big[\int_{x-at}^{x+at} \frac{1}{2a}\varphi(\xi)d\xi\Big] + \int_{x-at}^{x+at}\frac{1}{2a}\psi(\xi)d\xi,$$

即原初值问题的解,它正好就是达朗贝尔公式(10.9′).

一维波动方程初值问题的格林函数具有这样的物理意义:在时刻 $t=0$ 的一瞬间,在 $x=\xi$ 处突然出现一个点振源,此后即产生沿 x 轴正、负两个方向的波动传播.

同理可得二维波动方程初值问题的格林函数

$$G(x,y,t;\xi,\eta) = \begin{cases} \dfrac{1}{2\pi a\sqrt{a^2t^2-r^2}} & (r=\sqrt{(\xi-x)^2+(y-\eta)^2} \leq at), \\ 0 & (r > at). \end{cases}$$

例 7 求热传导方程混合问题

$$\begin{cases} u_t = a^2 u_{xx}, & (12.6) \\ u(0,t) = u(l,t) = 0, & (12.18) \\ u(x,0) = \varphi(x) & (12.19) \end{cases}$$

的格林函数.

解 所求格林函数即混合问题

$$\begin{cases} G_t = a^2 G_{xx}, \\ G(0,t) = G(l,t) = 0, \\ G(x,0) = \delta(x-\xi) \end{cases}$$

的解. 在第八章中,用分离变量法,已得

$$G(x,t) = \sum_{n=1}^{\infty} C_n e^{-\frac{n^2\pi^2 a^2 t}{l^2}} \sin\frac{n\pi x}{l}.$$

这里计算 C_n 时,应以 $\delta(x-\xi)$ 代替那里的 $\varphi(x)$,

$$C_n = \frac{2}{l}\int_0^l \delta(x-\xi)\sin\frac{n\pi x}{l}\mathrm{d}x,$$

由(9.9)得 $C_n = \frac{2}{l}\sin\frac{n\pi\xi}{l}$，于是

$$G(x,t) = \sum_{n=1}^{\infty}\frac{2}{l}\sin\frac{n\pi\xi}{l}\mathrm{e}^{-\frac{n^2\pi^2 a^2 t}{l^2}}\sin\frac{n\pi x}{l}.$$

读者可以验证 $G(x,t)$ 确实满足它的方程和定解条件. 通过叠加(积分)得

$$u(x,t) = \int_0^l G(x,t;\xi)\varphi(\xi)\mathrm{d}\xi = \sum_{n=1}^{\infty} D_n \mathrm{e}^{-\frac{n^2\pi^2 a^2 t}{l^2}}\sin\frac{n\pi x}{l},$$

其中

$$D_n = \frac{2}{l}\int_0^l \varphi(\xi)\sin\frac{n\pi\xi}{l}\mathrm{d}\xi, \quad n=1,2,3,\cdots.$$

例 8 求一维波动方程混合问题

$$\begin{cases} u_{tt} = a^2 u_{xx}, & (12.3) \\ u(0,t) = u(l,t) = 0, & (12.20) \\ u(x,0) = \varphi(x), \quad u_t(x,0) = \psi(x) & (12.21) \end{cases}$$

的格林函数.

解 所求格林函数即混合问题

$$\begin{cases} G_{tt} = a^2 G_{xx}, \\ G(0,t) = G(l,t) = 0, \\ G(x,0) = 0 \\ G_t(x,0) = \delta(x-\xi) \end{cases}$$

的解. 同例 7 做法完全一样,得

$$G(x,t) = \sum_{n=1}^{\infty}\frac{2}{n\pi a}\sin\frac{n\pi\xi}{l}\sin\frac{n\pi at}{l}\sin\frac{n\pi x}{l}.$$

读者可以验证, $G(x,t)$ 确实满足它的方程和定解条件. 于是

$$\begin{aligned} u(x,t) &= \frac{\partial}{\partial t}\left(\int_0^l G(x,t;\xi)\varphi(\xi)\mathrm{d}\xi\right) + \int_0^l G(x,t;\xi)\psi(\xi)\mathrm{d}\xi \\ &= \sum_{n=1}^{\infty}\left(C_n\cos\frac{n\pi at}{l} + D_n\sin\frac{n\pi at}{l}\right)\sin\frac{n\pi x}{l}, \end{aligned}$$

其中

$$C_n = \frac{2}{l}\int_0^l \varphi(\xi)\sin\frac{n\pi\xi}{l}\mathrm{d}\xi, \quad D_n = \frac{2}{n\pi a}\int_0^l \psi(\xi)\sin\frac{n\pi\xi}{l}\mathrm{d}\xi, \quad n=1,2,3,\cdots.$$

例 7、例 8 所得结果与第七、八两章所得结果完全一致.

§12.3.3 非定常型非齐次方程的格林函数

前面针对拉普拉斯方程或者泊松方程(定常型方程)和非定常型齐次方程讨论了格林函数,本节将讨论非定常型非齐次方程的情形.

例 9 求热传导初值问题
$$\begin{cases} u_t = a^2 u_{xx} + f(x,t), \\ u(x,0) = \varphi(x) \end{cases}$$
的格林函数.

解 这个问题可以分成两个定解问题

$$\text{I} \begin{cases} u_t = a^2 u_{xx} + f(x,t), \\ u(x,0) = 0 \end{cases} \quad \text{和} \quad \text{II} \begin{cases} u_t = a^2 u_{xx}, \\ u(x,0) = \varphi(x). \end{cases}$$

已知 II 的解为
$$u_2 = \frac{1}{2a\sqrt{\pi t}} \int_{-\infty}^{+\infty} \varphi(\xi) e^{-\frac{(x-\xi)^2}{4a^2 t}} d\xi.$$

对 I,其格林函数为定解问题
$$\begin{cases} G_t = a^2 G_{xx} + \delta(x-\xi)\delta(t-\tau), \\ G(x,0) = 0 \end{cases}$$
的解. 这个定解问题又可转化为
$$\begin{cases} G_t = a^2 G_{xx}, \\ G(x,\tau) = \delta(x-\xi). \end{cases}$$

应用傅氏变换可得其解为
$$G(x,t;\xi,\tau) = \begin{cases} \dfrac{1}{2a\sqrt{\pi(t-\tau)}} e^{-\frac{(x-\xi)^2}{4a^2(t-\tau)}} & (\tau \leq t), \\ 0 & (0 \leq t < \tau). \end{cases}$$

经过叠加(积分)得 I 的解
$$u_1 = \int_0^t \int_{-\infty}^{+\infty} \frac{f(\xi,\tau)}{2a\sqrt{\pi(t-\tau)}} e^{-\frac{(x-\xi)^2}{4a^2(t-\tau)}} d\xi d\tau,$$

于是原定解问题的解
$$u(x,t) = u_1 + u_2$$
$$= \int_0^t \int_{-\infty}^{+\infty} \frac{f(\xi,\tau)}{2a\sqrt{\pi(t-\tau)}} e^{-\frac{(x-\xi)^2}{4a^2(t-\tau)}} d\xi d\tau + \int_{-\infty}^{+\infty} \frac{\varphi(\xi)}{2a\sqrt{\pi t}} e^{-\frac{(x-\xi)^2}{4a^2 t}} d\xi.$$

例 10 求一维波动方程初值问题

$$\begin{cases} u_{tt} = a^2 u_{xx} + f(x,t), \\ u(x,0) = \varphi(x), \\ u_t(x,0) = \psi(x) \end{cases}$$

的格林函数.

解 这个问题可以分成两个定解问题

$$\text{I} \begin{cases} u_{tt} = a^2 u_{xx}, \\ u(x,0) = \varphi(x), \\ u_t(x,0) = \psi(x) \end{cases} \quad \text{和} \quad \text{II} \begin{cases} u_{tt} = a^2 u_{xx} + f(x,t), \\ u(x,0) = 0, \\ u_t(x,0) = 0. \end{cases}$$

已知 I 的解为

$$u_1 = \frac{\varphi(x+at) + \varphi(x-at)}{2} + \frac{1}{2a}\int_{x-at}^{x+at} \psi(\xi)\,d\xi.$$

对 II,其格林函数为定解问题

$$\begin{cases} G_{tt} = a^2 G_{xx} + \delta(x-\xi)\delta(t-\tau), \\ G(x,0) = 0, \\ G_t(x,0) = 0 \end{cases}$$

的解,这个定解问题又可转化为

$$\begin{cases} G_{tt} = a^2 G_{xx}, \\ G(x,\tau) = 0, \\ G_t(x,\tau) = \delta(x-\xi). \end{cases}$$

应用傅氏变换可得其解为

$$G(x,t;\xi,\tau) = \begin{cases} \dfrac{1}{2a} & (|x-\xi| \leq a(t-\tau), t \geq \tau), \\ 0 & (a(t-\tau) < |x-\xi|, t < \tau). \end{cases}$$

经过叠加(积分)得 II 的解

$$u_2 = \frac{1}{2a}\int_0^t \int_{x-a(t-\tau)}^{x+a(t-\tau)} f(\xi,\tau)\,d\xi d\tau,$$

于是定解问题的解

$$u(x,t) = u_1 + u_2$$
$$= \frac{\varphi(x+at) + \varphi(x-at)}{2} + \frac{1}{2a}\int_{x-at}^{x+at} \psi(\xi)\,d\xi + \frac{1}{2a}\int_0^t \int_{x-a(t-\tau)}^{x+a(t-\tau)} f(\xi,\tau)\,d\xi d\tau.$$

例 11 求热传导方程混合问题

$$\begin{cases} u_t = a^2 u_{xx} + f(x,t), & (12.22) \\ u(0,t) = u(l,t) = 0, & (12.18) \\ u(x,0) = \varphi(x) & (12.19) \end{cases}$$

的格林函数.

解 所求格林函数即混合问题

$$\begin{cases} G_t = a^2 G_{xx} + \delta(x-\xi)\delta(t-\tau), \\ G(0,t) = G(l,t) = 0, \\ G(x,0) = 0 \end{cases}$$

的解. 这个定解问题可以转化为

$$\begin{cases} G_t = a^2 G_{xx}, \\ G(0,t) = G(l,t) = 0, \\ G(x,\tau) = \delta(x-\xi). \end{cases}$$

故格林函数

$$G(x,t;\xi,\tau) = \begin{cases} \sum_{n=1}^{\infty} \dfrac{2}{l}\sin\dfrac{n\pi\xi}{l}\mathrm{e}^{-\frac{n^2\pi^2 a^2(t-\tau)}{l^2}}\sin\dfrac{n\pi x}{l} & (t \geq \tau), \\ 0 & (0 \leq t < \tau). \end{cases}$$

这里的解由两项组成:

(i) 初值函数 $\varphi(x)$ 产生的一项, 与例 7 相同;

(ii) 自由项作为初值 ($t=\tau$) 函数产生的一项, 也与例 7 相同, 但还须对 τ 进行叠加(积分). 故

$$u(x,t) = \int_0^t \int_0^l G(x,t;\xi,\tau) f(\xi,\tau) \mathrm{d}\xi \mathrm{d}\tau + \int_0^l G(x,t;\xi,0)\varphi(\xi)\mathrm{d}\xi \quad (12.23)$$

读者可以验证, (12.23) 的确满足混合问题 (12.22), (12.18) 和 (12.19).

例 12 求一维波动方程混合问题

$$\begin{cases} u_{tt} = a^2 u_{xx} + f(x,t), & (12.24) \\ u(0,t) = u(l,t) = 0, & (12.20) \\ u(x,0) = \varphi(x), \quad u_t(x,0) = \psi(x) & (12.21) \end{cases}$$

的格林函数.

解 所求格林函数即混合问题

$$\begin{cases} G_{tt} = a^2 G_{xx} + \delta(x-\xi)\delta(t-\tau), \\ G(0,t) = G(l,t) = 0, \\ G(x,0) = 0, G_t(x,0) = 0 \end{cases}$$

的解. 这个定解问题可以转化为

$$\begin{cases} G_{tt} = a^2 G_{xx}, \\ G(0,t) = G(l,t) = 0, \\ G(x,\tau) = 0, G_t(x,\tau) = \delta(x-\xi). \end{cases}$$

故格林函数

$$G(x,t;\xi,\tau) = \sum_{n=1}^{\infty} \frac{2}{n\pi a} \sin \frac{n\pi \xi}{l} \sin \frac{n\pi a(t-\tau)}{l} \sin \frac{n\pi x}{l}.$$

这里的解由两部分组成：

(i) 初值函数 $\varphi(x), \psi(x)$ 产生的两项与例 8 相同；

(ii) 自由项作为初值 $(t=\tau)$ 函数（相当于 $\psi(x)$）产生的一项也与例 8 相同，但还须对 τ 进行叠加（积分）. 故

$$u(x,t) = \int_0^t \int_0^l G(x,t;\xi,\tau) f(\xi,\tau) \,d\xi d\tau + \frac{\partial}{\partial t}\left(\int_0^l G(x,t;\xi,0) \varphi(\xi) \,d\xi\right) + \int_0^l G(x,t;\xi,0) \psi(\xi) \,d\xi. \tag{12.25}$$

读者可以验证，(12.25) 的确满足混合问题 (12.24)，(12.20) 和 (12.21).

习 题 十 二

1. 求下列函数的傅氏变换：

(1) $f(x) = \sin(\eta x^2)$；

(2) $f(x) = \cos(\eta x^2)$，

其中 $\eta > 0$.

2. 设 c 是一个实数，试证**滞后定理**

$$\mathscr{F}[f(x-c)] = e^{-i\lambda c} \mathscr{F}[f(x)].$$

3. 设 c 是一个不为零的实数，试证**相似定理**

$$\mathscr{F}[f(cx)] = \frac{1}{|c|} F\left(\frac{\lambda}{c}\right).$$

4. 求解定解问题

$$\begin{cases} u_{tt} + a^2 u_{xxxx} = 0, \\ u(x,0) = f(x) \quad (-\infty < x < +\infty), \\ u_t(x,0) = 0 \quad (-\infty < x < +\infty). \end{cases}$$

5. 试求定解问题

$$\begin{cases} u_t = u_{xx} + tu, \\ u(x,0) = f(x) \quad (-\infty < x < +\infty) \end{cases}$$

的有界解.

6. 试用傅氏变换求方程
$$u_t = u_{xx} + Au$$
的初值问题的格林函数,其中 A 为常数.

7. 利用前题结果,写出初值问题
$$\begin{cases} u_t = u_{xx} + Au + f(x,t), \\ u(x,0) = \varphi(x) \quad (-\infty < x < +\infty) \end{cases}$$
的求解公式.

8. 请完成例 7、例 8、例 11、例 12 的验证工作.

第十三章 拉普拉斯变换

第一节 拉普拉斯变换的定义和它的逆变换

§13.1.1 傅里叶变换与拉普拉斯变换

利用古典定义的傅里叶变换求解微分方程时,会遇到一些困难.首先,能够进行傅里叶变换的函数$f(x)$在$(-\infty,+\infty)$内要满足绝对可积等较强的条件.这样的条件,即使对于很简单的函数,如前章所指出的$f(x)\equiv$常数或多项式、三角函数等,都不能满足;其次还要求进行变换的函数在$(-\infty,+\infty)$内有定义.如果要求解的问题是混合问题而不是初值问题,那么就不能对空间变量进行傅氏变换了.于是人们转而设法对时间变量t进行变换.

设函数$f(t)$在$t\geqslant 0$有定义,作
$$f_1(t)=\begin{cases} e^{-\sigma t}f(t) & (t\geqslant 0), \\ 0 & (t<0), \end{cases}$$
其中常数$\sigma>0$.由于物理上所要求的解只有当$t\geqslant 0$时才有意义,所以定义$f_1(t)$当$t<0$时为零.

对$f_1(t)$作傅氏变换,有
$$\mathscr{F}[f_1(t)]=\int_{-\infty}^{+\infty}f_1(\tau)e^{-i\lambda\tau}d\tau=\int_0^{+\infty}f(\tau)e^{-(\sigma+i\lambda)\tau}d\tau,$$
再作傅氏逆变换,有
$$f_1(t)=\frac{1}{2\pi}\int_{-\infty}^{+\infty}\left(\int_0^{+\infty}f(\tau)e^{-(\sigma+i\lambda)\tau}d\tau\right)e^{i\lambda t}d\lambda.$$
当$t\geqslant 0$时,得
$$e^{-\sigma t}f(t)=\frac{1}{2\pi}\int_{-\infty}^{+\infty}\left(\int_0^{+\infty}f(\tau)e^{-(\sigma+i\lambda)\tau}d\tau\right)e^{i\lambda t}d\lambda,$$

即
$$f(t) = \frac{1}{2\pi}\int_{-\infty}^{+\infty}\left(\int_0^{+\infty}f(\tau)\mathrm{e}^{-(\sigma+\mathrm{i}\lambda)\tau}\mathrm{d}\tau\right)\mathrm{e}^{(\sigma+\mathrm{i}\lambda)t}\mathrm{d}\lambda.$$

令 $p = \sigma+\mathrm{i}\lambda$, $\mathrm{d}p = \mathrm{i}\,\mathrm{d}\lambda$, 则上式可写成
$$f(t) = \frac{1}{2\pi\mathrm{i}}\int_{\sigma-\mathrm{i}\infty}^{\sigma+\mathrm{i}\infty}\left(\int_0^{+\infty}f(\tau)\mathrm{e}^{-p\tau}\mathrm{d}\tau\right)\mathrm{e}^{pt}\mathrm{d}p.$$

记
$$L(p) = \int_0^{+\infty}f(\tau)\mathrm{e}^{-p\tau}\mathrm{d}\tau, \tag{13.1}$$

便得到
$$f(t) = \frac{1}{2\pi\mathrm{i}}\int_{\sigma-\mathrm{i}\infty}^{\sigma+\mathrm{i}\infty}L(p)\mathrm{e}^{pt}\mathrm{d}p. \tag{13.2}$$

(13.1)和(13.2)正好是一对互逆的积分变换式,它们就是下面即将严格定义的拉普拉斯变换及拉普拉斯逆变换.

§13.1.2 拉普拉斯变换的定义

定义 13.1 设函数 $f(t)$ 满足条件(A),即

(i) 当 $t<0$ 时, $f(t) = 0$;

(ii) 当 $t\geq 0$ 时, $f(t)$ 及 $f'(t)$ 除去有限个第一类间断点外处处连续;

(iii) 当 $t\to +\infty$ 时, $f(t)$ 的增长速度不超过某个指数函数,亦即存在常数 M 及 $\sigma_0\geq 0$, 使得
$$|f(t)|\leq M\mathrm{e}^{\sigma_0 t} \qquad (0<t<+\infty),$$

其中 σ_0 称为 $f(t)$ 的**增长指数**.

这时,我们称
$$L(p) = \mathscr{L}[f(t)] = \int_0^{+\infty}f(t)\mathrm{e}^{-pt}\mathrm{d}t \tag{13.1}$$

为函数 $f(t)$ 的**拉普拉斯变换**(简称**拉氏变换**),而称
$$f(t) = \mathscr{L}^{-1}[L(p)] = \frac{1}{2\pi\mathrm{i}}\int_{\sigma-\mathrm{i}\infty}^{\sigma+\mathrm{i}\infty}L(p)\mathrm{e}^{pt}\mathrm{d}p \tag{13.2}$$

为复变函数 $L(p)$ 的**拉普拉斯逆变换**(简称**拉氏逆变换**),称 $L(p)$ 为 $f(t)$ 的**像**, $f(t)$ 为 $L(p)$ 的**原像**.

显然
$$\mathscr{L}^{-1}[L(p)] = \mathscr{L}^{-1}\{\mathscr{L}[f(t)]\} = \mathscr{L}^{-1}\mathscr{L}[f(t)] = f(t),$$

或者简写为
$$\mathscr{L}^{-1}\mathscr{L}[f] = f.$$

有时也将 $\mathscr{L}^{-1}[L(p)]$ 简写为 $\mathscr{L}^{-1}[L]$,(13.2)称为**反演公式**.

拉氏变换为英国电工学者赫维赛德先前所发明的**算符法**(或称**运算微积**)找到了理论基础.本书没有采用算符法的符号,但拉氏变换和算符法实质上是一回事.

上面所定义的拉氏变换及拉氏逆变换的存在,在数学上还须加以严格证明.

§13.1.3 拉普拉斯变换的存在定理和反演定理

定理 13.1 设函数 $f(t)$ 满足条件(A),则由(13.1)所定义的复变函数 $L(p)$ 在半平面 $\operatorname{Re} p = \sigma > \sigma_0$ 内有意义,且是 p 的解析函数.

证 因为

$$\int_0^{+\infty} |f(t)\mathrm{e}^{-pt}| \mathrm{d}t \leqslant \int_0^{+\infty} M\mathrm{e}^{-(\sigma-\sigma_0)t} \mathrm{d}t = \frac{M}{\sigma-\sigma_0} \quad (\sigma > \sigma_0),$$

所以,积分(13.1)绝对收敛,自然也就收敛,从而 $L(p)$ 在半平面 $\operatorname{Re} p = \sigma > \sigma_0$ 内有定义.当 $\sigma \geqslant \sigma_0 + \varepsilon$ 时,积分(13.1)还一致收敛,其中 ε 为任意小的正数(下同).

在(13.1)中将被积函数对 p 求导,得到

$$\int_0^{+\infty} |f(t)t\mathrm{e}^{-pt}| \mathrm{d}t \leqslant \int_0^{+\infty} Mt\mathrm{e}^{-(\sigma-\sigma_0)t} \mathrm{d}t = \frac{M}{(\sigma-\sigma_0)^2} \quad (\sigma > \sigma_0).$$

故积分 $\int_0^{+\infty} f(t)t\mathrm{e}^{-pt}\mathrm{d}t$ 在半平面 $\operatorname{Re} p = \sigma \geqslant \sigma_0 + \varepsilon$ 上一致收敛,从而微分符号和积分符号可以交换,

$$\begin{aligned}
\frac{\mathrm{d}L(p)}{\mathrm{d}p} &= \frac{\mathrm{d}}{\mathrm{d}p} \int_0^{+\infty} f(t)\mathrm{e}^{-pt}\mathrm{d}t = \int_0^{+\infty} \frac{\mathrm{d}}{\mathrm{d}p}(f(t)\mathrm{e}^{-pt})\mathrm{d}t \\
&= \int_0^{+\infty} (-f(t)t\mathrm{e}^{-pt})\mathrm{d}t = \mathscr{L}[-tf(t)],
\end{aligned}$$

所以 $L(p)$ 在半平面 $\operatorname{Re} p = \sigma > \sigma_0$ 内是解析的.

这里不加证明地指出,在半平面 $\operatorname{Re} p = \sigma \geqslant \sigma_0 + \varepsilon$ 上,

$$\lim_{|p| \to \infty} L(p) = 0.$$

对于物理上的量 $f(t)$ (t 表示时间)来说,上述定义中的条件(A)是自然满足的.因此,今后我们作拉氏变换时,总是不加说明地假定有关的函数都满足条件(A).

定理 13.2(反演定理) 设 $f(t)$ 的像为 $L(p)$,则当 $t > 0$ 时,在 $f(t)$ 的每一个连续点有

$$f(t) = \frac{1}{2\pi\mathrm{i}} \int_{\sigma-\mathrm{i}\infty}^{\sigma+\mathrm{i}\infty} L(p)\mathrm{e}^{pt}\mathrm{d}p,$$

即是说,$f(t)$ 是它的拉氏变换之逆变换,其中积分是沿着任一直线 $\operatorname{Re} p = \sigma > \sigma_0$ 来取的.上式右端的积分理解为柯西积分主值[①],当 $t < 0$ 时,

---

① 指沿线段 $(\sigma-\mathrm{i}N, \sigma+\mathrm{i}N)$ 所取积分当 $N \to \infty$ 时的极限.

$$\frac{1}{2\pi i}\int_{\sigma-i\infty}^{\sigma+i\infty}L(p)e^{pt}dp=0.$$

证 令

$$f_N(t)=\frac{1}{2\pi i}\int_{\sigma-iN}^{\sigma+iN}L(p)e^{pt}dp=\frac{1}{2\pi i}\int_{\sigma-iN}^{\sigma+iN}\left(\int_0^{+\infty}f(\tau)e^{-p\tau}d\tau\right)e^{pt}dp.$$

因为在半平面 $\operatorname{Re}p=\sigma\geqslant\sigma_0+\varepsilon$ 上,积分

$$\int_0^{+\infty}f(\tau)e^{-p\tau}d\tau$$

关于 p 一致收敛,因此可以交换积分次序而得

$$f_N(t)=\frac{1}{2\pi i}\int_0^{+\infty}f(\tau)\left(\int_{\sigma-iN}^{\sigma+iN}e^{p(t-\tau)}dp\right)d\tau=\frac{1}{\pi}\int_0^{+\infty}f(\tau)e^{\sigma(t-\tau)}\frac{\sin N(t-\tau)}{t-\tau}d\tau.$$

令 $\xi=\tau-t, g(\xi)=f(\xi+t)e^{-\sigma\xi}$,则

$$f_N(t)=\frac{1}{\pi}\int_{-t}^{+\infty}g(\xi)\frac{\sin N\xi}{\xi}d\xi.$$

由于 t 是 $f(t)$ 的连续点,故 $\xi=0$ 是 $g(\xi)$ 的连续点,并且 $\lim_{\xi\to 0}g(\xi)=g(0)=f(t)$,根据黎曼-勒贝格引理,有

$$\lim_{N\to\infty}\int_{-t}^{+\infty}\frac{g(\xi)-g(0)}{\xi}\sin N\xi d\xi=0,$$

即

$$\lim_{N\to\infty}\int_{-t}^{+\infty}g(\xi)\frac{\sin N\xi}{\xi}d\xi=g(0)\lim_{N\to\infty}\int_{-t}^{+\infty}\frac{\sin N\xi}{\xi}d\xi,$$

令 $\eta=N\xi$,则

$$\lim_{N\to\infty}\int_{-t}^{+\infty}g(\xi)\frac{\sin N\xi}{\xi}d\xi=g(0)\lim_{N\to\infty}\int_{-Nt}^{+\infty}\frac{\sin\eta}{\eta}d\eta.$$

因此,当 $t>0$ 时,

$$\lim_{N\to\infty}f_N(t)=\lim_{N\to\infty}\frac{1}{\pi}\int_{-t}^{+\infty}g(\xi)\frac{\sin N\xi}{\xi}d\xi=g(0)=f(t),$$

当 $t<0$ 时,

$$\lim_{N\to\infty}f_N(t)=\lim_{N\to\infty}\frac{1}{\pi}\int_{-t}^{+\infty}g(\xi)\frac{\sin N\xi}{\xi}d\xi=0,$$

于是定理得证.

定理 13.1 表明, $f(t)$ 的像 $L(p)$ 在 $\operatorname{Re}p=\sigma>\sigma_0$ 内是解析函数. 下面我们给出一个解析函数 $L(p)$ 是某个实函数 $f(t)$ 的像的充分条件,但不予证明.

定理 13.3 设

(i) 复变函数 $L(p)$ 在半平面 $\operatorname{Re}p=\sigma>\sigma_0$ 解析;

（ii）在任意半平面 $\operatorname{Re} p = \sigma \geqslant \sigma_0 + \varepsilon$ 上，$\lim\limits_{|p|\to\infty} L(p) = 0$，且积分 $\int_{\sigma-i\infty}^{\sigma+i\infty} L(p)\,dp$ 绝对收敛，

则 $L(p)$ 是函数

$$f(t) = \frac{1}{2\pi i} \int_{\sigma-i\infty}^{\sigma+i\infty} L(p) e^{pt} dp$$

的像.

定理 13.2 告诉我们，若 $L(p)$ 是 $f(t)$ 的拉氏变换，则 $f(t)$ 是 $L(p)$ 的拉氏逆变换；反之，定理 13.3 告诉我们，若 $f(t)$ 是 $L(p)$ 的拉氏逆变换，则 $L(p)$ 是 $f(t)$ 的拉氏变换. 公式（13.1）和（13.2）正好表达了 $f(t)$ 和 $L(p)$ 之间的这种一一对应的相互关系.

第二节 拉普拉斯变换的基本性质及其应用举例

为了实际运算的需要，这里介绍一些拉氏变换的基本性质.

性质 1（线性定理） 设 α,β 为任意常数，则

$$\mathscr{L}[\alpha f_1(t) + \beta f_2(t)] = \alpha \mathscr{L}[f_1(t)] + \beta \mathscr{L}[f_2(t)].$$

性质 2（乘积定理） 设 $f_1(t)$ 和 $f_2(t)$ 都满足条件（A），其增长指数分别为 σ_1 和 σ_2，则乘积 $f_1(t)f_2(t)$ 满足条件（A），且有

$$\mathscr{L}[f_1(t)f_2(t)] = \frac{1}{2\pi i} \int_{\sigma-i\infty}^{\sigma+i\infty} L_1(q) L_2(p-q) \, dq,$$

其中 $\sigma > \sigma_1$，$\operatorname{Re} p > \sigma_2 + \sigma$.

证 容易了解 $f_1(t)f_2(t)$ 满足条件（A），它的像

$$\begin{aligned}
\mathscr{L}[f_1(t)f_2(t)] &= \int_0^{+\infty} f_1(t) f_2(t) e^{-pt} dt \\
&= \int_0^{+\infty} f_2(t) \left(\frac{1}{2\pi i} \int_{\sigma-i\infty}^{\sigma+i\infty} L_1(q) e^{qt} dq \right) e^{-pt} dt \quad (\operatorname{Re} q = \sigma > \sigma_1) \\
&= \frac{1}{2\pi i} \int_{\sigma-i\infty}^{\sigma+i\infty} L_1(q) \left(\int_0^{+\infty} f_2(t) e^{-(p-q)t} dt \right) dq \quad (\operatorname{Re}(p-q) > \sigma_2) \\
&= \frac{1}{2\pi i} \int_{\sigma-i\infty}^{\sigma+i\infty} L_1(q) L_2(p-q) \, dq,
\end{aligned}$$

其中积分次序可以交换的证明同下面性质 6 中的论述类似，这里从略. 若令 $\sigma_0 = \max\{\sigma_1, \sigma_2\}$，则当 $\sigma > \sigma_0$，$\operatorname{Re} p > \sigma_0 + \sigma$ 时

$$\int_{\sigma-i\infty}^{\sigma+i\infty} L_1(q)L_2(p-q)\,dq = \int_{\sigma-i\infty}^{\sigma+i\infty} L_2(q)L_1(p-q)\,dq.$$

性质 3(原像的导数定理)

$$\mathscr{L}[f'(t)] = p\mathscr{L}[f(t)] - f(0) = pL(p) - f(0),$$

更一般地,有

$$\mathscr{L}[f^{(n)}(t)] = p^n \mathscr{L}[f(t)] - p^{n-1}f(0) - p^{n-2}f'(0) - \cdots - f^{(n-1)}(0).$$

特别地,如果

$$f(0) = f'(0) = \cdots = f^{(n-1)}(0) = 0,$$

则有

$$\mathscr{L}[f^{(n)}(t)] = p^n \mathscr{L}[f(t)] = p^n L(p),$$

其中 $f^{(n)}(0)$ 理解为右极限值 $\lim_{t\to 0^+} f^{(n)}(t), n = 0,1,2,3,\cdots$.

可见,对原像 $f(t)$ 求导一次,相当于像 $L(p)$ 乘 p.

证
$$\mathscr{L}[f'(t)] = \int_0^{+\infty} f'(t)e^{-pt}\,dt = \left[f(t)e^{-pt}\right]_0^{+\infty} + p\int_0^{+\infty} f(t)e^{-pt}\,dt$$
$$= p\mathscr{L}[f(t)] - f(0).$$

用数学归纳法易证 n 阶导数的情形.

性质 4(原像的积分定理)

$$\mathscr{L}\left[\int_0^t f(t)\,dt\right] = \frac{\mathscr{L}[f(t)]}{p} = \frac{L(p)}{p}.$$

可见,对原像 $f(t)$ 积分一次,相当于像 $L(p)$ 除以 p.

证 令
$$\varphi(t) = \int_0^t f(t)\,dt,$$

则
$$\varphi'(t) = f(t).$$

不难验证 $\varphi(t)$ 仍然满足条件(A),且 $\varphi(0) = 0$,因此对 $\varphi'(t)$ 作拉氏变换,得

$$\mathscr{L}[\varphi'(t)] = p\mathscr{L}[\varphi(t)] - \varphi(0) = p\mathscr{L}\left[\int_0^t f(t)\,dt\right].$$

又因

$$\mathscr{L}[\varphi'(t)] = \mathscr{L}[f(t)] = L(p),$$

故

$$\mathscr{L}\left[\int_0^t f(t)\,dt\right] = \frac{L(p)}{p}.$$

性质 5(像的导数定理)

$$L^{(n)}(p) = \mathscr{L}[(-t)^n f(t)].$$

可见,对像 $L(p)$ 求导一次,相当于原像 $f(t)$ 乘 $-t$.

性质 6(像的积分定理) 设 $f(t)$ 的像为 $L(p)$,且积分 $\int_p^{+\infty} L(p)\,dp$ 收敛,则

$$\int_p^{+\infty} L(p)\,\mathrm{d}p = \mathscr{L}\left[\frac{f(t)}{t}\right].$$

可见,对像 $L(p)$ 积分一次,相当于对原像 $f(t)$ 除以 t.

证 因为

$$\int_p^{+\infty} L(p)\,\mathrm{d}p = \int_p^{+\infty} \int_0^{+\infty} f(t)\,\mathrm{e}^{-pt}\mathrm{d}t\mathrm{d}p,$$

所以,若把积分路线取在半平面 $\mathrm{Re}\,p = \sigma > \sigma_0$ 内,则有

$$\left|\int_0^{+\infty} f(t)\,\mathrm{e}^{-pt}\mathrm{d}t\right| \leqslant \int_0^{+\infty} |f(t)\,\mathrm{e}^{-pt}|\,\mathrm{d}t$$

$$\leqslant M\int_0^{+\infty} \mathrm{e}^{-(\sigma-\sigma_0)t}\mathrm{d}t = \frac{M}{\sigma-\sigma_0} \quad (\sigma > \sigma_0),$$

即积分 $\int_0^{+\infty} f(t)\,\mathrm{e}^{-pt}\mathrm{d}t$ 在 $\mathrm{Re}\,p = \sigma \geqslant \sigma_0 + \varepsilon$ 上一致收敛,故可以交换积分次序. 于是

$$\int_p^{+\infty} L(p)\,\mathrm{d}p = \int_p^{+\infty} \int_0^{+\infty} f(t)\,\mathrm{e}^{-pt}\mathrm{d}t\mathrm{d}p = \int_0^{+\infty} f(t)\left[\int_p^{+\infty} \mathrm{e}^{-pt}\mathrm{d}p\right]\mathrm{d}t$$

$$= \int_0^{+\infty} \frac{f(t)}{t}\mathrm{e}^{-pt}\mathrm{d}t = \mathscr{L}\left[\frac{f(t)}{t}\right].$$

性质 7(相似定理) 设 $a > 0$,则

$$\mathscr{L}[f(at)] = \frac{1}{a}L\left(\frac{p}{a}\right).$$

证

$$\mathscr{L}[f(at)] = \int_0^{+\infty} f(at)\,\mathrm{e}^{-pt}\mathrm{d}t = \int_0^{+\infty} f(at)\,\mathrm{e}^{-\frac{p}{a}(at)}\frac{1}{a}\mathrm{d}(at)$$

$$= \frac{1}{a}\int_0^{+\infty} f(\tau)\,\mathrm{e}^{-\frac{p}{a}\tau}\mathrm{d}\tau = \frac{1}{a}L\left(\frac{p}{a}\right).$$

性质 8(位移定理)

$$L(p-p_0) = \mathscr{L}\left[\mathrm{e}^{p_0 t}f(t)\right].$$

证

$$\mathscr{L}\left[\mathrm{e}^{p_0 t}f(t)\right] = \int_0^{+\infty} \mathrm{e}^{p_0 t}f(t)\,\mathrm{e}^{-pt}\mathrm{d}t = \int_0^{+\infty} f(t)\,\mathrm{e}^{-(p-p_0)t}\mathrm{d}t = L(p-p_0).$$

性质 9(滞后定理) 设 $\tau > 0$,则

$$\mathscr{L}[f(t-\tau)] = \mathrm{e}^{-p\tau}L(p).$$

证

$$\mathscr{L}[f(t-\tau)] = \int_0^{+\infty} f(t-\tau)\,\mathrm{e}^{-pt}\mathrm{d}t = \int_{-\tau}^{+\infty} f(t')\,\mathrm{e}^{-p(t'+\tau)}\mathrm{d}t' \quad (t' = t-\tau).$$

因为当 $t' \in (-\tau, 0)$ 时, $f(t') = 0$,所以

$$\mathscr{L}[f(t-\tau)] = \int_0^{+\infty} f(t')\,\mathrm{e}^{-p(t'+\tau)}\mathrm{d}t' = \mathrm{e}^{-p\tau}\int_0^{+\infty} f(t')\,\mathrm{e}^{-pt'}\mathrm{d}t' = \mathrm{e}^{-p\tau}L(p).$$

第二节 拉普拉斯变换的基本性质及其应用举例

定义 13.2 若 $f_1(t)$, $f_2(t)$ 都满足条件(A),则称积分

$$\int_0^t f_1(\tau) f_2(t-\tau) \, d\tau$$

为 $f_1(t)$ 和 $f_2(t)$ 的**卷积**,记为 $f_1(t) * f_2(t)$. 显然这个卷积函数也满足条件(A),且有

$$f_1(t) * f_2(t) = f_2(t) * f_1(t).$$

性质 10(卷积定理) 设 $f_1(t)$ 和 $f_2(t)$ 的增长指数分别为 σ_1 和 σ_2,则

$$\mathscr{L}[f_1(t) * f_2(t)] = \mathscr{L}[f_1(t)] \mathscr{L}[f_2(t)].$$

证 令 $\sigma_0 = \max\{\sigma_1, \sigma_2\}$,则积分

$$\int_0^{+\infty} e^{-pt} f_1(t) \, dt \quad \text{与} \quad \int_0^{+\infty} e^{-pt} f_2(t) \, dt$$

皆在半平面 $\operatorname{Re} p = \sigma > \sigma_0$ 内绝对收敛,于是

$$\mathscr{L}[f_1(t)] \mathscr{L}[f_2(t)] = \int_0^{+\infty} e^{-pt} f_1(t) \, dt \int_0^{+\infty} e^{-p\tau} f_2(\tau) \, d\tau$$

$$= \int_0^{+\infty} \int_0^{+\infty} e^{-p(t+\tau)} f_1(t) f_2(\tau) \, dt \, d\tau.$$

作积分的变量代换

$$\begin{cases} t = x - y, \\ \tau = y, \end{cases}$$

则在 xOy 平面上与 $tO\tau$ 平面上的面积元素相对应的面积元素为

$$\begin{vmatrix} \dfrac{\partial t}{\partial x} & \dfrac{\partial t}{\partial y} \\ \dfrac{\partial \tau}{\partial x} & \dfrac{\partial \tau}{\partial y} \end{vmatrix} dx \, dy = \begin{vmatrix} 1 & -1 \\ 0 & 1 \end{vmatrix} dx \, dy = dx \, dy,$$

并将 $tO\tau$ 平面的第一象限变为 xOy 平面上 $y=0$ 及 $y=x$ 两直线间的部分(图 13.1),故

$$\mathscr{L}[f_1(t)] \mathscr{L}[f_2(t)] = \int_0^{+\infty} \left[\int_0^x f_1(x-y) f_2(y) \, dy \right] e^{-px} \, dx$$

$$= \int_0^{+\infty} \left[\int_0^t f_1(t-y) f_2(y) \, dy \right] e^{-pt} \, dt$$

$$= \int_0^{+\infty} [f_1(t) * f_2(t)] e^{-pt} \, dt = \mathscr{L}[f_1(t) * f_2(t)].$$

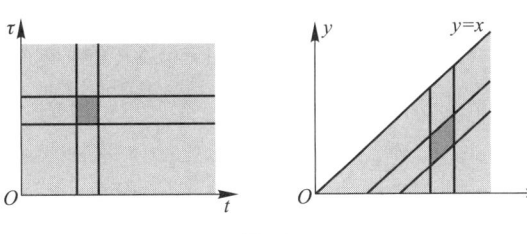

图 13.1

用拉氏变换处理问题,一般分为两个步骤:一是由原像求像,二是由像求原像. 人们编制了拉氏变换表,以供计算之用,我们从中选择了少量常用函数的拉氏变换,作为附录(Ⅰ)附在本书之后.

下面我们举一些例子,借以说明拉氏变换的计算.

例 1 由定义 13.1,
$$\mathscr{L}[1] = \int_0^{+\infty} e^{-pt} dt = \frac{1}{p},\text{①}$$

即函数 $f(t)=1$ 的像为 $\dfrac{1}{p}$.

例 2 由像的导数定理可知
$$\mathscr{L}[t] = -\mathscr{L}[-t \cdot 1] = -\frac{d\mathscr{L}[1]}{dp} = -\frac{d}{dp}\left(\frac{1}{p}\right) = \frac{1}{p^2},$$

继续下去可得到
$$\mathscr{L}[t^n] = \frac{n!}{p^{n+1}}, \quad n=0,1,2,\cdots.$$

例 3 利用位移定理,由前例得
$$\mathscr{L}[e^{\alpha t}] = \mathscr{L}[e^{\alpha t} \cdot 1] = \frac{1}{p-\alpha}\text{②},$$

$$\mathscr{L}[e^{\alpha t} t^n] = \frac{n!}{(p-\alpha)^{n+1}} \quad (\text{Re } p > \text{Re } \alpha).$$

例 4 利用前例的结果,即得
$$\mathscr{L}[\sin \omega t] = \mathscr{L}\left[\frac{e^{i\omega t}-e^{-i\omega t}}{2i}\right] = \frac{1}{2i}\{\mathscr{L}[e^{i\omega t}] - \mathscr{L}[e^{-i\omega t}]\}$$
$$= \frac{1}{2i}\left[\frac{1}{p-i\omega} - \frac{1}{p+i\omega}\right] = \frac{\omega}{p^2+\omega^2}.$$

例 5 利用原像的导数定理,由前例有
$$\mathscr{L}\left[\frac{d}{dt}\sin \omega t\right] = p\mathscr{L}[\sin \omega t] = \frac{p\omega}{p^2+\omega^2},$$

又因
$$\mathscr{L}\left[\frac{d}{dt}\sin \omega t\right] = \mathscr{L}[\omega \cos \omega t] = \omega \mathscr{L}[\cos \omega t],$$

故得

---

① 这里和以下所遇到的原像,都限定在 $t \geqslant 0$ 有意义,若 $t<0$,则理解为函数值等于零.

② 我们约定,在使用拉氏变换时,除 p,t 分别为像和原像的自变量之外,其余出现的文字均系参数,如 α,ω 等.有的参数附有公认的物理意义,如质量 m,电感 L 等.诸如此类,为了避免累赘,不拟处处注明.

$$\mathscr{L}[\cos\omega t]=\frac{p}{p^2+\omega^2}.$$

在处理实际问题中,t 表示时间,$t=0$ 为计时的起点. 当某一物理量在计时以前其值为零,计时以后,由某一函数表示,则此时引用单位函数 H 甚为方便.

例 6 有一简单电路如图 13.2 所示:A 与 B 间电压 $V_{AB}=E$(常数),在电路接通前($t<0$),C 与 B 间电压 $V_{CB}=0$,电路接通后($t>0$),$V_{CB}=E$. 记 $V_{CB}=EH(t)$,其中 $H(t)$ 即 §9.2.4 中所介绍的单位函数. 当时间原点由 $t=0$ 迁至 $t=a$ 时,单位函数改记为

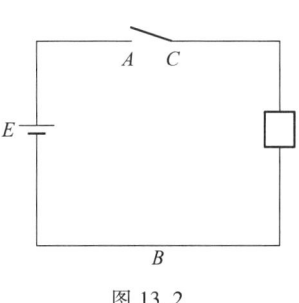

图 13.2

$$H(t-a)=\begin{cases}0 & (t<a),\\ 1 & (t>a).\end{cases}$$

由滞后定理可得

$$\mathscr{L}[H(t-a)]=\frac{\mathrm{e}^{-ap}}{p}.$$

例 7 仿(9.8)式的推导,有

$$\mathscr{L}[\delta(t)]=1,$$

这就是说,δ 函数的拉氏变换是常数 1. 由此,我们认为 1 的拉氏逆变换或原像就是 $\delta(t)$.

再由滞后定理,当 $\tau>0$ 时,

$$\mathscr{L}[\delta(t-\tau)]=\mathrm{e}^{-p\tau}.$$

下面举例介绍拉氏变换在求解微分方程和积分方程[①]中的应用,主要介绍解法,不拟叙述问题的物理意义.

例 8 求解初值问题

$$\begin{cases}x'(t)-x(t)=1,\\ x(0)=0.\end{cases}$$

解 对方程两端作拉氏变换,

$$\mathscr{L}[x'(t)]-\mathscr{L}[x(t)]=\mathscr{L}[1],$$

$$p\mathscr{L}[x(t)]-x(0)-\mathscr{L}[x(t)]=\frac{1}{p},$$

$$\mathscr{L}[x(t)]=\frac{1}{p(p-1)}=\frac{1}{p-1}-\frac{1}{p}.$$

今对上式两端作拉氏逆变换,即得

$$x(t)=\mathscr{L}^{-1}\mathscr{L}[x(t)]=\mathscr{L}^{-1}\left[\frac{1}{p-1}\right]-\mathscr{L}^{-1}\left[\frac{1}{p}\right]=\mathrm{e}^t-1.$$

---

① 所谓积分方程,简言之,即含有关于未知函数的积分的方程.

例 9 求解交流 RL 串联电路

$$\begin{cases} LI'(t)+RI(t)=E_0\sin \omega t, \\ I(0)=0. \end{cases}$$

解 对方程两端作拉氏变换,得

$$L\mathscr{L}[I'(t)]+R\mathscr{L}[I(t)]=E_0\mathscr{L}[\sin \omega t],$$

$$Lp\mathscr{L}[I(t)]+R\mathscr{L}[I(t)]=E_0\mathscr{L}[\sin \omega t],$$

$$\mathscr{L}[I(t)]=\frac{E_0}{L}\frac{1}{p+\frac{R}{L}}\mathscr{L}[\sin \omega t]=\frac{E_0}{L}\mathscr{L}\left[e^{-\frac{R}{L}t}\right]\mathscr{L}[\sin \omega t].$$

利用卷积定理,有

$$\mathscr{L}[I(t)]=\frac{E_0}{L}\mathscr{L}\left[\int_0^t \sin \omega(t-\tau)e^{-\frac{R}{L}\tau}d\tau\right].$$

故得

$$I(t)=\frac{E_0}{L}\int_0^t \sin \omega(t-\tau)e^{-\frac{R}{L}\tau}d\tau=\frac{E_0}{L^2\omega^2+R^2}[R\sin \omega t-L\omega\cos \omega t+L\omega e^{-\frac{R}{L}t}].$$

例 10 求解强迫振动方程的初值问题

$$\begin{cases} x''(t)+\omega^2 x(t)=\cos \omega t, \\ x(0)=x_0, x'(0)=x_1. \end{cases}$$

解 对方程两端作拉氏变换,得

$$\mathscr{L}[x''(t)]+\omega^2\mathscr{L}[x(t)]=\mathscr{L}[\cos \omega t],$$

$$p^2\mathscr{L}[x(t)]-px_0-x_1+\omega^2\mathscr{L}[x(t)]=\frac{p}{p^2+\omega^2},$$

$$\mathscr{L}[x(t)]=\frac{p}{(p^2+\omega^2)^2}+\frac{x_1}{p^2+\omega^2}+\frac{x_0 p}{p^2+\omega^2}$$

$$=\mathscr{L}\left[\frac{t}{2\omega}\sin \omega t\right]+\mathscr{L}\left[\frac{x_1}{\omega}\sin \omega t\right]+\mathscr{L}[x_0\cos \omega t],$$

故

$$x(t)=\frac{t}{2\omega}\sin \omega t+\frac{x_1}{\omega}\sin \omega t+x_0\cos \omega t.$$

例 11 求解联立微分方程组

$$\begin{cases} x'(t)-x(t)-2y(t)=t, \\ y'(t)-y(t)-2x(t)=t, \end{cases}$$

其初值条件为 $x(0)=2, y(0)=4$.

解 对方程组两端作拉氏变换,得

$$\begin{cases} \mathscr{L}[x'(t)] - \mathscr{L}[x(t)] - 2\mathscr{L}[y(t)] = \mathscr{L}[t], \\ \mathscr{L}[y'(t)] - \mathscr{L}[y(t)] - 2\mathscr{L}[x(t)] = \mathscr{L}[t], \end{cases}$$

$$\begin{cases} (p-1)\mathscr{L}[x(t)] - 2\mathscr{L}[y(t)] = \dfrac{1}{p^2} + 2, \\ (p-1)\mathscr{L}[y(t)] - 2\mathscr{L}[x(t)] = \dfrac{1}{p^2} + 4. \end{cases}$$

两式先后相加减得

$$\begin{cases} (p-3)\mathscr{L}[x(t)+y(t)] = \dfrac{2}{p^2} + 6, \\ (p+1)\mathscr{L}[x(t)-y(t)] = -2. \end{cases}$$

于是有

$$\begin{cases} \mathscr{L}[x(t)+y(t)] = \dfrac{2(3p^2+1)}{p^2(p-3)} = 2\left[\dfrac{28}{9(p-3)} - \dfrac{1}{3p^2} - \dfrac{1}{9p}\right] = \mathscr{L}\left[\dfrac{56}{9}\mathrm{e}^{3t} - \dfrac{2}{3}t - \dfrac{2}{9}\right], \\ \mathscr{L}[x(t)-y(t)] = \dfrac{-2}{p+1} = \mathscr{L}[-2\mathrm{e}^{-t}]. \end{cases}$$

故得

$$\begin{cases} x(t)+y(t) = \dfrac{56}{9}\mathrm{e}^{3t} - \dfrac{2}{3}t - \dfrac{2}{9}, \\ x(t)-y(t) = -2\mathrm{e}^{-t}, \end{cases}$$

从而

$$\begin{cases} x(t) = \dfrac{28}{9}\mathrm{e}^{3t} - \mathrm{e}^{-t} - \dfrac{1}{3}t - \dfrac{1}{9}, \\ y(t) = \dfrac{28}{9}\mathrm{e}^{3t} + \mathrm{e}^{-t} - \dfrac{1}{3}t - \dfrac{1}{9}. \end{cases}$$

例 12 设在原点处,质量为 m 的一质点在 $t=0$ 时受到冲击力 $F_0\delta(t)$ 的作用,其中 F_0 为常数. 若冲击力作用在 x 方向上,则运动方程为

$$mx''(t) = F_0\delta(t).$$

假定质点的初速度为零,试求其运动规律.

解 对方程两端作拉氏变换,得

$$m\mathscr{L}[x''(t)] = F_0\mathscr{L}[\delta(t)] = F_0.$$

由题意有 $x(0) = x'(0) = 0$,故得

$$p^2\mathscr{L}[x(t)] = \dfrac{F_0}{m},$$

$$\mathscr{L}[x(t)] = \dfrac{F_0}{m}\dfrac{1}{p^2} = \mathscr{L}\left[\dfrac{F_0}{m}t\right].$$

于是
$$x(t) = \frac{F_0}{m}t.$$

例 13 求解积分方程
$$f(t) = at + \int_0^t \sin(t-\tau)f(\tau)\,\mathrm{d}\tau.$$

解 由卷积定义,将方程写为
$$f(t) = at + f(t) * \sin t.$$
对两端作拉氏变换,得
$$\begin{aligned}\mathscr{L}[f(t)] &= a\mathscr{L}[t] + \mathscr{L}[f(t) * \sin t] \\ &= a\mathscr{L}[t] + \mathscr{L}[f(t)]\mathscr{L}[\sin t] \\ &= \frac{a}{p^2} + \frac{1}{p^2+1}\mathscr{L}[f(t)].\end{aligned}$$

故
$$\mathscr{L}[f(t)] = \frac{a(p^2+1)}{p^4} = \frac{a}{p^2} + \frac{a}{p^4} = \mathscr{L}[at] + \mathscr{L}\left[\frac{at^3}{6}\right],$$
于是
$$f(t) = a\left(t + \frac{t^3}{6}\right).$$

例 14 求解半无界弦的振动问题
$$\begin{cases} u_{tt} = a^2 u_{xx} & (0 < x < +\infty, t > 0), \\ u(0,t) = f(t), \lim_{x \to +\infty} u(x,t) = 0 & (t > 0), \\ u(x,0) = 0, u_t(x,0) = 0 & (0 \leqslant x < +\infty), \end{cases}$$
其中 $f(t)$ 为充分光滑的已知函数.

解 对方程两端关于变量 t 作拉氏变换,得
$$\mathscr{L}[u_{tt}(x,t)] = a^2 \mathscr{L}[u_{xx}(x,t)],$$
$$p^2 \mathscr{L}[u(x,t)] - pu(x,0) - u_t(x,0) = a^2 \frac{\mathrm{d}^2 \mathscr{L}[u(x,t)]}{\mathrm{d}x^2}.$$
记 $\mathscr{L}[u(x,t)] = \tilde{u}(x,p)$,并考虑到零初值条件,得
$$p^2 \tilde{u}(x,p) = a^2 \frac{\mathrm{d}^2 \tilde{u}(x,p)}{\mathrm{d}x^2}.$$
再对边界条件作拉氏变换,得
$$\tilde{u}(0,p) = \tilde{f}(p), \quad \lim_{x \to +\infty} \tilde{u}(x,p) = 0.$$
于是,得到一个相应的常微分方程定解问题

$$\begin{cases} \dfrac{d^2 \tilde{u}(x,p)}{dx^2} - \dfrac{p^2}{a^2}\tilde{u}(x,p) = 0. & (13.3)\\ \tilde{u}(0,p) = \tilde{f}(p), & (13.4)\\ \lim_{x \to +\infty} \tilde{u}(x,p) = 0. & (13.5) \end{cases}$$

方程(13.3)的通解为

$$\tilde{u}(x,p) = C_1 e^{-\frac{p}{a}x} + C_2 e^{\frac{p}{a}x},$$

其中 C_1,C_2 为任意常数. 代入边界条件(13.4)和(13.5),得

$$C_2 = 0, \quad C_1 = \tilde{f}(p).$$

故

$$\tilde{u}(x,p) = \mathscr{L}[u(x,p)] = e^{-p\frac{x}{a}}\tilde{f}(p).$$

又由滞后定理,

$$e^{-p\frac{x}{a}}\tilde{f}(p) = \mathscr{L}\left[f\left(t-\frac{x}{a}\right)\right],$$

故

$$u(x,t) = \begin{cases} 0 & \left(t < \dfrac{x}{a}\right), \\ f\left(t-\dfrac{x}{a}\right) & \left(t > \dfrac{x}{a}\right). \end{cases}$$

第三节 展 开 定 理

§13.3.1 展开定理

在前节中,我们利用拉氏变换的一些性质,推出了某些原像和像之间的对应关系,同时还求解了一些简单的方程. 这样一来,似乎反演公式(13.2)的必要性就不大了. 其实不然,我们在求解数理方程时,经常会遇到一些比较复杂的像,这时要实际求出其原像就不得不求助于反演公式. 通常是用复变函数论中求围线积分和计算留数的方法来求出原像. 下面我们介绍所谓的展开定理,就是利用留数的计算而得到的.

定理 13.4(展开定理) 设解析函数 $L(p)$ 满足以下条件:

(i) 在开平面内只有极点为其奇点,且这些极点 $p_0, p_1, p_2, \cdots, p_k, \cdots$ 都分布在半

平面 $\operatorname{Re} p \leqslant \sigma_0$ 上；

（ii）存在一族以原点为圆心，以 R_n 为半径的圆周 C_n，且有

$$R_1 < R_2 < \cdots < R_n < \cdots \to \infty,$$

在这族圆周 C_n 上，$\lim\limits_{n \to \infty} L(p) = 0$；

（iii）对任意一个 $\sigma \geqslant \sigma_0 + \varepsilon$，积分 $\int_{\sigma - i\infty}^{\sigma + i\infty} L(p) \mathrm{d}p$ 绝对收敛，则 $L(p)$ 的原像为

$$f(t) = \sum_k \operatorname*{Res}_{p = p_k} [L(p) \mathrm{e}^{pt}].$$

证 首先由定理 13.3 知道 $L(p)$ 是函数

$$f(t) = \frac{1}{2\pi \mathrm{i}} \int_{\sigma - i\infty}^{\sigma + i\infty} L(p) \mathrm{e}^{pt} \mathrm{d}p \tag{13.2}$$

的像，亦即 $f(t)$ 是 $L(p)$ 的原像。

现在，我们考虑围线积分

$$\frac{1}{2\pi \mathrm{i}} \int_{S_n} L(p) \mathrm{e}^{pt} \mathrm{d}p = \frac{1}{2\pi \mathrm{i}} \int_{C'_n} + \frac{1}{2\pi \mathrm{i}} \int_{l'_n} L(p) \mathrm{e}^{pt} \mathrm{d}p,$$

其中 $S_n = C'_n + l'_n$（图 13.3）。C'_n 表示圆周 C_n 位于直线 $\operatorname{Re} p = \sigma$ 左边的部分，l'_n 表示这直线界于圆周 C_n 内的部分。根据留数定理，

$$\frac{1}{2\pi \mathrm{i}} \int_{S_n} L(p) \mathrm{e}^{pt} \mathrm{d}p = \sum_k \operatorname*{Res}_{p = p_k} [L(p) \mathrm{e}^{pt}].$$

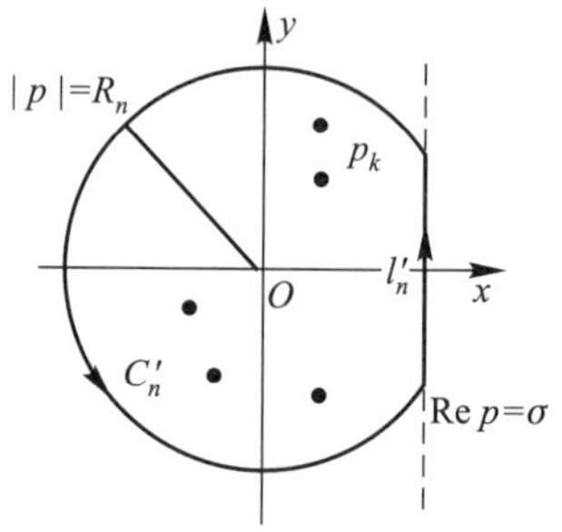

再由定理的已知条件（ii）和若尔当引理易证，当 $t > 0$ 时，

$$\lim_{n \to \infty} \int_{C'_n} L(p) \mathrm{e}^{pt} \mathrm{d}p = 0.$$

图 13.3

于是当 $n \to \infty$ 时，有

$$f(t) = \frac{1}{2\pi \mathrm{i}} \int_{\sigma - i\infty}^{\sigma + i\infty} L(p) \mathrm{e}^{pt} \mathrm{d}p = \lim_{n \to \infty} \frac{1}{2\pi \mathrm{i}} \int_{l'_n} L(p) \mathrm{e}^{pt} \mathrm{d}p$$

$$= \lim_{n \to \infty} \frac{1}{2\pi \mathrm{i}} \int_{S_n} L(p) \mathrm{e}^{pt} \mathrm{d}p = \sum_k \operatorname*{Res}_{p = p_k} [L(p) \mathrm{e}^{pt}],$$

即

$$f(t) = \sum_k \operatorname*{Res}_{p = p_k} [L(p) \mathrm{e}^{pt}].$$

注意，当 $L(p) = A(p)/B(p)$ 而 p_k 又是 $L(p)$ 的一阶极点时，则可以更方便地得到原像

$$f(t) = \sum_k \operatorname*{Res}_{p = p_k} [L(p) \mathrm{e}^{pt}] = \sum_k \frac{A(p_k)}{B'(p_k)} \mathrm{e}^{p_k t}.$$

§13.3.2 用反演公式解数理方程举例

例 15 求解一维半无限的热传导定解问题

$$\begin{cases} u_t = a^2 u_{xx} & (0<x<+\infty, t>0), \\ u(0,t) = u_0, \lim_{x\to+\infty}(x,t) = 0 & (t \geqslant 0), \\ u(x,0) = 0 & (0 \leqslant x<+\infty), \end{cases}$$

其中 u_0 为常数.

解 对方程及边界条件关于变量 t 作拉氏变换,记 $\mathscr{L}[u(x,t)] = \tilde{u}(x,p)$ 并考虑到零初值条件,得到一个常微分方程的定解问题

$$\begin{cases} \dfrac{\mathrm{d}^2 \tilde{u}}{\mathrm{d}x^2} - \dfrac{p}{a^2}\tilde{u} = 0, \\ \tilde{u}(0,p) = \dfrac{u_0}{p}, \\ \lim_{x\to+\infty} \tilde{u}(x,p) = 0. \end{cases}$$

解之得

$$\tilde{u}(x,p) = \frac{u_0}{p} \mathrm{e}^{-\frac{\sqrt{p}}{a}x}.$$

再由反演定理得

$$u(x,t) = \frac{u_0}{2\pi\mathrm{i}} \int_{\sigma-\mathrm{i}\infty}^{\sigma+\mathrm{i}\infty} \frac{\mathrm{e}^{-\frac{\sqrt{p}}{a}x}}{p} \mathrm{e}^{pt} \mathrm{d}p.$$

因 0 和 ∞ 为多值函数 $\mathrm{e}^{-\frac{\sqrt{p}}{a}x}$ 的支点,不能直接用展开定理求其拉氏逆变换,故选如图 13.4 所示的围线,由柯西积分定理知

$$\int_C \frac{\mathrm{e}^{-\frac{\sqrt{p}}{a}x}}{p} \mathrm{e}^{pt} \mathrm{d}p = 0,$$

其中 $C = C_1 + C_2 + C_3 + C_4 + C_5 + C_6$. 当大圆半径 $R\to+\infty$ 时,利用若尔当引理,易证

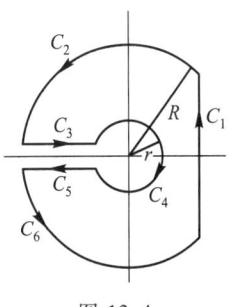

图 13.4

$$\lim_{R\to+\infty} \int_{C_2} \frac{\mathrm{e}^{-\frac{\sqrt{p}}{a}x}}{p} \mathrm{e}^{pt} \mathrm{d}p = \lim_{R\to+\infty} \int_{C_6} \frac{\mathrm{e}^{-\frac{\sqrt{p}}{a}x}}{p} \mathrm{e}^{pt} \mathrm{d}p = 0,$$

又因为

$$\lim_{|p|\to 0} p\left(\frac{\mathrm{e}^{-\frac{\sqrt{p}}{a}x}}{p} \mathrm{e}^{pt}\right) = 1,$$

由小圆弧引理可得

$$\lim_{r \to 0} \int_{C_4} \frac{e^{-\frac{\sqrt{p}}{a}x}}{p} e^{pt} dp = -2\pi i.$$

因此

$$\lim_{R \to +\infty} \int_{C_1} \frac{e^{-\frac{\sqrt{p}}{a}x}}{p} e^{pt} dp = 2\pi i - \lim_{R \to +\infty} \int_{C_3+C_5} \frac{e^{-\frac{\sqrt{p}}{a}x}}{p} e^{pt} dp.$$

沿 C_1 积分时,

$$\lim_{R \to +\infty} \int_{C_1} \frac{e^{-\frac{\sqrt{p}}{a}x}}{p} e^{pt} dp = \int_{\sigma-i\infty}^{\sigma+i\infty} \frac{e^{-\frac{\sqrt{p}}{a}x}}{p} e^{pt} dp.$$

沿 C_3 积分时, 令 $p = \rho e^{i\pi} = -\rho$, 则 $\sqrt{p} = \sqrt{\rho} e^{i\frac{\pi}{2}} = i\sqrt{\rho}$, 于是

$$\lim_{R \to +\infty} \int_{C_3} \frac{e^{-\frac{\sqrt{p}}{a}x}}{p} e^{pt} dp = \int_{-\infty}^{0} \frac{e^{-i\frac{\sqrt{\rho}}{a}x}}{-\rho} e^{-\rho t} d(-\rho) = -\int_{0}^{+\infty} \frac{e^{-i\frac{\sqrt{\rho}}{a}x}}{\rho} e^{-\rho t} d\rho.$$

沿 C_5 积分时, 令 $p = \rho e^{-i\pi} = -\rho$, 则 $\sqrt{p} = \sqrt{\rho} e^{-i\frac{\pi}{2}} = -i\sqrt{\rho}$, 于是

$$\lim_{R \to +\infty} \int_{C_5} \frac{e^{-\frac{\sqrt{p}}{a}x}}{p} e^{pt} dp = \int_{0}^{+\infty} \frac{e^{i\frac{\sqrt{\rho}}{a}x}}{-\rho} e^{-\rho t} d(-\rho) = \int_{0}^{+\infty} \frac{e^{i\frac{\sqrt{\rho}}{a}x}}{\rho} e^{-\rho t} d\rho.$$

从而

$$\begin{aligned}
\int_{\sigma-i\infty}^{\sigma+i\infty} \frac{e^{-\frac{\sqrt{p}}{a}x}}{p} e^{pt} dp &= 2\pi i - \int_{0}^{+\infty} \frac{e^{i\frac{\sqrt{\rho}}{a}x} - e^{-i\frac{\sqrt{\rho}}{a}x}}{\rho} e^{-\rho t} d\rho \\
&= 2\pi i - \int_{0}^{+\infty} 2i \sin\frac{\sqrt{\rho}}{a}x \frac{e^{-\rho t}}{\rho} d\rho \\
&= 2\pi i - 2i \int_{0}^{+\infty} \frac{e^{-\rho t}}{\sqrt{\rho}} \left(\int_{0}^{\frac{x}{a}} \cos\sqrt{\rho}\,\xi\, d\xi \right) d\rho \\
&= 2\pi i - 2i \int_{0}^{\frac{x}{a}} \int_{0}^{+\infty} \frac{e^{-\rho t}}{\sqrt{\rho}} \cos\sqrt{\rho}\,\xi\, d\rho\, d\xi
\end{aligned}$$

由(5.24)式,

$$\begin{aligned}
\int_{\sigma-i\infty}^{\sigma+i\infty} \frac{e^{-\frac{\sqrt{p}}{a}x}}{p} e^{pt} dp &= 2\pi i - \frac{2\sqrt{\pi}\,i}{\sqrt{t}} \int_{0}^{\frac{x}{a}} e^{-\frac{\xi^2}{4t}} d\xi \\
&= \frac{2\sqrt{\pi}\,i}{\sqrt{t}} \int_{0}^{+\infty} e^{-\frac{\xi^2}{4t}} d\xi - \frac{2\sqrt{\pi}\,i}{\sqrt{t}} \int_{0}^{\frac{x}{a}} e^{-\frac{\xi^2}{4t}} d\xi \\
&= \frac{2\sqrt{\pi}\,i}{\sqrt{t}} \int_{\frac{x}{a}}^{+\infty} e^{-\frac{\xi^2}{4t}} d\xi = 2\pi i\; \text{erfc}\left(\frac{x}{2a\sqrt{t}} \right).
\end{aligned}$$

故得
$$u(x,t) = \frac{u_0}{2\pi i} 2\pi i \operatorname{erfc}\left(\frac{x}{2a\sqrt{t}}\right) = u_0 \operatorname{erfc}\left(\frac{x}{2a\sqrt{t}}\right).$$

其中 $\operatorname{erfc}(s)$ 的定义见(8.29).

例 16 考察两端有界的细杆在 $[0,l]$ 上的温度分布,它的左端是绝热的,右端保持常温 u_1,初始温度为常数 u_0. 这个问题可以归结为

$$\begin{cases} u_t = a^2 u_{xx} & (0<x<l, t>0), \\ u_x(0,t) = 0, u(l,t) = u_1 & (t \geqslant 0), \\ u(x,0) = u_0 & (0 \leqslant x \leqslant l). \end{cases}$$

解 对方程和边界条件分别作拉氏变换,记 $\mathscr{L}[u(x,t)] = \tilde{u}(x,p)$,并考虑到初值条件,得常微分方程的定解问题

$$\begin{cases} \dfrac{\mathrm{d}^2 \tilde{u}}{\mathrm{d}x^2} - \dfrac{p}{a^2}\tilde{u} + \dfrac{u_0}{a^2} = 0, \\ \tilde{u}_x(0,p) = 0, \\ \tilde{u}(l,p) = \dfrac{u_1}{p}. \end{cases}$$

方程的通解为

$$\tilde{u}(x,p) = \frac{u_0}{p} + C_1 \sinh\frac{\sqrt{p}}{a}x + C_2 \cosh\frac{\sqrt{p}}{a}x,$$

其中 C_1, C_2 为任意常数. 再由边界条件定出 C_1 和 C_2 便得

$$\tilde{u}(x,p) = \frac{u_0}{p} + \frac{u_1 - u_0}{p} \frac{\cosh\dfrac{\sqrt{p}}{a}x}{\cosh\dfrac{\sqrt{p}}{a}l} = \frac{u_0 \cosh\dfrac{\sqrt{p}}{a}l + (u_1 - u_0)\cosh\dfrac{\sqrt{p}}{a}x}{p \cosh\dfrac{\sqrt{p}}{a}l}.$$

记分子为 $A(p)$,分母为 $B(p)$,因为双曲余弦是偶函数,它的泰勒展式只含自变量的偶次项,故 $\tilde{u}(x,p)$ 是 p 的单值函数,且这个函数的奇点都是一阶极点,即

$$p_0 = 0, \quad p_k = -\frac{a^2 \pi^2}{l^2}\left(k - \frac{1}{2}\right)^2, \quad k = 1, 2, 3, \cdots.$$

按照展开定理有

$$u(x,t) = \sum_k \operatorname*{Res}_{p=p_k} \tilde{u}(x,p) \mathrm{e}^{pt} = \sum_k \frac{A(p_k)}{B'(p_k)} \mathrm{e}^{p_k t},$$

而

$$A(0) = u_1,$$

$$A(p_k) = (u_1 - u_0)\cosh\frac{x}{l}\left(k - \frac{1}{2}\right)\pi i = (u_1 - u_0)\cos\left(k - \frac{1}{2}\right)\frac{\pi}{l}x,$$

$$B'(0) = 1,$$

$$B'(p_k) = \frac{l}{2}\frac{\sqrt{p_k}}{a}\sinh\frac{l}{a}\sqrt{p_k} = (-1)^k\left(k - \frac{1}{2}\right)\frac{\pi}{2},$$

故得

$$u(x,t) = u_1 + \frac{2(u_1 - u_0)}{\pi}\sum_{k=1}^{\infty}\frac{(-1)^k}{k - \frac{1}{2}}\cos\left(k - \frac{1}{2}\right)\frac{\pi x}{l}e^{-\frac{a^2\pi^2}{l^2}\left(k - \frac{1}{2}\right)^2 t}.$$

至于函数 $\bar{u}$ 为何满足展开定理中的条件，因为证明比较繁琐，这里就从略了.

通过以上傅氏变换和拉氏变换的介绍，我们看到了用积分变换法解线性偏微分方程，其优点就在于减少自变量的个数，而把原方程化为较简单的形式来求解. 正如我们在前一章一开始就指出过的，某些偏微分方程可以化为常微分方程来求解. 特别是对常系数的方程，积分变换常常是很有效的方法.

积分变换的优点还在于它可以用一种固定的步骤来求解相当广泛的一类方程的定解问题，因此便于为实际工作者所掌握.

傅氏变换和拉氏变换都各有其自己的特点，在应用上，究竟采用哪一种积分变换，要根据问题的性质和求解的方便. 通常对于初值问题（没有边界条件），采用傅氏变换（针对空间变量的），而对带有边界条件的定解问题，我们则采用拉氏变换（针对时间变量的）. 有时为了研究各种不同的定解问题，还要采用其他的变换，如正弦变换 ($K = \sin kx$)、余弦变换 ($K = \cos kx$)、汉克尔变换 ($K = xJ_n(kx)$)、梅林变换 ($K = x^{k-1}$) 等. 总之，积分变换是古典分析和近代分析的一种强有力的工具.

习 题 十 三

1. 求下列函数的拉氏变换：

   (1) $\dfrac{1 - \cos \omega t}{\omega}$;   (2) $\cosh \omega t$.

2. 求下列函数的拉氏逆变换：

   (1) $\dfrac{p + 8}{p^2 + 4p + 5}$;   (2) $\dfrac{p}{(p^2 + a^2)^2}$ $(a > 0)$.

3. 设 $f_1(t) = \dfrac{1}{\omega}\sin \omega t$, $f_2(t) = \cosh \omega t$, 其中 $\omega \neq 0$, 求

$$f_1(t) * f_2(t).$$

4. 求解

$$\begin{cases} x' + x = 1, \\ x(0) = 0. \end{cases}$$

5. 求解

$$\begin{cases} x'-x=-3\mathrm{e}^{2t}, \\ x(0)=2. \end{cases}$$

6. 求解

$$\begin{cases} x''+x=\mathrm{e}^{t}, \\ x(0)=x_0, x'(0)=x_1. \end{cases}$$

7. 求解

$$\begin{cases} x''-x=\mathrm{e}^{t}, \\ x(0)=x_0, x'(0)=x_1. \end{cases}$$

8. 求解

$$\begin{cases} x'''-2x''+x'=4. \\ x(0)=1, x'(0)=2, x''(0)=-2. \end{cases}$$

9. 求解

$$\begin{cases} x'''+x=\dfrac{1}{2}t^2\mathrm{e}^t, \\ x(0)=x'(0)=x''(0)=0. \end{cases}$$

10. 求解

$$\begin{cases} 3x'+y'+2x=1, \\ x'+4y'+3y=0, \\ x(0)=y(0)=0. \end{cases}$$

11. 求解

$$a\sin t=G(t)-\int_0^t \sin(t-\tau)G(\tau)\,\mathrm{d}\tau \quad (a\text{ 为常数}).$$

12. 求解

$$\begin{cases} x''+4x'+4x=\sin\omega t, \\ x(0)=x_0, x'(0)=x_1. \end{cases}$$

13. 试用反演公式求解

$$\begin{cases} x^{(4)}+\omega^2 x''+\omega^4 x=\cos\omega t, \\ x(0)=x'(0)=x''(0)=x'''(0)=0. \end{cases}$$

14. 质量为 m 的质点在 x 轴上运动, 它受到中心力 (中心为原点 O) kx 和强迫力 $p'\sin\omega t$ 的作用. 设 $t=0$ 时, $x=x_0$, $x'=0$. 试求其运动规律. 这里 k,p' 为正常数, $k/m=\omega^2$, $p'/m=p$.

15. 设有一 LC 串联电路, 初始状态下, 电路中无电流, 电容器不荷电. 在 $t=0$ 时的极短时间内加一电压很高的电势, 因之可将所加电势表示为 $E_0\delta(t)$, E_0 为常数. 试求电路中的电流.

提示：$\begin{cases} LI' + \dfrac{Q}{C} = E_0 \delta(t), \\ Q' = I. \end{cases}$

16. 一根半无限长的细杆,它的热传导系数为 k,导温系数为 $K(=k/c\rho)$,初始温度等于零,且设在端点输入的热量为 Q. 这时问题归结为

$$\begin{cases} u_t = K u_{xx}, \\ -k u_x(0,t) = Q & (t \geq 0), \\ u(x,0) = 0 & (0 \leq x < +\infty). \end{cases}$$

试求细杆的温度分布,这里设 k, K, Q 都是正常数.

17. 设有一杆,其长为 l,它的一端固定,另一端受一外力 $A\sin\omega t$ 的作用,其方向与杆的轴线相同. 此时杆的纵向振动问题归结为

$$\begin{cases} u_{tt} = a^2 u_{xx}, \\ u(0,t) = 0, E u_x(l,t) = A\sin\omega t & (t \geq 0), \\ u(x,0) = 0, u_t(x,0) = 0 & (0 \leq x \leq l), \end{cases}$$

其中 E, A, ω 均为正常数,E 为杆的杨氏模量. 试求其解.

第十四章 定解问题的适定性方程的讨论

一个偏微分方程的定解问题,如果它对所考察的物理现象的描述基本上是正确的,那么,它的解通常应该是存在的,唯一确定的,而且是稳定的.所谓稳定,就是指解对定解条件有连续依赖性.下面我们分别阐明存在、唯一和稳定的意义.

第一,解的存在性问题.这是研究在一定的定解条件下,方程是否有解.从物理意义上来看,对于合理地提出的问题,解的存在似乎不成问题,因为自然现象本身就给出了问题的答案.但是,从自然现象归结出偏微分方程时,总要经过一些近似的过程,并提出一些附加的要求.同时对于比较复杂的自然现象,有时也很难断定所给的条件是否过多,或者互相矛盾.所以在数学上对解的存在性进行严格的证明是完全必要的.

第二,解的唯一性问题.这是研究在已给的定解条件下,方程的解是否只有一个.从物理意义上来看,这又是一个不成问题的问题,因为在客观上,绝不会在相同条件下,存在两种不同的物理过程.但是,如果所给的定解条件不够,就不足以保证解的唯一性,那就还须寻找新的条件.所以,考察解的唯一性,可以判断附加条件是否给得恰到好处.定解条件给多了,解就不一定存在,给少了,解又不唯一,这就是为什么要研究解的存在和唯一性的原因.

第三,解的稳定性问题.这是讨论当定解条件或自由项作很小的变化时,问题的解是否也作很小的变化.如果答案是肯定的,我们就说是稳定的.由于我们在研究物理现象时,定解条件是通过测量得到的,而测量就不免有误差.如果定解条件的细小误差便导致了解的极大变化,那么,所考察的定解问题实际上就不能正确地反映所想要确定的物理现象.这时,我们在数学上就无法保证所获得的解是实际上所需要的解的近似.相反地,如果一个问题的解是稳定的,那么,我们就可以断言,只要定解条件的误差在一定的限制之内,我们所得到的解就必然近似于所要求的解.所以研究解的稳定性是必要的.

如果一个定解问题的解存在、唯一而且稳定,我们就说,这个定解问题是**适定的**[①],或者说,这个定解问题提得正确.如果不存在,或者不唯一,或者不稳定,我们都说提得不正确.可见,对适定性进行考察,可以帮助我们初步判定所提问题是否

[①] 更确切地说,是在阿达马意义下适定的.因为讲稳定,必须明确是在空间中什么距离的意义下稳定.

合理,对哪种方程应该提哪些类型的定解问题等. 这里,我们要指出,在实际工作中,没有必要坚持先解决适定性的问题之后才去求解. 有时一个定解问题的解法虽然暂时缺少严格的理论基础,但经过实践的证明仍然是能够采用的.

证明定解问题的适定性,涉及的数学问题较多,作为一个物理工作者来说,花过多的精力在这方面,相比之下,是不太必要的. 本章拟选择在数学上不太繁难的问题进行讨论. 同时,将介绍两个重要内容,一是利用双曲型方程的能量积分,二是利用椭圆型方程和抛物型方程的极值原理,去证明定解问题的适定性.

第一节 弦振动方程初值问题的适定性

在第十章中我们已经得到了初值问题

$$\begin{cases} u_{tt} = a^2 u_{xx} & (-\infty < x < +\infty, t > 0), & (10.1) \\ u(x,0) = \varphi(x) & (-\infty < x < +\infty), & (10.2) \\ u_t(x,0) = \psi(x) & (-\infty < x < +\infty) & (10.3) \end{cases}$$

的达朗贝尔解为

$$u(x,t) = \frac{\varphi(x+at) + \varphi(x-at)}{2} + \frac{1}{2a}\int_{x-at}^{x+at} \psi(\alpha) \mathrm{d}\alpha. \quad (10.9)$$

如果 $\varphi(x) \in C^2, \psi(x) \in C^1$,就可直接验证表达式(10.9)确实满足方程(10.1)以及条件(10.2)和(10.3). 也就是说,解是存在的. 同时,公式(10.9)是从通解中按初值条件(10.2)和(10.3)推算出来的,在整个推算过程中,对未知解 u 没有作过任何的假定和限制,所以,上述初值问题的任何一个解都必定能表示为公式(10.9)的形式. 也就是说,解是唯一的.

现在我们来证明解的稳定性. 不论 t_0 是怎样的一段时间,也不论对精确程度 ε 的要求如何,总可以找到这样的 $\delta(\varepsilon, t_0) = \dfrac{\varepsilon}{1+t_0}$,只要初值问题的两个解 $u_1(x,t)$ 和 $u_2(x,t)$ 所满足的初值条件

$$\begin{cases} u_1(x,0) = \varphi_1(x), \\ u_{1t}(x,0) = \psi_1(x) \end{cases} \quad 与 \quad \begin{cases} u_2(x,0) = \varphi_2(x), \\ u_{2t}(x,0) = \psi_2(x) \end{cases}$$

彼此之间的差,其绝对值小于 δ,即

$$|\varphi_1(x) - \varphi_2(x)| < \delta,$$
$$|\psi_1(x) - \psi_2(x)| < \delta,$$

则它们在这段时间 t_0 内,彼此之间的差就小于 ε,即

$$|u_1(x,t)-u_2(x,t)|<\varepsilon \qquad (0\leq t\leq t_0).$$

事实上,因为 u_1 和 u_2 都是由公式(10.9)表示的,所以

$$|u_1(x,t)-u_2(x,t)|\leq \left|\frac{\varphi_1(x-at)-\varphi_2(x-at)}{2}\right|+\left|\frac{\varphi_1(x+at)-\varphi_2(x+at)}{2}\right|+$$

$$\frac{1}{2a}\int_{x-at}^{x+at}|\psi_1(\alpha)-\psi_2(\alpha)|\mathrm{d}\alpha$$

$$<\frac{\delta}{2}+\frac{\delta}{2}+\frac{\delta}{2a}[(x+at)-(x-at)]=\delta+\delta t$$

$$\leq \delta(1+t_0)=\frac{\varepsilon}{1+t_0}(1+t_0)=\varepsilon.$$

第二节 弦振动方程混合问题的适定性

§14.2.1 解的存在性

在第七章中,我们已经得到了混合问题

$$\begin{cases} u_{tt}=a^2 u_{xx} & (0<x<l, t>0), \\ u(0,t)=0, \quad u(l,t)=0 & (t>0), \\ u(x,0)=\varphi(x), \quad u_t(x,0)=\psi(x) & (0\leq x\leq l) \end{cases} \tag{7.2}$$

的傅氏解为

$$u=\sum_{n=1}^{\infty}u_n(x,t)=\sum_{n=1}^{\infty}\left(C_n\cos\frac{n\pi at}{l}+D_n\sin\frac{n\pi at}{l}\right)\sin\frac{n\pi x}{l}, \tag{7.8}$$

其中

$$\begin{cases} C_n=\frac{2}{l}\int_0^l\varphi(\xi)\sin\frac{n\pi\xi}{l}\mathrm{d}\xi, \\ D_n=\frac{2}{n\pi a}\int_0^l\psi(\xi)\sin\frac{n\pi\xi}{l}\mathrm{d}\xi. \end{cases} \tag{14.1}$$

那时,读者已经形式地验算过级数(7.8)既满足方程(7.2),又满足条件(7.3)和(7.4).为了保证这些验算的手续合理,只需证明在 φ 和 ψ 满足一定条件时,级数(7.8)逐项求导两次后仍是一致收敛即可.

根据傅氏级数理论.若 φ 和 ψ 满足条件

(i) $\varphi(x)\in C^3, \psi(x)\in C^2$;

(ii) $\varphi(0) = \varphi(l) = \psi(0) = \psi(l) = \varphi''(0) = \varphi''(l) = 0$,

那么级数

$$\sum_{n=1}^{\infty} n^2 |C_n|, \quad \sum_{n=1}^{\infty} n^2 |D_n|$$

收敛. 由此可知,级数(7.8)右边关于 x 及 t 逐项求导两次以后的级数是绝对且一致收敛的,因而这些求导后的级数收敛于 u 的相应的导数,所以 u 满足相应的方程、初值条件及边界条件. 从而(7.8)的确是问题的解,也可称为古典解. 通常称条件(ii)为**相容性条件**.

当 φ 和 ψ 不满足上述条件(i)和(ii),比如 φ 和 ψ 都只是 $[0,l]$ 上的平方可积函数[①]时,由傅氏级数理论知,它们的傅氏展开式的部分和所组成的函数列

$$\varphi_n(x) = \sum_{k=1}^{n} C_k \sin \frac{k\pi}{l} x, \quad \psi_n(x) = \sum_{k=1}^{n} \frac{D_k k\pi a}{l} \sin \frac{k\pi}{l} x$$

分别平方平均收敛[②]于 $\varphi(x)$ 及 $\psi(x)$,其中 C_k, D_k 由(14.1)确定. 以 φ_n 和 ψ_n 为初值,相应定解问题的解为

$$U_n(x,t) = \sum_{k=1}^{n} u_k(x,t) = \sum_{k=1}^{n} \left(C_k \cos \frac{k\pi at}{l} + D_k \sin \frac{k\pi at}{l} \right) \sin \frac{k\pi x}{l},$$

当 $n \to \infty$ 时,$U_n(x,t)$ 平方平均收敛于由(7.8)给出的形式解,故(7.8)可视为问题的广义解. 当 n 很大时,$U_n(x,t)$ 可视为问题的近似解. 广义解包括古典解,解的范围扩大之后,就能描述更多的客观现象.

在证明过程中容易看到,傅氏解法由于级数往往收敛得很慢,以致在近似计算时不太方便;同时所给的充分条件又太强. 尽管如此,傅氏解揭露了弦振动可以表示为驻波的叠加这一重要情况. 不仅如此,这个方法可以推广使用,而达朗贝尔解法则只能应用于最简单的波动方程.

§14.2.2 能量积分和解的唯一性

在前节中,初值问题(10.1),(10.2)和(10.3)的唯一性,是从解的表达式直接得出来的. 那是由于在求解过程中,对未知解没有作过任何的假定和限制. 但用分离变量法解混合问题时,首先就假定了 $u = T(t)X(x)$,因此就必须另外设法来证明解的唯一性,比较普遍的方法是从方程本身出发来探求解的性质,再从这些性质导出解的唯一性和稳定性. 对拉普拉斯方程,有一个极值原理,这是读者已经知道的. 对波动方程则有一个能量积分需要在这里首先加以介绍.

[①] 即 $|f(x)|^2$ 在区间 $[0,l]$ 上可积.

[②] 所谓 $f_n(x)$ 平方平均收敛于 $f(x)$,是指 $\lim\limits_{n \to \infty} \int_0^l |f_n(x) - f(x)|^2 \mathrm{d}x = 0$.

波动方程所代表的物理现象是波的传播. 它不像拉普拉斯方程和抛物型方程那样, 反映温度的变化或其他物理量的扩散现象, 从高到低, 从密到疏, 因此, 它没有极值原理. 但是波在传播过程中有能量守恒的性质, 因而容易想到用计算能量来研究解的性质. 这就是数学上导出能量积分的物理背景.

大家知道, 弦振动的动能为

$$K(t) = \frac{1}{2}\int_0^l \rho u_t^2 \mathrm{d}x,$$

势能为

$$V(t) = \frac{1}{2}\int_0^l T u_x^2 \mathrm{d}x.$$

弦振动的总能量 $E(t) = K(t) + V(t)$ 称为一维波动方程的**能量积分**.

在没有外力作用的情况下, 总能量 $E(t)$ 应该是守恒的, 即 $\mathrm{d}E(t)/\mathrm{d}t \equiv 0$. 现在我们从数学上来证明这个事实.

$$E(t) = \frac{1}{2}\int_0^l \rho u_t^2 \mathrm{d}x + \frac{1}{2}\int_0^l T u_x^2 \mathrm{d}x,$$

$$\frac{\mathrm{d}E(t)}{\mathrm{d}t} = \rho \int_0^l u_t u_{tt} \mathrm{d}x + T \int_0^l u_x u_{xt} \mathrm{d}x = \rho \int_0^l u_t u_{tt} \mathrm{d}x + [T u_x u_t]_0^l - T \int_0^l u_t u_{xx} \mathrm{d}x.$$

由边界条件

$$u(0,t) = u(l,t) = 0,$$

得

$$u_t(0,t) = u_t(l,t) = 0.$$

于是

$$\frac{\mathrm{d}E(t)}{\mathrm{d}t} = \rho \int_0^l u_t u_{tt} \mathrm{d}x - T \int_0^l u_t u_{xx} \mathrm{d}x = \rho \int_0^l u_t (u_{tt} - a^2 u_{xx}) \mathrm{d}x.$$

再由方程 (7.2) 得

$$\frac{\mathrm{d}E(t)}{\mathrm{d}t} = 0,$$

故

$$E(t) = 常数.$$

即是说, 能量是守恒的. 从这个事实出发, 我们立刻可以得到解的唯一性.

假设混合问题有两个解 u_1 和 u_2, 那么必可推出 $u_1 \equiv u_2$.

事实上, u_1 和 u_2 既然都是解, 则

$$\begin{cases} u_{1tt} = a^2 u_{1xx}, \\ u_1(0,t) = 0, \quad u_1(l,t) = 0, \\ u_1(x,0) = \varphi(x), \quad u_{1t}(x,0) = \psi(x), \end{cases}$$

$$\begin{cases} u_{2tt} = a^2 u_{2xx}, \\ u_2(0,t) = 0, \quad u_2(l,t) = 0, \\ u_2(x,0) = \varphi(x), \quad u_{2t}(x,0) = \psi(x), \end{cases}$$

对应项相减,再令 $u = u_1 - u_2$,得到

$$\begin{cases} u_{tt} = a^2 u_{xx}, \\ u(0,t) = 0, \quad u(l,t) = 0, \\ u(x,0) = 0, \quad u_t(x,0) = 0. \end{cases}$$

即是说,u 是弦振动方程满足齐次定解条件的解.由齐次初值条件 $u(x,0) = 0$ 得 $u_x(x,0) = 0$.再考虑到 $u_t(x,0) = 0$,则得能量积分 $E(t)$ 在 $t = 0$ 时为零,即

$$E(0) = \frac{1}{2}\int_0^l \rho u_t^2(x,0)\,dx + \frac{1}{2}\int_0^l T u_x^2(x,0)\,dx = 0.$$

又由能量守恒($E(t) = $ 常数)的性质,得 $E(t)$ 在任何时刻 t 均为零,即

$$E(t) = \frac{1}{2}\int_0^l \rho u_t^2\,dx + \frac{1}{2}\int_0^l T u_x^2\,dx = 0.$$

今因被积函数都是正的,故只能是 $u_t = u_x = 0$,从而 $u(x,t) = $ 常数.但当 $t = 0$ 时,$u(x,0) = 0$,故此常数等于零,即

$$u(x,t) \equiv 0,$$

从而

$$u_1(x,t) \equiv u_2(x,t).$$

这就证明了解的唯一性.换句话说,用不同的方法求解这一混合问题,所得的解必是相同的.

容易证明,混合问题的解是稳定的.

第三节 狄利克雷问题的适定性

§14.3.1 解的唯一性

拉普拉斯方程关于一般区域的狄利克雷问题

$$\begin{cases} \Delta u = 0, \quad (\text{在区域 } D \text{ 内}), \\ u = f \quad (\text{在 } D \text{ 的边界 } S \text{ 上}) \end{cases}$$

的解的存在性可以用几种方法去证明,本书都不拟涉及.这里只讨论解的唯一性和

稳定性.

利用极值原理,我们立刻可以得出解的唯一性.

设 u_1, u_2 是狄利克雷问题的两个解,则有

$$\begin{cases} \Delta u_1 = 0 & (在区域 D 内), \\ u_1 = f & (在 D 的边界 S 上), \end{cases} \qquad \begin{cases} \Delta u_2 = 0 & (在区域 D 内), \\ u_2 = f & (在 D 的边界 S 上). \end{cases}$$

和上面的作法一样,将它们对应相减,并令 $u = u_1 - u_2$,即得

$$\begin{cases} \Delta u = 0 & (在区域 D 内), \\ u = 0 & (在 D 的边界 S 上). \end{cases}$$

也就是说,u 是在边界上取零值的调和函数. 根据极值原理,u 在 D 内既不能为正,也不能为负,因而,只能为零,即 $u \equiv 0$. 于是得到 $u_1 \equiv u_2$.

§14.3.2 解的稳定性

引理 设函数 u 与 v 在 D 内调和,在 $D \cup S$ 上连续.

(i) 如果在边界 S 上 $u \leqslant v$,则在 D 内也必有 $u \leqslant v$;

(ii) 如果在边界 S 上 $|u| \leqslant v$,则在 D 内也必有 $|u| \leqslant v$.

证 (i) 由已知条件,显然函数 $v-u$ 在 D 内调和,在 $D \cup S$ 上连续,且在边界 S 上有 $v-u \geqslant 0$.

根据极值原理,函数 $v-u$ 不能在 D 内任何点取负值,即 $v-u \geqslant 0$,换言之,在 D 内也必然处处有 $u \leqslant v$.

(ii) 在 S 上,由 $|u| \leqslant v$,得 $-v \leqslant u \leqslant v$,于是

$$v-u \geqslant 0, \quad v+u \geqslant 0.$$

由引理的(i)得知,在 D 内,也必然处处有

$$v-u \geqslant 0, \quad v+u \geqslant 0,$$

即

$$-v \leqslant u \leqslant v,$$

亦即

$$|u| \leqslant v.$$

稳定性定理 设 u_1, u_2 分别为狄利克雷问题

$$\begin{cases} \Delta u = 0 & (在区域 D 内), \\ u_1|_S = f_1 & (在 D 的边界 S 上) \end{cases} \quad 与 \quad \begin{cases} \Delta u = 0 & (在区域 D 内), \\ u_2|_S = f_2 & (在 D 的边界 S 上) \end{cases}$$

的解,且在边界上,对任意给定的正数 ε,有

$$|f_1 - f_2| < \varepsilon,$$

则在 D 内,

$$|u_1-u_2|<\varepsilon$$

处处成立.

证 在引理的(ii)中,令 $u=u_1-u_2, v=\varepsilon$,因常数 ε 也是调和函数,故定理得证.

第四节 热传导方程混合问题的适定性

§14.4.1 极值原理

和拉普拉斯方程一样,热传导方程也有**极值原理**.

如图 14.1,记 $R=\{(x,t)|0<x<l, 0<t\leq T\}$,$R$ 的抛物边界(即侧边与底边)记为 Γ(如图 14.1 上粗线所示),即

$\Gamma=\{(x,t)|x=0 \text{ 或 } x=l, 0\leq t\leq T\}\cup\{(x,t)|0\leq x\leq l, t=0\}.$

设方程

$$u_t=a^2 u_{xx} \qquad (8.1)$$

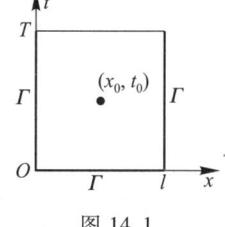

图 14.1

的解 $u(x,t)$

(i) 在闭矩形 $\overline{R}=R\cup\Gamma$ 上连续,

(ii) 在 R 内处处满足方程(8.1),那么,$u(x,t)$ 在 $\overline{R}$ 上的最大、最小值必在其抛物边界 Γ 上取得,即

$$\max_{\overline{R}} u(x,t)=\max_{\Gamma} u(x,t), \quad \min_{\overline{R}} u(x,t)=\min_{\Gamma} u(x,t).$$

这个原理的物理意义是很明显的,假如一个物体的边界温度和初始温度都不超过常数 K,内部又没有热源,那么在这个物体内就不可能产生大于 K 的温度.

和讨论拉普拉斯方程一样,在证明中,我们只需考虑最大值的情形.

设

$$M=\max_{\overline{R}} u(x,t), \quad m=\max_{\Gamma} u(x,t).$$

若定理的结论不真,那么 $M>m$. 此时,必有一点 $(x_0,t_0)\in R$,使得 $u(x_0,t_0)=M$. 作辅助函数

$$v(x,t)=u(x,t)+\frac{M-m}{2T}(t_0-t),$$

由于在 Γ 上

$$v(x,t)\leq m+\frac{M-m}{2}=\frac{M+m}{2}<M,$$

而
$$v(x_0,t_0)=u(x_0,t_0)=M,$$
因此,函数 $v(x,t)$ 和 $u(x,t)$ 一样不在 Γ 上取到最大值.设 $v(x,t)$ 在 R 中的某点 (x_1,t_1) 上取到最大值 $(0<t_1\leq T,0<x_1<l)$,则在此点应有 $v_{xx}\leq 0,v_t\geq 0$(如果 $t_1<T$,则 $v_t=0$;如果 $t_1=T$,则 $v_t\geq 0$),因此在点 (x_1,t_1) 处,
$$v_t-a^2 v_{xx}\geq 0; \tag{14.2}$$
但直接计算 v 的表达式并由(8.1)式得
$$v_t-a^2 v_{xx}=u_t-\frac{M-m}{2T}-a^2 u_{xx}=-\frac{M-m}{2T}<0,$$
这与(14.2)矛盾,说明 $M>m$ 的假设不成立.因此 $M=m$.

§14.4.2 解的唯一性

有了极值原理,我们立刻可以得到混合问题解的唯一性.

设 $u_1(x,t),u_2(x,t)$ 是混合问题
$$\begin{cases} u_t=a^2 u_{xx}+f(x,t) & ((x,t)\in R), \\ u(0,t)=\mu(t),u(l,t)=\nu(t) & (0\leq t\leq T), \\ u(x,0)=\varphi(x) & (0\leq x\leq l) \end{cases}$$
的两个解.那么,$u_1(x,t)\equiv u_2(x,t)$ 必然成立.事实上,由
$$\begin{cases} u_{1t}=a^2 u_{1xx}+f, \\ u_1(0,t)=\mu(t), \quad u_1(l,t)=\nu(t), \\ u_1(x,0)=\varphi(x) \end{cases}$$
$$\begin{cases} u_{2t}=a^2 u_{2xx}+f, \\ u_2(0,t)=\mu(t), \quad u_2(l,t)=\nu(t), \\ u_2(x,0)=\varphi(x) \end{cases}$$
对应相减,再令 $u=u_1-u_2$ 得到
$$\begin{cases} u_t=a^2 u_{xx}, \\ u(0,t)=0, \quad u(l,t)=0, \\ u(x,0)=0. \end{cases}$$
即是说,u 是齐次方程满足齐次定解条件且在 Γ 上取零值的解.根据极值原理,u 的最大值和最小值必在 Γ 上达到,因而 u 的最大值和最小值均为零.所以 $u\equiv 0$,亦即
$$u_1(x,t)\equiv u_2(x,t).$$

§14.4.3 解的稳定性

设 u_1, u_2 分别为下述两个混合问题的解：

$$\begin{cases} u_t = a^2 u_{xx} + f, \\ u(0,t) = \mu_1(t), \quad u(l,t) = \nu_1(t), \\ v(x,0) = \varphi_1(x), \end{cases}$$

$$\begin{cases} u_t = a^2 u_{xx} + f, \\ u(0,t) = \mu_2(t), \quad u(l,t) = \nu_2(t), \\ u(x,0) = \varphi_2(x). \end{cases}$$

且在 Γ 上，对任意给定的正数 ε，有

$$|\varphi_1(x) - \varphi_2(x)| < \varepsilon, \tag{14.3}$$

$$|\mu_1(t) - \mu_2(t)| < \varepsilon, \tag{14.4}$$

$$|\nu_1(t) - \nu_2(t)| < \varepsilon, \tag{14.5}$$

则在区域 $\overline{R}$ 上(图 14.1)，不等式

$$|u_1 - u_2| < \varepsilon$$

处处成立.

证 令 $u(x,t) = u_1(x,t) - u_2(x,t)$，则由(14.3),(14.4),(14.5)得

$$\max_{\Gamma} |u(x,t)| < \varepsilon.$$

由极值原理,对任意 $(x,t) \in \overline{R}$，有

$$|u(x,t)| \leq \max_{\overline{R}} |u(x,t)| = \max_{\Gamma} |u(x,t)| < \varepsilon,$$

于是稳定性得证. 关于解的存在性证明与弦振动方程混合问题的解的存在性证明是类似的,兹不赘述.

第五节 热传导方程初值问题的适定性

§14.5.1 解的唯一性和稳定性

我们不能直接引用上述的极值原理来证明初值问题

$$\begin{cases} u_t = a^2 u_{xx} & (-\infty < x < +\infty, \ t > 0), \tag{8.1} \\ u(x,0) = \varphi(x) & (-\infty < x < +\infty) \tag{8.11} \end{cases}$$

的解的唯一性和稳定性,因为这里涉及的是无界区间,而方程(8.1)的解,在这无界区间上有可能不在任何点达到它的最大值和最小值. 为了保证解的唯一性,我们对它加上在整个区域有界这一非常重要的假设,即是说,存在某一常数 M,使当 $t \geq 0$, $-\infty < x < +\infty$ 时,$|u(x,t)| < M$. 下面我们证明唯一性定理.

假设初值问题(8.1)和(8.11)有两个连续有界解 u_1 及 u_2,则其差 $u = u_1 - u_2$ 满足方程(8.1)及齐次初值条件

$$u(x,0) = 0 \quad (-\infty < x < +\infty),$$

并且在整个区域内是有界的,即

$$|u(x,t)| \leq |u_1| + |u_2| < 2M \quad (-\infty < x < +\infty, t \geq 0).$$

现在要证明的是在整个区域内,必有

$$u(x,t) \equiv 0 \quad (-\infty < x < +\infty, t \geq 0).$$

事实上,只需证明对于上半平面内的任意一点 (x_0, t_0) 均有 $u(x_0, t_0) = 0$ 即可.

考虑矩形区域

$$\overline{R} = \{(x,t) \mid -L \leq x \leq L, 0 \leq t \leq T\},$$

其中 L, T 均为充分大的常数,使得 (x_0, t_0) 成为 $\overline{R}$ 的一个内点. 显然在闭区域 $\overline{R}$ 上,方程(8.1)的解是遵从极值原理的,作辅助函数

$$U(x,t) = \frac{4M}{L^2}\left(\frac{x^2}{2} + a^2 t\right),$$

它在闭区域 $\overline{R}$ 上是连续的,且满足方程(8.1). 此外,还有

$$U(x,0) = \frac{2Mx^2}{L^2} \geq 0 = |u(x,0)|,$$

$$U(\pm L, t) \geq 2M > |u(\pm L, t)|.$$

这就是说,在 $\overline{R}$ 的下底和侧边上成立着不等式

$$U(x,t) \geq |u(x,t)|.$$

于是由极值原理可知,在整个闭区域 $\overline{R}$ 上也成立着

$$U(x,t) \geq |u(x,t)|.$$

自然

$$U(x_0, t_0) \geq |u(x_0, t_0)|,$$

即

$$|u(x_0, t_0)| \leq \frac{4M}{L^2}\left(\frac{x_0^2}{2} + a^2 t_0\right),$$

左端为一正常数,右端可以任意取小(因为 L 可以任意取大),故

$$u(x_0, t_0) = 0.$$

又因(x_0,t_0)是上半平面内任意一点,所以在整个上半平面内有
$$u(x,t)\equiv 0,$$
亦即
$$u_1(x,t)\equiv u_2(x,t).$$
于是唯一性得证.

关于稳定性的证明,可以说和唯一性的证明是一样的,只需把辅助函数改为
$$U(x,t)=\frac{4M}{L^2}\left(\frac{x^2}{2}+a^2 t\right)+\delta,$$
其中 δ 为一正数.

§14.5.2 解的存在性

下面,我们证明初值问题(8.1),(8.11)的有界解的存在性,其中 $\varphi(x)$ 是 $(-\infty,+\infty)$ 上的有界连续函数.

在第八章中,我们已得到了这个问题的傅氏解
$$u(x,t)=\frac{1}{2a\sqrt{\pi t}}\int_{-\infty}^{+\infty}\varphi(\xi)e^{-\frac{(\xi-x)^2}{4a^2 t}}\mathrm{d}\xi \qquad (t>0). \tag{8.15}$$

为了证明(8.15)满足方程(8.1)和初值条件(8.11),我们分三步进行:

(i) 证明积分(8.15)是收敛的;

(ii) 证明求 $u(x,t)$ 的一、二阶偏导数,可以在积分号下进行,于是因为(8.15)的被积函数满足方程(8.1),从而得到 $u(x,t)$ 也满足方程(8.1);

(iii) 证明 $\lim\limits_{t\to 0^+}u(x,t)=\varphi(x)$,即 $u(x,t)$ 满足初值条件(8.11).

现依次证明如下:

(i) 设 $|\varphi(x)|\leqslant M$,令 $\alpha=\dfrac{\xi-x}{2a\sqrt{t}}$,则由(8.15)得
$$|u(x,t)|\leqslant\frac{M}{\sqrt{\pi}}\int_{-\infty}^{+\infty}\frac{1}{2a\sqrt{t}}e^{-\frac{(\xi-x)^2}{4a^2 t}}\mathrm{d}\xi=\frac{M}{\sqrt{\pi}}\int_{-\infty}^{+\infty}e^{-\alpha^2}\mathrm{d}\alpha=M,$$
故积分(8.15)是收敛的,并且由它所表示的函数 $u(x,t)$ 是有界的. 即是说,对于任意时刻 t 的温度 $u(x,t)$ 与初始温度具有相同的界值 M.

(ii) 为了证明 $t>0$ 时表达式(8.15)满足方程(8.1),我们首先指出,被积函数
$$\frac{1}{2a\sqrt{\pi t}}e^{-\frac{(\xi-x)^2}{4a^2 t}}$$
当 $t>0$ 时是方程(8.1)的解(请读者自己验证). 因此,我们只需证明,当 $t>0$ 时,(8.15)出现在(8.1)中的各个偏导数可以通过积分号下求导的方法来计算. 由于

(8.15)的积分限是无穷的,因此,为了保证通过积分号下求导的合理性,必须证明在积分号下求导后所得的积分是一致收敛的. 今以 $\dfrac{\partial u}{\partial x}$ 为例证明如下:被积函数对 x 求导后所得的积分为

$$\frac{1}{2a\sqrt{\pi}}\int_{-\infty}^{+\infty}\frac{(\xi-x)\varphi(\xi)}{2a^2 t^{3/2}}e^{-\frac{(\xi-x)^2}{4a^2 t}}d\xi,$$

它在 $t \geqslant t_0 > 0$ (t_0 为任意的正数)范围内总是一致收敛的. 因此当 $t > 0$ 时,

$$\frac{\partial u}{\partial x}=\frac{1}{2a\sqrt{\pi}}\int_{-\infty}^{+\infty}\frac{(\xi-x)\varphi(\xi)}{2a^2 t^{3/2}}e^{-\frac{(\xi-x)^2}{4a^2 t}}d\xi$$

成立,这就是说,对 x 求一次导数可以在积分号下进行. 同理可证,求其他偏导数也可以在积分号下进行. 所以,当 $t > 0$ 时,由积分(8.15)所表达的函数 $u(x,t)$ 满足方程(8.1).

(iii) 在公式(8.15)中,令 $\alpha = \dfrac{\xi-x}{2a\sqrt{t}}$,得

$$u(x,t)=\frac{1}{\sqrt{\pi}}\int_{-\infty}^{+\infty}\varphi(x+2a\sqrt{t}\alpha)e^{-\alpha^2}d\alpha.$$

由 φ 的有界性,积分当 $t > 0$ 时关于 t 是一致收敛的,当 $t \to 0^+$ 时可在积分号下求极限,因此

$$\lim_{t\to 0^+}u(x,t)=\frac{1}{\sqrt{\pi}}\lim_{t\to 0^+}\int_{-\infty}^{+\infty}\varphi(x+2a\sqrt{t}\alpha)e^{-\alpha^2}d\alpha$$
$$=\frac{1}{\sqrt{\pi}}\int_{-\infty}^{+\infty}\varphi(x)e^{-\alpha^2}d\alpha=\varphi(x).$$

这样我们就证明了由积分(8.15)所确定的函数 $u(x,t)$ 确为初值问题(8.1)和(8.11)的有界解.

第六节 拉普拉斯方程狄利克雷外问题解的唯一性

§14.6.1 三维空间狄利克雷外问题解的唯一性

对于外问题,可分为空间和平面两种情形来讨论,因为三维和二维的拉普拉斯方程的解(比如 $\dfrac{1}{r}$ 和 $\ln\dfrac{1}{r}$)在无穷远处的性态是有区别的. 现在先证明三维拉普拉

斯方程狄利克雷外问题(图 14.2)

$$\begin{cases} \Delta u = 0 & (\text{在区域 } D' \text{ 内}), \\ u = f & (\text{在 } D' \text{ 的边界面 } S \text{ 上}), \\ \lim\limits_{|M| \to +\infty} u(M) = 0 & (u(M) \text{ 在无穷远处一致地趋于零}) \end{cases} \quad (14.6)$$

的解是唯一的.这个解在 D' 内直到 S 上连续,其中 f 为已知函数.

回忆在第十一章第二节之末曾提到,三维拉普拉斯方程在球外的解 $v(\rho, \theta, \varphi)$ 当 $\rho \to +\infty$ 时等于零,所以对一般的无穷区域提狄利克雷问题时,加上条件(14.6)是很自然的.

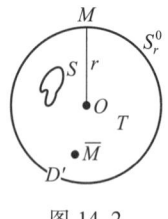

图 14.2

假设存在两个这样的解 u_1 及 u_2,则其差 $u = u_1 - u_2$ 显然是以零为边界条件的一个解.而条件(14.6)对于函数 u 亦必成立,即是说,任给 $\varepsilon > 0$,存在一正数 R,使当 $r \geq R$ 时,有

$$|u(M)| < \varepsilon,$$

其中 r 为原点到点 M 的距离.

在 D' 内任取一点 $\overline{M}$,然后作球面 $S_r^0 (r \geq R)$,将 $\overline{M}$ 点及曲面 S 都包含在其内.记曲面 S 与球面 S_r^0 之间的区域为 T.自然,当 $M \in S_r^0$ 时,$|u(M)| < \varepsilon$,而当 $M \in S$ 时,$u(M) = 0$.所以把极值原理应用到闭区域 T 上,就推出 $|u(\overline{M})| < \varepsilon$.又由于 ε 可以任意取小,故得 $u(\overline{M}) = 0$.今因 $\overline{M}$ 是在 D' 内任取的一点,于是得到结论:在 D' 内 $u \equiv 0$,即 $u_1 \equiv u_2$.

这里,再举一个反例来说明条件(14.6)对于保证解的唯一性是必要的.拉普拉斯方程关于球 K_R^0 的第一外边值问题,若只给边界条件

$$u = f_0 (\text{常数}),$$

而省去条件(14.6),则可以看到函数 $u_1 = f_0$ 及函数 $u_2 = f_0 \dfrac{R}{r}$ 都是这问题的解,而且当 $\alpha + \beta = 1$ 时,函数 $u = \alpha u_1 + \beta u_2$ 也是这问题的解,可见唯一性不成立.

§14.6.2 二维空间狄利克雷外问题解的唯一性

下面证明二维拉普拉斯方程的狄利克雷外问题(图 14.3)

$$\begin{cases} \Delta u = 0 & (\text{在区域 } D' \text{ 内}), \\ u = f & (\text{在 } D' \text{ 的边界 } l \text{ 上}), \\ |u(M)| \leq N (\text{常数}) & (u(M) \text{ 在无穷远处有界}) \end{cases} \quad (14.6')$$

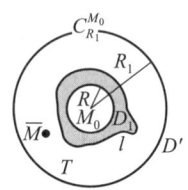

图 14.3

的解是唯一的.这个解在 D' 内直到 l 上连续,其中 f 为已知函数.

回忆在第十一章第二节之末还曾提到,二维拉普拉斯方程在圆外的解 $v(r, \theta)$ 当 $r \to +\infty$ 时等于有限值,所以在二维情形,对一般

的无穷区域提狄利克雷问题时,加上条件(14.6′)也是很自然的.

假设存在两个这样的解 u_1 及 u_2,则其差 $u=u_1-u_2$ 显然是以零为边界条件的一个解.而条件(14.6′)对函数 u 亦必成立,即有
$$|u|\leqslant|u_1|+|u_2|\leqslant 2N.$$

用 D_1 表示 D' 的补区域,在 D_1 内取一点 M_0,并作一完全在 D_1 内部的圆,其圆心为 M_0,半径为 R. 于是调和函数 $\ln\dfrac{1}{r}$ 在区域 D' 内没有奇点,而函数 $\ln\dfrac{r}{R}$ 在区域 D' 内直到边界 l 都取正值,其中 r 为 M_0 点到 M 点的距离.

在 D' 内任取一点 $\overline{M}$,然后以 M_0 为圆心,R_1 为半径作圆周 $C_{R_1}^{M_0}$,将 $\overline{M}$ 点及曲线 l 都包含在其内.记曲线 l 与圆周 $C_{R_1}^{M_0}$ 之间的区域为 T,于是函数
$$v(M)=2N\frac{\ln\dfrac{r}{R}}{\ln\dfrac{R_1}{R}}\tag{14.7}$$

在 T 内调和,在 $C_{R_1}^{M_0}$ 上等于 $2N$,在 l 上取正值.而调和函数 $u(M)$ 在 $C_{R_1}^{M_0}$ 上有 $|u|\leqslant 2N$,在 l 上取零值.因此,将极值原理用于区域 T 上,就能推出 $|u(\overline{M})|\leqslant v(\overline{M})$. 又因 R_1 可以任意取大,从而由(14.7),$v(\overline{M})$ 可以任意小,故得 $u(\overline{M})=0$. 今因 $\overline{M}$ 是在 D' 内任取的一点,于是得到结论:在 D' 内 $u\equiv 0$,即 $u_1\equiv u_2$.

从以上的证明中可以看到,将条件(14.6′)改为 $\lim\limits_{M\to +\infty}u(M)=0$,对于保证解的唯一性仍然是充分的.可是这条件太苛刻了,满足它的解通常是不存在的,比如在一圆周上给出边界条件为非零常数 f_0,则 $u\equiv f_0$ 就是这个圆外狄利克雷问题的唯一有界解,所以在无穷远处趋于零的解就不可能存在了.

第七节 定解问题不适定之例

§14.7.1 不适定问题举例

前面,我们讨论了双曲型方程(以波动方程为模型)、抛物型方程(以热传导方程为模型)和椭圆型方程(以拉普拉斯方程为模型)的某些定解问题,这些定解问题都是从物理、力学和工程技术中提出来的.我们也证明了它们是适定的.

但若只从纯数学方面来考察,似乎还可以把定解问题提得更自由一些,例如拉

普拉斯方程和弦振动方程同样是二阶方程,如把它们分别写成
$$u_{xx}+u_{yy}=0,$$
$$u_{xx}-u_{yy}=0$$
的形式,那么,对拉普拉斯方程好像也可以提初值问题或混合问题,对弦振动方程也可以提狄利克雷问题. 但这是不对的.

例 1 1917 年,阿达马在瑞士的一个数学会上就曾经举出了一个拉普拉斯方程定解问题不适定之例. 介绍如下:

考虑两个初值问题

$$\mathrm{I} \begin{cases} u_{xx}+u_{yy}=0, \\ u(x,0)=0, \\ u_y(x,0)=0, \end{cases} \quad \mathrm{II} \begin{cases} u_{xx}+u_{yy}=0, \\ u(x,0)=\dfrac{1}{n}\sin nx, \\ u_y(x,0)=0, \end{cases}$$

其中 n 为奇数. 显然,问题 I 的解为

$$u_{\mathrm{I}}(x,y) \equiv 0.$$

容易验证,问题 II 的解为

$$u_{\mathrm{II}}(x,y)=\frac{1}{n}\sin nx\frac{\mathrm{e}^{ny}+\mathrm{e}^{-ny}}{2}.$$

不难看出,当 n 充分大时,两个问题的对应初值是十分接近的,但它们的解 u_{I} 和 u_{II},当 $x=\dfrac{\pi}{2}, y>0$ 时却可以相差很大. 故对拉普拉斯方程提初值问题,其解是不稳定的,从而定解问题不适定.

例 2 考虑弦振动方程
$$u_{xx}-u_{yy}=0 \quad (14.8)$$
的狄利克雷问题. 为此,先把方程(14.8)改写为
$$u_{\xi\eta}=0, \quad (14.8')$$
然后在如图 14.4 所示的矩形区域上求解狄利克雷问题

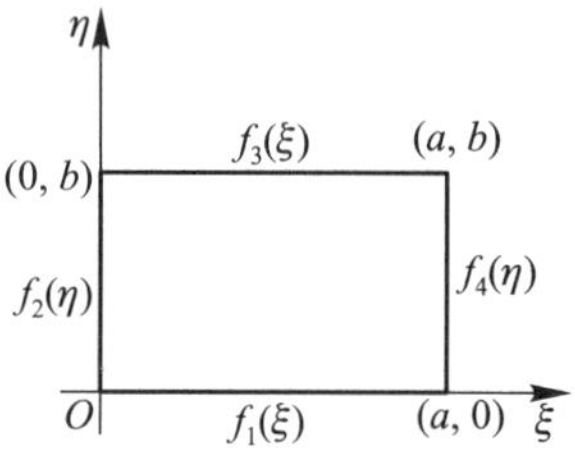

图 14.4

$$\begin{cases} u_{\xi\eta}=0 & (0<\xi<a, 0<\eta<b), & (14.8') \\ u(\xi,0)=f_1(\xi) & (0\leqslant\xi\leqslant a), & (14.9) \\ u(0,\eta)=f_2(\eta) & (0\leqslant\eta\leqslant b), & (14.10) \\ u(\xi,b)=f_3(\xi) & (0\leqslant\xi\leqslant a), & (14.11) \\ u(a,\eta)=f_4(\eta) & (0\leqslant\eta\leqslant b), & (14.12) \end{cases}$$

其中 $f_i(i=1,2,3,4)$ 为充分光滑的已知函数. 为保证边界条件连续,还须加上 $f_1(0)=f_2(0)$ 等衔接条件.

众所周知,方程的通解为

$$u(\xi,\eta) = \varphi(\xi) + \psi(\eta). \tag{14.13}$$

将条件(14.9)和(14.10)代入(14.13)得
$$u(\xi,0) = \varphi(\xi) + \psi(0) = f_1(\xi),$$
$$u(0,\eta) = \varphi(0) + \psi(\eta) = f_2(\eta).$$

两式相加,得
$$\varphi(\xi) + \psi(\eta) + \varphi(0) + \psi(0) = f_1(\xi) + f_2(\eta).$$

又因
$$u(0,0) = \varphi(0) + \psi(0) = f_1(0),$$

故
$$u(\xi,\eta) = \varphi(\xi) + \psi(\eta) = f_1(\xi) + f_2(\eta) - f_1(0). \tag{14.14}$$

至此,只用了(14.9)和(14.10)两个条件,便得到所求的解.由于 $f_3(\xi)$ 和 $f_4(\eta)$ 是任意给定的函数,故一般说来,(14.14)不能再满足条件(14.11)和(14.12).所以对弦振动方程提狄利克雷问题,它的解一般是不存在的.

同样对热传导方程,在矩形区域上提狄利克雷问题一般也是没有解的.

§14.7.2　对不适定问题的研究

以上,我们从正反两个方面都看到了考察适定性的重要意义.正如本章一开始就指出的那样,对适定性进行考察,可以帮助我们初步判定所提的定解问题是否合理,对哪种方程应该提哪些类型的定解问题等.特别是在数字解中,考察适定性更将起到重要的作用.但我们也要指出,不能说所有在阿达马意义下不适定的问题,在客观实际中,都是没有意义的,比如,设 $v = v(x,y)$ 是诺伊曼问题
$$\begin{cases} \Delta u = 0 & (\text{在区域内}), \\ \dfrac{\partial u}{\partial n} = f & (\text{在区域的边界上}) \end{cases}$$

的解.这时,对任何常数 $C, u = v + C$ 也是它的解,因此,解的唯一性不成立.但是,从势流的例子即可知道,这种情况是可以允许的,因为速度势本身相差一个常数,并不影响流场中的速度分布.所以当我们用数学物理方程理论去解决实际问题时,不必坚持先要解决了适定性问题之后才能具体地求解,如果要那样,就无形中束缚了自己的手脚.其实随着生产建设和科学技术的发展,有许多不适定问题会经常在实际中遇到,而在数学上也形成了一个类型的新问题.

板的加热问题[①]　当板的边缘温度为零时,问什么样的初始温度分布,才能在

---

① 由 R. Lattes 和 J. L. Lions 编写的 *The Method of Quasi-reversibility*: *Application to Partial Differential Equation* 一书 1969 年出版.板的加热问题见该书的 Introduction,磁约束问题的拉普拉斯方程定解问题见该书的 Chap. 4, §4.1.

预定时刻得到所期望的温度分布？这一问题的数学提法，就是所谓的抛物型方程的逆问题

$$\begin{cases} u_t = a^2(u_{xx}+u_{yy}), \\ u\big|_{\text{边缘}} = 0, \\ u(x,y,T) = \varphi(x,y), \end{cases}$$

其中已知函数 $\varphi(x,y)$ 代表在预定时刻 T 所期望的温度分布. 而所求的未知解则是初始温度分布 $u(x,y,0)$.

在水泥窑中，在单晶炉中，人们希望通过改变边界条件，使窑中或炉内的温度分布达到预期的状态，这在数学物理上，也同样可以提出上述的逆问题.

磁约束问题 在受控热核反应中，要将等离子体约束在一个强磁场内，问什么样的电流分布，才能产生所期望的强磁场？这一问题的数学提法就是

$$\begin{cases} \Delta u = 0, \\ u\big|_{\Gamma_0} = g, \\ \dfrac{\partial u}{\partial \boldsymbol{n}}\bigg|_{\Gamma_0} = g_1, \end{cases}$$

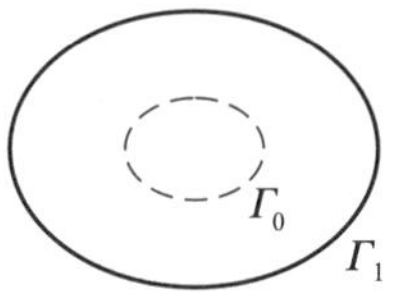

图 14.5

其中已知函数 g 和 g_1 代表在边界 Γ_0 上所期望的磁场分布，而所求的解则是在 Γ_1 上应加上的电流分布 $u(\Gamma_1)$（如图 14.5）. 以上两类问题，在阿达马意义下都是不适定的. 但许多有实际背景的不适定问题，往往都可由工程和物理现象本身去断定解的存在，或者"最优近似"解的存在. 关于如何得到不适定问题的符合要求的近似解的问题，已有许多研究，其中以吉洪诺夫正则化方法和利翁斯拟可逆性方法比较系统和有成效. 20 世纪 70 年代末，有文章提出，不适定问题的一个有趣的处理方法是以概率论为基础的. 当然不管是从实际应用，还是从理论研究的角度去看，都是有意义的.

以下三节将针对二阶线性偏微分方程进行一些讨论.

第八节 三类方程的比较

由于三类不同的方程反映着不同的物理规律，无论在定解问题的提法上、在求解的方法上和解的性质上都有所区别，但也有其共同之处.

§14.8.1 关于定解问题的提法

波动方程和热传导方程的解描述的是随时间变化的量，要确定这些量，通常须

知道它们的初始状态. 如果所考察的对象是没有边界的(或边界很远,它们的影响可以忽略不计),则可提出初值问题;若必须考虑边界的影响,则归结为混合问题. 而拉普拉斯方程所描述的是与时间无关的定常现象,因而不提初值问题与混合问题,只提边值问题. 波动方程和热传导方程虽然都有初值问题和混合问题,但初值条件的提法也并不完全一样. 热传导方程只要求给出未知函数 u 在初始时刻的值,而波动方程则必须同时给出 u 及 $\dfrac{\partial u}{\partial t}$ 在初始时刻的值. 因为一般说来,若在热传导方程中,给出了 u 在 $t=0$ 的值为 $\varphi(x)$,则因 u 满足方程 $u_t = a^2 u_{xx}$,就可以算出 $\dfrac{\partial u}{\partial t}$ 在 $t=0$ 的值,

$$\lim_{t \to 0} \frac{\partial u}{\partial t} = a^2 \lim_{t \to 0} \frac{\partial^2 u}{\partial x^2} = a^2 \varphi''(x).$$

可见,u_t 在 $t=0$ 的值,已为初值 $u(x,0)=\varphi(x)$ 所规定,不能再任意给予. 而在波动方程中,如果不给出 u_t 在 $t=0$ 的值,就不能唯一确定 u. 这个简单的对比再一次告诉我们,定解条件的数目要给得恰到好处,给少了,解不唯一,给多了,则一般无解.

§14.8.2 关于解的性质

1. 极值原理

如前所述,当一个物体的初始温度不超过某常数 M,且在传导过程中边界温度也不超过 M 时,如果内部没有热源,则在物体内不可能产生大于 M 的温度,因此拉普拉斯方程和热传导方程的解的极值性就是很自然的了. 但波动方程的解则没有这样的极值性. 从物理上来看,波动方程并不是描写从密到疏、从高到低的扩散过程,而是描写一种具有一定速度的波的传播,因此它可能由于两波相遇,产生叠加,而振动的最大点往往会在叠加时出现.

2. 解的光滑性

作为一个偏微分方程的解,它在方程中出现的偏导数都必须是存在、连续的,因此它总是定义域中的相当光滑的函数. 对于三类方程来说,解的光滑程度是很不相同的.

拉普拉斯方程的解,只要边值函数是连续的,它在区域内部就总是自变量的解析函数,因而具有最好的光滑性.

热传导方程(比如初值问题)也基本上是这样,只要初值函数是连续的,则方程的解关于空间变量就是解析的,而对时间变量也可以求导任意多次,所以它的光滑性也是相当好的.

对于波动方程的情形就大大地不同了,比如从弦振动方程的达朗贝尔解中就

可以看出，若初值函数 $u(x,0)=\varphi(x)\in C^2$, $u_t(x,0)=\psi(x)\in C^1$，而 $\varphi(x)$ 的三阶导数不存在，则解 u 的三阶导数也不会存在. 可见波动方程初值问题的解的光滑程度取决于初值函数的光滑程度.

这些现象产生的原因可以从三类方程所代表的物理意义来解释. 拉普拉斯方程代表平衡与稳定的状态，这些状态应该是非常光滑的；热传导现象具有能迅速地趋于均衡的特点，因而它的解也比较光滑；而波动方程所代表的物理现象是波的传播，在传播中，可以将一定的间断性保留下来，因而它的解就不可能任意光滑.

3. 影响区域和依赖区间

从影响区域和依赖区间来看，三类方程也有很大的区别. 对波动方程而言，在 x 轴上任一点的影响区域是以该点为顶角的角状区域，在上半平面任一点的依赖区间是以该点为顶点的三角形底边（在直线 $t=0$ 上）. 但是热传导方程在 x 轴上任一点的影响区域都是整个上半平面 $t>0$，而在上半平面内任一点的依赖区间都是整个 x 轴. 最后我们来看拉普拉斯方程的狄利克雷问题，它描写的是定常现象，因而没有传播速度可言. 但可以考察这样的问题，在边界曲面 S 的任意小部分 S_1 上给出大于零的边界值，而在其余部分 $S-S_1$ 上假定边界值恒等于零. 由极值原理，得知解 u 在区域 D 内不能取得 u 在边界 S 上的最小值，因此在 D 内必有 $u>0$. 从而可知 S_1 上的影响区域必为整个 D，而 u 在区域 D 内任一点的值显然和整个边值函数都有关系.

上面的讨论也可由这些方程所反映的物理现象来说明. 波的传播因为具有一定的速度，所以影响区域和依赖区间都是"三角形"的范围. 由于我们假定了热传导现象遵从傅里叶定律，所以，可以认为其传导是十分迅速的，因而影响区域和依赖区间都具有无限的性质. 至于拉普拉斯方程，它代表定常状态，因此不涉及时间的因素，从而也就不产生所谓影响的传播速度问题.

§14.8.3 关于时间的反演

对时间的反演问题，就是指所考察的物理状态其变化过程是否可逆的问题. 设在某些外界条件下按某种规律变化的一个物理状态，在时刻 t_1 处于状态 A，到时刻 t_2 变为状态 B. 如果状态 B 可以沿着相反的变化过程回复到原来的状态 A，而使外界条件不发生其他的变化，那么我们就说这物理状态的变化过程是可逆的，否则就是不可逆的.

在拉普拉斯方程中不出现时间变量，因而不会发生关于时间的反演问题.

波的传播是一个可逆过程. 事实上，设以 $u(x,t)$ 表示波传播状态的过程，它满足方程

$$u_{tt}=a^2 u_{xx},$$

在时刻 $t=0$ 时,其物理状态为 $u(x,0)$,而在时刻 $t=t_1$ 时,其物理状态为 $u(x,t_1)$. 如果要考察状态 $u(x,t_1)$ 能否沿着相反的变化过程回复到原来的状态 $u(x,0)$,只需在 $t \leqslant t_1$ 时,求定解问题

$$\begin{cases} \tilde{u}_{tt} = a^2 \tilde{u}_{xx}, \\ \tilde{u}|_{t=t_1} = u(x,t_1), \\ \tilde{u}_t|_{t=t_1} = u_t(x,t_1) \end{cases}$$

的解,并看其在 $0 \leqslant t \leqslant t_1$ 时的状态 $\tilde{u}(x,t)$ 是否与原来的状态 $u(x,t)$ 相符合就行了. 作变换 $t' = t_1 - t$,上述定解问题的求解就化为在 $t' \geqslant 0$ 时定解问题

$$\begin{cases} \tilde{u}_{t't'} = a^2 \tilde{u}_{xx}, \\ \tilde{u}|_{t'=0} = u(x,t_1), \\ \tilde{u}_{t'}|_{t'=0} = -u_t(x,t_1) \end{cases}$$

的求解. 不难验证,这个问题的解就是

$$\tilde{u}(x,t') = u(x, t_1 - t').$$

因此,波的传播状态 $\tilde{u}(x,t')$ 从 $t'=0$ 变化到 $t'=t_1$ 的过程就相当于 $u(x,t)$ 从 $t=t_1$ 变化到 $t=0$ 的过程,即 $\tilde{u}(x,t')$ 是 $u(x,t)$ 的逆变化过程.

对于热传导方程,情况就不同了. 若以 $u(x,t)$ 表示描写热传导过程的函数,它满足热传导方程

$$u_t = a^2 u_{xx},$$

那么 $\tilde{u}(x,t') = u(x, t_1 - t')$ 所满足的方程为

$$\tilde{u}_{t'} + a^2 \tilde{u}_{xx} = 0,$$

而初值问题

$$\begin{cases} \tilde{u}_{t'} + a^2 \tilde{u}_{xx} = 0, \\ \tilde{u}|_{t'=0} = u(x,t_1) \end{cases}$$

的解通常是不适定的. 因此热传导方程描写的是不可逆过程. 这在物理意义上也很明显,因为热传导方程所描写的物理现象(如传导、扩散等)都是由高到低、由密到疏的单向变化过程,这显然是不可逆的.

由以上的讨论可以看出,一个物理状态的变化过程是否可逆,在数学上反映为所考察的线性方程关于时间变量 t 是否对称,即以 $-t$ 代替 t 之后,方程是否不变,不变就是可逆的,变了就是不可逆的.

第九节 二阶线性偏微分方程的分类

本篇一开始就指出,人们把二阶线性偏微分方程分为双曲型方程、抛物型方程和

椭圆型方程三类. 前面分别以弦振动方程、热传导方程和拉普拉斯方程为模型讨论了各种定解问题. 本节将严格地对二阶线性偏微分方程进行分类. 为了清晰易懂, 我们以两个自变量为例来讨论, 应该说, 对多个自变量, 我们的讨论并不失其一般性.

两个自变量的二阶线性偏微分方程的一般形式为

$$a_{11}u_{xx}+2a_{12}u_{xy}+a_{22}u_{yy}+au_x+bu_y+cu=f, \tag{14.15}$$

其中 a_{ij},a,b,c,f 为 x,y 在某一区域 D 上的实函数, 它们的光滑性, 假定应有尽有, a_{ij} 不全为 0. 方程中含二阶导数的部分称为方程的主部. 我们的目的是通过自变量的变换简化方程的主部, 且用方程在此种变换下的不变性质对方程进行分类.

作自变量的变换

$$\begin{cases}\xi=\xi(x,y),\\ \eta=\eta(x,y).\end{cases} \tag{14.16}$$

要求此变换可逆, 即雅可比行列式

$$J=\begin{vmatrix}\xi_x & \xi_y\\ \eta_x & \eta_y\end{vmatrix}\neq 0,$$

此时存在逆变换

$$\begin{cases}x=x(\xi,\eta),\\ y=y(\xi,\eta).\end{cases}$$

函数 $u(x,y)$ 经过自变量的变换变为 ξ,η 的函数, 为简单起见, 仍记为 $u(\xi,\eta)$. 由复合函数的求导法则可得

$$u_x=u_\xi\xi_x+u_\eta\eta_x,$$
$$u_y=u_\xi\xi_y+u_\eta\eta_y,$$
$$u_{xx}=u_{\xi\xi}\xi_x^2+2u_{\xi\eta}\xi_x\eta_x+u_{\eta\eta}\eta_x^2+u_\xi\xi_{xx}+u_\eta\eta_{xx},$$
$$u_{xy}=u_{\xi\xi}\xi_x\xi_y+u_{\xi\eta}(\xi_x\eta_y+\xi_y\eta_x)+u_{\eta\eta}\eta_x\eta_y+u_\xi\xi_{xy}+u_\eta\eta_{xy},$$
$$u_{yy}=u_{\xi\xi}\xi_y^2+2u_{\xi\eta}\xi_y\eta_y+u_{\eta\eta}\eta_y^2+u_\xi\xi_{yy}+u_\eta\eta_{yy},$$

将这些关系式代入方程(14.15), 得到二阶线性方程

$$A_{11}u_{\xi\xi}+2A_{12}u_{\xi\eta}+A_{22}u_{\eta\eta}+Au_\xi+Bu_\eta+Cu=F, \tag{14.17}$$

其中

$$A_{11}=a_{11}\xi_x^2+2a_{12}\xi_x\xi_y+a_{22}\xi_y^2,$$
$$A_{12}=a_{11}\xi_x\eta_x+a_{12}(\xi_x\eta_y+\xi_y\eta_x)+a_{22}\xi_y\eta_y,$$
$$A_{22}=a_{11}\eta_x^2+2a_{12}\eta_x\eta_y+a_{22}\eta_y^2,$$
$$A=a_{11}\xi_{xx}+2a_{12}\xi_{xy}+a_{22}\xi_{yy}+a\xi_x+b\xi_y,$$
$$B=a_{11}\eta_{xx}+2a_{12}\eta_{xy}+a_{22}\eta_{yy}+a\eta_x+b\eta_y,$$
$$C=c,$$
$$F=f.$$

为了化简(14.17)式,设法选择变换(14.16)使形式上相同的 A_{11} 或 A_{22} 为 0. 为此,只需找到一阶偏微分方程

$$a_{11}z_x^2+2a_{12}z_xz_y+a_{22}z_y^2=0 \qquad (14.18)$$

的两个函数无关解 $\varphi=\varphi_1(x,y)$ 及 $\varphi=\varphi_2(x,y)$,然后取

$$\begin{cases} \xi=\varphi_1(x,y), \\ \eta=\varphi_2(x,y) \end{cases}$$

即可. 而此一阶偏微分方程的求解问题可以转化为求常微分方程

$$a_{11}(\mathrm{d}y)^2-2a_{12}\mathrm{d}x\mathrm{d}y+a_{22}(\mathrm{d}x)^2=0 \qquad (14.19)$$

在 (x,y) 平面上的积分曲线问题.

设 $\varphi_1(x,y)=C$ 是方程(14.19)的一族积分曲线,则 $z=\varphi_1(x,y)$ 就是方程(14.18)的解.

称方程(14.19)的积分曲线为方程(14.15)的**特征线**. 方程(14.19)有时也称为方程(14.15)的**特征方程**.

特征方程(14.19)可分为两个方程

$$\frac{\mathrm{d}y}{\mathrm{d}x}=\frac{a_{12}+\sqrt{a_{12}^2-a_{11}a_{22}}}{a_{11}}, \qquad (14.20)$$

$$\frac{\mathrm{d}y}{\mathrm{d}x}=\frac{a_{12}-\sqrt{a_{12}^2-a_{11}a_{22}}}{a_{11}}, \qquad (14.21)$$

令 $\Delta=a_{12}^2-a_{11}a_{22}$,则可根据 Δ 的符号将上述二阶线性偏微分方程分为三种类型:

$\Delta>0$,方程(14.15)为双曲型,

$\Delta=0$,方程(14.15)为抛物型,

$\Delta<0$,方程(14.15)为椭圆型,

因为 Δ 为 (x,y) 的函数,故一个方程在不同的点可以分属不同的类型. 容易验算

$$A_{12}^2-A_{11}A_{22}=(a_{12}^2-a_{11}a_{22})(\xi_x\eta_y-\xi_y\eta_x)^2,$$

故 Δ 的符号在自变量变换下不变,即方程的类型不变.

1. 双曲型方程

$\Delta>0$ 由解(14.20)和(14.21)得两族不相同的实特征线 $\varphi_1(x,y)=C_1,\varphi_2(x,y)=C_2$. 令 $\xi=\varphi_1(x,y),\eta=\varphi_2(x,y)$ 为新的自变量,则 $A_{11}=A_{22}=0,A_{12}\neq 0$,(14.17)变为

$$u_{\xi\eta}=\cdots, \qquad (14.22)$$

等式的左端为主部,即含二阶导数的项,右端的省略号代表低于二阶的项和非齐次项. 或再令

$$\begin{cases} \xi=\alpha+\beta, \\ \eta=\alpha-\beta, \end{cases}$$

则(14.22)式可化为

$$u_{\alpha\alpha}-u_{\beta\beta}=\cdots, \tag{14.23}$$

(14.22)式或(14.23)式为双曲型方程的标准形式. 一维波动方程就是标准形式的双曲型方程.

2. 抛物型方程

$\Delta=0$ 此时方程(14.20),(14.21)变为同一方程 $\dfrac{\mathrm{d}y}{\mathrm{d}x}=\dfrac{a_{12}}{a_{11}}$,只能求出一族特征线 $\varphi_1(x,y)=C$. 令 $\xi=\varphi_1(x,y)$,则 $A_{11}=A_{12}=0$. 任取 $\eta=\varphi_2(x,y)$ 使与 $\varphi_1(x,y)$ 函数无关,则(14.17)式变为

$$u_{\eta\eta}=\cdots,$$

这就是抛物型方程的标准形式,一维热传导方程就是标准形式的抛物型方程.

3. 椭圆型方程

$\Delta<0$ 方程(14.20)和(14.21)无实的特征线. 设(14.20)的复特征线为

$$\varphi(x,y)=\varphi_1(x,y)+\mathrm{i}\varphi_2(x,y)=C,$$

且 φ_x,φ_y 不同时为零,则

$$a_{11}\varphi_x^2+2a_{12}\varphi_x\varphi_y+a_{22}\varphi_y^2=0.$$

分别取实部和虚部为 0,得

$$a_{11}\varphi_{1x}^2+2a_{12}\varphi_{1x}\varphi_{1y}+a_{22}\varphi_{1y}^2=a_{11}\varphi_{2x}^2+2a_{12}\varphi_{2x}\varphi_{2y}+a_{22}\varphi_{2y}^2,$$
$$a_{11}\varphi_{1x}\varphi_{2x}+a_{12}(\varphi_{1x}\varphi_{2y}+\varphi_{1y}\varphi_{2x})+a_{22}\varphi_{1y}\varphi_{2y}=0,$$

因此,作变换

$$\begin{cases}\xi=\varphi_1(x,y),\\\eta=\varphi_2(x,y),\end{cases}$$

则有 $A_{11}=A_{22},A_{12}=0$,从而方程(14.17)变为

$$u_{\xi\xi}+u_{\eta\eta}=\cdots,$$

称为椭圆型方程的标准形式. 二维拉普拉斯方程、泊松方程都是标准形式的椭圆型方程.

最后我们指出,前面所分的三种情形虽然是相互排斥的,但并不包括方程(14.15)的所有情形. 例如,有些方程在区域 D 的一部分内是双曲型的,而在另一部分是椭圆型的,在它们的分界线上是抛物型的. 这样的方程在区域 D 中称为是**混合型**的. 例如特里科米方程

$$yu_{xx}+u_{yy}=0$$

在上半平面 $y>0$ 内是椭圆型的,在下半平面 $y<0$ 内是双曲型的. 当所考察的区域 D 包含 x 轴上的线段时,这方程在 D 内就是混合型的. 在研究空气动力学中的跨音速流问题时,将遇到混合型方程.

第十节 线性偏微分方程的叠加原理

在本章第八节中,我们已经指出,由于定解问题的线性性质,使叠加原理可以起到很大作用.我们在求解定解问题时,实际上已经运用了叠加原理,在这里,我们拟对它进行回顾和归纳.

一般地,二阶线性偏微分方程可写为

$$\sum_{i,j=1}^{n} a_{ij} \frac{\partial^2 u}{\partial x_i \partial x_j} + 2 \sum_{i=1}^{n} b_i \frac{\partial u}{\partial x_i} + cu = f. \tag{14.24}$$

定义

$$L = \sum_{i,j=1}^{n} a_{ij} \frac{\partial^2}{\partial x_i \partial x_j} + 2 \sum_{i=1}^{n} b_i \frac{\partial}{\partial x_i} + c$$

为二阶线性偏微分算子,于是(14.24)可写为

$$Lu = f. \tag{14.24'}$$

我们知道,所谓算子 L 是线性的,就是指它满足可加性条件

$$L[c_1 u_1 + c_2 u_2] = c_1 L[u_1] + c_2 L[u_2].$$

如果 L 是线性微分算子,那么方程(14.24)就称为线性微分方程.特别地,当 $f=0$ 时,方程

$$Lu = 0$$

称为齐次的.

对于定解条件可作同样的叙述.在前面各章中所遇到的各种方程和定解条件都是线性的.对于线性方程(或线性定解条件),下面的叠加原理是显然的.

叠加原理 I 设 u_i 满足线性方程(或线性定解条件)

$$Lu_i = f_i, \quad i = 1, 2, \cdots, n,$$

则它们的线性组合 $u = \sum_{i=1}^{n} c_i u_i$ 必满足方程(或定解条件)

$$Lu = \sum_{i=1}^{n} c_i f_i.$$

特别地,当 u_i 满足齐次方程(或齐次定解条件)时,u 也满足此齐次方程(或齐次定解条件).利用这个叠加原理,可把一些复杂的定解问题化为若干简单的定解问题来求解.例如可把非齐次方程(或非齐次定解条件)的问题化为齐次方程(或齐次定解条件)的问题来解决.如果 u_i 是无限多个,这时就得用到无穷级数或积分.

叠加原理 II 设 u_i 满足线性方程(或线性定解条件)

$$Lu_i = f_i, \quad i = 1, 2, \cdots,$$

又假设它们的线性组合 $u = \sum_{i=1}^{\infty} c_i u_i$ 满足这样的条件,保证求导与求和(或积分)的运算能交换进行,那么 u 满足方程(或定解条件)

$$Lu = \sum_{i=1}^{\infty} c_i f_i.$$

特别,当 u_i 满足齐次方程(或齐次定解条件)时, u 也满足此齐次方程(或齐次定解条件). 使用傅氏解法时,就要利用这个叠加原理.

叠加原理Ⅲ 设 $u(M, M_0)$ 满足线性方程(或线性定解条件)

$$Lu = f(M, M_0),$$

其中 M_0 为参数. 又假设 $U(M) = \int u(M, M_0) dM_0$ 满足叠加原理Ⅱ中的条件,那么 $U(M)$ 满足方程(或定解条件)

$$LU = \int f(M, M_0) dM_0.$$

特别,当 u 满足齐次方程(或齐次定解条件)时, U 也满足此齐次方程(或齐次定解条件). 使用格林函数法时,就要利用这个叠加原理.

总之,无论分离变量法、积分变换、格林函数法等都是利用了方程或定解条件的线性(或齐次)性质,把解表示为可列个(级数形式)或不可列个(带参数的积分)函数的叠加.

微分方程中的叠加原理实际上是物理规律中的叠加原理的反映. 我们知道几个物理量同时存在时所产生的总效果常常等于各个物理量单独存在时它们各自产生的效果的总和. 最典型的例子是§7.2.2中所讲,弦线所发出的声音是由基音和无穷多个泛音所组成. 再如研究若干个点电荷同时存在时所产生的电势,可以单独考虑每个点电荷所产生的电势(仿佛其他点电荷不存在),然后把它们总和起来,就得到这些点电荷所产生的总电势. 所以叠加原理又称为独立作用原理,叠加原理是线性问题和非线性问题最本质的区别. 在非线性的情况下,叠加原理失效.

习 题 十 四

1. 试用能量积分证明混合问题

$$\begin{cases} u_{tt} = a^2 u_{xx} + f(x, t), \\ u(0, t) = \mu(t), u(l, t) = \nu(t) & (t \geq 0), \\ u(x, 0) = \varphi(x), u_t(x, 0) = \psi(x) & (0 \leq x \leq l) \end{cases}$$

的解是唯一的,其中 $f(x, t)$ 为已知的连续函数. $\mu(t), \nu(t), \varphi(x)$ 和 $\psi(x)$ 为充分光滑的已知函数.

2. 设函数 $u_i (i = 1, 2, 3)$ 在 D 内调和, 在 $D \cup S$ 上连续, 其中 S 是 D 的边界, 若在

S 上有 $u_1 \leqslant u_2 \leqslant u_3$,则在 D 内也有 $u_1 \leqslant u_2 \leqslant u_3$.

3. 设函数 u 与 v 在 $\overline{R}$ 上连续,在 $\overline{R}-\Gamma$ 内满足热传导方程 $u_t = a^2 u_{xx}$,其中 Γ 与 $\overline{R}$ 的含义见本章第四节,若在 Γ 上有 $u \leqslant v$,则在 $\overline{R}$ 上也有 $u \leqslant v$.

4. 设前题中的函数 u 与 v 在 Γ 上满足 $v \geqslant |u|$,则在 $\overline{R}$ 上也有 $v \geqslant |u|$.

5. 试证热传导方程初值问题的有界解是稳定的.

提示:作辅助函数 $U = \dfrac{4M}{L^2}\left(\dfrac{x^2}{2} + a^2 t\right) + \delta$.

6. 试证方程

$$u_t + u_{xx} = 0$$

的初值问题的解是不稳定的.

提示:

$$\begin{cases} u_t + u_{xx} = 0, \\ u(x,0) = \dfrac{\sin nx}{n} \end{cases}$$

的解为 $\dfrac{1}{n} e^{n^2 t} \sin nx$,其中 n 为奇数.

第三篇
特殊函数

我们用分离变量法处理有界弦的振动问题时,曾经从偏微分方程的定解问题导出了一个常微分方程的边值问题

$$\begin{cases} \dfrac{d^2 X}{dx^2} + \lambda X = 0, \\ X(0) = 0, \\ X(l) = 0. \end{cases}$$

当泛定常数 λ 遍取所有特征值 $\lambda_n = \dfrac{n^2 \pi^2}{l^2}$($n$ 为正整数)时,得到了相应的一系列特解,这些特解组成一个坐标函数系 $\left\{ \sin \dfrac{n \pi x}{l} \right\}$. 借助于这个坐标函数系就得出了偏微分方程定解问题的级数解.

同样,用分离变量法求解其他偏微分方程的定解问题时,也会导出其他形式的常微分方程边值问题,从而得到各种各样的坐标函数系. 这些坐标函数系就是人们常说的特殊函数,诸如勒让德多项式、贝塞尔函数、埃尔米特多项式和拉盖尔多项式等. 由于勒让德多项式和贝塞尔函数应用较广,本书将重点讨论.

第十五章　勒让德多项式　球函数

我们知道,拉普拉斯方程的解称为调和函数.如果用球坐标或圆柱坐标来表示拉普拉斯方程,则分别得到**球面调和函数**或**圆柱调和函数**,或者简称为**球面函数**或**圆柱函数**.球面函数中含有勒让德多项式,圆柱函数中包括贝塞尔函数.

本章及以下两章,我们将用相同的步骤来介绍特殊函数.首先导出它的常微分方程,然后用幂级数解法求出特殊函数,再通过母函数来讨论各阶特殊函数之间的递推关系.最后证明特殊函数的正交性和归一性,并叙述展开定理.

第一节　勒让德微分方程及勒让德多项式

§15.1.1　勒让德微分方程的导出

在第十一章中,我们对球形区域曾经提出过狄利克雷问题

$$\begin{cases} u_{xx}+u_{yy}+u_{zz}=0 & (x^2+y^2+z^2<l^2), \\ u\big|_{x^2+y^2+z^2=l^2}=f(x,y,z), \end{cases} \quad (15.1)$$
$$(15.2)$$

其中 l 为已知正数.引入球坐标变换

$$\begin{cases} x=r\sin\theta\cos\varphi, \\ y=r\sin\theta\sin\varphi, \\ z=r\cos\theta, \end{cases}$$

其中 $0\leqslant r<l, 0\leqslant\theta\leqslant\pi, 0\leqslant\varphi\leqslant 2\pi$(图 15.1),得到球坐标系下的拉普拉斯方程

$$\frac{\partial^2 u}{\partial r^2}+\frac{2}{r}\frac{\partial u}{\partial r}+\frac{1}{r^2}\left(\frac{\partial^2 u}{\partial\theta^2}+\frac{\cos\theta}{\sin\theta}\frac{\partial u}{\partial\theta}\right)+\frac{1}{r^2\sin^2\theta}\frac{\partial^2 u}{\partial\varphi^2}=0. \quad (15.1')$$

而边界条件(15.2)变为

$$u\big|_{r=l}=f(\theta,\varphi). \quad (15.2')$$

对电场中导体球的讨论,即可归结为这样的定解问题.

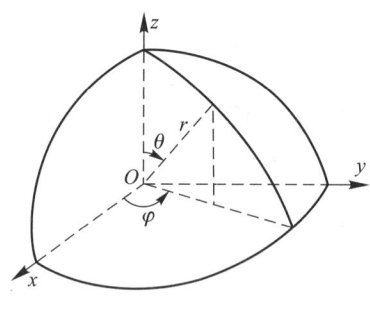

图 15.1

令 $u = R(r)Y(\theta,\varphi)$，代入方程(15.1′)得

$$Y\left(\frac{d^2R}{dr^2} + \frac{2}{r}\frac{dR}{dr}\right) + \frac{R}{r^2}\left(\frac{\partial^2 Y}{\partial \theta^2} + \frac{\cos\theta}{\sin\theta}\frac{\partial Y}{\partial \theta} + \frac{1}{\sin^2\theta}\frac{\partial^2 Y}{\partial \varphi^2}\right) = 0,$$

用 $\dfrac{r^2}{RY}$ 乘之，并移项，得

$$\frac{r^2}{R}\left(\frac{d^2R}{dr^2} + \frac{2}{r}\frac{dR}{dr}\right) = -\frac{1}{Y}\left(\frac{\partial^2 Y}{\partial \theta^2} + \frac{\cos\theta}{\sin\theta}\frac{\partial Y}{\partial \theta} + \frac{1}{\sin^2\theta}\frac{\partial^2 Y}{\partial \varphi^2}\right) = \lambda.$$

于是我们有

$$r^2\frac{d^2R}{dr^2} + 2r\frac{dR}{dr} - \lambda R = 0, \tag{15.3}$$

$$\frac{\partial^2 Y}{\partial \theta^2} + \frac{\cos\theta}{\sin\theta}\frac{\partial Y}{\partial \theta} + \frac{1}{\sin^2\theta}\frac{\partial^2 Y}{\partial \varphi^2} + \lambda Y = 0, \tag{15.4}$$

其中 λ 为泛定常数．方程(15.4)的解 $Y(\theta,\varphi)$ 与半径 r 无关，故称为**球面函数**，或简称为**球函数**．

再令 $Y = \Theta(\theta)\Phi(\varphi)$，代入方程(15.4)得

$$\frac{d^2\Theta}{d\theta^2}\Phi + \frac{\cos\theta}{\sin\theta}\frac{d\Theta}{d\theta}\Phi + \frac{1}{\sin^2\theta}\Theta\frac{d^2\Phi}{d\varphi^2} + \lambda\Theta\Phi = 0.$$

两端乘 $\dfrac{\sin^2\theta}{\Theta\Phi}$，并移项，再令 $t = \cos\theta\ (-1 \leqslant t \leqslant 1)$，得

$$(1-t^2)^2\frac{1}{\Theta}\frac{d^2\Theta}{dt^2} - 2t(1-t^2)\frac{1}{\Theta}\frac{d\Theta}{dt} + \lambda(1-t^2) = -\frac{1}{\Phi}\frac{d^2\Phi}{d\varphi^2} = m^2.\text{①}$$

于是我们有

$$\frac{d^2\Phi}{d\varphi^2} + m^2\Phi = 0, \quad m = 0,1,2,\cdots, \tag{15.5}$$

$$(1-t^2)\frac{d^2\Theta}{dt^2} - 2t\frac{d\Theta}{dt} + \left(\lambda - \frac{m^2}{1-t^2}\right)\Theta = 0. \tag{15.6}$$

---

① 因 Φ 为周期函数，故取 m^2．

通常令 $t=x$, $\Theta(t)=y(x)$ $(-1\leqslant x\leqslant 1)$, 于是方程(15.6)变为

$$(1-x^2)\frac{\mathrm{d}^2 y}{\mathrm{d}x^2}-2x\frac{\mathrm{d}y}{\mathrm{d}x}+\left(\lambda-\frac{m^2}{1-x^2}\right)y=0. \tag{15.6'}$$

方程(15.6′)称为**连带勒让德微分方程**. 取 $m=0$, 则得所谓的**勒让德微分方程**

$$(1-x^2)\frac{\mathrm{d}^2 y}{\mathrm{d}x^2}-2x\frac{\mathrm{d}y}{\mathrm{d}x}+\lambda y=0. \tag{15.7}$$

§15.1.2 幂级数解和勒让德多项式的定义

在常微分方程的解析理论中,一个标准形式的二阶线性常微分方程

$$\frac{\mathrm{d}^2 w}{\mathrm{d}z^2}+p(z)\frac{\mathrm{d}w}{\mathrm{d}z}+q(z)w=0$$

的系数 $p(z)$ 和 $q(z)$ 如果都在某点 z_0 解析,则 z_0 称为**方程的常点**. 只要 $p(z)$ 和 $q(z)$ 之一在 z_0 点不解析,则 z_0 就称为**方程的奇点**.

可以证明,当 z_0 为常点时,方程具有线性无关的两个整幂级数解,其收敛半径等于与 z_0 最近的方程的奇点到 z_0 的距离.

可见方程的常点必是解的解析点,而方程的奇点,则可能同时也是解的奇点. 因此,当 z_0 为方程的奇点时,如果仍然试图得到解的幂级数表达式,自然地,应当考虑洛朗展式. 此时,有如下的定理:

在 $p(z)$ 和 $q(z)$ 都解析的圆环 $0<|z-z_0|<R$ 内,方程具有两个线性无关解

$$\begin{cases} w_1(z)=(z-z_0)^{\rho_1}\sum_{k=-\infty}^{\infty}c_k(z-z_0)^k, \\ w_2(z)=(z-z_0)^{\rho_2}\sum_{k=-\infty}^{\infty}d_k(z-z_0)^k \end{cases} (\rho_1-\rho_2\neq\text{整数}),$$

或者

$$\begin{cases} w_1(z)=(z-z_0)^{\rho_1}\sum_{k=-\infty}^{\infty}c_k(z-z_0)^k, \\ w_2(z)=aw_1(z)\ln(z-z_0)+(z-z_0)^{\rho_2}\sum_{k=-\infty}^{\infty}d_k(z-z_0)^k \end{cases} (\rho_1-\rho_2=\text{整数}),$$

其中 $\rho_1,\rho_2,a,c_k,d_k(k=0,\pm 1,\pm 2,\cdots)$ 是待定常数.

在一定条件下,以上诸式会出现无穷级数中不含负幂项的情形,这样的解称为方程的**正则解**. 方程在圆环 $0<|z-z_0|<R$ 内有两个正则解的充要条件为 $(z-z_0)p(z)$ 和 $(z-z_0)^2 q(z)$ 都在 $0\leqslant|z-z_0|<R$ 中解析,即 $p(z)$ 以 z_0 为不高于一阶的极点,$q(z)$ 以 z_0 为不高于二阶的极点. 满足这个条件的奇点称为方程的**正则奇点**,否则称为**非正则奇点**.

当 z_0 为正则奇点时,我们以 $(z-z_0)^2$ 乘方程两边,不失一般性,令 $z_0=0$,得

$$z^2 \frac{\mathrm{d}^2 w}{\mathrm{d} z^2} + z p_1(z) \frac{\mathrm{d} w}{\mathrm{d} z} + q_1(z) w = 0,$$

其中 $p_1(z) = z p(z)$,$q_1(z) = z^2 q(z)$. 因 O 为方程的正则奇点,故 $p_1(z)$ 和 $q_1(z)$ 均可展为泰勒级数

$$p_1(z) = \sum_{k=0}^{\infty} a_k z^k, \quad q_1(z) = \sum_{k=0}^{\infty} b_k z^k,$$

并设方程的正则解为

$$w(z) = z^\rho \sum_{k=0}^{\infty} c_k z^k = \sum_{k=0}^{\infty} c_k z^{\rho+k} \quad (c_0 \neq 0).$$

将以上三个级数同时代入方程,让 z 的各次幂的系数均为零,得

$$c_0 [\rho(\rho-1) + a_0 \rho + b_0] = 0,$$

$$c_n(\rho+n)(\rho+n-1) + \sum_{k=0}^{n} a_k(\rho+n-k) c_{n-k} + \sum_{k=0}^{n} b_k c_{n-k} = 0, \quad n=1,2,3,\cdots,$$

前式称为**指标方程**,后式称为**循环公式**. 因为指标方程有两个根 ρ_1 和 ρ_2,故利用循环公式,即可逐一地把 $c_k(k>0)$ 用 c_0 和 ρ 以及已知的诸 a_k,b_k 表示出来,从而得到方程的两个幂级数解. 但需要区别两种情况来讨论:

(i) $\rho_1 - \rho_2 \neq$ 整数. 此时,方程的两个解

$$w_1(z) = z^{\rho_1} \sum_{k=0}^{\infty} c_k z^k \quad (c_0 \neq 0),$$

$$w_2(z) = z^{\rho_2} \sum_{k=0}^{\infty} d_k z^k \quad (d_0 \neq 0)$$

线性无关. 因为当 $z \to 0$ 时,$w_1(z) \sim c_0 z^{\rho_1}$,$w_2(z) \sim d_0 z^{\rho_2}$,而 $\rho_1 \neq \rho_2$,所以 $w_1(z)/w_2(z)$ 不能等于常数.

(ii) $\rho_1 - \rho_2 =$ 整数. 此时,求得 $w_1(z)$ 之后,可以用熟知的公式

$$w_2(z) = w_1(z) \int \frac{\mathrm{e}^{-\int p(\xi) \mathrm{d}\xi}}{[w_1(z)]^2} \mathrm{d}z \tag{15.8}$$

来求与 $w_1(z)$ 线性无关的另一解. 用待定系数法可推出

$$w_2(z) = a w_1(z) \ln z + z^{\rho_2} \sum_{k=0}^{\infty} d_k z^k.$$

当 z_0 为非正则奇点时,也可能有两种情况:其一,方程在 z_0 的邻域内存在一个正则解;其二,在 z_0 点,方程没有正则解. 但在此时,又有所谓求**常规解**和**次常规解**的办法. 这方面的一般理论本书不拟涉及,遇到这种情况时,直接引用已有的试解.

现在我们来寻求方程(15.7)在闭区间 $[-1,1]$ 上的有界非零解,或者满足自然边界条件"$y(\pm 1)$ 有界"的非零解. 为此,令 $\lambda = n(n+1)$,$n=0,1,2,\cdots$. 从下面的推导中,自然了解这样规定的 λ 取值对于求有界非零解是充分的. 可以证明,它也是必

要的.

把方程(15.7)改写为

$$(1-x^2)\frac{d^2y}{dx^2}-2x\frac{dy}{dx}+n(n+1)y=0, \qquad (15.9)$$

并称之为 **n 阶勒让德微分方程**. 如果再把它化为标准形式,立即看出 $x=0$ 是方程的常点. 因此,在 $x=0$ 的邻域内,方程的解可以表示为幂级数形式,即

$$y=\sum_{k=0}^{\infty}c_k x^k, \qquad (15.10)$$

其中 c_k 为待定系数. 对(15.10)式两边逐项求导,得

$$\frac{dy}{dx}=\sum_{k=1}^{\infty}kc_k x^{k-1}, \qquad (15.11)$$

$$\frac{d^2y}{dx^2}=\sum_{k=2}^{\infty}k(k-1)c_k x^{k-2}. \qquad (15.12)$$

把式(15.10),(15.11)和(15.12)代入方程(15.9),得到

$$(1-x^2)\sum_{k=2}^{\infty}k(k-1)c_k x^{k-2}-2x\sum_{k=1}^{\infty}kc_k x^{k-1}+n(n+1)\sum_{k=0}^{\infty}c_k x^k=0.$$

因上式对 x 是一个恒等式,故 x 的各次幂的系数均必须为零,遂得

$$2\cdot 1 c_2+n(n+1)c_0=0,$$

$$3\cdot 2 c_3+[n(n+1)-2]c_1=0,$$

$$\cdots\cdots\cdots\cdots$$

$$(k+2)(k+1)c_{k+2}+[n(n+1)-k(k+1)]c_k=0,$$

从而得 c_k 的循环公式

$$c_2=-\frac{n(n+1)}{2\cdot 1}c_0,$$

$$c_3=-\frac{n(n+1)-2}{3\cdot 2}c_1,$$

$$\cdots\cdots\cdots$$

$$c_{k+2}=-\frac{n(n+1)-k(k+1)}{(k+2)(k+1)}c_k, \quad k=0,1,2,\cdots \qquad (15.13)$$

将(15.13)式代入(15.10)式,则得方程(15.9)的含有两个任意常数 c_0 和 c_1 的通解

$$y=c_0 y_0(x)+c_1 y_1(x). \qquad (15.14)$$

其中

$$y_0(x)=1-\frac{n(n+1)}{2!}x^2+\frac{(n-2)n(n+1)(n+3)}{4!}x^4-\cdots.$$

$$y_1(x)=x-\frac{(n-1)(n+2)}{3!}x^3+\frac{(n-3)(n-1)(n+2)(n+4)}{5!}x^5-\cdots.$$

利用循环公式(15.13)立即得级数 $y_0(x)$ 和 $y_1(x)$ 的收敛半径

$$R = \lim_{k \to \infty}\left|\frac{c_k}{c_{k+2}}\right| = \lim_{k \to \infty}\left|\frac{(k+2)(k+1)}{(k-n)(k+n+1)}\right| = \lim_{k \to \infty}\left|\frac{(1+2/k)(1+1/k)}{(1-n/k)\left(1+\dfrac{n+1}{k}\right)}\right| = 1.$$

容易看出,当 n 为偶数时,$y_0(x)$ 是一个多项式,可以证明 $y_1(\pm 1)$ 发散. 此时,取 $c_1 = 0$,则得微分方程在闭区间 $[-1,1]$ 上的有界非零解,或者满足自然边界条件的非零解. 同理,当 n 为奇数时,$y_1(x)$ 是一个多项式,可以证明 $y_0(\pm 1)$ 发散. 此时,取 $c_0 = 0$,亦得在 $[-1,1]$ 上的有界非零解,或者满足自然边界条件的非零解.

通常把这种多项式的最高次幂 x^n 的系数规定为

$$c_n = \frac{(2n)!}{2^n (n!)^2},\text{①}$$

然后称之为**勒让德多项式**,并用 $P_n(x)$ 表示之. $P_n(x)$ 的表达式可以如下导出:由 (15.13) 式,令 $k = n-2$,得

$$c_{n-2} = -\frac{(n-1)n}{n(n+1)-(n-2)(n-1)}c_n = -\frac{(n-1)n}{2(2n-1)}\frac{(2n)!}{2^n(n!)^2}$$

$$= -\frac{(2n-2)!}{2^n(n-1)!(n-2)!}.$$

同样,得

$$c_{n-4} = -\frac{(n-3)(n-2)}{n(n+1)-(n-4)(n-3)}c_{n-2}$$

$$= (-1)^2 \frac{(n-3)(n-2)}{4(2n-3)}\frac{(2n-2)!}{2^n(n-1)!(n-2)!}$$

$$= (-1)^2 \frac{(2n-4)!}{2^n 2!(n-2)!(n-4)!},$$

$$c_{n-6} = (-1)^3 \frac{(2n-6)!}{2^n 3!(n-3)!(n-6)!}.$$

借用数学归纳法,可证

$$c_{n-2m} = (-1)^m \frac{(2n-2m)!}{2^n m!(n-m)!(n-2m)!},\quad m = 0,1,2,\cdots,\left[\frac{n}{2}\right],$$

其中 $\left[\dfrac{n}{2}\right]$ 表示不大于 $\dfrac{n}{2}$ 的最大整数. 于是得

$$P_n(x) = \sum_{m=0}^{\left[\frac{n}{2}\right]} (-1)^m \frac{(2n-2m)!}{2^n m!(n-m)!(n-2m)!} x^{n-2m}. \tag{15.15}$$

---

① 在本章第二节中将说明为什么如此规定.

下面给出前六个勒让德多项式的显式表达式,并画出 $P_1(x),P_2(x),P_3(x)$ 和 $P_4(x)$ 的图形($x=\cos\theta$)(如图 15.2):

$$P_0(x)=1, \qquad P_1(x)=x,$$

$$P_2(x)=\frac{3}{2}x^2-\frac{1}{2}, \qquad P_3(x)=\frac{5}{2}x^3-\frac{3}{2}x,$$

$$P_4(x)=\frac{7\cdot 5}{4\cdot 2}x^4-2\frac{5\cdot 3}{4\cdot 2}x^2+\frac{3\cdot 1}{4\cdot 2},$$

$$P_5(x)=\frac{9\cdot 7}{4\cdot 2}x^5-2\frac{7\cdot 5}{4\cdot 2}x^3+\frac{5\cdot 3}{4\cdot 2}x.$$

显然,

$$P_n(-x)=(-1)^nP_n(x),$$

$$P_{2n+1}(0)=0, \qquad P_{2n}(0)=(-1)^n\frac{(2n)!}{2^{2n}(n!)^2}.$$

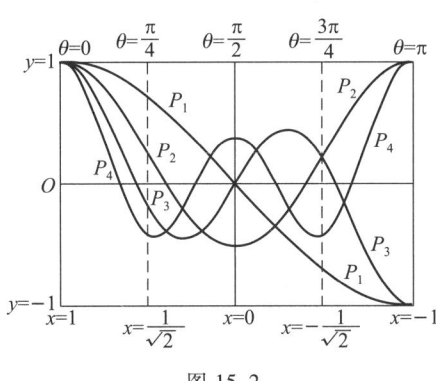

图 15.2

总结以上叙述,勒让德方程(15.7)和解在 $x=\pm 1$ 有界的自然边界条件构成一个常微分方程的特征值问题. $n(n+1)$ ($n=0,1,2,\cdots$) 即是该问题的特征值,勒让德多项式即是相应的特征函数,也就是我们所求的有界非零解. 可以证明, n 阶勒让德方程的与 $P_n(x)$ 线性无关的所有其他解,当 $x=\pm 1$ 时必为无穷大.

§15.1.3　勒让德多项式的微分表达式——罗德里格斯公式

为了讨论问题和计算上的方便,我们介绍勒让德多项式的另一种表示法,即所谓的**罗德里格斯公式**

$$P_n(x)=\frac{1}{2^n n!}\frac{\mathrm{d}^n}{\mathrm{d}x^n}(x^2-1)^n. \tag{15.15'}$$

证 按二项式展开,有

$$(x^2-1)^n = \sum_{m=0}^{n} \frac{(-1)^m n!}{m!(n-m)!} x^{2n-2m}.$$

因此,

$$\frac{1}{2^n n!} \frac{d^n}{dx^n}(x^2-1)^n = \frac{1}{2^n n!} \sum_{m=0}^{n} \frac{(-1)^m n!}{m!(n-m)!} \frac{d^n}{dx^n} x^{2n-2m}$$

$$= \frac{1}{2^n n!} \sum_{m=0}^{\left[\frac{n}{2}\right]} \frac{(-1)^m n!}{m!(n-m)!} (2n-2m)\cdot(2n-2m-1)\cdots(n-2m+1) x^{n-2m}$$

$$= \sum_{m=0}^{\left[\frac{n}{2}\right]} (-1)^m \frac{(2n-2m)!}{2^n m!(n-m)!(n-2m)!} x^{n-2m}$$

$$= P_n(x).$$

§15.1.4 勒让德多项式的施拉夫利积分表达式

设

$$f(z) = (z^2-1)^n,$$

由柯西积分公式(3.8),得

$$(z^2-1)^n = \frac{1}{2\pi i} \int_C \frac{(\zeta^2-1)^n}{\zeta-z} d\zeta.$$

因为

$$f^{(n)}(z) = \frac{n!}{2\pi i} \int_C \frac{f(\zeta)}{(\zeta-z)^{n+1}} d\zeta,$$

故有

$$\frac{d^n}{dz^n}(z^2-1)^n = \frac{n!}{2\pi i} \int_C \frac{(\zeta^2-1)^n}{(\zeta-z)^{n+1}} d\zeta.$$

于是得勒让德多项式的施拉夫利积分表达式(简称**施氏积分**)

$$P_n(z) = \frac{1}{2\pi i} \int_C \frac{(\zeta^2-1)^n}{2^n(\zeta-z)^{n+1}} d\zeta,$$

其中 C 是复平面上围绕 z 点的任一围线.

施氏积分还可以作如下的变形. 取 C 为圆周,圆心在 $z = x(\neq \pm 1)$,半径为 $\sqrt{1-x^2}$. 在 C 上, $\zeta = x + \sqrt{1-x^2}\, e^{i\varphi}$,于是

$$P_n(x) = \frac{1}{2\pi i} \int_{-\pi}^{\pi} \frac{[(x+\sqrt{1-x^2}\,e^{i\varphi})^2 - 1]^n \sqrt{1-x^2}\,ie^{i\varphi}}{2^n(\sqrt{1-x^2})^{n+1} e^{(n+1)i\varphi}} d\varphi$$

$$= \frac{1}{2\pi} \int_{-\pi}^{\pi} \left[\frac{x^2 + 2x\sqrt{1-x^2}\,e^{i\varphi} + (1-x^2)e^{2i\varphi} - 1}{2\sqrt{1-x^2}\,e^{i\varphi}}\right]^n d\varphi$$

$$= \frac{1}{2\pi} \int_{-\pi}^{\pi} \left[x + \sqrt{1-x^2}\,\frac{e^{i\varphi} - e^{-i\varphi}}{2}\right]^n d\varphi$$

$$= \frac{1}{2\pi} \int_{-\pi}^{\pi} [x + \sqrt{1-x^2}\,i\sin\varphi]^n d\varphi.$$

令 $\psi = \varphi - \dfrac{\pi}{2}$,则

$$P_n(x) = \frac{1}{2\pi} \int_{-3\pi/2}^{\pi/2} [x + \sqrt{1-x^2}\,i\cos\psi]^n d\psi$$

$$= \frac{1}{\pi} \int_0^{\pi} [x + \sqrt{1-x^2}\,i\cos\psi]^n d\psi.$$

令 $x = \cos\theta$ $(0<\theta<\pi)$,则有

$$P_n(\cos\theta) = \frac{1}{\pi} \int_0^{\pi} [\cos\theta + i\sin\theta\cos\psi]^n d\psi, \tag{15.16}$$

从(15.16)得出 $P_n(x)$ 的一个重要特性,即

$$|P_n(x)| \leq 1 \quad (-1<x<1).$$

(15.16)称为拉普拉斯积分.

第二节 勒让德多项式的母函数及其递推公式

§15.2.1 勒让德多项式的母函数

本节我们用另一种方法——母函数方法来生成勒让德多项式. 由于勒让德多项式从拉普拉斯方程而来,因此,不妨从拉普拉斯方程的基本解出发考虑问题. 如图 15.3,

$$r^2 = 1 - 2\rho\cos\theta + \rho^2,$$

令 $x = \cos\theta$,则

$$\frac{1}{r} = \frac{1}{\sqrt{1-2x\rho+\rho^2}}.$$

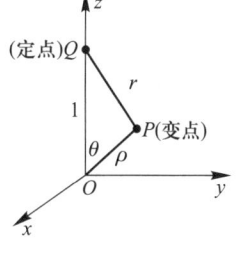

图 15.3

现在讨论函数
$$G(x,z) = \frac{1}{\sqrt{1-2xz+z^2}},$$

其中 z 为复变量,而 x 为绝对值不大于 1 的参数.因此 $G(x,z)$ 在单位圆 $|z|<1$ 内是解析函数.由复变函数论可知,当 $|z|<1$ 时,有

$$G(x,z) = (1-2xz+z^2)^{-\frac{1}{2}} = \sum_{n=0}^{\infty} c_n(x) z^n,$$

其中

$$c_n(x) = \frac{1}{2\pi i} \oint_C (1-2x\zeta+\zeta^2)^{-\frac{1}{2}} \zeta^{-(n+1)} d\zeta,$$

C 是单位圆内包围原点 $z=0$ 的围线.由于 $\dfrac{1}{r}$ 是拉普拉斯方程的解,而 $c_n(x)$ 又只与 x (或者说,只与 θ)有关,故 $c_n(x)$ 似应为勒让德多项式.事实上,可以严格推证如下:

作自变量代换 $(1-2xz+z^2)^{\frac{1}{2}} = 1-zu$,它把复变量 z 变为复变量 u,

$$z = \frac{2(u-x)}{u^2-1}, \quad dz = 2\frac{2xu-1-u^2}{(u^2-1)^2} du, \quad 1-zu = \frac{2xu-1-u^2}{u^2-1}.$$

显然,z 平面上的点 O 对应于 u 平面上的点 x,z 沿 C 走一圈时,对应地,u 围绕点 x 也沿某条封闭曲线 C' 走一圈,因此,

$$c_n(x) = \frac{1}{2\pi i} \oint_{C'} \left(\frac{2x\zeta'-1-\zeta'^2}{\zeta'^2-1}\right)^{-1} 2^{-(n+1)} \left(\frac{\zeta'-x}{\zeta'^2-1}\right)^{-(n+1)} 2\frac{2x\zeta'-1-\zeta'^2}{(\zeta'^2-1)^2} d\zeta'$$

$$= \frac{1}{2\pi i} \oint_{C'} \frac{(\zeta'^2-1)^n}{2^n(\zeta'-x)^{n+1}} d\zeta' = P_n(x).$$

于是有

$$G(x,z) = \frac{1}{\sqrt{1-2xz+z^2}} = \sum_{n=0}^{\infty} P_n(x) z^n. \tag{15.17}$$

所以,人们把 $G(x,z)$ $\left(\text{或者}\dfrac{1}{r}\right)$ 称为勒让德多项式的**母函数**.这里补充说明,在前节中,把勒让德方程的多项式解的最高次幂的系数规定为 $\dfrac{(2n)!}{2^n(n!)^2}$,正好使与(15.17)式中的展开系数完全一致.

借助于(15.17)式,也可以推出 $P_n(x)$ 的表达式,例如
$$P_0(x) = G(x,0) = 1,$$
$$P_1(x) = \frac{\partial G}{\partial z}\bigg|_{z=0} = x,$$
$$\cdots\cdots\cdots$$

现在我们证明两个事实,即
$$P_n(1) = 1, \quad P_n(-1) = (-1)^n.$$
在(15.17)式中,令 $x=1$,得
$$\frac{1}{1-z} = \sum_{n=0}^{\infty} P_n(1) z^n.$$
众所周知,当 $|z|<1$ 时,有
$$\frac{1}{1-z} = \sum_{n=0}^{\infty} z^n.$$
故有
$$P_n(1) = 1.$$
同理
$$P_n(-1) = (-1)^n.$$

§15.2.2　勒让德多项式的递推公式

利用展开式(15.17),不难证明勒让德多项式满足以下的递推公式:
$$(2n+1)xP_n(x) - nP_{n-1}(x) = (n+1)P_{n+1}(x), \tag{15.18}$$
$$P'_{n-1}(x) = xP'_n(x) - nP_n(x), \tag{15.19}$$
$$nP_{n-1}(x) + xP'_{n-1}(x) = P'_n(x), \tag{15.20}$$
$$n = 1, 2, 3, \cdots.$$

证　首先,对(15.17)式的两端先后关于 z, x 求导,得
$$(x-z)(1-2xz+z^2)^{-\frac{3}{2}} = \sum_{n=1}^{\infty} nP_n(x) z^{n-1}, \tag{15.21}$$
$$z(1-2xz+z^2)^{-\frac{3}{2}} = \sum_{n=1}^{\infty} P'_n(x) z^n. \tag{15.22}$$
以 z 乘(15.21),以 $x-z$ 乘(15.22),然后相减,得
$$z \sum_{n=1}^{\infty} nP_n(x) z^{n-1} = (x-z) \sum_{n=1}^{\infty} P'_n(x) z^n.$$
此式两端关于 z 的同次幂项的系数应相等,于是当 $n \geq 1$ 时,有
$$nP_n(x) = xP'_n(x) - P'_{n-1}(x),$$
即(15.19)式.

其次,用 $1-2xz+z^2$ 乘(15.21),得
$$(x-z)(1-2xz+z^2)^{-\frac{1}{2}} = (1-2xz+z^2) \sum_{n=1}^{\infty} nP_n(x) z^{n-1},$$
再将 $(1-2xz+z^2)^{-\frac{1}{2}}$ 的展开式(15.17)代入,得

$$(x-z)\sum_{n=0}^{\infty}P_n(x)z^n = (1-2xz+z^2)\sum_{n=1}^{\infty}nP_n(x)z^{n-1},$$

比较两端的系数,即得(15.18)式.

在(15.18)式中,对 x 求导,得

$$(2n+1)P_n(x)+(2n+1)xP_n'(x)-nP_{n-1}'(x) = (n+1)P_{n+1}'(x),$$

用 n 乘(15.19),再与此式相加,约去因子 $n+1$ 之后,即得(15.20)式.

在计算含勒让德多项式的积分时,常常用到这些递推公式.

第三节 按勒让德多项式展开

我们在讨论傅氏级数时,曾经注意到,一个三角函数序列的正交性和归一性是使它成为一个坐标函数的两个重要性质.同理,要讨论一类函数按勒让德多项式的傅氏展开问题时,也必须首先考察勒让德多项式的正交性和归一性.

§15.3.1 勒让德多项式的正交性

定理 15.1 勒让德多项式序列 $P_0(x), P_1(x), \cdots, P_n(x), \cdots$ 在区间 $[-1,1]$ 上正交,即

$$\int_{-1}^{1}P_m(x)P_n(x)\mathrm{d}x = 0, \quad m,n=0,1,2,\cdots,(m\neq n). \tag{15.23}$$

证 $P_m(x), P_n(x)$ 分别满足方程

$$\frac{\mathrm{d}}{\mathrm{d}x}[(1-x^2)P_m'] + m(m+1)P_m = 0,$$

$$\frac{\mathrm{d}}{\mathrm{d}x}[(1-x^2)P_n'] + n(n+1)P_n = 0.$$

用 P_n 乘前式, P_m 乘后式,然后相减,并积分,得

$$[m(m+1)-n(n+1)]\int_{-1}^{1}P_mP_n\mathrm{d}x$$

$$= \int_{-1}^{1}\left\{P_m\frac{\mathrm{d}}{\mathrm{d}x}[(1-x^2)P_n']-P_n\frac{\mathrm{d}}{\mathrm{d}x}[(1-x^2)P_m']\right\}\mathrm{d}x$$

$$= [(1-x^2)(P_mP_n'-P_nP_m')]_{-1}^{1} = 0.$$

因 $m\neq n$,故

$$\int_{-1}^{1}P_m(x)P_n(x)\mathrm{d}x = 0.$$

§15.3.2 勒让德多项式的归一性

定理 15.2
$$\int_{-1}^{1} P_n^2(x)\,dx = \frac{2}{2n+1}, \quad n=0,1,2,\cdots. \tag{15.24}$$

证 今用数学归纳法加以证明. 因为
$$\int_{-1}^{1} P_1^2\,dx = \int_{-1}^{1} x^2\,dx = \frac{2}{3} = \frac{2}{2\cdot 1+1}.$$

故 $n=1$ 时,(15.24)式成立. 今设 $n=m$ 时成立,则由递推公式(15.18)得
$$(m+1)\int_{-1}^{1} P_{m+1}^2\,dx = (2m+1)\int_{-1}^{1} xP_m P_{m+1}\,dx - m\int_{-1}^{1} P_{m-1}P_{m+1}\,dx$$
$$= (2m+1)\int_{-1}^{1} xP_m P_{m+1}\,dx.$$

再在(15.18)式中,令 $n=m+1$,得
$$xP_{m+1} = \frac{m+2}{2m+3}P_{m+2} + \frac{m+1}{2m+3}P_m,$$

代入上式,则得
$$(m+1)\int_{-1}^{1} P_{m+1}^2\,dx = \frac{(2m+1)(m+2)}{2m+3}\int_{-1}^{1} P_m P_{m+2}\,dx + \frac{(2m+1)(m+1)}{2m+3}\int_{-1}^{1} P_m^2\,dx$$
$$= \frac{(2m+1)(m+1)}{2m+3}\cdot\frac{2}{2m+1}.$$

故
$$\int_{-1}^{1} P_{m+1}^2(x)\,dx = \frac{2}{2(m+1)+1},$$

即(15.24)式当 $n=m+1$ 时亦成立. 又 $n=0$ 时(15.24)是显然成立的,于是整个定理得证.

$\sqrt{\dfrac{2}{2n+1}}$ 称为 n 阶勒让德多项式的**模数**. 因
$$\int_{-1}^{1}\left[\sqrt{\frac{2n+1}{2}}P_n(x)\right]^2 dx = 1,$$

故 $\sqrt{\dfrac{2n+1}{2}}$ 称为 $P_n(x)$ 的**归一因子**. 勒让德多项式乘上归一因子之后,即得一个在区间 $[-1,1]$ 上的标准正交函数系. 使一个正交函数系成为标准正交函数系的过程称为标准化,也称为归一化.

(15.23)式和(15.24)式可以合写为

$$\int_{-1}^{1} P_m(x) P_n(x) \,\mathrm{d}x = \frac{2}{2n+1} \delta_{mn},$$

其中 $\delta_{nn} = 1, \delta_{mn} = 0 (m \neq n)$,人们也称之为正交归一性.

顺便指出,利用施瓦茨不等式[①],可得估计式

$$\int_{-1}^{1} |P_n(x)| \,\mathrm{d}x = \int_{-1}^{1} |P_0(x)| |P_n(x)| \,\mathrm{d}x$$

$$\leqslant \sqrt{\int_{-1}^{1} P_0^2(x) \,\mathrm{d}x} \sqrt{\int_{-1}^{1} P_n^2(x) \,\mathrm{d}x} = \frac{2}{\sqrt{2n+1}}.$$

§15.3.3 展开定理的叙述

设函数 $f(x)$ 在区间 $[-1,1]$ 上有连续的一阶导数和分段连续的二阶导数,则 $f(x)$ 在 $[-1,1]$ 上可以展开成绝对且一致收敛的级数

$$f(x) = \sum_{n=0}^{\infty} c_n P_n(x),$$

其中

$$c_n = \frac{2n+1}{2} \int_{-1}^{1} f(x) P_n(x) \,\mathrm{d}x, \quad n = 0, 1, 2, \cdots.$$

第四节 连带勒让德多项式

§15.4.1 连带勒让德多项式的定义

在连带勒让德方程(15.6′)中,令 $\lambda = n(n+1), n = 0, 1, 2, \cdots$,则得

$$(1-x^2) \frac{\mathrm{d}^2 y}{\mathrm{d}x^2} - 2x \frac{\mathrm{d}y}{\mathrm{d}x} + \left[n(n+1) - \frac{m^2}{1-x^2}\right] y = 0. \tag{15.25}$$

由于直接求它的幂级数解过程比较繁杂,人们常对方程先作变换 $y(x) = (1-x^2)^{\frac{m}{2}} v(x)$,一旦求出了 $v(x)$,则 $(1-x^2)^{\frac{m}{2}} v(x)$ 就是方程(15.25)的解.

令 $y(x) = (1-x^2)^{\frac{m}{2}} v(x)$,则

[①] $\left| \int_a^b f(x) g(x) \,\mathrm{d}x \right| \leqslant \sqrt{\int_a^b f^2(x) \,\mathrm{d}x} \sqrt{\int_a^b g^2(x) \,\mathrm{d}x}$.

$$\frac{\mathrm{d}y}{\mathrm{d}x} = (1-x^2)^{\frac{m}{2}} v' - mx(1-x^2)^{\frac{m}{2}-1} v,$$

$$\frac{\mathrm{d}^2 y}{\mathrm{d}x^2} = (1-x^2)^{\frac{m}{2}} v'' - 2mx(1-x^2)^{\frac{m}{2}-1} v' + (1-x^2)^{\frac{m}{2}-1} \left[\frac{m(m-2)x^2}{1-x^2} - m\right] v,$$

代入方程(15.25),即得 $v(x)$ 应满足的微分方程

$$(1-x^2) v'' - 2(m+1) x v' + [n(n+1) - m(m+1)] v = 0. \tag{15.26}$$

此时,运用幂级数解法所得系数的循环公式并不复杂,可是不难看出,这个方程恰好是对勒让德方程逐项求导 m 次的结果. 因此,我们不妨直接引用勒让德方程的解——勒让德多项式.

现推证如下,对方程

$$(1-x^2) P_n'' - 2x P_n' + n(n+1) P_n = 0$$

求导,得

$$(1-x^2) P_n''' - 2 \cdot 2x P_n'' + [n(n+1) - 2] P_n' = 0,$$

再次求导,得

$$(1-x^2) P_n^{(2+2)} - 2(2+1) x P_n^{(2+1)} + [n(n+1) - 2(2+1)] P_n^{(2)} = 0.$$

显然,连续求导 m 次,即可得到

$$(1-x^2) P_n^{(m+2)} - 2(m+1) x P_n^{(m+1)} + [n(n+1) - m(m+1)] P_n^{(m)} = 0. \tag{15.27}$$

事实上,对(15.27)式再求导,其结果刚好是(15.27)中的 m 换成 $m+1$. 这就证明了 $P_n(x)$ 的 m 阶导函数 $P_n^{(m)}(x)$ 是方程(15.26)的一个解,而函数 $(1-x^2)^{\frac{m}{2}} P_n^{(m)}(x)$ 则是连带勒让德方程(15.25)的一个解. 采用记号

$$P_n^m(x) = (1-x^2)^{\frac{m}{2}} P_n^{(m)}(x),$$

并称函数 $P_n^m(x)$ 为**连带勒让德多项式**. 若 $m > n$,则 $P_n^m = 0$;若 $m = 0$,则 $P_n^0 = P_n$.

§15.4.2 连带勒让德多项式的正交性和归一性

与证明(15.23)式一样,容易证明当 $k \neq n$ 时,有

$$\int_{-1}^{1} P_k^m(x) P_n^m(x) \mathrm{d}x = 0.$$

下面假定 $m \leq n$,而求 $\int_{-1}^{1} [P_n^m(x)]^2 \mathrm{d}x$ 之值. 显然

$$\begin{aligned}
\int_{-1}^{1} [P_n^m]^2 \mathrm{d}x &= \int_{-1}^{1} (1-x^2)^m [P_n^{(m)}]^2 \mathrm{d}x \\
&= \int_{-1}^{1} (1-x^2)^m P_n^{(m)} \frac{\mathrm{d}}{\mathrm{d}x} P_n^{(m-1)} \mathrm{d}x \\
&= -\int_{-1}^{1} P_n^{(m-1)} \frac{\mathrm{d}}{\mathrm{d}x} [(1-x^2)^m P_n^{(m)}] \mathrm{d}x. \tag{15.28}
\end{aligned}$$

在(15.27)式中,用 $m-1$ 代替 m,有
$$(1-x^2)P_n^{(m+1)} - 2mxP_n^{(m)} + [n(n+1) - (m-1)m]P_n^{(m-1)} = 0,$$
以 $(1-x^2)^{m-1}$ 乘之,得
$$(1-x^2)^m P_n^{(m+1)} - 2mx(1-x^2)^{m-1} P_n^{(m)} + [n(n+1) - (m-1)m](1-x^2)^{m-1} P_n^{(m-1)} = 0,$$
即
$$\frac{\mathrm{d}}{\mathrm{d}x}[(1-x^2)^m P_n^{(m)}] + (n+m)(n-m+1)(1-x^2)^{m-1} P_n^{(m-1)} = 0. \tag{15.29}$$

将(15.29)式代入(15.28)式,得循环公式
$$\int_{-1}^{1} [P_n^m]^2 \mathrm{d}x = (n+m)(n-m+1) \int_{-1}^{1} (1-x^2)^{m-1} [P_n^{(m-1)}]^2 \mathrm{d}x$$
$$= (n+m)(n-m+1) \int_{-1}^{1} [P_n^{m-1}]^2 \mathrm{d}x.$$

按此公式继续递推下去,即得
$$\int_{-1}^{1} [P_n^m]^2 \mathrm{d}x = (n+m)(n+m-1)\cdots(n+1)(n-m+1)(n-m+2)\cdots n \int_{-1}^{1} [P_n^0]^2 \mathrm{d}x$$
$$= \frac{(n+m)!}{(n-m)!} \int_{-1}^{1} [P_n]^2 \mathrm{d}x.$$

故
$$\int_{-1}^{1} [P_n^m(x)]^2 \mathrm{d}x = \frac{(n+m)!}{(n-m)!} \frac{2}{2n+1}. \tag{15.30}$$

第五节 拉普拉斯方程在球形区域上的狄利克雷问题

本节拟通过求解狄利克雷问题(15.1)和(15.2)使读者了解勒让德多项式在求解数理方程中的应用.

§15.5.1 利用连带勒让德多项式 $P_n^m(x)$ 得出方程(15.1′)的解

由§15.1.1,拉普拉斯方程在球形区域上的狄利克雷问题为

$$\begin{cases} \dfrac{\partial^2 u}{\partial r^2} + \dfrac{2}{r}\dfrac{\partial u}{\partial r} + \dfrac{1}{r^2}\left(\dfrac{\partial^2 u}{\partial \theta^2} + \dfrac{\cos\theta}{\sin\theta}\dfrac{\partial u}{\partial \theta}\right) + \dfrac{1}{r^2\sin^2\theta}\dfrac{\partial^2 u}{\partial \varphi^2} = 0, (0 \leq r < l, 0 \leq \theta < \pi, 0 \leq \varphi < 2\pi), & (15.1') \\ u|_{r=l} = f(\theta, \varphi) \quad (0 \leq \theta \leq \pi, 0 \leq \varphi \leq 2\pi). & (15.2') \end{cases}$$

令 $u(r,\theta,\varphi) = R(r)\Phi(\varphi)\Theta(\theta)$,代入(15.1′),通过变量分离,得到常微分方程

(15.3),(15.5)和(15.6). 令 $\lambda = n(n+1)$,便得(15.3),(15.5)和(15.6)的解分别为

$$R_n(r) = r^n, \qquad n = 0, 1, 2, \cdots,$$
$$\Phi_m(\varphi) = \alpha_m \cos m\varphi + \beta_m \sin m\varphi, \quad m = 0, 1, 2, \cdots,$$
$$\Theta_n^m(\theta) = \gamma_n P_n^m(\cos\theta), \qquad m, n = 0, 1, 2, \cdots, m \leqslant n.$$

于是得到拉普拉斯方程(15.1′)的一系列特解

$$u_n^m(r,\theta,\varphi) = R_n \Phi_m \Theta_n^m = r^n (a_n^m \cos m\varphi + b_n^m \sin m\varphi) P_n^m(\cos\theta)$$
$$m, n = 0, 1, 2, \cdots, m \leqslant n, \tag{15.31}$$

其中 $a_n^m = \gamma_n \alpha_m$, $b_n^m = \gamma_n \beta_m$ 都是任意常数.

§15.5.2 确定定解问题(15.1′)和(15.2′)的解

对 u_n^m 求和,记为

$$u(r,\theta,\varphi) = \sum_{n=0}^{\infty} r^n \left[\sum_{m=0}^{n} (a_n^m \cos m\varphi + b_n^m \sin m\varphi) P_n^m(\cos\theta) \right]. \tag{15.32}$$

再代入边界条件 $u(r,\theta,\varphi)|_{r=l} = f(\theta,\varphi)$,得

$$f(\theta,\varphi) = \sum_{n=0}^{\infty} l^n \left[\sum_{m=0}^{n} (a_n^m \cos m\varphi + b_n^m \sin m\varphi) P_n^m(\cos\theta) \right]. \tag{15.33}$$

利用三角函数和连带勒让德多项式的正交性和归一性,即可算出

$$a_n^0 = \frac{2n+1}{4\pi l^n} \int_0^{2\pi} \int_0^{\pi} f(\theta,\varphi) P_n(\cos\theta) \sin\theta \, d\theta \, d\varphi,$$

$$a_n^m = \frac{(2n+1)(n-m)!}{2\pi l^n (n+m)!} \int_0^{2\pi} \int_0^{\pi} f(\theta,\varphi) P_n^m(\cos\theta) \cos m\varphi \sin\theta \, d\theta \, d\varphi,$$

$$b_n^m = \frac{(2n+1)(n-m)!}{2\pi l^n (n+m)!} \int_0^{2\pi} \int_0^{\pi} f(\theta,\varphi) P_n^m(\cos\theta) \sin m\varphi \sin\theta \, d\theta \, d\varphi,$$

$$m = 1, 2, 3, \cdots, n, n = 0, 1, 2, \cdots.$$

再代回(15.32),即得到定解问题(15.1′)和(15.2′)的形式解. 只要函数 $f(\theta,\varphi)$ 满足一定的条件,譬如说 $f(\theta,\varphi)$ 是二次连续可微的,则可以证明,级数(15.32)是一致收敛的,从而(15.32)确为所求的解.

在 §15.1.1 中,我们曾经说,方程(15.4)的解 $Y(\theta,\varphi)$ 因为与半径 r 无关,故称为**球面函数**. 特别地,

$$P_n(\cos\theta), \quad \cos m\varphi P_n^m(\cos\theta), \quad \sin m\varphi P_n^m(\cos\theta) \quad (m = 1, 2, 3, \cdots, n)$$

都称为 **n 阶球面函数**. 它们的线性组合

$$Y_n(\theta,\varphi) = \sum_{m=0}^{n} (a_n^m \cos m\varphi + b_n^m \sin m\varphi) P_n^m(\cos\theta)$$

也称为 n **阶球面函数**. 于是,拉普拉斯方程在球形区域上的狄利克雷问题(15.1′)和(15.2′)的解就可以表示为

$$u(r,\theta,\varphi) = \sum_{n=0}^{\infty} r^n Y_n(\theta,\varphi).$$

显然,利用三角函数和连带勒让德多项式的正交性,即可推出球面函数 $Y_n(\theta,\varphi)$ 在球面上互相正交.

公　式　表

本章公式较多,为方便起见,把它们汇总如下:

1. 勒让德多项式的表达式

$$P_n(x) = \sum_{m=0}^{[\frac{n}{2}]} (-1)^m \frac{(2n-2m)!}{2^n m!(n-m)!(n-2m)!} x^{n-2m} \qquad (15.15)$$

$$= \frac{1}{2^n n!} \frac{d^n}{dx^n}(x^2-1)^n \qquad (15.15')$$

$$P_n(\cos\theta) = \frac{1}{\pi} \int_0^\pi [\cos\theta + i\sin\theta\cos\psi]^n d\psi. \qquad (15.16)$$

$$P_n(\cos\theta) = \sum_{k=0}^n A_k A_{n-k} \cos(2k-n)\theta, \quad A_k = \frac{(2k)!}{(2^k k!)^2}.\text{①}$$

2. 母函数

$$(1-2xz+z^2)^{-\frac{1}{2}} = \sum_{n=0}^{\infty} P_n(x) z^n. \qquad (15.17)$$

3. 对称性和估计值

$$P_n(-x) = (-1)^n P_n(x),$$

$$|P_n(x)| \leqslant 1 \quad (-1 \leqslant x \leqslant 1),$$

$$\int_{-1}^{1} |P_n(x)| dx \leqslant \frac{2}{\sqrt{2n+1}}.$$

4. 特殊值

$$P_{2n+1}(0) = 0,$$

$$P_{2n}(0) = (-1)^n \frac{(2n)!}{2^{2n}(n!)^2},$$

$$P_n(1) = 1, P_n(-1) = (-1)^n.$$

5. 递推关系

---

① 见习题十五第 8 题.

$$(2n+1)xP_n(x) - nP_{n-1}(x) = (n+1)P_{n+1}(x), \tag{15.18}$$

$$P'_{n-1}(x) = xP'_n(x) - nP_n(x), \tag{15.19}$$

$$nP_{n-1}(x) + xP'_{n-1}(x) = P'_n(x), \quad n = 1, 2, 3, \cdots. \tag{15.20}$$

6. 连带勒让德多项式

$$P_n^m(x) = (1-x^2)^{\frac{m}{2}} \frac{d^m}{dx^m} P_n(x).$$

7. 正交归一性

$$\int_{-1}^{1} P_m(x) P_n(x) \, dx = \frac{2}{2n+1} \delta_{mn},$$

$$\int_{-1}^{1} P_k^m(x) P_n^m(x) \, dx = \frac{(n+m)!}{(n-m)!} \frac{2}{2n+1} \delta_{kn}.$$

8. 球面函数

$$P_n(\cos\theta), \quad \cos m\varphi P_n^m(\cos\theta), \quad \sin m\varphi P_n^m(\cos\theta), \quad m=1,2,3,\cdots,n,$$

$$Y_n(\theta,\varphi) = \sum_{m=0}^{n} (a_n^m \cos m\varphi + b_n^m \sin m\varphi) P_n^m(\cos\theta).$$

习 题 十 五

1. 求方程 $\dfrac{d^2y}{dx^2} + y = 0$ 的幂级数解.

2. 求方程 $\dfrac{d^2y}{dx^2} - x\dfrac{dy}{dx} - y = 0$ 的幂级数解.

3. 试证 $(2n+1)P_n(x) = P'_{n+1}(x) - P'_{n-1}(x), n=1,2,3,\cdots$.

4. 试证 $\int_{-1}^{1} P_n(x) dx = 0, n=1,2,3,\cdots$.

5. 试证 $\sum_{k=0}^{n} (2k+1)P_k(x) = P'_n(x) + P'_{n+1}(x), n=0,1,2,\cdots$.

提示:可用数学归纳法.

6. 试证 $\int_{-1}^{1} (1-x^2)[P'_n(x)]^2 dx = \dfrac{2n(n+1)}{2n+1}, n=0,1,2,\cdots$.

7. 试证 $P_n(x)$ 在开区间 $(-1,1)$ 内有 n 个单零点.

8. 试证

$$P_n(\cos\theta) = \sum_{k=0}^{n} A_k A_{n-k} \cos(2k-\pi)\theta, \quad A_k = \frac{(2k)!}{(2^k k!)^2}.$$

提示:以 $2\cos\theta = e^{i\theta} + e^{-i\theta}$ 代入 $r^2 = 1 - 2\rho\cos\theta + \rho^2$,得

$$r^2 = (1 - \rho e^{i\theta})(1 - \rho e^{-i\theta}),$$

再计算 $\dfrac{1}{r}$.

9. 求解定解问题

$$\begin{cases} r^2 u_{rr} + 2r u_r + \dfrac{\cos\theta}{\sin\theta} u_\theta + u_{\theta\theta} = 0, \\ u(R,\theta) = u_0 \cos\theta \quad (0 \leqslant \theta \leqslant \pi), \end{cases}$$

其中 R, u_0 为已知常数.

10. 有一单位球,其上半球面的温度常保持为 1℃,下半球面的温度常保持为 0℃,试求球内的温度分布 $u(r,\theta)$.

提示:$u(r,\theta)$ 应满足上题中的方程及边界条件

$$u(1,\theta) = \begin{cases} 1 & \left(0 \leqslant \theta \leqslant \dfrac{\pi}{2}\right), \\ 0 & \left(\dfrac{\pi}{2} < \theta \leqslant \pi\right). \end{cases}$$

第十六章　贝塞尔函数　柱函数

第一节　贝塞尔微分方程及贝塞尔函数

§16.1.1　贝塞尔微分方程的导出

考虑固定边界的圆膜振动,可以归结为定解问题

$$\begin{cases} u_{tt} = a^2(u_{xx}+u_{yy}) & (0 \leq x^2+y^2 < l^2, t>0), \quad (16.1) \\ u\big|_{x^2+y^2=l^2} = 0 & (t \geq 0), \quad (16.2) \\ u(x,y,0) = \varphi(x,y), u_t(x,y,0) = \psi(x,y) & (0 \leq x^2+y^2 \leq l^2), \quad (16.3) \end{cases}$$

其中 l 为已知正数,φ 和 ψ 为已知函数. 这个定解问题因与 z 坐标无关,故又称为**柱面问题**.

作试解

$$u(x,y,t) = T(t)U(x,y), \quad (16.4)$$

得

$$T'' + a^2 \lambda T = 0, \quad (16.5)$$

$$U_{xx} + U_{yy} + \lambda U = 0, \quad (16.6)$$

$$U\big|_{x^2+y^2=l^2} = 0, \quad (16.7)$$

其中 λ 为待定常数. 方程(16.6)称为二维亥姆霍兹方程. 方程(16.6)和边界条件(16.7)构成偏微分方程的特征值问题. 可以证明,$\lambda < 0$ 不是特征值,故通常记 $\lambda = k^2$.

由于边界是圆形的,自然我们改用柱坐标表示. 令

$$\begin{cases} x = r\cos\varphi, \\ y = r\sin\varphi, \end{cases}$$

于是推出定解问题(16.6),(16.7)在柱坐标下的形式为

$$\begin{cases} U_{rr}+\frac{1}{r}U_r+\frac{1}{r^2}U_{\varphi\varphi}+k^2U=0, 0\leqslant r<l, 0\leqslant\varphi<2\pi, & (16.8) \\ U\mid_{r=l}=0. & (16.9) \end{cases}$$

方程(16.8)的解与变量 z 无关,故称为**柱面函数**,或简称为**柱函数**.

再令 $U=\Phi(\varphi)R(r)$,得

$$\Phi''+\nu^2\Phi=0, \quad (16.10)$$
$$r^2R''+rR'+(k^2r^2-\nu^2)R=0, \quad (16.11)$$
$$R(l)=0. \quad (16.12)$$

由于圆形薄膜这一事实,$\Phi(\varphi)$ 应是以 2π 为周期的周期函数,故在此具体情况下,泛定常数 ν 必须取为整数. 不过当 ν 和 r 为任意复数时,一样地定义贝塞尔方程和贝塞尔函数.

通常令 $kr=x,R(r)=y(x)$,于是方程(16.11)变为

$$x^2\frac{\mathrm{d}^2y}{\mathrm{d}x^2}+x\frac{\mathrm{d}y}{\mathrm{d}x}+(x^2-\nu^2)y=0, \quad (16.13)$$

而边界条件(16.12)变为

$$y(kl)=0. \quad (16.14)$$

方程(16.11)和(16.13)都称为 ν **阶贝塞尔微分方程**.

贝塞尔方程也可以从电磁波的传播以及热传导等物理问题中导出.

§16.1.2 幂级数解和贝塞尔函数的定义

将(16.13)化为标准形式,立即看出 $x=0$ 是方程的奇点. 下面来求在邻域 $|x|>0$ 内的两个线性无关解. 设

$$y(x)=x^\rho\sum_{k=0}^\infty c_kx^k=\sum_{k=0}^\infty c_kx^{\rho+k}\quad(c_0\neq 0), \quad (16.15)$$

则

$$y'(x)=\sum_{k=0}^\infty c_k(\rho+k)x^{\rho+k-1},$$
$$y''(x)=\sum_{k=0}^\infty c_k(\rho+k)(\rho+k-1)x^{\rho+k-2}.$$

代入贝塞尔方程(16.13),得到关于 x 的恒等式

$$(\rho^2-\nu^2)c_0x^\rho+[(\rho+1)^2-\nu^2]c_1x^{\rho+1}+\sum_{k=2}^\infty\{[(\rho+k)^2-\nu^2]c_k+c_{k-2}\}x^{\rho+k}=0,$$

故有

$$(\rho^2-\nu^2)c_0=0, \quad (16.16)$$
$$[(\rho+1)^2-\nu^2]c_1=0, \quad (16.17)$$

$$[(\rho+k)^2-\nu^2]c_k+c_{k-2}=0, \quad k=2,3,4,\cdots. \tag{16.18}$$

由于 $c_0\neq 0$, 从 (16.16) 得到 $\rho=\nu,-\nu$. 下面分两种情形来讨论:

(i) 设 $\nu\neq$ 整数. 先令 $\rho=\nu$, 此时从 (16.17), (16.18) 得

$$c_1=0,$$

$$c_2=-1\frac{1}{2(2\nu+2)}c_0,$$

$$c_3=0,$$

$$c_4=-1\frac{1}{4(2\nu+4)}c_2=\frac{1}{4\cdot 2(2\nu+4)(2\nu+2)}c_0,$$

$$c_5=0,$$

$$\cdots\cdots$$

$$c_{2m}=-\frac{1}{2m(2\nu+2m)}c_{2m-2}$$

$$=(-1)^m\frac{1}{2^{2m}m!(\nu+m)(\nu+m-1)\cdots(\nu+1)}c_0$$

$$=(-1)^m\frac{c_0\Gamma(\nu+1)}{2^{2m}m!\Gamma(\nu+m+1)}, \quad m=3,4,5,\cdots,$$

$$c_{2m+1}=0, \quad m=3,4,5,\cdots.$$

将以上系数代回级数 (16.15), 取 $c_0=\dfrac{1}{2^\nu\Gamma(\nu+1)}$, 得出方程之一解, 记作

$$J_\nu(x)=\left(\frac{x}{2}\right)^\nu\sum_{k=0}^\infty\frac{(-1)^k}{k!\,\Gamma(\nu+k+1)}\left(\frac{x}{2}\right)^{2k}, \tag{16.19}$$

称为 ν 阶贝塞尔函数, 其中规定 $|\arg x|<\pi$, 从而 $J_\nu(x)$ 为单值函数(下同).

再令 $\rho=-\nu$, 此时取 $c_0=\dfrac{1}{2^{-\nu}\Gamma(-\nu+1)}$, 于是得方程的另一解, 记作

$$J_{-\nu}(x)=\left(\frac{x}{2}\right)^{-\nu}\sum_{k=0}^\infty\frac{(-1)^k}{k!\,\Gamma(-\nu+k+1)}\left(\frac{x}{2}\right)^{2k}, \tag{16.20}$$

称为 $-\nu$ 阶贝塞尔函数. 因为 $J_\nu(0)$ 和 $J_{-\nu}(0)$ 中一个为 0, 一个为 ∞, 故 $J_\nu(x)$ 与 $J_{-\nu}(x)$ 线性无关. 因贝塞尔方程的另一个奇点是 $x=\infty$, 故级数 (16.19) 与 (16.20) 的收敛范围是 $0<|x|<+\infty$.

(ii) 设 $\nu=$ 整数 n (以下用 n 时, 均表示整数). 此时按照前面的作法, 当 $n\geq 0$ 时, 得方程之一解为

$$J_n(x)=\left(\frac{x}{2}\right)^n\sum_{k=0}^\infty\frac{(-1)^k}{k!\,(n+k)!}\left(\frac{x}{2}\right)^{2k}.$$

例如,

$$J_0(x) = 1 - \left(\frac{x}{2}\right)^2 + \frac{1}{(2!)^2}\left(\frac{x}{2}\right)^4 - \frac{1}{(3!)^2}\left(\frac{x}{2}\right)^6 + \cdots,$$

$$J_1(x) = \frac{x}{2} - \frac{1}{2!}\left(\frac{x}{2}\right)^3 + \frac{1}{2!\,3!}\left(\frac{x}{2}\right)^5 - \cdots,$$

$$\cdots\cdots\cdots\cdots$$

方程的另一解为

$$J_{-n}(x) = \left(\frac{x}{2}\right)^{-n} \sum_{k=0}^{\infty} \frac{(-1)^k}{k!\,\Gamma(-n+k+1)}\left(\frac{x}{2}\right)^{2k},$$

它与 $J_n(x)$ 线性相关. 事实上, 当 $k<n$ 时, $\Gamma(-n+k+1)=\infty$, 前几项的系数为零, 故

$$J_{-n}(x) = \left(\frac{x}{2}\right)^{-n} \sum_{k=n}^{\infty} \frac{(-1)^k}{k!\,\Gamma(-n+k+1)}\left(\frac{x}{2}\right)^{2k}.$$

令 $-n+k=l$, 得

$$J_{-n}(x) = \left(\frac{x}{2}\right)^{-n} \sum_{l=0}^{\infty} \frac{(-1)^{n+l}}{(n+l)!\,l!}\left(\frac{x}{2}\right)^{2l+2n}$$

$$= (-1)^n \left(\frac{x}{2}\right)^n \sum_{l=0}^{\infty} \frac{(-1)^l}{l!\,(n+l)!}\left(\frac{x}{2}\right)^{2l},$$

即

$$J_{-n}(x) = (-1)^n J_n(x).$$

可见正、负 n 阶贝塞尔函数 $J_n(x)$ 和 $J_{-n}(x)$ 只相差一个常数因子 $(-1)^n$. 此时, 可按公式(15.8)求出与之线性无关的另一解. 但我们不拟这样做, 而将在本章第四节中定义诺伊曼函数来作为此种解.

整数阶贝塞尔函数比较重要. 特别是函数 $J_0(x)$ 与 $J_1(x)$ 在应用中经常遇到, 所以关于它们已制有详细的函数值表. 这里绘出它们的图形(图 16.1).

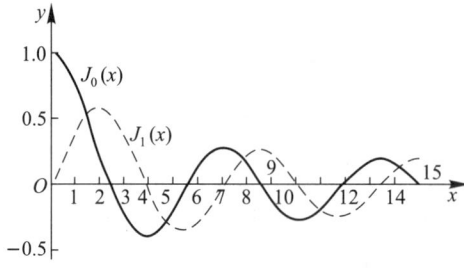

图 16.1

由 $J_n(x)$ 的级数表达式立即看出

$$J_n(-x) = (-1)^n J_n(x),$$

它和公式 $J_{-n}(x) = (-1)^n J_n(x)$ 在计算和推导中常常用到.

第二节 贝塞尔函数的母函数及其递推公式

§16.2.1 贝塞尔函数的母函数

现在考虑解析函数
$$G(x,z) = e^{\frac{x}{2}\left(z-\frac{1}{z}\right)}$$
在 $0<|z|<+\infty$ 内的洛朗展式(注意,此处的 x 为参变量,不是复变量 z 的实部).
因为
$$e^{\frac{x}{2}z} = \sum_{k=0}^{\infty} \frac{\left(\frac{x}{2}\right)^k}{k!} z^k, \quad e^{-\frac{x}{2}z^{-1}} = \sum_{l=0}^{\infty} \frac{\left(\frac{x}{2}\right)^l}{l!} (-z)^{-l},$$
且对于固定的 x,以上两级数在 $0<|z|<+\infty$ 内是绝对收敛的,故
$$e^{\frac{x}{2}\left(z-\frac{1}{z}\right)} = \sum_{k=0}^{\infty} \frac{\left(\frac{x}{2}\right)^k}{k!} z^k \sum_{l=0}^{\infty} \frac{\left(\frac{x}{2}\right)^l}{l!} (-z)^{-l} = \sum_{k=0}^{\infty}\sum_{l=0}^{\infty} \frac{(-1)^l}{k!\, l!} \left(\frac{x}{2}\right)^{k+l} z^{k-l}.$$
令 $k-l=n$, $n=0,\pm 1,\pm 2,\cdots$,得
$$e^{\frac{x}{2}\left(z-\frac{1}{z}\right)} = \sum_{n=-\infty}^{\infty} \left[\sum_{l=0}^{\infty} \frac{(-1)^l}{(n+l)!\, l!} \left(\frac{x}{2}\right)^{2l+n}\right] z^n = \sum_{n=-\infty}^{\infty} J_n(x) z^n, \quad (16.21)$$
故 $e^{\frac{x}{2}\left(z-\frac{1}{z}\right)}$ 称为贝塞尔函数的母函数.

由(16.21)式可以导出一个在数学物理中很有用处的公式. 令 $z=\mathrm{i}e^{\mathrm{i}\theta}$,代入(16.21)式,得
$$e^{\mathrm{i}x\cos\theta} = \sum_{n=-\infty}^{\infty} J_n(x)\mathrm{i}^n e^{\mathrm{i}n\theta} = J_0(x) + \sum_{n=1}^{\infty}\left[J_n(x)\mathrm{i}^n e^{\mathrm{i}n\theta} + J_{-n}(x)\mathrm{i}^{-n} e^{-\mathrm{i}n\theta}\right]$$
$$= J_0(x) + 2\sum_{n=1}^{\infty} \mathrm{i}^n J_n(x)\cos n\theta. \quad (16.22)$$
这公式是函数 $e^{\mathrm{i}x\cos\theta}$ 的傅氏余弦展开式. 当 x 为实数时,在物理上可以将(16.22)式解释为用柱面波去表示平面波,并可写为
$$\cos(x\cos\theta) = J_0(x) + 2\sum_{m=1}^{\infty} (-1)^m J_{2m}(x)\cos 2m\theta, \quad (16.22')$$
$$\sin(x\cos\theta) = 2\sum_{m=0}^{\infty} (-1)^m J_{2m+1}(x)\cos(2m+1)\theta. \quad (16.22'')$$

§16.2.2 贝塞尔函数的积分表达式

将洛朗展式的系数公式(4.28′)用于(16.21),有

$$J_n(x)=\frac{1}{2\pi\mathrm{i}}\oint_C\frac{\mathrm{e}^{\frac{\pi}{2}\left(\zeta-\frac{1}{\zeta}\right)}}{\zeta^{n+1}}\mathrm{d}\zeta,$$

其中 C 是围绕 $z=0$ 点的任意一条闭曲线. 如果取 C 为单位圆,则在 C 上,有 $\zeta=\mathrm{e}^{\mathrm{i}\theta}$. 从而得到

$$J_n(x)=\frac{1}{2\pi\mathrm{i}}\int_{-\pi}^{\pi}\mathrm{e}^{\mathrm{i}x\sin\theta}(\mathrm{e}^{\mathrm{i}\theta})^{-n-1}\mathrm{i}\mathrm{e}^{\mathrm{i}\theta}\mathrm{d}\theta=\frac{1}{2\pi}\int_{-\pi}^{\pi}\mathrm{e}^{\mathrm{i}(x\sin\theta-n\theta)}\mathrm{d}\theta$$

$$=\frac{1}{2\pi}\int_{-\pi}^{\pi}\cos(x\sin\theta-n\theta)\mathrm{d}\theta,\quad n=0,\pm1,\pm2,\cdots,\quad(16.23)$$

这就是整数阶贝塞尔函数的积分表达式.

可以证明,一般地,有

$$J_\nu(x)=\frac{\left(\dfrac{x}{2}\right)^\nu}{\Gamma\left(\dfrac{1}{2}\right)\Gamma\left(\nu+\dfrac{1}{2}\right)}\int_0^\pi\cos(x\cos\theta)\sin^{2\nu}\theta\mathrm{d}\theta\quad\left(\mathrm{Re}\,\nu>-\frac{1}{2}\right),\quad(16.24)$$

$$J_\nu(x)=\frac{1}{2\pi}\int_{-\pi}^\pi\cos(x\sin\theta-\nu\theta)\mathrm{d}\theta-\frac{\sin\nu\pi}{\pi}\int_0^{+\infty}\mathrm{e}^{-x\sinh\zeta-\nu\xi}\mathrm{d}\xi\quad(\mathrm{Re}\,x>0).\quad(16.25)$$

显然,在(16.25)中,令 $\nu=$ 整数,则得公式(16.23).

§16.2.3 贝塞尔函数的递推公式

从(16.21)式出发,可以推出整数阶贝塞尔函数之间的关系式. 但我们将从贝塞尔函数的级数表达式出发,对任意阶的贝塞尔函数来推导这些关系式.

在(16.19)式的两边乘 x^ν,然后对 x 求导,得

$$\frac{\mathrm{d}}{\mathrm{d}x}[x^\nu J_\nu(x)]=\frac{\mathrm{d}}{\mathrm{d}x}\left[2^\nu\sum_{k=0}^\infty\frac{(-1)^k}{k!\,\Gamma(\nu+k+1)}\left(\frac{x}{2}\right)^{2(k+\nu)}\right]$$

$$=2^\nu\sum_{k=0}^\infty\frac{(-1)^k(k+\nu)}{\Gamma(\nu+k+1)}\left(\frac{x}{2}\right)^{2(k+\nu)-1}$$

$$=x^\nu\left(\frac{x}{2}\right)^{\nu-1}\sum_{k=0}^\infty\frac{(-1)^k}{k!\,\Gamma(\nu+k)}\left(\frac{x}{2}\right)^{2k},$$

即

$$\frac{\mathrm{d}}{\mathrm{d}x}[x^\nu J_\nu(x)]=x^\nu J_{\nu-1}(x).\quad(16.26)$$

同理可证

$$\frac{\mathrm{d}}{\mathrm{d}x}[x^{-\nu}J_\nu(x)] = -x^{-\nu}J_{\nu+1}(x). \tag{16.27}$$

将以上两式左端的导数具体写出,得

$$\nu J_\nu(x) + xJ'_\nu(x) = xJ_{\nu-1}(x), \tag{16.28}$$

$$-\nu J_\nu(x) + xJ'_\nu(x) = -xJ_{\nu+1}(x). \tag{16.29}$$

先后消去 $J'_\nu(x)$ 与 $J_\nu(x)$,则得贝塞尔函数两个基本的递推公式

$$J_{\nu-1}(x) + J_{\nu+1}(x) = \frac{2\nu}{x}J_\nu(x), \tag{16.30}$$

$$J_{\nu-1}(x) - J_{\nu+1}(x) = 2J'_\nu(x). \tag{16.31}$$

显然,式(16.26),(16.27)与式(16.30),(16.31)是等价的. 只要知道 $J_\nu(x)$ ($J'_\nu(x)$) 与 $J_{\nu-1}(x)$ 之值,则由公式(16.30),(16.31)就可以算出 $J_{\nu+1}(x)$ 之值.

在以上的几个递推公式中,有两个重要的特殊情形需要注意:

当 $\nu = 0$ 时,由公式(16.27)得

$$J'_0(x) = -J_1(x);$$

当 $\nu = 1$ 时,由公式(16.26)得

$$[xJ_1(x)]' = xJ_0(x) \quad \text{或} \quad xJ_1(x) = \int_0^x \xi J_0(\xi)\mathrm{d}\xi.$$

§16.2.4 半奇数阶贝塞尔函数

半奇数阶贝塞尔函数的一个重要特点是可以用初等函数来表示. 例如

$$J_{\frac{1}{2}}(x) = \left(\frac{x}{2}\right)^{\frac{1}{2}} \sum_{k=0}^\infty \frac{(-1)^k}{k!\,\Gamma\left(\frac{3}{2}+k\right)}\left(\frac{x}{2}\right)^{2k},$$

$$J_{-\frac{1}{2}}(x) = \left(\frac{x}{2}\right)^{-\frac{1}{2}} \sum_{k=0}^\infty \frac{(-1)^k}{k!\,\Gamma\left(\frac{1}{2}+k\right)}\left(\frac{x}{2}\right)^{2k},$$

而

$$\Gamma\left(\frac{3}{2}+k\right) = \frac{1\cdot 3\cdot 5\cdot\cdots\cdot(2k+1)}{2^{k+1}}\sqrt{\pi},$$

$$\Gamma\left(\frac{1}{2}+k\right) = \frac{1\cdot 3\cdot 5\cdot\cdots\cdot(2k-1)}{2^k}\sqrt{\pi}.$$

故

$$J_{\frac{1}{2}}(x) = \sqrt{\frac{2}{\pi x}} \sum_{k=0}^\infty \frac{(-1)^k}{(2k+1)!}x^{2k+1} = \sqrt{\frac{2}{\pi x}}\sin x,$$

$$J_{-\frac{1}{2}}(x) = \sqrt{\frac{2}{\pi x}} \sum_{k=0}^{\infty} \frac{(-1)^k}{(2k)!} x^{2k} = \sqrt{\frac{2}{\pi x}} \cos x.$$

又由(16.30)式,可得

$$J_{\frac{3}{2}}(x) = \frac{1}{x} J_{\frac{1}{2}}(x) - J_{-\frac{1}{2}}(x) = \frac{1}{x}\sqrt{\frac{2}{\pi x}} \sin x - \sqrt{\frac{2}{\pi x}} \cos x$$

$$= \sqrt{\frac{2}{\pi x}} \left(\frac{\sin x}{x} - \cos x \right),$$

$$J_{-\frac{3}{2}}(x) = -\frac{1}{x} J_{-\frac{1}{2}}(x) - J_{\frac{1}{2}}(x) = -\frac{1}{x}\sqrt{\frac{2}{\pi x}} \cos x - \sqrt{\frac{2}{\pi x}} \sin x$$

$$= -\sqrt{\frac{2}{\pi x}} \left(\frac{\cos x}{x} + \sin x \right).$$

反复运用(16.30)式,不难得到 $J_{\pm\frac{2m+1}{2}}(x)$ ($m = 2, 3, 4, \cdots$) 的初等函数表达式.

为了得到 $J_{\frac{2m+1}{2}}(x)$ 的一般表达式,我们采用以下的做法,在(16.27)式的两边乘 $\frac{1}{x}$,得

$$\frac{1}{x} \frac{\mathrm{d}}{\mathrm{d}x} \left[\frac{J_\nu(x)}{x^\nu} \right] = \frac{-J_{\nu+1}(x)}{x^{\nu+1}}.$$

换言之,以 $\frac{1}{x}$ 乘分式 $\frac{J_\nu(x)}{x^\nu}$ 的导数,就相当于把这个分式中的 ν 换为 $\nu+1$ 再变号. 若以符号 $\frac{\mathrm{d}^2}{(x\mathrm{d}x)^2}$ 表示 $\frac{\mathrm{d}}{x\mathrm{d}x} \frac{\mathrm{d}}{x\mathrm{d}x}$,则得

$$\frac{\mathrm{d}^2}{(x\mathrm{d}x)^2} \left[\frac{J_\nu(x)}{x^\nu} \right] = \frac{\mathrm{d}}{x\mathrm{d}x} \left\{ \frac{\mathrm{d}}{x\mathrm{d}x} \left[\frac{J_\nu(x)}{x^\nu} \right] \right\} = -\frac{\mathrm{d}}{x\mathrm{d}x} \left[\frac{J_{\nu+1}(x)}{x^{\nu+1}} \right] = \frac{J_{\nu+2}(x)}{x^{\nu+2}}.$$

推而广之,若以符号 $\frac{\mathrm{d}^m}{(x\mathrm{d}x)^m}$ 表示 $\underbrace{\frac{\mathrm{d}}{x\mathrm{d}x} \frac{\mathrm{d}}{x\mathrm{d}x} \cdots \frac{\mathrm{d}}{x\mathrm{d}x}}_{m\text{个}}$,则得

$$\frac{\mathrm{d}^m}{(x\mathrm{d}x)^m} \left[\frac{J_\nu(x)}{x^\nu} \right] = (-1)^m \frac{J_{\nu+m}(x)}{x^{\nu+m}}.$$

令 $\nu = \frac{1}{2}$,则得

$$J_{\frac{2m+1}{2}}(x) = (-1)^m \sqrt{\frac{2}{\pi}} x^{\frac{2m+1}{2}} \frac{\mathrm{d}^m}{(x\mathrm{d}x)^m} \left(\frac{\sin x}{x} \right).$$

同理,从(16.26)式出发,可得

$$J_{-\frac{2m+1}{2}}(x) = \sqrt{\frac{2}{\pi}} x^{\frac{2m+1}{2}} \frac{\mathrm{d}^m}{(x\mathrm{d}x)^m} \left(\frac{\cos x}{x} \right).$$

作为例子,令 $m=2$,则由以上两式可以算出

$$J_{\frac{5}{2}}(x)=\sqrt{\frac{2}{\pi}}x^{\frac{5}{2}}\frac{1}{x}\frac{\mathrm{d}}{\mathrm{d}x}\left[\frac{1}{x}\frac{\mathrm{d}}{\mathrm{d}x}\left(\frac{\sin x}{x}\right)\right]=\sqrt{\frac{2}{\pi x}}\left(\frac{3-x^2}{x^2}\sin x-\frac{3}{x}\cos x\right),$$

$$J_{-\frac{5}{2}}(x)=\sqrt{\frac{2}{\pi}}x^{\frac{5}{2}}\frac{1}{x}\frac{\mathrm{d}}{\mathrm{d}x}\left[\frac{1}{x}\frac{\mathrm{d}}{\mathrm{d}x}\left(\frac{\cos x}{x}\right)\right]=\sqrt{\frac{2}{\pi x}}\left(\frac{3-x^2}{x^2}\cos x+\frac{3}{x}\sin x\right).$$

第三节　按贝塞尔函数展开

我们在第七章求解常微分方程的边值问题

$$\begin{cases}\dfrac{\mathrm{d}^2X}{\mathrm{d}x^2}+\lambda X=0,\\ X(0)=X(l)=0\end{cases}$$

时,曾经归结到方程的解 $\sin\sqrt{\lambda}x$ 是否满足边界条件 $\sin\sqrt{\lambda}l=0$ 的问题,也就是说,正弦函数的零点是否存在的问题. 而且,由于找出了可列无穷多个 $\lambda\left(=\dfrac{n^2\pi^2}{l^2}\right)$ 之值,使得 $\sin\sqrt{\lambda}l=0$,从而才得到了定解问题的傅里叶级数解. 在本章开始,我们从圆膜振动的定解问题中,也引出了一个常微分方程的定解问题

$$x^2\frac{\mathrm{d}^2y}{\mathrm{d}x^2}+x\frac{\mathrm{d}y}{\mathrm{d}x}+(x^2-n^2)y=0, \tag{16.13}$$

$$y(kl)=0, \tag{16.14}$$

并且得到了方程的解为贝塞尔函数 $J_n(x)$. 但 $J_n(x)$ 是否满足边界条件 $J_n(kl)=0$ 呢? 尚不得而知. 所以,我们还需判明 $J_n(x)$ 的零点是否存在? 其分布情形如何? 确切地说,就是能否找出可列无穷多个 k(或者 λ)值,使得 $J_n(kl)=0$(或者 $J_n(\sqrt{\lambda}l)=0$)? 在许多类似的工程、物理问题中,都将遇到这样的问题. 如果 $J_n(x)$ 也存在可列无穷多个零点,那么就可将贝塞尔函数作为坐标函数系来表示其他函数,从而构造出有关微分方程定解问题的解.

§16.3.1　贝塞尔函数的零点

关于贝塞尔函数的零点有一系列的定理,这些定理说明了这些零点的性质. 由于篇幅所限,我们不去证明这些定理,而只叙述这些零点的性质. 同时,为了简明起见,我们把以下的叙述限制在 n(贝塞尔函数的阶)为正整数和零的情形. 贝塞尔函

数的零点的性质如下：

(i) $J_n(x)$ 的零点都是实数.

(ii) $J_n(x)$ 的零点都是孤立的.

(iii) $J_n(x)$ 的零点除 $x=0$ 而外都是单零点.

(iv) $J_n(x)$ 在 $k\pi < x < (k+1)\pi$ $(k=0,\pm 1,\pm 2,\cdots)$ 各区间内都有零点，因而有无穷多个零点.

(v) $J_n(x)$ 的任何两个相邻零点之间，有且仅有 $J_{n+1}(x)$ 的一个零点，故每个 $J_n(x)$ 都有无穷多个零点.

以上各条性质，可从第一节的图 16.1 中看出一个梗概.

§16.3.2　贝塞尔函数的正交性

根据上面所述贝塞尔函数零点的性质，我们就能够把 $J_n(x)$ 的零点按大小次序排列出来. 因此不妨假设

$$0 < \lambda_1^n < \lambda_2^n < \lambda_3^n < \cdots < \lambda_i^n < \cdots$$

为 $J_n(x) = 0$ 的正根，$n = 0, 1, 2, \cdots$.

沿用前面的记号和关系，$x = kr$，$J_n(kr)$ 满足方程 (16.11)

$$\frac{\mathrm{d}}{\mathrm{d}r}\left(r\frac{\mathrm{d}J_n}{\mathrm{d}r}\right) + \left(k^2 r - \frac{n^2}{r}\right)J_n = 0.$$

对任何一个给定的正数 l，我们令 $k_i^n = \dfrac{\lambda_i^n}{l}$，即 $k_i^n l = \lambda_i^n$. 于是有下面的正交性定理.

定理 16.1　n 阶贝塞尔函数序列 $J_n(k_1^n r), J_n(k_2^n r), \cdots, J_n(k_i^n r), \cdots$ 在区间 $(0, l)$ 上带权 r 正交，即

$$\int_0^l r J_n(k_i^n r) J_n(k_j^n r) \mathrm{d}r = 0, \quad i,j = 1,2,3,\cdots, i \neq j. \tag{16.32}$$

证　$J_n(k_i^n r), J_n(k_j^n r)$ 分别满足

$$\frac{\mathrm{d}}{\mathrm{d}r}\left[r\frac{\mathrm{d}J_n(k_i^n r)}{\mathrm{d}r}\right] + \left[(k_i^n)^2 r - \frac{n^2}{r}\right]J_n(k_i^n r) = 0,$$

$$\frac{\mathrm{d}}{\mathrm{d}r}\left[r\frac{\mathrm{d}J_n(k_j^n r)}{\mathrm{d}r}\right] + \left[(k_j^n)^2 r - \frac{n^2}{r}\right]J_n(k_j^n r) = 0.$$

用 $J_n(k_j^n r)$ 乘前式，$J_n(k_i^n r)$ 乘后式，相减之后再积分，得

$$\left[(k_i^n)^2 - (k_j^n)^2\right] \int_0^l r J_n(k_i^n r) J_n(k_j^n r) \mathrm{d}r$$

$$= \left[r J_n(k_i^n r)\frac{\mathrm{d}}{\mathrm{d}r}J_n(k_j^n r) - r J_n(k_j^n r)\frac{\mathrm{d}}{\mathrm{d}r}J_n(k_i^n r)\right]_0^l = 0. \tag{16.33}$$

因 $k_i^n \neq k_j^n$，于是有

$$\int_0^l r J_n(k_i^n r) J_n(k_j^n r) \, \mathrm{d}r = 0.$$

§16.3.3 贝塞尔函数的归一性

定理 16.2

$$\int_0^l r J_n^2(k_i^n r) \, \mathrm{d}r = \frac{l^2}{2} J_{n+1}^2(k_i^n l), \quad i = 1, 2, 3, \cdots. \tag{16.34}$$

证 在(16.33)式中，把 k_j^n 换为参变量 α，并记

$$\frac{\mathrm{d}}{\mathrm{d}r} J_n(k_i^n r) = k_i^n J_n'(k_i^n r),$$

于是有

$$\int_0^l r J_n(k_i^n r) J_n(\alpha r) \, \mathrm{d}r = \frac{-l k_i^n J_n'(k_i^n l) J_n(\alpha l)}{(k_i^n)^2 - \alpha^2}.$$

令 $\alpha \to k_i^n$，上式左端的极限即(16.34)式的左端，而右端成为一个待定式，运用洛必达法则得到

$$\lim_{\alpha \to k_i^n} \frac{-l k_i^n J_n'(k_i^n l) J_n(\alpha l)}{(k_i^n)^2 - \alpha^2} = \lim_{\alpha \to k_i^n} \frac{-l k_i^n J_n'(k_i^n l) l J_n'(\alpha l)}{-2\alpha} = \frac{l^2}{2} [J_n'(k_i^n l)]^2.$$

因 $J_n(k_i^n l) = 0$，由(16.29)式知，$[J_n'(k_i^n l)]^2 = [J_{n+1}(k_i^n l)]^2$，于是定理得证.

同勒让德多项式一样，(16.32)式和(16.34)式也可以合写为一个正交归一关系式.

§16.3.4 展开定理的叙述

设函数 $f(r)$ 在区间 $(0, l)$ 内有连续的一阶导数和分段连续的二阶导数，且 $f(r)$ 在 $r = 0$ 处有界，在 $r = l$ 处为零，则 $f(r)$ 在 $(0, l)$ 上可以展开为绝对且一致收敛的级数

$$f(r) = \sum_{i=1}^{\infty} c_i J_n(k_i^n r),$$

其中

$$c_i = \frac{\int_0^l r f(r) J_n(k_i^n r) \, \mathrm{d}r}{\frac{l^2}{2} J_{n+1}^2(k_i^n l)}, \quad i = 1, 2, 3, \cdots.$$

§16.3.5 圆膜振动问题

本章之始,我们提出了固定边界的圆膜振动问题(16.1),(16.2)和(16.3). 把它改写为柱坐标形式,即有

$$\begin{cases} \dfrac{\partial^2 u}{\partial t^2} = a^2 \left(\dfrac{\partial^2 u}{\partial r^2} + \dfrac{1}{r}\dfrac{\partial u}{\partial r} + \dfrac{1}{r^2}\dfrac{\partial^2 u}{\partial \varphi^2} \right) & (0 \leq r < l, t > 0), \quad (16.1') \\ u(l,\varphi,t) = 0 & (0 \leq \varphi \leq 2\pi, t \geq 0), \quad (16.2') \\ u(r,\varphi,0) = \varphi(r,\varphi), \\ \dfrac{\partial u(r,\varphi,0)}{\partial t} = \psi(r,\varphi) & (0 \leq r \leq l, 0 \leq \varphi \leq 2\pi), \quad (16.3') \end{cases}$$

而试解(16.4)则可改写为 $u = T(t)\Phi(\varphi)R(r)$. 于是得

$$\dfrac{\mathrm{d}^2 T}{\mathrm{d}t^2} + a^2 k^2 T = 0, \tag{16.5}$$

$$\dfrac{\mathrm{d}^2 \Phi}{\mathrm{d}\varphi^2} + n^2 \Phi = 0, \quad n = 0,1,2,\cdots \tag{16.10}$$

$$r^2 \dfrac{\mathrm{d}^2 R}{\mathrm{d}r^2} + r\dfrac{\mathrm{d}R}{\mathrm{d}r} + (k^2 r^2 - n^2)R = 0, \quad n = 0,1,2,\cdots \tag{16.11}$$

$$R(l) = 0.$$

取 $k = k_1^n, k_2^n, \cdots, k_i^n, \cdots$,即得方程(16.11)在 $(0,l)$ 内满足边界条件 $R(l) = 0$ 的有界解为 $J_n(k_i^n r)$[①];而方程(16.5)之解为 $\cos ak_i^n t, \sin ak_i^n t$;又方程(16.10)之解为 $\cos n\varphi, \sin n\varphi$.

作类似于第十五章第五节的讨论,得方程(16.1′)满足边界条件(16.2′)的解

$$u(r,\varphi,t) = \sum_{n=0}^{\infty} \sum_{i=1}^{\infty} [(A_{n,i}\cos ak_i^n t + B_{n,i}\sin ak_i^n t)\cos n\varphi + (\alpha_{n,i}\cos ak_i^n t + \beta_{n,i}\sin ak_i^n t)\sin n\varphi] J_n(k_i^n r), \tag{16.35}$$

其中 $A_{n,i}, B_{n,i}, \alpha_{n,i}$ 和 $\beta_{n,i}$ 是待定常数. 适当确定这些常数,使得(16.35)式还能满足初值条件(16.3′). 为此,计算

$$\dfrac{\partial u(r,\varphi,t)}{\partial t} = \sum_{n=0}^{\infty} \sum_{i=1}^{\infty} ak_i^n [(B_{n,i}\cos ak_i^n t - A_{n,i}\sin ak_i^n t)\cos n\varphi + (\beta_{n,i}\cos ak_i^n t - \alpha_{n,i}\sin ak_i^n t)\sin n\varphi] J_n(k_i^n r).$$

在此式与(16.35)式中,令 $t=0$,根据(16.3′),得

$$\varphi(r,\varphi) = \sum_{n=0}^{\infty} \sum_{i=1}^{\infty} (A_{n,i}\cos n\varphi + \alpha_{n,i}\sin n\varphi) J_n(k_i^n r),$$

---

① 方程(16.11)有两个线性无关解,因另一个在 $r=0$ 处无界,故这里不取,留待本章第四节再介绍.

$$\psi(r,\varphi) = \sum_{n=0}^{\infty} \sum_{i=1}^{\infty} ak_i^n (B_{n,i}\cos n\varphi + \beta_{n,i}\sin n\varphi) J_n(k_i^n r).$$

利用三角函数和贝塞尔函数的正交性，容易算出

$$A_{0,i} = \frac{1}{\pi l^2 J_1^2(k_i^0 l)} \int_0^{2\pi} d\varphi \int_0^l r\varphi(r,\varphi) J_0(k_i^0 r) dr,$$

$$A_{n,i} = \frac{2}{\pi l^2 J_{n+1}^2(k_i^n l)} \int_0^{2\pi} d\varphi \int_0^l r\varphi(r,\varphi) \cos n\varphi J_n(k_i^n r) dr,$$

$$\alpha_{n,i} = \frac{2}{\pi l^2 J_{n+1}^2(k_i^n l)} \int_0^{2\pi} d\varphi \int_0^l r\varphi(r,\varphi) \sin n\varphi J_n(k_i^n r) dr,$$

$$B_{0,i} = \frac{1}{ak_i^0 \pi l^2 J_1^2(k_i^0 l)} \int_0^{2\pi} d\varphi \int_0^l r\psi(r,\varphi) J_0(k_i^0 r) dr,$$

$$B_{n,i} = \frac{2}{ak_i^n \pi l^2 J_{n+1}^2(k_i^n l)} \int_0^{2\pi} d\varphi \int_0^l r\psi(r,\varphi) \cos n\varphi J_n(k_i^n r) dr,$$

$$\beta_{n,i} = \frac{2}{ak_i^n \pi l^2 J_{n+1}^2(k_i^n l)} \int_0^{2\pi} d\varphi \int_0^l r\psi(r,\varphi) \sin n\varphi J_n(k_i^n r) dr,$$

$$n, i = 1, 2, 3, \cdots.$$

将这些系数代入(16.35)式，即得定解问题(16.1′)，(16.2′)和(16.3′)的解．在第七章讨论有界弦的振动时，出现了节点，而固定边界的圆膜振动，则要产生**节线**．构成复合振动(16.35)的那些简谐振动，对应着各种不同位置的节线，读者可以参阅其他有关教材．

求解圆膜振动的问题，给出了把已知函数按贝塞尔函数展开的例子，在其他某些数学物理问题中，也会遇到这样的展开式．

第四节　第二类和第三类贝塞尔函数

§16.4.1　第二类贝塞尔函数

前面我们定义了 ν 阶贝塞尔函数，其中 ν 和 x 都可以是任意复数．当 ν 不为整数 n 时， ν 阶贝塞尔方程的通解可表示为 $y = CJ_\nu(x) + DJ_{-\nu}(x)$ ，这里 C,D 为任意常数．而当 ν 为整数 n 时，则 $J_{-n}(x)$ 与 $J_n(x)$ 线性相关．为了组成微分方程的通解，必须另找一个与 $J_n(x)$ 线性无关的特解．为此，人们适当地选取 C,D ，引入所谓的**第二类贝塞尔函数**

$$Y_\nu(x) = \frac{\cos\nu\pi J_\nu(x) - J_{-\nu}(x)}{\sin\nu\pi}, \qquad (16.36)$$

而将前面定义的 $J_\nu(x)$ 称为**第一类贝塞尔函数**.

当 ν 为整数 n 时,(16.36)式成为待定式.这时,我们定义

$$Y_n(x) = \lim_{\nu \to n} Y_\nu(x).$$

运用洛必达法则算出

$$\lim_{\nu \to n} Y_\nu(x) = \lim_{\nu \to n} \frac{-\pi\sin\nu\pi J_\nu(x) + \cos\nu\pi \dfrac{\partial J_\nu(x)}{\partial\nu} - \dfrac{\partial J_{-\nu}(x)}{\partial\nu}}{\pi\cos\nu\pi},$$

故

$$Y_n(x) = \frac{1}{\pi}\left[\frac{\partial J_\nu(x)}{\partial\nu} - (-1)^n \frac{\partial J_{-\nu}(x)}{\partial\nu}\right]_{\nu=n}. \qquad (16.37)$$

又因

$$\begin{aligned}
Y_{-n}(x) = \lim_{\nu \to -n} Y_n(x) &= \frac{1}{\pi}\left[\frac{\partial J_\nu(x)}{\partial\nu} - (-1)^n \frac{\partial J_{-\nu}(x)}{\partial\nu}\right]_{\nu=-n} \\
&= \frac{1}{\pi}\left[\frac{\partial J_{-\nu}(x)}{\partial(-\nu)} - (-1)^n \frac{\partial J_\nu(x)}{\partial(-\nu)}\right]_{\nu=n} \\
&= (-1)^n \frac{1}{\pi}\left[\frac{\partial J_\nu(x)}{\partial\nu} - (-1)^n \frac{\partial J_{-\nu}(x)}{\partial\nu}\right]_{\nu=n},
\end{aligned}$$

故有

$$Y_{-n}(x) = (-1)^n Y_n(x).$$

由此,可将负整数阶第二类贝塞尔函数的计算归结为正整数阶第二类贝塞尔函数的计算.

至于 $Y_n(x)$ 是贝塞尔方程的解,也是容易证明的.事实上,用 $l(y)$ 表示(16.13)式的左端,则

$$\frac{\partial}{\partial\nu}l(y) = x^2 y''_\nu + xy'_\nu + (x^2 - \nu^2)y_\nu - 2\nu y = l\left(\frac{\partial y}{\partial\nu}\right) - 2\nu y.$$

因 $y = J_\nu$ 是方程(16.13)的解,故 $l(J_\nu) = 0$. 于是

$$l\left(\frac{\partial J_\nu}{\partial\nu}\right) = 2\nu J_\nu.$$

利用这个关系式,由(16.37)式即得

$$\begin{aligned}
l(Y_n) &= \frac{1}{\pi}\left[l\left(\frac{\partial J_\nu}{\partial\nu}\right) - (-1)^n l\left(\frac{\partial J_{-\nu}}{\partial\nu}\right)\right]_{\nu=n} = \frac{1}{\pi}\left[2\nu J_\nu - (-1)^n 2\nu J_{-\nu}\right]_{\nu=n} \\
&= \frac{1}{\pi}\left[2n J_n - 2n J_n\right] = 0,
\end{aligned}$$

即是说 $Y_n(x)$ 满足贝塞尔方程(16.13). 至此,我们可以用(16.37)式来定义整数阶第二类贝塞尔函数.

为了得到 $Y_n(x)$ 的级数表达式,将(16.19)和(16.20)式代入(16.37)式中,经过比较复杂的运算,可得

$$Y_n(x) = \frac{2}{\pi} J_n(x) \ln \frac{x}{2} - \frac{1}{\pi} \sum_{k=0}^{n-1} \frac{(n-k-1)!}{k!} \left(\frac{x}{2}\right)^{-n+2k} -$$
$$\frac{1}{\pi} \sum_{k=0}^{\infty} \frac{(-1)^k}{k!(n+k)!} [\psi(k+1) + \psi(n+k+1)] \left(\frac{x}{2}\right)^{n+2k},$$
$$n = 0, 1, 2, \cdots, \tag{16.38}$$

其中

$$\psi(1) = -\gamma, \quad \psi(k+1) = -\gamma + 1 + \frac{1}{2} + \frac{1}{3} + \cdots + \frac{1}{k}.$$

$\gamma = 0.577216\cdots$ 是所谓的欧拉常数. 当 $n=0$ 时, 须从(16.38)式中去掉右端第二项有限和.

因为当 $n=0$ 时, $J_0(0) = 1$, 当 $n>0$ 时, $J_n(0) = 0$, 故由(16.38)式可以看出函数 $Y_n(x)$ 在 $x=0$ 点的奇异性为

$$Y_0(x) \sim \frac{2}{\pi} \ln \frac{x}{2},$$
$$Y_n(x) \sim \frac{-(n-1)!}{\pi} \left(\frac{x}{2}\right)^{-n},$$

从而得知 $J_n(x)$ 与 $Y_n(x)$ 线性无关.

在圆膜振动这样的问题中,由于要求得到的是有界解,故不用第二类贝塞尔函数 $Y_n(x)$,因为 $Y_n(x)$ 在圆膜的圆心 $x=0$ 处趋于无穷大. 但如果定解问题的区域不包含 $x=0$,例如空心圆柱体的情形,或者问题的物理背景就需要有一定的奇异性的解,例如线热源、线电源的情形,那就必须考虑第二类贝塞尔函数.

第二类贝塞尔函数具有与第一类贝塞尔函数相同的递推公式(16.26),(16.27)式和(16.30),(16.31)式.

容易算出半奇数阶第二类贝塞尔函数也可以用初等函数来表示. 例如,在(16.36)式中,先后令 $\nu = \frac{1}{2}, -\frac{1}{2}$,即得

$$Y_{\frac{1}{2}}(x) = -J_{-\frac{1}{2}}(x) = -\sqrt{\frac{2}{\pi x}} \cos x,$$
$$Y_{-\frac{1}{2}}(x) = J_{\frac{1}{2}}(x) = \sqrt{\frac{2}{\pi x}} \sin x.$$

第二类贝塞尔函数,又称为**诺伊曼函数**,也记作 $N_\nu(x)$.

§16.4.2 第三类贝塞尔函数

在应用中,譬如在讨论波的散射问题时,还常常遇到贝塞尔方程的两个线性无关解

$$\begin{cases} H_\nu^{(1)}(x) = J_\nu(x) + \mathrm{i} Y_\nu(x), \\ H_\nu^{(2)}(x) = J_\nu(x) - \mathrm{i} Y_\nu(x), \end{cases} \quad (16.39)$$

其中 ν, x 为任意复数,称它们为**第三类贝塞尔函数**,或**汉克尔(Hankel)函数**. 通常把这三类贝塞尔函数 $H_\nu^{(1)}(x), H_\nu^{(2)}(x), J_\nu(x), Y_\nu(x)$ 统称为**柱函数**. 它们之间的关系颇似 $\mathrm{e}^{\mathrm{i}x}, \mathrm{e}^{-\mathrm{i}x}, \cos x, \sin x$ 之间的关系. 事实上,在本章第五节中将会看到它们的渐近公式恰好就是指数函数与正弦、余弦函数.

汉克尔函数既然是 $J_\nu(x)$ 与 $Y_\nu(x)$ 的线性组合,所以也具有同样的递推公式(16.26),(16.27)式和(16.30),(16.31)式. 当阶数为半奇数时,也可以用初等函数表示出来,例如,在(16.39)式中令 $\nu = \dfrac{1}{2}$,即得

$$H_{\frac{1}{2}}^{(1)}(x) = J_{\frac{1}{2}}(x) + \mathrm{i} Y_{\frac{1}{2}}(x) = -\mathrm{i}\sqrt{\frac{2}{\pi x}}\mathrm{e}^{\mathrm{i}x},$$

$$H_{\frac{1}{2}}^{(2)}(x) = J_{\frac{1}{2}}(x) - \mathrm{i} Y_{\frac{1}{2}}(x) = \mathrm{i}\sqrt{\frac{2}{\pi x}}\mathrm{e}^{-\mathrm{i}x}.$$

倘若利用(16.36)式,由(16.39)式消去 $Y_\nu(x)$,则得

$$H_\nu^{(1)}(x) = \frac{1}{\mathrm{i}\sin\nu\pi}[J_{-\nu}(x) - \mathrm{e}^{-\mathrm{i}\nu\pi} J_\nu(x)],$$

$$H_\nu^{(2)}(x) = \frac{1}{\mathrm{i}\sin\nu\pi}[\mathrm{e}^{\mathrm{i}\nu\pi} J_\nu(x) - J_{-\nu}(x)],$$

从而可以推出重要的关系式

$$H_{-\nu}^{(1)}(x) = \mathrm{e}^{\mathrm{i}\nu\pi} H_\nu^{(1)}(x), \quad H_{-\nu}^{(2)}(x) = \mathrm{e}^{-\mathrm{i}\nu\pi} H_\nu^{(2)}(x).$$

§16.4.3 球贝塞尔函数

在球坐标系下,不论是对热传导方程或对波动方程分离变量,都会导出所谓的**球贝塞尔方程**

$$r^2 \frac{\mathrm{d}^2 R}{\mathrm{d}r^2} + 2r \frac{\mathrm{d}R}{\mathrm{d}r} + [k^2 r^2 - \nu(\nu+1)]R = 0,$$

或

$$x^2\frac{\mathrm{d}^2y}{\mathrm{d}x^2}+2x\frac{\mathrm{d}y}{\mathrm{d}x}+[x^2-\nu(\nu+1)]y=0,$$

其中 $x=kr$，而 k 为非零常数.

作变换 $y(x)=x^{-\frac{1}{2}}v(x)$，则 $v(x)$ 满足 $\nu+\frac{1}{2}$ 阶贝塞尔方程

$$x^2\frac{\mathrm{d}^2v}{\mathrm{d}x^2}+x\frac{\mathrm{d}v}{\mathrm{d}x}+\left[x^2-\left(\nu+\frac{1}{2}\right)^2\right]v=0,$$

因此，

$$x^{-\frac{1}{2}}J_{\nu+\frac{1}{2}}(x),\quad x^{-\frac{1}{2}}Y_{\nu+\frac{1}{2}}(x),\quad x^{-\frac{1}{2}}H^{(1)}_{\nu+\frac{1}{2}}(x),\quad x^{-\frac{1}{2}}H^{(2)}_{\nu+\frac{1}{2}}(x)$$

都是球贝塞尔方程的解. 但在现今的物理学中，通常是再乘一个因子 $\sqrt{\dfrac{\pi}{2}}$ 之后，才把它们称为**球贝塞尔函数**，而且记为

$$j_\nu(x)=\sqrt{\frac{\pi}{2x}}J_{\nu+\frac{1}{2}}(x),$$

$$n_\nu(x)=\sqrt{\frac{\pi}{2x}}Y_{\nu+\frac{1}{2}}(x),$$

$$h^{(1)}_\nu(x)=\sqrt{\frac{\pi}{2x}}H^{(1)}_{\nu+\frac{1}{2}}(x),$$

$$h^{(2)}_\nu(x)=\sqrt{\frac{\pi}{2x}}H^{(2)}_{\nu+\frac{1}{2}}(x).$$

显然，

$$h^{(1)}_\nu(x)=j_\nu(x)+\mathrm{i}n_\nu(x),$$
$$h^{(2)}_\nu(x)=j_\nu(x)-\mathrm{i}n_\nu(x).$$

当 ν 等于整数时，球贝塞尔函数也可以用初等函数来表示，例如

$$j_0(x)=\frac{\sin x}{x},\quad j_{-1}(x)=\frac{\cos x}{x}.$$

第五节 变形（或虚变量）贝塞尔函数和贝塞尔函数的渐近公式

§16.5.1 变形贝塞尔函数

前面我们在介绍贝塞尔函数时，曾经提出自变量可以是复数，但在实际问题

中,自变量一般是实数.而在某种情况下,比如,在圆柱的上、下两底有齐次边界条件,但在圆柱的侧面却有非齐次边界条件时,自变量便呈纯虚数.所以,对虚变量贝塞尔函数的讨论是有实际意义的.

在(16.13)式中,换 x 为 $\mathrm{i}x$,其中 x 为实数,则得

$$x^2\frac{\mathrm{d}^2 y}{\mathrm{d}x^2}+x\frac{\mathrm{d}y}{\mathrm{d}x}-(x^2+\nu^2)y=0, \tag{16.40}$$

它的解为 $J_\nu(\mathrm{i}x)$,自然 $\mathrm{i}^{-\nu}J_\nu(\mathrm{i}x)$ 也是它的解.若记

$$I_\nu(x)=\mathrm{i}^{-\nu}J_\nu(\mathrm{i}x), \tag{16.41}$$

则

$$I_\nu(x)=\left(\frac{x}{2}\right)^\nu\sum_{k=0}^\infty\frac{1}{k!\;\Gamma(\nu+k+1)}\left(\frac{x}{2}\right)^{2k}.$$

特别地,

$$I_0(x)=J_0(\mathrm{i}x)=1+\left(\frac{x}{2}\right)^2+\frac{1}{(2!)^2}\left(\frac{x}{2}\right)^4+\frac{1}{(3!)^2}\left(\frac{x}{2}\right)^6+\cdots.$$

我们称方程(16.40)为**变形(或虚变量)贝塞尔微分方程**,而称 $I_\nu(x)$ 为**变形(或虚变量)贝塞尔函数**.实际上,它是一个实变量的实函数,用起来较为方便.

当 ν 不为整数 n 时,$I_{\pm\nu}(x)$ 为方程(16.40)的两个线性无关解.当 $\nu=n$ 时,我们有

$$I_{-n}(x)=\mathrm{i}^n J_{-n}(\mathrm{i}x)=\mathrm{i}^n(-1)^n J_n(\mathrm{i}x)=\mathrm{i}^{2n}(-1)^n\mathrm{i}^{-n} J_n(\mathrm{i}x)$$
$$=\mathrm{i}^{-n}J_n(\mathrm{i}x)=I_n(x),$$

故 $I_{-n}(x)$ 与 $I_n(x)$ 线性相关.为了寻求与 $I_n(x)$ 线性无关的另一解,同本章第四节一样,我们定义

$$K_\nu(x)=\frac{\pi}{2}\frac{I_{-\nu}(x)-I_\nu(x)}{\sin\nu\pi} \tag{16.42}$$

为**第二类变形贝塞尔函数**,而称 $I_\nu(x)$ 为**第一类变形贝塞尔函数**.

$K_\nu(x)$ 可以用汉克尔函数来表示.为此,将(16.41)式代入(16.42)式,得

$$K_\nu(x)=\frac{\pi}{2}\frac{\mathrm{i}^\nu J_{-\nu}(\mathrm{i}x)-\mathrm{i}^{-\nu}J_\nu(\mathrm{i}x)}{\sin\nu\pi}=\frac{\pi\mathrm{i}^\nu}{2}\frac{J_{-\nu}(\mathrm{i}x)-\mathrm{i}^{-2\nu}J_\nu(\mathrm{i}x)}{\sin\nu\pi}$$
$$=\frac{\pi\mathrm{i}^\nu}{2}\frac{J_{-\nu}(\mathrm{i}x)-\cos\nu\pi J_\nu(\mathrm{i}x)+\mathrm{i}\sin\nu\pi J_\nu(\mathrm{i}x)}{\sin\nu\pi}$$
$$=\frac{\pi\mathrm{i}^{\nu+1}}{2}\left[J_\nu(\mathrm{i}x)+\mathrm{i}\frac{\cos\nu\pi J_\nu(\mathrm{i}x)-J_{-\nu}(\mathrm{i}x)}{\sin\nu\pi}\right]$$
$$=\frac{\pi\mathrm{i}^{\nu+1}}{2}[J_\nu(\mathrm{i}x)+\mathrm{i}Y_\nu(\mathrm{i}x)]=\frac{\pi\mathrm{i}^{\nu+1}}{2}H_\nu^{(1)}(\mathrm{i}x). \tag{16.43}$$

再由(16.42)式,得
$$K_{-\nu}(x) = K_\nu(x).$$
对于 ν 的任何值,因 $H_\nu^{(1)}(\mathrm{i}x)$ 与 $J_\nu(\mathrm{i}x)$ 线性无关,故 $K_\nu(x)$ 与 $I_\nu(x)$ 也线性无关. 至于 $K_\nu(x)$ 满足方程(16.40),是显然的.

当整数 $n \geq 0$ 时,利用 $Y_n(x)$ 在 $x = 0$ 点的奇异性,由(16.43)式与(16.39)式,不难推出 $K_n(x)$ 在 $x = 0$ 点的奇异性,即

$$K_0(x) \sim -\ln\frac{x}{2}, \quad K_n(x) \sim \frac{(n-1)!}{2}\left(\frac{x}{2}\right)^{-n}.$$

事实上,

$$K_0(x) = \frac{\pi}{2}\mathrm{i}[J_0(\mathrm{i}x) + \mathrm{i}Y_0(\mathrm{i}x)] \sim -\frac{\pi}{2}\frac{2}{\pi}\ln\frac{\mathrm{i}x}{2} \sim -\ln\frac{x}{2},$$

$$K_n(x) = \frac{\pi}{2}\mathrm{i}^{n+1}[J_n(\mathrm{i}x) + \mathrm{i}Y_n(\mathrm{i}x)] \sim -\frac{\pi}{2}\mathrm{i}^n\frac{-(n-1)!}{\pi}\left(\frac{\mathrm{i}x}{2}\right)^{-n}$$

$$= \frac{(n-1)!}{2}\left(\frac{x}{2}\right)^{-n}.$$

容易证明,$I_\nu(x)$ 与 $K_\nu(x)$ 满足以下的递推公式:

$$\frac{\mathrm{d}[x^\nu I_\nu(x)]}{\mathrm{d}x} = x^\nu I_{\nu-1}(x), \quad \frac{\mathrm{d}[x^\nu K_\nu(x)]}{\mathrm{d}x} = -x^\nu K_{\nu-1}(x),$$

$$\frac{\mathrm{d}[x^{-\nu} I_\nu(x)]}{\mathrm{d}x} = x^{-\nu} I_{\nu+1}(x), \quad \frac{\mathrm{d}[x^{-\nu} K_\nu(x)]}{\mathrm{d}x} = -x^{-\nu} K_{\nu+1}(x),$$

$$I_{\nu-1}(x) - I_{\nu+1}(x) = \frac{2\nu}{x}I_\nu(x), \quad K_{\nu-1}(x) - K_{\nu+1}(x) = -\frac{2\nu}{x}K_\nu(x),$$

$$I_{\nu-1}(x) + I_{\nu+1}(x) = 2I'_\nu(x), \quad K_{\nu-1}(x) + K_{\nu+1}(x) = -2K'_\nu(x).$$

当 ν 等于半奇数时,变形贝塞尔函数也可以用初等函数表示出来. 例如

$$I_{\frac{1}{2}}(x) = \mathrm{i}^{-\frac{1}{2}} J_{\frac{1}{2}}(\mathrm{i}x) = \mathrm{i}^{-\frac{1}{2}}\sqrt{\frac{2}{\pi \mathrm{i}x}}\sin \mathrm{i}x = \sqrt{\frac{2}{\pi x}}\sinh x,$$

$$I_{-\frac{1}{2}}(x) = \mathrm{i}^{\frac{1}{2}} J_{-\frac{1}{2}}(\mathrm{i}x) = \mathrm{i}^{\frac{1}{2}}\sqrt{\frac{2}{\pi \mathrm{i}x}}\cos \mathrm{i}x = \sqrt{\frac{2}{\pi x}}\cosh x,$$

$$K_{\frac{1}{2}}(x) = \frac{\pi \mathrm{i}^{\frac{1}{2}+1}}{2}H_{\frac{1}{2}}^{(1)}(\mathrm{i}x) = \frac{\pi \mathrm{i}^{\frac{1}{2}+1}}{2}(-\mathrm{i})\sqrt{\frac{2}{\pi \mathrm{i}x}}\mathrm{e}^{\mathrm{i}\mathrm{i}x} = \sqrt{\frac{\pi}{2x}}\mathrm{e}^{-x}.$$

在某些电学和电工学问题中,例如,在研究交流电于圆截面电线上的分布情形时,将会遇到函数 $\mathrm{ber}(x)$ 和 $\mathrm{bei}(x)$,它们分别是变形贝塞尔函数 $I_0(\sqrt{\mathrm{i}}\,x)$ 的实部和虚部(x 为实数),即

$$\mathrm{ber}(x)+\mathrm{i}\,\mathrm{bei}(x)=I_0(\sqrt{\mathrm{i}}\,x)=J_0(\mathrm{i}\sqrt{\mathrm{i}}\,x),$$

其中 $\mathrm{ber}(x)$ 和 $\mathrm{bei}(x)$ 是实变量 x 的实函数. 这两个函数的级数表达式为

$$\mathrm{ber}(x)=1-\frac{1}{(2!)^2}\left(\frac{x}{2}\right)^4+\frac{1}{(4!)^2}\left(\frac{x}{2}\right)^8-\cdots,$$

$$\mathrm{bei}(x)=\frac{1}{(1!)^2}\left(\frac{x}{2}\right)^2-\frac{1}{(3!)^2}\left(\frac{x}{2}\right)^6+\frac{1}{(5!)^2}\left(\frac{x}{2}\right)^{10}-\cdots.$$

上述定义可以推广到 $\mathrm{ber}_\nu(x)$, $\mathrm{bei}_\nu(x)$, 兹不赘述.

§16.5.2 贝塞尔函数的渐近公式

在应用贝塞尔函数解决某些实际问题时, 常常遇到 x 很大的情形. 如果按照一般公式来计算这些大值, 将会带来极大的不便. 因此, 人们很自然地想到用另外的函数去近似地代替收敛得很慢的贝塞尔函数的级数, 即所谓贝塞尔函数的渐近公式.

对方程(16.13)施以变换 $y(x)=\dfrac{z(x)}{\sqrt{x}}$, 得

$$\frac{\mathrm{d}^2 z}{\mathrm{d}x^2}+\left(1+\frac{1-4\nu^2}{4x^2}\right)z=0. \tag{16.44}$$

令 $\rho(x)=\dfrac{1-4\nu^2}{4x^2}$, 即得

$$\frac{\mathrm{d}^2 z}{\mathrm{d}x^2}+(1+\rho(x))z=0.$$

当 $|x|$ 变得很大时, 函数 $|\rho(x)|$ 变得很小. 因此, 我们自然会想到方程(16.44)的解和方程

$$\frac{\mathrm{d}^2 z}{\mathrm{d}x^2}+z=0$$

的解相差甚微. 即是说, 贝塞尔函数的渐近公式应该是余弦函数或正弦函数再除以 $\sqrt{x}$. 事实上, 我们有贝塞尔函数的**渐近公式**

$$J_\nu(x)\sim\sqrt{\frac{2}{\pi x}}\cos\left(x-\frac{\nu\pi}{2}-\frac{\pi}{4}\right)\quad(|x|\to+\infty). \tag{16.45}$$

在这里, 我们不打算讨论这个公式是怎样引出的, 因为在推导上比较复杂. 读者若有兴趣, 可查阅有关特殊函数的书籍.

由(16.45)式和(16.36)式可得第二类贝塞尔函数的渐近公式

$$Y_\nu(x)\sim\sqrt{\frac{2}{\pi x}}\sin\left(x-\frac{\nu\pi}{2}-\frac{\pi}{4}\right).$$

事实上,

$$Y_\nu(x) \sim \sqrt{\frac{2}{\pi x}} \frac{1}{\sin \nu\pi} \left[\cos \nu\pi \cos\left(x - \frac{\nu\pi}{2} - \frac{\pi}{4}\right) - \cos\left(x + \frac{\nu\pi}{2} - \frac{\pi}{4}\right) \right]$$

$$= \sqrt{\frac{2}{\pi x}} \frac{1}{\sin \nu\pi} \Big[\cos \nu\pi \cos\left(x - \frac{\nu\pi}{2} - \frac{\pi}{4}\right) -$$

$$\cos \nu\pi \cos\left(x - \frac{\nu\pi}{2} - \frac{\pi}{4}\right) + \sin \nu\pi \sin\left(x - \frac{\nu\pi}{2} - \frac{\pi}{4}\right) \Big]$$

$$= \sqrt{\frac{2}{\pi x}} \sin\left(x - \frac{\nu\pi}{2} - \frac{\pi}{4}\right).$$

又由(16.39)即得汉克尔函数的渐近公式

$$H_\nu^{(1)}(x) \sim \sqrt{\frac{2}{\pi x}} \mathrm{e}^{\mathrm{i}\left(x - \frac{\nu\pi}{2} - \frac{\pi}{4}\right)},$$

$$H_\nu^{(2)}(x) \sim \sqrt{\frac{2}{\pi x}} \mathrm{e}^{-\mathrm{i}\left(x - \frac{\nu\pi}{2} - \frac{\pi}{4}\right)}.$$

我们在前节,曾经提到过,汉克尔函数常用于波的散射问题. 这里,顺便指出,对它们的渐近式乘位相因子 $\mathrm{e}^{-\mathrm{i}\omega t}$,即可看见,当 x 很大时,$H_\nu^{(1)}(x)\mathrm{e}^{-\mathrm{i}\omega t}$ 代表一个沿 x 正向传播的波,$H_\nu^{(2)}(x)\mathrm{e}^{-\mathrm{i}\omega t}$ 代表一个沿 x 负向传播的波.

利用 $J_\nu(x)$ 和 $H_\nu^{(1)}(x)$ 于 $|x| \to +\infty$ 时的渐近公式,可以推出在 $x \to +\infty$ 时变形贝塞尔函数的渐近公式

$$I_\nu(x) \sim \frac{1}{\sqrt{2\pi x}} \mathrm{e}^x,$$

$$K_\nu(x) \sim \sqrt{\frac{\pi}{2x}} \mathrm{e}^{-x}.$$

事实上,

$$I_\nu(x) = \mathrm{i}^{-\nu} J_\nu(\mathrm{i}x) \sim \mathrm{i}^{-\nu} \sqrt{\frac{2}{\pi \mathrm{i}x}} \cos\left(\mathrm{i}x - \frac{\nu\pi}{2} - \frac{\pi}{4}\right)$$

$$= \mathrm{i}^{-\nu - \frac{1}{2}} \sqrt{\frac{2}{\pi x}} \frac{1}{2} \left[\mathrm{e}^{\mathrm{i}\left(\mathrm{i}x - \frac{\nu\pi}{2} - \frac{\pi}{4}\right)} + \mathrm{e}^{-\mathrm{i}\left(\mathrm{i}x - \frac{\nu\pi}{2} - \frac{\pi}{4}\right)} \right].$$

因 $\mathrm{i} = \mathrm{e}^{\mathrm{i}\frac{\pi}{2}}$,且 $\lim\limits_{x\to+\infty} \mathrm{e}^{\mathrm{i}\left(\mathrm{i}x - \frac{\nu\pi}{2} - \frac{\pi}{4}\right)} = 0$,于是

$$I_\nu(x) \sim \mathrm{e}^{-\mathrm{i}\frac{\pi}{2}\left(\nu + \frac{1}{2}\right)} \sqrt{\frac{1}{2\pi x}} \mathrm{e}^x \mathrm{e}^{\mathrm{i}\frac{\pi}{2}\left(\nu + \frac{1}{2}\right)} = \frac{1}{\sqrt{2\pi x}} \mathrm{e}^x,$$

$$K_\nu(x) = \frac{\pi}{2}\mathrm{i}^{\nu+1} H_\nu^{(1)}(\mathrm{i}x) \sim \frac{\pi}{2}\mathrm{i}^{\nu+1}\sqrt{\frac{2}{\pi \mathrm{i}x}}\mathrm{e}^{\mathrm{i}\left(\mathrm{i}x-\frac{\nu\pi}{2}-\frac{\pi}{4}\right)} = \sqrt{\frac{\pi}{2x}}\mathrm{i}^{\nu+\frac{1}{2}}\mathrm{e}^{-x}\mathrm{e}^{-\mathrm{i}\frac{\pi}{2}\left(\nu+\frac{1}{2}\right)}$$

$$= \sqrt{\frac{\pi}{2x}}\mathrm{e}^{\mathrm{i}\frac{\pi}{2}\left(\nu+\frac{1}{2}\right)}\mathrm{e}^{-x}\mathrm{e}^{-\mathrm{i}\frac{\pi}{2}\left(\nu+\frac{1}{2}\right)} \sim \sqrt{\frac{\pi}{2x}}\mathrm{e}^{-x}.$$

所以,当 $x\to+\infty$ 时,$K_\nu(x)$ 是有界的,而 $I_\nu(x)$ 则按指数规律趋于无穷大.

§16.5.3　可以化为贝塞尔方程的微分方程

前面叙述的方程(16.44)就是可以化为贝塞尔方程的一例,而 $\sqrt{x}J_\nu(x)$ 则是它的一个特解.

在许多这样的微分方程中,我们还想指出在应用中最感兴趣的一种.

对方程(16.13)作自变量的变换 $x=\lambda t^\beta$,得

$$t^2\frac{\mathrm{d}^2 y}{\mathrm{d}t^2} + t\frac{\mathrm{d}y}{\mathrm{d}t} + (\lambda^2\beta^2 t^{2\beta} - \nu^2\beta^2)y = 0,$$

再作因变量的变换 $y(t) = t^{-\alpha}z(t)$,得

$$t^2\frac{\mathrm{d}^2 z}{\mathrm{d}t^2} + (1-2\alpha)t\frac{\mathrm{d}z}{\mathrm{d}t} + [\lambda^2\beta^2 t^{2\beta} + (\alpha^2 - \nu^2\beta^2)]z = 0, \qquad (16.46)$$

故 $t^\alpha J_\nu(\lambda t^\beta)$ 为方程(16.46)的一个特解.

还有许多微分方程,都可化为贝塞尔方程,例如[①]

$$y'' + \frac{1-2\alpha}{x}y' + \left(\beta^2 + \frac{\alpha^2 - m^2}{x^2}\right)y = 0, \quad y = x^\alpha Z_m(\beta x).$$

$$y'' + \frac{1}{x}y' + \left[(\beta\gamma x^{\gamma-1})^2 - \left(\frac{m\gamma}{x}\right)^2\right]y = 0, \quad y = Z_m(\beta x^\gamma).$$

$$y'' + \frac{1-2\alpha}{x}y' + \left[(\beta\gamma x^{\gamma-1})^2 + \frac{\alpha^2 - m^2\gamma^2}{x^2}\right]y = 0, \quad y = x^\alpha Z_m(\beta x^\gamma).$$

$$y'' + \frac{1}{x}y' + \left(\mathrm{i} - \frac{m^2}{x^2}\right)y = 0, \quad y = Z_m(x\sqrt{\mathrm{i}}).$$

$$y'' + \frac{1}{x}y' - \left(\mathrm{i} + \frac{m^2}{x^2}\right)y = 0, \quad y = Z_m(x\sqrt{-\mathrm{i}}).$$

$$y'' + \frac{1}{x}y' - \left[\frac{1}{x} + \left(\frac{m}{2x}\right)^2\right]y = 0, \quad y = Z_m(2\mathrm{i}\sqrt{x}).$$

$$y'' + bx^m y = 0, \quad y = \sqrt{x}\, Z_{1/(m+2)}\left(\frac{2\sqrt{b}}{m+2}x^{(m+2)/2}\right).$$

[①] 北京大学物理学丛书《数学物理方法》第二版中附有许多涉及贝塞尔函数的常微分方程.

$$y'' + \left(\frac{2m+1}{x} - k\right)y' - \frac{2m+1}{2x}ky = 0, \quad y = x^{-m}e^{kx/2}Z_m\left(\frac{ikx}{2}\right).$$

$$y'' + \left(\frac{1}{x} - 2\tan x\right)y' - \left(\frac{m^2}{x^2} + \frac{\tan x}{x}\right)y = 0, \quad y = \frac{1}{\cos x}Z_m(x).$$

$$y'' + \left(\frac{1}{x} + 2\cot x\right)y' - \left(\frac{m^2}{x^2} - \frac{\cot x}{x}\right)y = 0, \quad y = \frac{1}{\sin x}Z_m(x).$$

$$y'' + \left(\frac{1}{x} - 2u\right)y' + \left(1 - \frac{m^2}{x^2} + u^2 - u' - \frac{u}{x}\right)y = 0, \quad y = e^{\int u dx}Z_m(x).$$

其中 Z_m 可代表任何一种柱函数.

公 式 表

1. 各种贝塞尔函数

$$J_\nu(x) = \left(\frac{x}{2}\right)^\nu \sum_{k=0}^\infty \frac{(-1)^k}{k!\,\Gamma(\nu+k+1)}\left(\frac{x}{2}\right)^{2k}, \tag{16.19}$$

$$Y_\nu(x) = \frac{\cos\nu\pi J_\nu(x) - J_{-\nu}(x)}{\sin\nu\pi}, \tag{16.36}$$

$$Y_n(x) = \frac{2}{\pi}J_n(x)\ln\frac{x}{2} - \frac{1}{\pi}\sum_{k=0}^{n-1}\frac{(n-k-1)!}{k!}\left(\frac{x}{2}\right)^{-n+2k} -$$
$$\frac{1}{\pi}\sum_{k=0}^\infty \frac{(-1)^k}{k!\,(n+k)!}[\psi(k+1) + \psi(n+k+1)]\left(\frac{x}{2}\right)^{n+2k}, \tag{16.38}$$

$$\begin{cases} H_\nu^{(1)}(x) = J_\nu(x) + iY_\nu(x), \\ H_\nu^{(2)}(x) = J_\nu(x) - iY_\nu(x), \end{cases} \tag{16.39}$$

$$I_\nu(x) = i^{-\nu}J_\nu(ix) = \left(\frac{x}{2}\right)^\nu \sum_{k=0}^\infty \frac{1}{k!\,\Gamma(\nu+k+1)}\left(\frac{x}{2}\right)^{2k}, \tag{16.41}$$

$$K_\nu(x) = \frac{\pi}{2}\frac{I_{-\nu}(x) - I_\nu(x)}{\sin\nu\pi}, \tag{16.42}$$

$$K_\nu(x) = \frac{\pi i^{\nu+1}}{2}H_\nu^{(1)}(ix), \tag{16.43}$$

$$J_{-n}(x) = (-1)^n J_n(x), \qquad Y_{-n}(x) = (-1)^n Y_n(x),$$
$$I_{-n}(x) = I_n(x), \qquad K_{-\nu}(x) = K_\nu(x),$$
$$H_{-\nu}^{(1)}(x) = e^{i\nu\pi}H_\nu^{(1)}(x), \qquad H_{-\nu}^{(2)}(x) = e^{-i\nu\pi}H_\nu^{(2)}(x),$$
$$J_{\frac{1}{2}}(x) = \sqrt{\frac{2}{\pi x}}\sin x, \qquad J_{-\frac{1}{2}}(x) = \sqrt{\frac{2}{\pi x}}\cos x,$$
$$J_{\frac{2m+1}{2}}(x) = (-1)^m \sqrt{\frac{2}{\pi}} x^{\frac{2m+1}{2}} \frac{d^m}{(x dx)^m}\left(\frac{\sin x}{x}\right),$$

$$J_{-\frac{2m+1}{2}}(x) = \sqrt{\frac{2}{\pi}} x^{\frac{2m+1}{2}} \frac{\mathrm{d}^m}{(x\mathrm{d}x)^m}\left(\frac{\cos x}{x}\right),$$

$$Y_{\frac{1}{2}}(x) = -\sqrt{\frac{2}{\pi x}}\cos x, \qquad Y_{-\frac{1}{2}}(x) = \sqrt{\frac{2}{\pi x}}\sin x,$$

$$H^{(1)}_{\frac{1}{2}}(x) = -\mathrm{i}\sqrt{\frac{2}{\pi x}}\mathrm{e}^{\mathrm{i}x}, \qquad H^{(2)}_{\frac{1}{2}}(x) = \mathrm{i}\sqrt{\frac{2}{\pi x}}\mathrm{e}^{-\mathrm{i}x},$$

$$I_{\frac{1}{2}}(x) = \sqrt{\frac{2}{\pi x}}\sinh x, \qquad I_{-\frac{1}{2}}(x) = \sqrt{\frac{2}{\pi x}}\cosh x.$$

2. 递推公式

柱函数 $Z_\nu(x)$（包括 $J_\nu(x), Y_\nu(x), H^{(1)}_\nu(x), H^{(2)}_\nu(x)$）满足

$$\frac{\mathrm{d}}{\mathrm{d}x}[x^\nu Z_\nu(x)] = x^\nu Z_{\nu-1}(x), \tag{16.26}$$

$$\frac{\mathrm{d}}{\mathrm{d}x}[x^{-\nu} Z_\nu(x)] = -x^{-\nu} Z_{\nu+1}(x), \tag{16.27}$$

$$Z_{\nu-1}(x) + Z_{\nu+1}(x) = \frac{2\nu}{x} Z_\nu(x), \tag{16.30}$$

$$Z_{\nu-1}(x) - Z_{\nu+1}(x) = 2Z'_\nu(x). \tag{16.31}$$

3. 展开公式（母函数）

$$\mathrm{e}^{\frac{x}{2}\left(z - \frac{1}{z}\right)} = \sum_{n=-\infty}^{\infty} J_n(x) z^n, \tag{16.21}$$

$$\mathrm{e}^{\mathrm{i}x\cos\theta} = J_0(x) + 2\sum_{n=1}^{\infty} \mathrm{i}^n J_n(x)\cos n\theta. \tag{16.22}$$

4. 奇异性和渐近公式

当 $x \to 0$ 时

$$J_0(0) = 1, \qquad J_n(0) = 0 \ (n \geq 1) \ (\text{非奇异的}),$$

$$Y_0(x) \sim \frac{2}{\pi}\ln\frac{x}{2}, \qquad Y_n(x) \sim -\frac{(n-1)!}{\pi}\left(\frac{x}{2}\right)^{-n},$$

$$H^{(1)}_0(x) \sim \mathrm{i}\frac{2}{\pi}\ln\frac{x}{2}, \qquad H^{(1)}_n(x) \sim -\mathrm{i}\frac{(n-1)!}{\pi}\left(\frac{x}{2}\right)^{-n},$$

$$H^{(2)}_0(x) \sim -\mathrm{i}\frac{2}{\pi}\ln\frac{x}{2}, \qquad H^{(2)}_n(x) \sim \mathrm{i}\frac{(n-1)!}{\pi}\left(\frac{x}{2}\right)^{-n},$$

$$I_0(0) = 1, \qquad I_n(0) = 0 \ (\text{非奇异的}),$$

$$K_0(x) \sim -\ln\frac{x}{2}, \qquad K_n(x) \sim \frac{(n-1)!}{2}\left(\frac{x}{2}\right)^{-n},$$

当 $|x| \to +\infty$ 时

$$J_\nu(x) \sim \sqrt{\frac{2}{\pi x}} \cos\left(x - \frac{\nu\pi}{2} - \frac{\pi}{4}\right),$$

$$Y_\nu(x) \sim \sqrt{\frac{2}{\pi x}} \sin\left(x - \frac{\nu\pi}{2} - \frac{\pi}{4}\right),$$

$$H_\nu^{(1)}(x) \sim \sqrt{\frac{2}{\pi x}} e^{i\left(x - \frac{\nu\pi}{2} - \frac{\pi}{4}\right)},$$

$$H_\nu^{(2)}(x) \sim \sqrt{\frac{2}{\pi x}} e^{-i\left(x - \frac{\nu\pi}{2} - \frac{\pi}{4}\right)},$$

当 $x \to +\infty$ 时

$$I_\nu(x) \sim \frac{1}{\sqrt{2\pi x}} e^x, \qquad K_\nu(x) \sim \sqrt{\frac{\pi}{2x}} e^{-x}.$$

5. 积分公式

$$J_n(x) = \frac{1}{2\pi} \int_{-\pi}^{\pi} e^{i(x\sin\theta - n\theta)} d\theta,$$

$$J_n(x) = \frac{1}{2\pi} \int_{-\pi}^{\pi} \cos(x\sin\theta - n\theta) d\theta, \quad n = 0, \pm 1, \pm 2, \cdots. \tag{16.23}$$

6. 含贝塞尔函数的积分

$$\int_0^{+\infty} e^{-ax} J_0(bx) dx = \frac{1}{\sqrt{a^2 + b^2}}, \quad 其中 a, b 为常数, a > 0.$$

习 题 十 六

1. 验证

$$J_0(x) = \frac{1}{\pi} \int_0^\pi \cos(x\cos\theta) d\theta = \frac{1}{\pi} \int_{-1}^1 \frac{\cos(xt)}{\sqrt{1-t^2}} dt$$

满足零阶贝塞尔方程.

2. 试由表达式

$$J_n(x) = \frac{1}{\pi} \int_0^\pi \cos(x\sin\theta - n\theta) d\theta$$

证明

$$J_{-n}(x) = (-1)^n J_n(x), \quad n = 1, 2, 3, \cdots.$$

3. 若 x 为实数，n 为整数，试证

$$|J_n(x)| \le 1.$$

4. 计算：

(1) $\int x^3 J_0(x) dx.$ (2) $\int J_3(x) dx.$

5. 试求方程

$$\frac{d^2y}{dx^2} + \frac{1-2n}{x}\frac{dy}{dx} + y = 0$$

的解,其中 n 为常数.

提示：对 n 阶贝塞尔方程作变换,并利用(16.46)式.

6. 试求方程

$$x\frac{d^2y}{dx^2} + (1+n)\frac{dy}{dx} + y = 0$$

的解,其中 n 为常数.

7. 试求方程

$$\frac{d^2y}{dx^2} + \left(a^2 - \frac{n^2 - \frac{1}{4}}{x^2}\right)y = 0$$

的解,其中 a, n 为常数.

8. 试证：

(1) $J_2 - J_0 = 2J_0''$; (2) $J_3 + 3J_0' + 4J_0''' = 0$;

(3) $x^2 J_n'' = (n^2 - n - x^2)J_n + xJ_{n+1}$.

9. 试证：

(1) $\cos x = J_0(x) + 2\sum_{m=1}^{\infty}(-1)^m J_{2m}(x)$;

(2) $\sin x = 2\sum_{m=0}^{\infty}(-1)^m J_{2m+1}(x)$.

10. 试证：

(1) $J_0(x) + 2\sum_{m=1}^{\infty}J_{2m}(x) = 1$;

(2) $2\sum_{m=0}^{\infty}(2m+1)J_{2m+1}(x) = x$.

11. 试证

$$J_n(x+y) = \sum_{k=-\infty}^{\infty}J_k(x)J_{n-k}(y),$$

其中 n 为整数.

提示：$\exp\left[\frac{x+y}{2}\left(z - \frac{1}{z}\right)\right] = \exp\left[\frac{x}{2}\left(z - \frac{1}{z}\right)\right]\exp\left[\frac{y}{2}\left(z - \frac{1}{z}\right)\right]$.

12. 试证

$$J_0^2 + 2J_1^2 + 2J_2^2 + \cdots = 1.$$

提示：考虑 $\exp\left[\dfrac{x}{2}\left(z-\dfrac{1}{z}\right)\right]$ 与 $\exp\left[-\dfrac{x}{2}\left(z-\dfrac{1}{z}\right)\right]$ 的乘积，或利用第 11 题予以证明．

13. 若以 ψ_ν 表示球函数 $j_\nu, n_\nu, h_\nu^{(1)}$ 与 $h_\nu^{(2)}$，则有递推公式

$$\psi_{\nu-1}+\psi_{\nu+1}=\frac{2\nu+1}{x}\psi_\nu, \tag{α}$$

$$\nu\psi_{\nu-1}-(\nu+1)\psi_{\nu+1}=(2\nu+1)\psi_\nu', \tag{β}$$

试证之．

14. 设函数 $Z(x)$ 满足公式(16.30)与(16.31)，试证 $Z(x)$ 满足 ν 阶贝塞尔方程．因此通常也把满足递推公式(16.30),(16.31)或(16.26),(16.27)的函数称为柱函数．

15. 试证

$$\frac{\mathrm{d}}{\mathrm{d}x}[x^\nu Y_\nu]=x^\nu Y_{\nu-1}, \quad \frac{\mathrm{d}}{\mathrm{d}x}[x^\nu I_\nu]=x^\nu I_{\nu-1}.$$

16. 试证明含贝塞尔函数的积分

$$\int_0^{+\infty} \mathrm{e}^{-ax}J_0(bx)\,\mathrm{d}x=\frac{1}{\sqrt{a^2+b^2}},$$

其中 a,b 为实数，$a>0$．

17. 验证 $G(x,z)=\exp\left[\dfrac{x}{2}\left(z+\dfrac{1}{z}\right)\right]$ 满足方程

$$x^2 f_{xx}+xf_x-x^2 f-z^2 f_{zz}-zf_z=0,$$

且有

$$G(x,z)=\sum_{m=-\infty}^{\infty} I_m(x)z^m.$$

18. 半径为 R 的圆板表面绝热，其边缘温度恒为 0，初始温度为 $u_0(R^2-r^2)$，其中 u_0 为已知常数．求解圆板的冷却问题．

第十七章 埃尔米特多项式和拉盖尔多项式

埃尔米特多项式与拉盖尔多项式同勒让德多项式一样,也是正交多项式,同样组成一个坐标函数系,在近代物理中经常要遇到它们.由于它们的各种性质基本上和勒让德多项式相类似,或者说,对它们的叙述基本上同第十五章平行,因此,在这里不拟作详细的讨论.

第一节 埃尔米特多项式

§17.1.1 埃尔米特微分方程的导出

在量子力学中,处于势场内的粒子的性态是用薛定谔方程

$$i\hbar\frac{\partial\psi}{\partial t}+\frac{\hbar^2}{2m}\Delta\psi+U(x,y,z,t)\psi=0 \qquad (17.1)$$

描述的,其中 $2\pi\hbar$ 为普朗克数,U 是粒子在力场中的势能,m 是粒子的质量,$\psi=\psi(x,y,z,t)$ 称为**波函数**.

若力不依赖于时间 t,则 $U=U(x,y,z)$.此时,可设具有分离变量形式的解

$$\psi=\overline{\psi}(x,y,z)\mathrm{e}^{-\frac{iE}{\hbar}t}.$$

这里 E 为粒子的总能量.把它代入(17.1)式,并把 $\overline{\psi}$ 仍旧写为 ψ,即可得出方程

$$\frac{\hbar^2}{2m}\Delta\psi+(E-U)\psi=0. \qquad (17.2)$$

(17.2)仍可称为薛定谔方程.

在薛定谔方程中,具有直接的物理意义的并不是函数 ψ 本身,而是 $|\psi|^2$.它在统计上的解释是:式子 $|\psi|^2\mathrm{d}x\mathrm{d}y\mathrm{d}z$ 表示粒子在点 (x,y,z) 的体积元素 $\mathrm{d}x\mathrm{d}y\mathrm{d}z$ 内出现的概率.因此,我们在前面对特殊函数所讲的归一性,现在就看到它的物理意义了.

$$\iiint |\psi|^2 \mathrm{d}x\mathrm{d}y\mathrm{d}z = 1 \tag{17.3}$$

表示在空间内总有一个地方"找到这个粒子的概率"等于1.

设薛定谔方程所描述的是谐振子,则 $U = \dfrac{m\omega^2}{2}x^2$,$\omega$ 是振子的固有频率. 引进两个新的常数

$$\alpha^2 = \frac{m^2\omega^2}{\hbar^2}, \quad \lambda = \frac{2mE}{\hbar^2},$$

其中 α 为大于零的定数,而 λ 则取参数 E 的位置而代之. 这时,方程(17.2)变为

$$\frac{\mathrm{d}^2\psi}{\mathrm{d}x^2} + (\lambda - \alpha^2 x^2)\psi = 0,$$

作代换 $\xi = \sqrt{\alpha}\,x$,并将符号 ξ 仍记为 x,则得

$$\frac{\mathrm{d}^2\psi}{\mathrm{d}x^2} + \left(\frac{\lambda}{\alpha} - x^2\right)\psi = 0. \tag{17.4}$$

作试解

$$\psi(x) = \mathrm{e}^{-\frac{x^2}{2}} H(x).$$

代入(17.4)式,即得 $H(x)$ 所满足的微分方程

$$\frac{\mathrm{d}^2 H}{\mathrm{d}x^2} - 2x\frac{\mathrm{d}H}{\mathrm{d}x} + \left(\frac{\lambda}{\alpha} - 1\right)H = 0.$$

由于物理上边界条件的要求,需求出此方程的多项式解. 为此,令

$$\frac{\lambda}{\alpha} - 1 = 2n, \quad n = 0, 1, 2, \cdots,$$

于是得

$$\frac{\mathrm{d}^2 H}{\mathrm{d}x^2} - 2x\frac{\mathrm{d}H}{\mathrm{d}x} + 2nH = 0. \tag{17.5}$$

这就是通常所谓的 **n 阶埃尔米特微分方程**. 下面将会看到这个方程确有多项式解.

§17.1.2 幂级数解和埃尔米特多项式的定义

设方程(17.5)有一幂级数解

$$H(x) = \sum_{k=0}^{\infty} c_k x^k,$$

代入(17.5),得

$$c_{k+2} = \frac{2k - 2n}{(k+2)(k+1)} c_k, \quad k = 0, 1, 2, \cdots,$$

故有

$$H(x) = c_0 \left[1 - \frac{2n}{2!}x^2 + \frac{2^2 n(n-2)}{4!}x^4 - \frac{2^3 n(n-2)(n-4)}{6!}x^6 + \cdots + \right.$$
$$\left. (-2)^k \frac{n(n-2)\cdots(n-2k+2)}{(2k)!}x^{2k} + \cdots \right] +$$
$$c_1 \left[x - \frac{2(n-1)}{3!}x^3 + \frac{2^2(n-1)(n-3)}{5!}x^5 - \right.$$
$$\frac{2^3(n-1)(n-3)(n-5)}{7!}x^7 + \cdots +$$
$$\left. (-2)^k \frac{(n-1)(n-3)\cdots(n-2k+1)}{(2k+1)!}x^{2k+1} + \cdots \right].$$

当 n 为偶数时,我们取

$$c_1 = 0, \quad c_0 = (-1)^{\frac{n}{2}} \frac{n!}{\left(\frac{n}{2}\right)!},$$

当 n 为奇数时,我们取

$$c_0 = 0, \quad c_1 = (-1)^{\frac{n-1}{2}} \frac{2n!}{\left(\frac{n-1}{2}\right)!},$$

于是,对任何整数 n,方程(17.5)的多项式解为

$$H_n(x) = (2x)^n - \frac{n(n-1)}{1!}(2x)^{n-2} + \frac{n(n-1)(n-2)(n-3)}{2!}(2x)^{n-4} - \cdots +$$
$$(-1)^{\left[\frac{n}{2}\right]} \frac{n!}{\left[\frac{n}{2}\right]!}(2x)^{n-2\left[\frac{n}{2}\right]}. \tag{17.6}$$

(17.6)称为 **n 阶埃尔米特多项式**. 例如,

$$H_0(x) = 1, \qquad H_1(x) = 2x,$$
$$H_2(x) = 4x^2 - 2, \qquad H_3(x) = 8x^3 - 12x,$$
$$H_4(x) = 16x^4 - 48x^2 + 12.$$

§17.1.3 埃尔米特多项式的母函数

在平面 $|z| < +\infty$ 内,把函数 $G(x,z) = \mathrm{e}^{-z^2 + 2xz}$ 展开为泰勒级数

$$G(x,z) = \mathrm{e}^{x^2} \mathrm{e}^{-(z-x)^2} = \sum_{n=0}^{\infty} \frac{c_n(x)}{n!} z^n,$$

其中

$$c_n(x) = \left[\frac{\partial^n G(x,z)}{\partial z^n}\right]_{z=0} = \left[e^{x^2} \frac{\partial^n e^{-(z-x)^2}}{\partial z^n}\right]_{z=0}$$
$$= \left[e^{x^2}(-1)^n \frac{\partial^n e^{-(z-x)^2}}{\partial x^n}\right]_{z=0} = (-1)^n e^{x^2} \frac{d^n e^{-x^2}}{dx^n}.$$

利用数学归纳法和莱布尼茨公式，易证 $c_n(x) = H_n(x)$，从而

$$G(x,z) = e^{-x^2+2xz} = \sum_{n=0}^{\infty} \frac{H_n(x)}{n!} z^n,$$

其中

$$H_n(x) = (-1)^n e^{x^2} \frac{d^n e^{-x^2}}{dx^n}. \tag{17.7}$$

e^{-z^2+2xz} 称为埃尔米特多项式的母函数，而(17.7)是埃尔米特多项式的微分表达式.

由恒等式 $\dfrac{\partial G(x,z)}{\partial x} = 2zG(x,z)$ 与 $\dfrac{\partial G(x,z)}{\partial z} = (-2z+2x)G(x,z)$ 可以分别推出埃尔米特多项式的递推公式

$$H'_n(x) = 2nH_{n-1}(x), \tag{17.8}$$
$$H_{n+1}(x) - 2xH_n(x) + 2nH_{n-1}(x) = 0. \tag{17.9}$$

§17.1.4　埃尔米特多项式的正交性和归一性

定理 17.1　埃尔米特多项式在区间 $(-\infty, +\infty)$ 内组成一个带权 e^{-x^2} 的正交函数系，即

$$\int_{-\infty}^{+\infty} e^{-x^2} H_m(x) H_n(x) dx = \begin{cases} 0, & m \neq n, \\ 2^n n! \sqrt{\pi}, & m = n, \end{cases} \quad m,n = 0,1,2,\cdots.$$

证　由(17.7)式再考察积分

$$I = \int_{-\infty}^{+\infty} e^{-x^2} H_m H_n dx = (-1)^n \int_{-\infty}^{+\infty} H_m \frac{d^n e^{-x^2}}{dx^n} dx.$$

为确定起见，设 $m \leq n$. 于是由公式(17.8)，通过分部积分得

$$I = (-1)^{n-1} 2m \int_{-\infty}^{+\infty} H_{m-1} \frac{d^{n-1} e^{-x^2}}{dx^{n-1}} dx = \cdots$$
$$= (-1)^{n-m} 2^m m! \int_{-\infty}^{+\infty} \frac{d^{n-m} e^{-x^2}}{dx^{n-m}} dx.$$

若 $m < n$，则

$$I = (-1)^{n-m} 2^m m! \left[\frac{d^{n-m-1}}{dx^{n-m-1}} e^{-x^2}\right]_{-\infty}^{+\infty} = 0,$$

即

$$\int_{-\infty}^{+\infty} e^{-x^2} H_m(x) H_n(x) \, dx = 0.$$

若 $m = n$,则

$$I = 2^n n! \int_{-\infty}^{+\infty} e^{-x^2} dx = 2^n n! \sqrt{\pi},$$

即

$$\int_{-\infty}^{+\infty} e^{-x^2} H_n^2(x) \, dx = 2^n n! \sqrt{\pi}.$$

在应用时,往往采用在 $(-\infty, +\infty)$ 构成归一正交系的**埃尔米特函数**

$$\psi_n(x) = \frac{1}{\sqrt{2^n n! \sqrt{\pi}}} e^{-\frac{x^2}{2}} H_n(x).$$

显然,埃尔米特函数满足方程

$$\frac{d^2 \psi}{dx^2} + (2n + 1 - x^2) \psi = 0.$$

这个解 $\psi_n(x)$ 在无穷远处衰减,在整个区间 $(-\infty, +\infty)$ 有界.

最后,我们指出,只要函数 $f(x)$ 在区间 $(-\infty, +\infty)$ 满足一定的条件,则 $f(x)$ 可以按埃尔米特多项式展开,即

$$f(x) = \sum_{n=0}^{\infty} c_n H_n(x),$$

其中

$$c_n = \frac{1}{2^n n! \sqrt{\pi}} \int_{-\infty}^{+\infty} e^{-x^2} f(x) H_n(x) \, dx, \quad n = 0, 1, 2, \cdots.$$

第二节 拉盖尔多项式

§17.2.1 拉盖尔微分方程的导出

讨论电子在核的库仑场中的运动时,其势能应为

$$U = -\frac{e^2}{r},$$

这里 r 是电子到核的距离,$-e$ 是电子的电荷,$+e$ 是核的电荷. 于是,薛定谔方程具有形式

$$\frac{\hbar^2}{2m}\Delta\psi + \left(E + \frac{e^2}{r}\right)\psi = 0.$$

我们在球坐标系下运用分离变量法,将会得到关于 r 的常微分方程.再对因变量和自变量作适当的变换,最后可得

$$\frac{\mathrm{d}}{\mathrm{d}x}(xw') + \left(\lambda - \frac{x}{4} - \frac{s^2}{4x}\right)w = 0,$$

其中 $\lambda > 0$, s 为非负的定实数.

作试解 $w(x) = \mathrm{e}^{-\frac{x}{2}} x^{\frac{s}{2}} L(x)$,则 $L(x)$ 满足的微分方程为

$$x\frac{\mathrm{d}^2 L}{\mathrm{d}x^2} + (s+1-x)\frac{\mathrm{d}L}{\mathrm{d}x} + \left(\lambda - \frac{s+1}{2}\right)L = 0.$$

欲求此方程的多项式解,可令 $\lambda - \frac{s+1}{2} = n$, $n = 0, 1, 2, \cdots$,于是得

$$x\frac{\mathrm{d}^2 L}{\mathrm{d}x^2} + (s+1-x)\frac{\mathrm{d}L}{\mathrm{d}x} + nL = 0, \tag{17.10}$$

这就是所谓的 **n 阶拉盖尔微分方程**.

§17.2.2 幂级数解和拉盖尔多项式的定义

设方程(17.10)有一幂级数解

$$L(x) = \sum_{k=0}^{\infty} c_k x^k,$$

代入(17.10)式,得

$$c_{k+1} = \frac{k-n}{(k+1)(k+s+1)} c_k, \quad k = 0, 1, 2, \cdots.$$

故有

$$L(x) = c_0 \left[1 - \frac{n}{s+1}x + \frac{n(n-1)}{2!(s+1)(s+2)}x^2 - \frac{n(n-1)(n-2)}{3!(s+1)(s+2)(s+3)}x^3 + \cdots + (-1)^n \frac{n(n-1)\cdots 3\cdot 2\cdot 1}{n!(s+1)(s+2)\cdots(s+n)}x^n \right].$$

今取 $c_0 = (s+1)(s+2)\cdots(s+n)$,则得

$$L_n^s(x) = (-1)^n \left[x^n - \frac{n}{1!}(s+n)x^{n-1} + \frac{n(n-1)}{2!}(s+n)(s+n-1)x^{n-2} - \cdots + (-1)^n (s+n)(s+n-1)\cdots(s+1) \right]. \tag{17.11}$$

利用莱布尼茨公式,容易证明

$$L_n^s(x) = e^x x^{-s} \frac{d^n}{dx^n}(e^{-x} x^{s+n}). \tag{17.12}$$

如果 $s=0$,则有

$$L_n(x) = (-1)^n \left[x^n - \frac{n^2}{1!} x^{n-1} + \frac{n^2(n-1)^2}{2!} x^{n-2} - \cdots + (-1)^n n! \right]. \tag{17.13}$$

我们称方程(17.10)的特解(17.11)为 **n 阶拉盖尔多项式**,或 **n 阶广义(连带)拉盖尔多项式**.(17.12)是它的微分表达式,而把(17.13)称为 **n 阶狭义拉盖尔多项式**.
例如,

$$L_0(x) = 1, \qquad L_1(x) = -x+1,$$
$$L_2(x) = x^2 - 4x + 2, \qquad L_3(x) = -x^3 + 9x^2 - 18x + 6,$$
$$L_4(x) = x^4 - 16x^3 + 72x^2 - 96x + 24.$$

再记 $W_n^s(x) = e^{-\frac{x}{2}} x^{\frac{s}{2}} L_n^s(x)$,并称为**拉盖尔函数**. 显然,拉盖尔函数满足方程

$$\frac{d}{dx}(xW') + \left(\frac{s+1}{2} + n - \frac{x}{4} - \frac{s^2}{4x} \right) W = 0.$$

它的解 $W_n^s(x)$ 在正实轴 $(0, +\infty)$ 内有界.

§17.2.3 拉盖尔多项式的母函数

在 $|z| < 1$ 内,把函数

$$G(x, z) = \frac{e^{-\frac{xz}{1-z}}}{(1-z)^{s+1}}$$

展开成泰勒级数

$$G(x, z) = \sum_{n=0}^{\infty} c_n(x) z^n,$$

则

$$c_n(x) = \frac{1}{2\pi i} \oint_C \frac{e^{-\frac{x\zeta}{1-\zeta}}}{(1-\zeta)^{s+1}} \frac{d\zeta}{\zeta^{n+1}},$$

其中 C 是单位圆内包围原点 $z=0$ 的一条闭曲线. 作自变量代换

$$u = \frac{x}{1-z} = \frac{xz}{1-z} + x,$$

它把 $z=0$ 变为 $u=x$,而把 c 变为包围 x 点的闭曲线 C'. 于是

$$c_n(x) = \frac{1}{2\pi i} \oint_{C'} \frac{e^{x-\zeta'}(\zeta')^{s+n} d\zeta'}{x^s (\zeta'-x)^{n+1}} = \frac{e^x x^{-s}}{2\pi i} \oint_{C'} \frac{e^{-\zeta'}(\zeta')^{s+n}}{(\zeta'-x)^{n+1}} d\zeta' = e^x x^{-s} \frac{1}{n!} \left[\frac{d^n(e^{-u} u^{s+n})}{du^n} \right]_{u=x}$$

$$= \frac{1}{n!} e^x x^{-s} \frac{d^n(e^{-x} x^{s+n})}{dx^n} = \frac{1}{n!} L_n^s(x),$$

所以,
$$\frac{e^{-\frac{xz}{1-z}}}{(1-z)^{s+1}} = \sum_{n=0}^{\infty} \frac{1}{n!} L_n^s(x) z^n. \tag{17.14}$$

由(17.14)容易导出有关拉盖尔多项式的一些递推公式. 对(17.14)关于 x 求导,得
$$-e^{-\frac{xz}{1-z}} \frac{z}{(1-z)^{s+2}} = \sum_{n=0}^{\infty} \frac{1}{n!} \frac{dL_n^s(x)}{dx} z^n,$$
或
$$-\sum_{n=0}^{\infty} \frac{1}{n!} L_n^{s+1}(x) z^{n+1} = \sum_{n=0}^{\infty} \frac{1}{n!} \frac{dL_n^s(x)}{dx} z^n.$$

比较 z^n 的系数,得
$$\frac{dL_n^s(x)}{dx} = -nL_{n-1}^{s+1}(x). \tag{17.15}$$

完全类似地,对(17.14)关于 z 求导,得
$$xL_n^{s+2}(x) = (s+1)L_n^{s+1}(x) - L_{n+1}^{s+1}(x). \tag{17.16}$$

若用 $1-z$ 乘(17.14),则又得
$$L_n^{s-1}(x) = L_n^s(x) - nL_{n-1}^s(x). \tag{17.17}$$

在(17.16)式中,以 $s-2$ 代 s;在(17.17)式中,以 $s-1$ 代 s,以 $n+1$ 代 n,消去 $L_{n+1}^{s-2}(x)$,便有
$$xL_n^s(x) = (s+n)L_n^{s-1}(x) - L_{n+1}^{s-1}(x). \tag{17.18}$$

当 $s=0$ 时,由展开式
$$\frac{e^{-\frac{xz}{1-z}}}{1-z} = \sum_{n=0}^{\infty} \frac{1}{n!} L_n(x) z^n$$

可得递推公式
$$L_{n+1}(x) + n^2 L_{n-1}(x) = (2n+1-x) L_n(x), \tag{17.19}$$
$$L_n'(x) - nL_{n-1}'(x) = -nL_{n-1}(x). \tag{17.20}$$

还可以推出各种各样的递推公式,这里就不一一叙述了. 人们也常常把
$$\frac{1}{n!} L_n^s(x)$$

叫做拉盖尔多项式. 当然,它所满足的递推公式,与上述的递推公式相应地也稍有差异.

§17.2.4 拉盖尔多项式的正交性和归一性

定理 17.2 拉盖尔多项式在区间 $(0, +\infty)$ 内组成一个带权 $e^{-x} x^s$ 的正交函数

系,即

$$\int_0^{+\infty} e^{-x} x^s L_m^s(x) L_n^s(x) dx = \begin{cases} 0, & m \neq n, \\ n! \Gamma(s+n+1), & m = n, \end{cases} \quad m, n = 0, 1, 2, \cdots.$$

证 由(17.12)再考察积分

$$I = \int_0^{+\infty} e^{-x} x^s L_m^s L_n^s dx = \int_0^{+\infty} L_m^s \frac{d^n}{dx^n}(e^{-x} x^{s+n}) dx,$$

为确定起见,设 $m \leq n$. 对上式分部积分 m 次,并注意到积分出来的项在代入上、下限之后均为零,则得

$$I = (-1)^n \int_0^{+\infty} \frac{d^m}{dx^m} L_m^s \frac{d^{n-m}}{dx^{n-m}}(e^{-x} x^{s+n}) dx.$$

若 $m < n$ 时,再积分一次,由于等式 $\frac{d^{m+1}}{dx^{m+1}} L_m^s = 0$,得 $I = 0$,即

$$\int_0^{\infty} e^{-x} x^s L_m^s(x) L_n^s(x) dx = 0.$$

若 $m = n$,则由(17.13)式得

$$I = (-1)^n \int_0^{+\infty} (-1)^n n! e^{-x} x^{s+n} dx = n! \Gamma(s+n+1),$$

即

$$\int_0^{+\infty} e^{-x} x^s [L_n^s(x)]^2 dx = n! \Gamma(s+n+1).$$

同埃尔米特多项式一样,只要函数 $f(x)$ 在区间 $(-\infty, +\infty)$ 内满足一定的条件,则 $f(x)$ 可以按拉盖尔多项式展开,即

$$f(x) = \sum_{n=0}^{\infty} c_n L_n^s(x),$$

其中

$$c_n = \frac{1}{n! \Gamma(s+n+1)} \int_0^{+\infty} e^{-x} x^s f(x) L_n^s(x) dx, \quad n = 0, 1, 2, \cdots.$$

第三节 特征值和特征函数

§17.3.1 特征值和特征函数的概念

在运用分离变量法时,为求解偏微分方程而出现的种种含参变量的常微分方

程,如前面所讲的调和方程、勒让德微分方程、贝塞尔微分方程和埃尔米特微分方程等,都可用形如

$$L[y] = \frac{d}{dx}\left[p(x)\frac{dy}{dx}\right] - q(x)y$$

的微分算子统一地写成

$$L[y] + \lambda\rho(x)y = 0 \tag{17.21}$$

的形式,其中 $p(x)$, $p'(x)$, $q(x)$ 和 $\rho(x)$ 在所论区间都连续,且 $p(x) \geq 0$, $\rho(x) > 0$,而 λ 为参数.

通常称方程(17.21)为**施图姆-刘维尔型微分方程**. (17.21)再加上适当的边界条件就称为**施图姆-刘维尔问题**. 这个问题并不是对每一个 λ 都有非零解存在. 那些使施图姆-刘维尔问题有非零解存在的 λ 值,称为该问题的**特征值**,而对应于给定的特征值的非零解,就称为**特征函数**. 所以,求施图姆-刘维尔问题的非零解的问题又称为**特征值问题**. 所有特征值的全体称为给定问题的**谱**.

如果限制 x 在有限区间 (a,b) 中变化,则边界条件自然就给在端点 a 和 b 上. 一般来说,两端按以下要求配置边界条件:

1. 当 a(或 b)是方程的常点,即 a(或 b)不是 $p(x)$ 的零点,也不是 $q(x)$ 的奇点,a(或 b)端配以 Ⅰ, Ⅱ, Ⅲ 类齐次边界条件;

2. 当 a 和 b 都是方程的常点,且 $p(a) = p(b)$ 时,a,b 端也可配以周期条件 $y(a) = y(b)$, $y'(a) = y'(b)$;

3. 当 a(或 b)是方程的正则奇点,即 a(或 b)最多是 $p(x)$ 的一阶零点、$q(x)$ 的一阶极点时,a(或 b)配以有界性边界条件 $|y(a)| < +\infty$ (或 $|y(b)| < +\infty$).

如果端点变为 ∞,则要求当 $x \to \infty$ 时 $y(x)$ 具有适当的渐近行为.

§17.3.2 特征值和特征函数的性质

关于特征值和特征函数,有几个重要的定理,兹叙述如下:

定理 17.3 存在可列无穷多个[①] 特征值 $\lambda_1 \leq \lambda_2 \leq \lambda_3 \leq \cdots \leq \lambda_n \leq \cdots$. 当 $q(x) \geq 0$ 时,所有特征值都非负,即 $\lambda_n \geq 0$.

定理 17.4 如果把对应于特征值 λ_n 的特征函数记为 $y_n(x)$,则所有 $y_n(x)$ 组成一个带权 $\rho(x)$ 的正交函数系,即

$$\int_a^b \rho(x) y_m(x) y_n(x) dx = 0, \quad m \neq n.$$

定理 17.5(斯捷克洛夫展开定理) 若函数 $f(x)$ 在 (a,b) 有连续的一阶导数和

---

① 当端点的奇异性太高或区间无界时,特征值除离散部分还会有连续部分,也可取负数.

分段连续的二阶导数,且满足所给的边界条件,则 $f(x)$ 在 (a,b) 上可以按特征函数展开为绝对且一致收敛的级数

$$f(x) = \sum_{n=1}^{\infty} c_n y_n(x),$$

其中

$$c_n = \frac{\int_a^b \rho(x) f(x) y_n(x) \mathrm{d}x}{\int_a^b \rho(x) y_n^2(x) \mathrm{d}x}, \quad n=1,2,3,\cdots.$$

至此,不难看到,有关施图姆-刘维尔问题的研究是分离变量法的理论基础.

§17.3.3 施图姆-刘维尔型微分方程边值问题的例子

对于常见的施图姆-刘维尔型微分方程边值问题,我们列表如下:

微分方程	区间	边界条件	特征值	标准正交函数系
调和微分方程 $p(x)=1, q(x)=0,$ $\rho(x)=1,$ $\dfrac{\mathrm{d}^2 y}{\mathrm{d}x^2} + \lambda y = 0$	$(0, l)$	$y(0)=0$ $y(l)=0$	$(n\pi/l)^2,$ $n=1,2,$ $3,\cdots$	$\sqrt{\dfrac{2}{l}} \sin \dfrac{n\pi}{l} x$
勒让德微分方程 $p(x)=(1-x^2),$ $q(x)=0, \rho(x)=1,$ $\dfrac{\mathrm{d}}{\mathrm{d}x}\left[(1-x^2)\dfrac{\mathrm{d}y}{\mathrm{d}x}\right] + \lambda y = 0,$ 奇点 $x=\pm 1$	$(-1,1)$	$y(\pm 1)$ 有界	$n(n+1),$ $n=0,1,$ $2,\cdots$	$\sqrt{n+\dfrac{1}{2}} P_n(x)$
连带勒让德微分方程 $p(x)=1-x^2,$ $q(x)=\dfrac{m^2}{1-x^2},$ $\rho(x)=1,$ $\dfrac{\mathrm{d}}{\mathrm{d}x}\left[(1-x^2)\dfrac{\mathrm{d}y}{\mathrm{d}x}\right] + \left(\lambda - \dfrac{m^2}{1-x^2}\right) = 0,$ 奇点 $x=\pm 1$	$(-1,1)$	$y(\pm 1)$ 有界	$n(n+1),$ $n=0,1,$ $2,\cdots$	$\sqrt{\left(n+\dfrac{1}{2}\right)\dfrac{(n-m)!}{(n+m)!}} P_n^m(x)$

续表

微分方程	区间	边界条件	特征值	标准正交函数系
贝塞尔微分方程 $p(r)=r, q(r)=\dfrac{n^2}{r},$ $\rho(r)=r,$ $\dfrac{\mathrm{d}}{\mathrm{d}r}\left(r\dfrac{\mathrm{d}y}{\mathrm{d}r}\right)+\left(k^2 r-\dfrac{n^2}{r}\right)y=0,$ 奇点 $r=0$	$(0,l)$	$y(0)$ 有界, $y(kl)=0$	k_i^n, $i=1,2,3,\cdots$	$\dfrac{\sqrt{2r}}{lJ_{n+1}(k_i^n l)}J_n(k_i^n r)$
埃尔米特微分方程 $p(x)=\mathrm{e}^{-x^2},$ $q(x)=\mathrm{e}^{-x^2},$ $\rho(x)=\mathrm{e}^{-x^2},$ $\dfrac{\mathrm{d}}{\mathrm{d}x}\left(\mathrm{e}^{-x^2}\dfrac{\mathrm{d}y}{\mathrm{d}x}\right)+\left(\dfrac{\lambda}{a}\mathrm{e}^{-x^2}-\mathrm{e}^{-x^2}\right)y=0$	$(-\infty,+\infty)$	$y(\pm\infty)$ 与 ∞ 的有限次幂同阶	$2n+1$, $n=0,1,2,\cdots$	$\dfrac{1}{\sqrt{2^n n!\sqrt{\pi}}}\mathrm{e}^{-\frac{x^2}{2}}H_n(x)$
广义拉盖尔微分方程 $p(x)=\mathrm{e}^{-x}x^{s+1},$ $q(x)=\dfrac{s+1}{2}\mathrm{e}^{-x}x^s,$ $\rho(x)=\mathrm{e}^{-x}x^s,$ $\dfrac{\mathrm{d}}{\mathrm{d}x}\left(\mathrm{e}^{-x}x^{s+1}\dfrac{\mathrm{d}y}{\mathrm{d}x}\right)+$ $\left(\lambda\mathrm{e}^{-x}x^s-\dfrac{s+1}{2}\mathrm{e}^{-x}x^s\right)y=0$	$(0,+\infty)$	$y(0)$ 有界, $y(\infty)$ 与 ∞ 的有限次幂同阶	$n+\dfrac{s+1}{2}$, $n=0,1,2,\cdots$	$\dfrac{s}{\sqrt{n!\ \Gamma(s+n+1)}}\mathrm{e}^{-\frac{x}{2}}x^{\frac{s}{2}}L_n^s(x)$

习 题 十 七

1. 试用数学归纳法和莱布尼茨公式证明

$$H_n(x)=(-1)^n \mathrm{e}^{x^2}\dfrac{\mathrm{d}^n}{\mathrm{d}x^n}\mathrm{e}^{-x^2}.$$

2. 试用莱布尼茨公式证明

$$L_n^s(x)=\mathrm{e}^x x^{-s}\dfrac{\mathrm{d}^n}{\mathrm{d}x^n}(\mathrm{e}^{-x}x^{s+n}).$$

3. 试证 $H_n(x)$ 有 n 个互不重合的实零点.

4. 试证 $L_n^s(x)$ 有 n 个互不重合的正实零点.

附录（Ⅰ）

傅里叶变换表

原像 $f(x)=\dfrac{1}{2\pi}\int_{-\infty}^{+\infty}F(\lambda)\mathrm{e}^{\mathrm{i}\lambda x}\mathrm{d}\lambda$	像 $F(\lambda)=\int_{-\infty}^{+\infty}f(x)\mathrm{e}^{-\mathrm{i}\lambda x}\mathrm{d}x$
$\dfrac{\sin(ax)}{x}$	$\begin{cases}\pi\ (\|\lambda\|\leqslant a),\\ 0\ (\|\lambda\|>a)\end{cases}$
$\begin{cases}\mathrm{e}^{\mathrm{i}\omega x}\ (a<x<b),\\ 0\ (x<a\ \text{或}\ x>b)\end{cases}$	$\dfrac{\mathrm{i}}{\omega-\lambda}(\mathrm{e}^{\mathrm{i}a(\omega-\lambda)}-\mathrm{e}^{\mathrm{i}b(\omega-\lambda)})$
$\begin{cases}\mathrm{e}^{-cx+\mathrm{i}\omega x}\ (x>0),\\ 0\ (x<0)\end{cases}$	$\dfrac{\mathrm{i}}{\omega-\lambda+\mathrm{i}c}$
$\mathrm{e}^{-\eta x^2}\ (\mathrm{Re}\,\eta>0)$	$\left(\dfrac{\pi}{\eta}\right)^{\frac{1}{2}}\mathrm{e}^{-\frac{\lambda^2}{4\eta}}$
$\cos(\eta x^2)\ (\eta>0)$	$\left(\dfrac{\pi}{\eta}\right)^{\frac{1}{2}}\cos\left(\dfrac{\pi}{4}-\dfrac{\lambda^2}{4\eta}\right)$
$\sin(\eta x^2)\ (\eta>0)$	$\left(\dfrac{\pi}{\eta}\right)^{\frac{1}{2}}\sin\left(\dfrac{\pi}{4}-\dfrac{\lambda^2}{4\eta}\right)$
$\dfrac{\cosh(ax)}{\cosh(\pi x)}\ (-\pi<a<\pi)$	$\dfrac{2\cos\left(\dfrac{a}{2}\right)\cosh\left(\dfrac{\lambda}{2}\right)}{\cosh\lambda+\cos a}$
$\dfrac{\sinh(ax)}{\sinh(\pi x)}\ (-\pi<a<\pi)$	$\dfrac{\sin a}{\cosh\lambda+\cos a}$
$\|x\|^{-s}\ (0<\mathrm{Re}\,s<1)$	$\dfrac{2}{\|\lambda\|^{1-s}}\Gamma(1-s)\sin\left(\dfrac{\pi s}{2}\right)$
$\dfrac{1}{\|x\|}$	$\dfrac{\sqrt{2\pi}}{\|\lambda\|}$
$\dfrac{\mathrm{e}^{-a\|x\|}}{\|x\|^{\frac{1}{2}}}$	$\left(\dfrac{2\pi}{a^2+\lambda^2}\right)^{\frac{1}{2}}\left[(a^2+\lambda^2)^{\frac{1}{2}}+a\right]^{\frac{1}{2}}$

续表

原像 $f(x)=\dfrac{1}{2\pi}\int_{-\infty}^{+\infty}F(\lambda)\mathrm{e}^{\mathrm{i}\lambda x}\mathrm{d}\lambda$	像 $F(\lambda)=\int_{-\infty}^{+\infty}f(x)\mathrm{e}^{-\mathrm{i}\lambda x}\mathrm{d}x$
$\begin{cases}(a^2-x^2)^{-\frac{1}{2}} & (\lvert x\rvert<a),\\ 0 & (\lvert x\rvert>a)\end{cases}$	$\pi J_0(a\lambda)$
$\dfrac{\sin[b(a^2+x^2)^{\frac{1}{2}}]}{(a^2+x^2)^{\frac{1}{2}}}$	$\begin{cases}0 & (\lvert\lambda\rvert>b),\\ \pi J_0(a\sqrt{b^2-\lambda^2}) & (\lvert\lambda\rvert<b)\end{cases}$
$\begin{cases}\dfrac{\cos[b(a^2-x^2)^{\frac{1}{2}}]}{(a^2-x^2)^{\frac{1}{2}}} & (\lvert x\rvert<a),\\ 0 & (\lvert x\rvert>a)\end{cases}$	$\pi J_0(a\sqrt{b^2+\lambda^2})$
$\begin{cases}\dfrac{\cosh[b(a^2-x^2)^{\frac{1}{2}}]}{(a^2-x^2)^{\frac{1}{2}}} & (\lvert x\rvert<a),\\ 0 & (\lvert x\rvert>a)\end{cases}$	$\begin{cases}\pi J_0(a\sqrt{\lambda^2-b^2}) & (\lvert\lambda\rvert>b),\\ 0 & (\lvert\lambda\rvert<b)\end{cases}$
$\delta(x-x_0)$	$\mathrm{e}^{-\mathrm{i}\lambda x_0}$
$\begin{cases}P_n(x) & (\lvert x\rvert<1),\\ 0 & (\lvert x\rvert>1)\end{cases}$	$(-1)^n \mathrm{i}^{n+1} 2^{\frac{1}{2}} J_{n+\frac{1}{2}}(\lambda)$

拉普拉斯变换表

原像 $f(t)=\dfrac{1}{2\pi\mathrm{i}}\int_{\sigma-\mathrm{i}\infty}^{\sigma+\mathrm{i}\infty}L(p)\mathrm{e}^{pt}\mathrm{d}p$	像 $L(p)=\int_0^{+\infty}f(t)\mathrm{e}^{-pt}\mathrm{d}t$
1	$\dfrac{1}{p}$
t^n （n 是正整数）	$\dfrac{n!}{p^{n+1}}$
t^a （$a>-1$）	$\dfrac{\Gamma(a+1)}{p^{a+1}}$
$\mathrm{e}^{\lambda t}$	$\dfrac{1}{p-\lambda}$
$\sin(\omega t)$	$\dfrac{\omega}{p^2+\omega^2}$

续表

原像 $f(t)=\dfrac{1}{2\pi i}\int_{\sigma-i\infty}^{\sigma+i\infty} L(p)e^{pt}dp$	像 $L(p)=\int_{0}^{+\infty} f(t)e^{-pt}dt$
$\cos(\omega t)$	$\dfrac{p}{p^2+\omega^2}$
$\sinh(\omega t)$	$\dfrac{\omega}{p^2-\omega^2}$
$\cosh(\omega t)$	$\dfrac{p}{p^2-\omega^2}$
$t\sin(\omega t)$	$\dfrac{2\omega p}{(p^2+\omega^2)^2}$
$t\cos(\omega t)$	$\dfrac{p^2-\omega^2}{(p^2+\omega^2)^2}$
$t\sinh(\omega t)$	$\dfrac{2\omega p}{(p^2-\omega^2)^2}$
$t\cosh(\omega t)$	$\dfrac{p^2+\omega^2}{(p^2-\omega^2)^2}$
$\dfrac{\sin(\omega t)}{t}$	$\arctan\left(\dfrac{\omega}{p}\right)$
$e^{-\lambda t}t^a \quad (a>-1)$	$\dfrac{\Gamma(a+1)}{(p+\lambda)^{a+1}}$
$\dfrac{e^{bt}-e^{at}}{t}$	$\ln\dfrac{p-a}{p-b}$
$e^{-\lambda t}\sin(\omega t)$	$\dfrac{\omega}{(p+\lambda)^2+\omega^2}$
$e^{-\lambda t}\cos(\omega t)$	$\dfrac{p+\lambda}{(p+\lambda)^2+\omega^2}$
$\dfrac{1}{\sqrt{\pi t}}$	$\dfrac{1}{\sqrt{p}}$
$\dfrac{1}{\sqrt{\pi t}}e^{-at}$	$\dfrac{1}{\sqrt{p+a}}$
$\dfrac{1}{\sqrt{\pi t}}e^{-\frac{a^2}{4t}}$	$\dfrac{1}{\sqrt{p}}e^{-a\sqrt{p}}$
$\dfrac{1}{\sqrt{\pi t}}e^{-2a\sqrt{t}}$	$\dfrac{1}{\sqrt{p}}e^{\frac{a^2}{p}}\operatorname{erfc}\left(\dfrac{a}{\sqrt{p}}\right)$

续表

原像 $f(t)=\dfrac{1}{2\pi i}\int_{\sigma-i\infty}^{\sigma+i\infty}L(p)e^{pt}dp$	像 $L(p)=\int_{0}^{+\infty}f(t)e^{-pt}dt$
$\dfrac{1}{\sqrt{\pi t}}\sin(2\sqrt{at})$	$\dfrac{1}{p\sqrt{p}}e^{-\frac{a}{p}}$
$\dfrac{1}{\sqrt{\pi t}}\cos(2\sqrt{at})$	$\dfrac{1}{\sqrt{p}}e^{-\frac{a}{p}}$
$\dfrac{1}{\sqrt{\pi t}}\sin\left(\dfrac{1}{2t}\right)$	$\dfrac{1}{\sqrt{p}}e^{-\sqrt{p}}\sin(\sqrt{p})$
$\dfrac{1}{\sqrt{\pi t}}\cos\left(\dfrac{1}{2t}\right)$	$\dfrac{1}{\sqrt{p}}e^{-\sqrt{p}}\cos(\sqrt{p})$
$\operatorname{erf}(\sqrt{at})$	$\dfrac{\sqrt{a}}{p\sqrt{p+a}}$
$\operatorname{erfc}\left(\dfrac{a}{2\sqrt{t}}\right)$	$\dfrac{1}{p}e^{-a\sqrt{p}}$
$e^{t}\operatorname{erfc}(\sqrt{t})$	$\dfrac{1}{p+\sqrt{p}}$
$J_{0}(at)$	$\dfrac{1}{\sqrt{p^{2}+a^{2}}}$
$I_{0}(at)$	$\dfrac{1}{\sqrt{p^{2}-a^{2}}}$
$J_{0}(a\sqrt{t})$	$\dfrac{1}{p}e^{-\frac{a^{2}}{4p}}$
$I_{0}(a\sqrt{t})$	$\dfrac{1}{p}e^{\frac{a^{2}}{4p}}$
$J_{\nu}(at)$ ($\operatorname{Re}\nu>-1$)	$\dfrac{a^{\nu}}{\sqrt{p^{2}+a^{2}}}\left(\dfrac{1}{p+\sqrt{p^{2}+a^{2}}}\right)^{\nu}$
$I_{\nu}(at)$ ($\operatorname{Re}\nu>-1$)	$\dfrac{a^{\nu}}{\sqrt{p^{2}-a^{2}}}\left(\dfrac{1}{p+\sqrt{p^{2}-a^{2}}}\right)^{\nu}$
$\dfrac{J_{\nu}(at)}{t}$ ($\operatorname{Re}\nu>0$)	$\dfrac{1}{\nu a^{\nu}}(\sqrt{p^{2}+a^{2}}-p)^{\nu}$
$t^{\nu}J_{\nu}(at)$ $\left(\operatorname{Re}\nu>-\dfrac{1}{2}\right)$	$\dfrac{\dfrac{(2a)^{\nu}}{\sqrt{\pi}}\Gamma\left(\nu+\dfrac{1}{2}\right)}{(p^{2}+a^{2})^{\nu+\frac{1}{2}}}$

续表

原像 $f(t)=\dfrac{1}{2\pi i}\int_{\sigma-i\infty}^{\sigma+i\infty}L(p)e^{pt}dp$	像 $L(p)=\int_0^{+\infty}f(t)e^{-pt}dt$
$t^{\frac{\nu}{2}}J_\nu(a\sqrt{t})$ (Re $\nu>-1$)	$\dfrac{a^\nu}{2^\nu p^{\nu+1}}e^{-\frac{a^2}{4p}}$
$e^{-at}I_0(\beta t)$	$\dfrac{1}{\sqrt{(p+a)^2-\beta^2}}$

附录（Ⅱ）

小波变换简介[①]

小波变换是20世纪80年代发展起来的一个崭新的数学理论和应用方法. 它被研究基础理论的纯粹数学家和从事石油勘探数据处理、量子场论等领域的应用数学家独立地发现,也是多元调和分析发展史上的一个里程碑. 它在函数论、算子论、数值分析、偏微分方程、概率统计以及雷达信号处理、通信信号处理、声呐信号处理、信息隐藏、图像处理、数据压缩等诸多领域都有极好的应用.

"自1807年傅里叶提倡用傅里叶级数展开研究热传导方程以来,两百多年来傅里叶分析成了刻画函数空间、求解微分方程、进行数值计算与处理信号数据的主要工具之一. 傅里叶分析之所以能有如此作为,究其原因,从理论角度看主要在于许多常见运算在傅里叶变换下性质变得很好. 例如微商运算变为多项式乘法,卷积变为普通乘积等;从实际角度看是因为傅里叶级数展开是每个周期振动都是具有单一频率的简谐振动的叠加这一物理现象的数学描述,傅里叶分析也因之被称为频谱分析. 这一分析能清楚揭示出信号 $f(t)$ 的频率结构,因而频谱分析在信号处理中长期占据突出地位".

傅里叶分析虽然有许多优点,然而也有不可忽视的缺点:指数函数 e^{int} 在整个时间域上是非零的,因而傅里叶系数

$$c_n = \int_{-\infty}^{+\infty} f(t) e^{-int} dt$$

是 $f(t)$ 在整个时间域 R 上的加权平均,从信号处理的角度看,傅里叶系数 c_n 体现的是信号 $f(t)$ 在整个时间域 R 上,而不是在某一个时刻 t,或某一个极短的时间区间 $[a,b]$ 内关于 $\cos nt$ 这个单一频率成分的大小,所以要想用傅里叶系数 c_n 来反映 $f(t)$ 的局部性质显然是不可能的. 但是工程中却经常会出现短时高频信号,比如当大坝、船体内部出现裂痕时,超声波无损检测会出现短时高频信号 $f(t), t \in [a,b]$. 此时 $f(t)$ 的傅里叶系数

$$c_n = \int_{-\infty}^{+\infty} f(t) e^{-int} dt \approx \int_a^b f(t) e^{-int} dt \tag{1}$$

[①] 附录（Ⅱ）是四川大学马洪老师为本书专写.

由于信号 $f(t)$ 持续的时间极短,即使 $f(t)$ 的振幅相当大,$|c_n|$ 依然很小,以致于会被当作计算误差而忽略掉,从而难以发现被检测物体内部出现的裂痕. 此外,在无线通信的语音信号处理中,人们常常希望知道在某个时刻 t,此语音信号的各种频率成分是多少,也就是人们常说的时间-频率局部化. 由于傅里叶变换没有实现时间-频率局部化的能力,这就大大限制了它的应用.

为了弥补傅里叶分析在时间-频率局部化方面的不足,20 世纪 40 年代,信息工程学者 D. Gabor 首次引入了"加窗傅里叶变换"(也称短时傅里叶变换). 他选用一个窗函数 $g(t)$,使其具备"窗口"的特性:当 $t\in[a,b]$ 时 $g(t)\approx c$,当 $t\notin[a,b]$ 时 $g(t)\approx 0$.

D. Gabor 实际选择的是高斯窗函数

$$g(t)=\frac{1}{\sigma\sqrt{2\pi}}\mathrm{e}\{-t^2/2\sigma^2\}.$$

他先将 $g(t)$ 作时间平移得到 $g(t-s)$,再用 $g(t-s)$ 乘信号 $f(t)$,然后对 $f(t)g(t-s)$ 实施傅里叶变换,得到

$$T^{win}f(\omega,s)=\int_{-\infty}^{+\infty}f(t)g^*(t-s)\mathrm{e}^{-i\omega t}\mathrm{d}t,\quad \omega,t\in\mathbf{R}. \tag{2}$$

对于 (1) 式中的短时高频信号 $f(t)$,其加窗傅里叶变换为

$$T^{win}f(\omega,s)=\int_{-\infty}^{+\infty}f(t)g^*(t-s)\mathrm{e}^{-i\omega t}\mathrm{d}t\approx \int_{s+a}^{s+b}f(t)g^*(t-s)\mathrm{e}^{-i\omega t}\mathrm{d}t. \tag{3}$$

也就是说,(3) 式中的 $T^{win}f(\omega,s)$ 是关于频率参数 ω 和时间参数 s 的二元函数,它刻画了信号 $f(t)$ 在以时刻 s 为中心的极短时间区间 $[s+a,s+b]$ 内(此即时间局部化),关于频率 ω(此即频率局部化)的频率成分的大小. 由上述高斯窗函数得到的加窗傅里叶变换又称为 Gabor 变换. 根据高斯窗函数著名的三 σ 规则知道,(3) 式中的区间 $[s+a,s+b]$ 实际为 $[s-\sigma,s+\sigma]$.

如上所述,"加窗傅里叶变换"可以实现信号的时间-频率局部化,弥补了傅里叶变换的不足,但在加窗傅里叶变换中,由于时间窗函数 $g(t-s)$ 与体现频率的函数 $\mathrm{e}^{i\omega t}$ 为各自独立的两个函数,无论信号 $f(t)$ 的频率如何变换,时间窗函数 $g(t-s)$ 的窗宽 $b-a$ 始终固定不变,这显然是不合理的. 事实上,对于高频信号 $f(t)$,$g(t-s)$ 的时间窗宽 $b-a$ 可以取得比较小,因为用一个较小的时间区间 $[s+a,s+b]$ 就足以截取整个高频信号 $f(t)$;而对于低频信号 $f(t)$,$g(t-s)$ 的时间窗宽 $b-a$ 应该取得比较大,因为只有取大的时间区间 $[s+a,s+b]$,才可能截取整个低频信号 $f(t)$. 遗憾的是,"加窗傅里叶变换"不能根据信号 $f(t)$ 的频率变化,自适应地调整时间窗函数 $g(t-s)$ 的窗宽 $b-a$. 采用固定的过宽的时间窗处理高频信号 $f(t)$,在计算上是一种浪费;过窄的时间窗对处理低频信号 $f(t)$ 又不够用. 基于信号处理工程中的上述实际需求,信息工程师们再次尝试寻求一种既能实现信号时间-频率局部化,又能根据信号

$f(t)$ 的频率变化,自适应地调整窗函数的时间-频率窗宽的这样一种理想的变换.

另一方面,"数学家们长期以来梦想对函数空间 $L^2(R)$ 能找到一种基函数族,它能保持指数函数基的优点,又能弥补它的缺陷. 并且对这种函数族的形式都有想象,它应该是由一个函数 $\psi(t)$ 经过两个简单的运算,即平移与伸缩,生成的函数族

$$\{\psi_{j,k}(t) = 2^{\frac{j}{2}}\psi(2^j t - k)\}, \quad j, k = 0, \pm 1, \pm 2, \cdots,$$

其中 $\psi(t)$ 具有如下好性质: $\psi(t)$ 是局部的(有紧支撑,或至少是无穷远处快速衰减),也是振荡的,即具有充分多次的消失矩性质(即 $\int_{-\infty}^{+\infty} t^l \psi(t) \mathrm{d}t = 0, l = 1, 2, \cdots$). 由于 $\psi(t)$ 的图像形如小波,因而这样的基便称为小波基. 对它的存在性、构造性质的研究便是小波分析." 利用小波基对函数 $f(t)$ 作分解,就是**小波变换**.

出于数学理论的探索兴趣和工程实际的现实需求,数学家与信息工程师们殊途同归,在 20 世纪 80 年代,共同开创、繁荣了小波分析的新理论. 对函数 $f(t)$(工程师们称为信号),定义其小波变换为

$$W_\psi f(b, a) = \int_{-\infty}^{+\infty} f(t) \frac{1}{\sqrt{|a|}} \psi^* \left(\frac{t-b}{a}\right) \mathrm{d}t. \tag{4}$$

当上式中的 $a = 2^{-j}, \dfrac{b}{a} = k$ 时,我们有

$$\int_{-\infty}^{+\infty} f(t) \frac{1}{\sqrt{|a|}} \psi^* \left(\frac{t-b}{a}\right) \mathrm{d}t = \int_{-\infty}^{+\infty} f(t) \psi_{j,k}^*(t) \mathrm{d}t, \tag{5}$$

这里,时间窗函数 $\psi_{j,k}(t) \in L^2(R)$,定义 $\|\psi_{j,k}(t)\| = \sqrt{\int_{-\infty}^{+\infty} \psi_{j,k}^2(t) \mathrm{d}t}$,显然 $\psi_{j,k}^2(t) / \|\psi_{j,k}(t)\|^2$ 可视为概率论中某一随机变量的密度函数. 所谓窗函数 $\psi_{j,k}(t)$ 的时间窗宽,是指 $\psi_{j,k}^2(t) / \|\psi_{j,k}(t)\|^2$ 作为密度函数而得到的随机变量的均方差 σ_1. 另一方面,根据傅里叶变换的性质(帕塞瓦尔恒等式),$\psi_{j,k}(t)$ 的傅里叶变换 $\hat{\psi}_{j,k}(\omega)$ 仍然属于 $L^2(R)$ 空间,类似时间窗函数 $\psi_{j,k}(t)$,我们可以沿用上述相同的手法引入频率窗函数 $\hat{\psi}_{j,k}(\omega)$ 的频率窗宽 σ_2. 根据 $L^2(R)$ 空间中函数及其傅里叶变换时间-频率窗宽的"测不准原理":

$$\sigma_1 \sigma_2 \leq \frac{1}{2}.$$

我们看到,当时间窗宽 σ_1 增大时,频率窗宽 σ_2 便会自适应地随之减小. 这表明小波变换确实具有自适应地实现信号时间-频率局部化的功能.

在求解偏微分方程方面,小波变换已有许多很好的应用.

部分习题答案

习 题 一

1. (1) $-2i$； (2) $-\dfrac{2}{5}$； (3) $\dfrac{i}{2}$； (4) -4.

2. (1) $u=\dfrac{16}{25}, v=\dfrac{8}{25}, r=\dfrac{8\sqrt{5}}{25}, \theta=\arctan\dfrac{1}{2}+2k\pi, k=0,\pm1,\pm2,\cdots$；

(2) $\begin{cases} \text{当 } n=2 \text{ 时}, u=-\dfrac{1}{2}, v=\dfrac{\sqrt{3}}{2}, r=1, \theta=\dfrac{2\pi}{3}+2k\pi, k=0,\pm1,\pm2,\cdots, \\ \text{当 } n=3 \text{ 时}, u=-1, v=0, r=1, \theta=\pi+2k\pi, k=0,\pm1,\pm2,\cdots, \\ \text{当 } n=4 \text{ 时}, u=-\dfrac{1}{2}, v=-\dfrac{\sqrt{3}}{2}, r=1, \theta=-\dfrac{2\pi}{3}+2k\pi, k=0,\pm1,\pm2,\cdots; \end{cases}$

(3) $\sqrt[4]{2}\left(\cos\dfrac{\pi+8k\pi}{8}+i\sin\dfrac{\pi+8k\pi}{8}\right), k=0,1$；

(4) $u=0, v=-\dfrac{1}{8}, r=\dfrac{1}{8}, \theta=-\dfrac{\pi}{2}+2k\pi, k=0,\pm1,\pm2,\cdots$.

3. $z_1 z_2 = 2\left(\cos\dfrac{\pi}{12}+i\sin\dfrac{\pi}{12}\right), \dfrac{z_1}{z_2}=\dfrac{1}{2}\left(\cos\dfrac{5\pi}{12}+i\sin\dfrac{5\pi}{12}\right)$.

6. $\dfrac{a}{\sqrt{2}}(\pm1+i)$ 或 $\dfrac{a}{\sqrt{2}}(\pm1-i)$.

习 题 二

8. (1) $f(z)=\left(1-\dfrac{i}{2}\right)z^2+\dfrac{i}{2}$；

(2) $f(z)=\dfrac{1}{2}-\dfrac{1}{z}$；

(3) $f(z)=\ln z$.

17. $-\dfrac{\sqrt{3}}{2}-\dfrac{1}{2}i, \dfrac{1}{6}-\dfrac{\sqrt{3}}{6}i$.

18. （1）$\ln 2 + i\left(\dfrac{\pi}{3} + 2k\pi\right), k = 0, \pm 1, \pm 2, \cdots$； （2）i.

20. $e^{-\left(\frac{\pi}{4} + 2k\pi\right)}[\cos(\ln\sqrt{2}) + i\sin(\ln\sqrt{2})], k = 0, \pm 1, \pm 2, \cdots,$

$e^{-2k\pi}[\cos(\ln 3) + i\sin(\ln 3)],$

$e^{-\left(\frac{\pi}{2} + 2k\pi\right)}, k = 0, \pm 1, \pm 2, \cdots,$

$e^2(\cos 1 + i\sin 1),$

$\dfrac{1}{2}\ln 2 + i\left(\dfrac{\pi}{4} + 2k\pi\right), k = 0, \pm 1, \pm 2, \cdots.$

23. 割开正实轴的 w 平面.

24. $e^{-2x}, e^{x^2 - y^2}, e^{\frac{x}{x^2+y^2}}\cos\left(\dfrac{y}{x^2+y^2}\right).$

25. $-\dfrac{k}{2}z^2.$

习 题 三

1. $-\dfrac{1}{3}(1-i).$

2. （1）i； （2）2i； （3）2i.

3. $\dfrac{1}{2}(\beta^2 - \alpha^2).$

6. $2\pi i, 0, 0, 2\pi.$

8. （1）$4\pi i$； （2）$6\pi i$.

9. （1）$\dfrac{\sqrt{2}\pi}{2}i$； （2）$\dfrac{\sqrt{2}\pi}{2}i$； （3）$\sqrt{2}\pi i$.

10. $2\pi(-6 + 13i).$

11. $2\pi i$

14. （1）$-\dfrac{\pi^5}{12}i$； （2）$\pi e^a i$, 当 $|a| < 1$；0, 当 $|a| > 1$.

习 题 四

1. （1）$R = +\infty$； （2）$R = 0$； （3）$R = 1$, 在 $|z| = 1$ 上仅当 $z = 1$ 时发散；

（4）$R = 1$, 在 $|z| = 1$ 上均发散； （5）$|z| = 1$, 在 $|z| = 1$ 上均绝对收敛.

2. （1）$\dfrac{1}{b}\sum\limits_{n=0}^{\infty}(-1)^n\left(\dfrac{a}{b}\right)^n z^n \quad \left(|z| < \left|\dfrac{b}{a}\right|\right)$；

(2) $\sum_{n=0}^{\infty} \dfrac{1}{n!(2n+1)} z^{2n+1}$ ($|z|<+\infty$);

(3) $\sum_{n=0}^{\infty} \dfrac{(-1)^n}{(2n+1)(2n+1)!} z^{2n+1}$ ($|z|<+\infty$);

(4) $1+\dfrac{1}{2}\sum_{n=1}^{\infty} \dfrac{(-1)^n}{2n!}(2z)^{2n}$ ($|z|<+\infty$);

(5) $\dfrac{1}{2}\sum_{n=1}^{\infty} \dfrac{(-1)^{n-1}}{2n!}(2z)^{2n}$ ($|z|<+\infty$);

(6) $\sum_{n=1}^{\infty} nz^{n-1}$ ($|z|<1$).

3. (1) $+\infty$; (2) 1; (3) $\dfrac{1}{4}$; (4) e.

4. $z+\dfrac{1}{2}z^2+\dfrac{1}{3}z^3+\dfrac{3}{40}z^5$.

5. (1) $\cos 1 \sum_{n=0}^{\infty}(-1)^n \dfrac{(z-1)^{2n}}{(2n)!} - \sin 1 \sum_{n=0}^{\infty}(-1)^n \dfrac{(z-1)^{2n+1}}{(2n+1)!}$ ($|z-1|<+\infty$);

(2) $\cos 1 \sum_{n=0}^{\infty}(-1)^n \dfrac{(z-1)^{2n+1}}{(2n+1)!} - \sin 1 \sum_{n=0}^{\infty}(-1)^n \dfrac{(z-1)^{2n}}{(2n)!}$ ($|z-1|<+\infty$);

(3) $1-\dfrac{2}{3}\sum_{n=0}^{\infty}(-1)^n \dfrac{(z-1)^n}{3^n}$ ($|z-1|<3$);

(4) $\dfrac{1}{4}\sum_{n=0}^{\infty}\left[\left(-\dfrac{1}{4}\right)^n (z-1)^{2n+1}+\left(-\dfrac{1}{4}\right)^n (z-1)^{2n}\right]$ ($|z-1|<2$).

6. $1+z+2z^2+3z^3+5z^4$, $|z|<\dfrac{\sqrt{5}}{2}-\dfrac{1}{2}$.

7. (1) 4 阶; (2) 15 阶.

9. (1) $-z^{-2}-2\sum_{n=-1}^{\infty} z^n$, $z^{-2}+2\sum_{n=3}^{\infty} z^{-n}$;

(2) $-\sum_{n=0}^{\infty} \dfrac{z^n}{2^{n+1}} - 2\sum_{n=0}^{\infty} \dfrac{(-1)^n}{z^{2n+2}}$;

(3) $\sum_{n=0}^{\infty}\left(\sum_{m=0}^{[\frac{n}{2}]} \dfrac{(-1)^m}{(n-2m)!}\right) z^{n-1}$;

(4) $\sin 1 \sum_{n=0}^{\infty} \dfrac{(-1)^n(z-1)^{-2n}}{(2n)!} + \cos 1 \sum_{n=0}^{\infty} \dfrac{(-1)^n(z-1)^{-2n-1}}{(2n+1)!}$.

10. (1) $\sum_{n=1}^{\infty} \dfrac{n(-1)^{n+1}}{(2i)^{n+1}}(z-i)^{n-3}$ ($0<|z-i|<2$);

(2) $(z-1)^2 \sum_{n=0}^{\infty} (-1)^n \dfrac{1}{n!}(z-1)^{-n}$ $(0<|z-1|<+\infty)$.

11. (1) $\sum_{n=0}^{\infty} z^n$; (2) $-\dfrac{1}{z}\sum_{n=0}^{\infty}\left(\dfrac{1}{z}\right)^n$; (3) $\dfrac{1}{2}\sum_{n=0}^{\infty}\left(\dfrac{z+1}{2}\right)^n$;

(4) $-\sum_{n=0}^{\infty} 2^n(z+1)^{-n-1}$.

12. (1) $\dfrac{1}{z}\sum_{n=0}^{\infty} z^n$; (2) $-\dfrac{1}{z^2}\sum_{n=0}^{\infty} z^{-n}$;

(3) $-\dfrac{1}{z-1}\sum_{n=0}^{\infty}(-1)^n(z-1)^n$;

(4) $\sum_{n=0}^{\infty}(-1)^{n+1}(z-1)^{-n-2}$;

(5) $\sum_{n=0}^{\infty}(-1+2^{-n-1})(z+1)^n$;

(6) $\sum_{n=0}^{\infty}(z+1)^{-n-1}+\dfrac{1}{2}\sum_{n=0}^{\infty}\left(\dfrac{z+1}{2}\right)^n$;

(7) $\sum_{n=0}^{\infty}(1-2^n)\left(\dfrac{1}{z+1}\right)^{n+1}$.

13. (1) $z=0$ 为一阶极点, $z=\pm i$ 为二阶极点; $z=\infty$ 为可去奇点;

(2) $z_k=e^{-\frac{\pi+4k\pi}{4}i}$ $(k=0,1)$ 为二阶极点, $z=\infty$ 为可去奇点;

(3) $z=0$ 为一阶极点, $z=\infty$ 为本性奇点;

(4) $z=-i$ 为本性奇点, $z=\infty$ 为可去奇点;

(5) $z=0$ 为 m 阶极点, $z=\infty$ 为可去奇点;

(6) $z_k=2k\pi i$ $(k=0,\pm 1,\pm 2,\cdots)$ 为一阶极点, $z=\infty$ 为非孤立奇点;

(7) $z_k=k\pi-\dfrac{\pi}{4}$ $(k=0,\pm 1,\pm 2,\cdots)$ 为一阶极点, $z=\infty$ 为非孤立奇点;

(8) $z_k=(2k+1)\pi i$ $(k=0,\pm 1,\pm 2,\cdots)$ 为一阶极点, $z=\infty$ 为非孤立奇点;

(9) $z=1, z=2, z=\infty$ 为支点;

(10) $z_k=\dfrac{\pi}{2}+k\pi$ $(k=0,\pm 1,\pm 2,\cdots)$ 为一阶极点, $z=\infty$ 为非孤立奇点;

(11) $z=1$ 为本性奇点, $z=\infty$ 为可去奇点;

(12) $z_k=2k\pi i$ $(k=0,\pm 1,\pm 2,\cdots)$ 为一阶极点, $z=1$ 为本性奇点, $z=\infty$ 为非孤立奇点.

17. (1) 二阶极点; (2) 可去奇点; (3) 支点; (4) 可去奇点.

习 题 五

1. (1) $\operatorname{Res} f(1) = \dfrac{1}{4}, \operatorname{Res} f(-1) = -\dfrac{1}{4}, \operatorname{Res} f(\infty) = 0;$

(2) $\operatorname{Res} f(n\pi) = (-1)^n;$

(3) $\operatorname{Res} f(0) = -\dfrac{4}{3}, \operatorname{Res} f(\infty) = \dfrac{4}{3};$

(4) $\operatorname{Res} f(1) = 1, \operatorname{Res} f(\infty) = -1.$

2. (1) $m = 2n$ 为偶数时, $\operatorname{Res} f(0) = \dfrac{(-1)^n}{(2n+1)!}, \operatorname{Res} f(\infty) = \dfrac{(-1)^{n+1}}{(2n+1)!}$, m 为奇数时, $\operatorname{Res} f(0) = \operatorname{Res} f(\infty) = 0;$

(2) $\operatorname{Res} f(z_k) = -\dfrac{z_k}{m}$ $(z_k = e^{\frac{\pi + 2k\pi}{m}i}, k = 0, 1, \cdots, m-1)$, $\operatorname{Res} f(\infty) = \begin{cases} 0 & (m > 1), \\ -1 & (m = 1); \end{cases}$

(3) $\operatorname{Res} f(\alpha) = -\dfrac{1}{(\beta-\alpha)^m}, \operatorname{Res} f(\beta) = \dfrac{1}{(\beta-\alpha)^m}, \operatorname{Res} f(\infty) = 0;$

(4) $\operatorname{Res} f(1) = \dfrac{e}{2}, \operatorname{Res} f(-1) = -\dfrac{1}{2e}, \operatorname{Res} f(\infty) = -\sinh 1;$

(5) $\operatorname{Res} f(2k\pi) = 2, k = 0, \pm 1, \pm 2, \cdots;$

(6) $\operatorname{Res} f(-1) = 2\sin 2, \operatorname{Res} f(\infty) = -2\sin 2;$

(7) $\operatorname{Res} f(1) = n, \operatorname{Res} f(\infty) = -n;$

(8) $\operatorname{Res} f(0) = n, \operatorname{Res} f(-1) = -n, \operatorname{Res} f(\infty) = 0.$

3. (1) 0; (2) $-\dfrac{1}{2}\pi i$; (3) 0; (4) $i\sin 2$; (5) $12\pi i$; (6) $-\dfrac{2\pi i}{3}.$

4. (1) $\dfrac{2\pi}{\sqrt{a^2-1}}$; (2) $\sqrt{2}\pi$; (3) $\dfrac{\pi}{2} \dfrac{1}{\sqrt{a(a+1)}}$; (4) $\begin{cases} \pi i & (a > 0), \\ -\pi i & (a < 0). \end{cases}$

5. (1) $\dfrac{\pi}{6}$; (2) $\dfrac{1}{4ai}$; (3) $\dfrac{\pi}{24}e^{-3}(3e^2-1)$; (4) $\dfrac{\pi}{2a^2}e^{-\frac{ma}{\sqrt{2}}}\sin\dfrac{ma}{\sqrt{2}}$; (5) $\dfrac{\sqrt{2}}{2}\pi.$

6. (1) $\dfrac{\pi}{2}\left(1 - \dfrac{3}{2}e^{-1}\right)$; (2) $\dfrac{\pi}{2a^2}(1 - e^{-a}).$

习 题 六

1. (1) $w' = e^{i\theta}\dfrac{\alpha - \overline{\alpha}}{(z - \overline{\alpha})^2}, \arg w'(\alpha) = \theta - \dfrac{\pi}{2};$

(2) $w' = e^{i\theta}\dfrac{1 - \alpha\overline{\alpha}}{(1 - \overline{\alpha}z)^2}, \arg w'(\alpha) = \theta;$

(3) $w' = e^{i\theta} \dfrac{\overline{\alpha} - \alpha(w-\overline{\beta})^2}{\overline{\beta} - \beta(z-\overline{\alpha})^2}, w'(\alpha) = \theta$.

2. $2, \dfrac{\pi}{2}, -1,$ 虚轴正向.

3. (1) $w = -\dfrac{iz+6}{3z+2i}$;　　(2) $w = \dfrac{1-i}{1+i} \dfrac{z+1}{z-1}$;

　　(3) $w = \dfrac{-1}{z}$;　　(4) $w = \dfrac{-1}{z-1}$.

4. $w = \dfrac{R\rho}{|a|} c^{i\varphi} \dfrac{\overline{a}z - |a|^2}{\overline{a}z - \overline{\rho}^2}$.

5. $w = Re^{i\alpha} \dfrac{z-i}{z+i}$.

6. $w = \dfrac{t(-z+2)}{(2-3t)z+2}$.

7. 两条平行线和与这两条平行线相切的一段圆弧所夹的条形半敞开区域.

8. $|d|^2 + ac\overline{d} + \overline{a}\overline{c}d + (|a|^2 - 1)|c|^2 = 0$.

9. (1) $w = -\left(\dfrac{z+\sqrt{3}}{z-\sqrt{3}}\right)^3$;　　(2) $w = -i\left(\dfrac{z+1}{z-1}\right)^2$;

　　(3) $w = e^{\frac{4\pi i}{z-2}}$;　　(4) $w = e^{i\frac{\pi}{3} \cdot \frac{z+2}{z-2}}$.

10. $w = i\left[\dfrac{z-(1+i)}{z-(2+2i)}\right]^{\frac{1}{2}}$.

11. $w = \left(\dfrac{\sqrt{z}+1}{\sqrt{z}-1}\right)^2$.

12. 点 w 在一个圆上沿负向转动,此圆的圆心在 $2+i$,半径为 5.

13. (1) $w_1 = \dfrac{z-\left(\dfrac{1}{2} - \dfrac{\sqrt{3}}{2}i\right)}{z-\left(\dfrac{1}{2} + \dfrac{\sqrt{3}}{2}i\right)}, w_2 = e^{-\frac{2}{3}\pi i} w_1, w_3 = w_2^{\frac{3}{2}}, w = \dfrac{w_3 - i}{w_3 + i}$;

　　(2) $w_1 = z^{\frac{\pi}{\alpha}}, w_2 = e^{-\frac{\pi}{2}i} \dfrac{w_1 - 1}{w_1 + 1}, w_3 = w_2^2, w = \dfrac{w_3 - i}{w_3 + i}$;

　　(4) $w = \dfrac{1}{\pi} \ln \dfrac{i(1+z)}{1-z}$;　　(5) $w = -\dfrac{1}{2}\left(z + \dfrac{1}{z}\right)$;

　　(6) $w = -4i \dfrac{z-2i}{z-2(1+2i)}$.

习 题 七

1. $u(x,t) = \sum\limits_{n=1}^{\infty} \dfrac{8h}{n^2\pi^2} \sin \dfrac{n\pi}{2} \cos \dfrac{n\pi at}{2} \sin \dfrac{n\pi x}{2}.$

2. $u(x,t) = \sum\limits_{n=1}^{\infty} \dfrac{8h}{n^2\pi^2} \sin \dfrac{n\pi}{2} \cos \dfrac{n\pi at}{2} \sin \dfrac{n\pi(x+1)}{2}.$

3. $u(x,t) = \sum\limits_{n=1}^{\infty} \dfrac{4lc}{n^2\pi^2 a} \sin \dfrac{n\pi(\beta-\alpha)}{2l} \sin \dfrac{n\pi(\beta+\alpha)}{2l} \sin \dfrac{n\pi at}{l} \sin \dfrac{n\pi x}{l}.$

4. $u(x,t) = \sum\limits_{k=0}^{\infty} \dfrac{32h}{(2k+1)^3\pi^3} \cos \dfrac{(2k+1)\pi at}{l} \sin \dfrac{(2k+1)\pi x}{l}.$

5. $u(x,t) = \left(\cos \dfrac{\pi at}{l} + \dfrac{l}{\pi a} \sin \dfrac{\pi at}{l}\right) \sin \dfrac{\pi x}{l}.$

6. $u(x,t) = \cos \dfrac{3\pi at}{l} \sin \dfrac{3\pi x}{l} + \dfrac{8l^3}{\pi^4 a} \sum\limits_{k=0}^{\infty} \dfrac{1}{(2k+1)^4} \sin \dfrac{(2k+1)\pi at}{l} \sin \dfrac{(2k+1)\pi x}{l}.$

7. $\beta = -\dfrac{b}{2a^2}.$

8. $\alpha = \dfrac{c}{2}$

10. $u(x,t) = E(1-x) + \dfrac{2E}{\pi} \sum\limits_{n=1}^{\infty} \dfrac{1}{n} \cos(n\pi t) \sin(n\pi x).$

11. $u(x,t) = \dfrac{b}{a^2 l}(x \sinh l - l \sinh x) + \dfrac{2bl^2 \sinh l}{a^2 \pi} \sum\limits_{n=1}^{\infty} \dfrac{(-1)^n \cos \dfrac{n\pi at}{l} \sin \dfrac{n\pi x}{l}}{n(n^2\pi^2 + l^2)}.$

12. $u(x,t) = \sum\limits_{n=1}^{\infty} e^{-ht}(C_n \cos \omega_n t + D_n \sin \omega_n t) \sin \dfrac{n\pi x}{l},$

    其中，$C_n = \dfrac{2}{l} \int_0^l \varphi(\xi) \sin \dfrac{n\pi\xi}{l} d\xi,$

    $D_n = \dfrac{h}{\omega_n} C_n + \dfrac{2}{l\omega_n} \int_0^l \psi(\xi) \sin \dfrac{n\pi\xi}{l} d\xi,$

    $\omega_n = \sqrt{\dfrac{n^2\pi^2 a^2}{l^2} - h^2}.$

13. $u(x,t) = \sum\limits_{n=0}^{\infty} \left[C_n \cos \dfrac{(2n+1)\pi at}{2l} + D_n \sin \dfrac{(2n+1)\pi at}{2l}\right] \cos \dfrac{(2n+1)\pi x}{2l},$

    其中，$\begin{cases} C_n = \dfrac{2}{l} \int_0^l \varphi(\xi) \cos \dfrac{(2n+1)\pi\xi}{2l} d\xi, \\ D_n = \dfrac{4}{(2n+1)\pi a} \int_0^l \psi(\xi) \cos \dfrac{(2n+1)\pi\xi}{2l} d\xi. \end{cases}$

14. $u(x,t) = \dfrac{gx(2l-x)}{2a^2} - \dfrac{16gl^2}{\pi^3 a^2} \sum\limits_{n=0}^{\infty} \dfrac{1}{(2n+1)^3} \cos\dfrac{(2n+1)\pi at}{2l} \sin\dfrac{(2n+1)\pi x}{2l}.$

15. $u(x,t) = \dfrac{A\sin\dfrac{\omega x}{a}\sin\omega t}{\sin\dfrac{\omega}{a}l} + \dfrac{2A\omega a}{l}\sum\limits_{n=1}^{\infty}\dfrac{(-1)^n}{\omega^2-(\dfrac{n\pi a}{l})^2}\sin\dfrac{n\pi at}{l}\sin\dfrac{n\pi x}{l}, \omega\ne\dfrac{n\pi a}{l}.$

16. $u(x,t) = \sum\limits_{n=0}^{\infty}(A_n\cos\dfrac{n^2\pi^2 bt}{l^2}+B_n\sin\dfrac{n^2\pi^2 bt}{l^2})\sin\dfrac{n\pi x}{l},$

其中,$A_n = \dfrac{2}{l}\int_0^l\varphi(\xi)\sin\dfrac{n\pi\xi}{l}\mathrm{d}\xi, B_n = \dfrac{2l}{n^2\pi^2 b}\int_0^l\psi(\xi)\sin\dfrac{n\pi\xi}{l}\mathrm{d}\xi.$

习 题 八

3. $u(x,t) = \sum\limits_{k=0}^{\infty}\dfrac{4u_0}{(2k+1)\pi}\mathrm{e}^{-\dfrac{(2k+1)^2\pi^2 a^2 t}{l^2}}\sin\dfrac{(2k+1)\pi x}{l}.$

4. $u(x,t) = \mathrm{e}^{-b^2 t}\sum\limits_{n=1}^{\infty}c_n\mathrm{e}^{-\dfrac{n^2\pi^2 a^2 t}{l^2}}\sin\dfrac{n\pi x}{l},$ 其中,$c_n = \dfrac{2}{l}\int_0^l\varphi(\xi)\sin\dfrac{n\pi\xi}{l}\mathrm{d}\xi.$

7. $u(x,t) = \dfrac{Q}{\sqrt{\pi Dt}}\mathrm{e}^{-\dfrac{(\xi_0-x)^2}{4Dt}}(-h<\xi_0<h).$

8. $u(x,t) = \int_0^t\int_{-\infty}^{+\infty}f(\xi,\tau)\dfrac{1}{2a\sqrt{\pi(t-\tau)}}\mathrm{e}^{-\dfrac{(\xi-x)^2}{4a^2(t-\tau)}}\mathrm{d}\xi\mathrm{d}\tau.$

9. $u_0 - \dfrac{8u_0}{\pi^2}\sum\limits_{n=1}^{\infty}\dfrac{1}{(2n-1)^2}\mathrm{e}^{-\dfrac{(2n-1)^2\pi^2 a^2 t}{4l^2}}\cos\dfrac{(2n-1)\pi x}{2l}.$

10. $u = A\left(1-\dfrac{x}{l}\right)\sin\omega t - \dfrac{2A\omega}{\pi}\sum\limits_{n=1}^{\infty}\dfrac{1}{n}\left(\int_0^t\mathrm{e}^{-\dfrac{n^2\pi^2 a^2(t-\tau)}{l^2}}\cos\omega\tau\mathrm{d}\tau\right)\sin\dfrac{n\pi x}{l}.$

11. $u(x,t) = \mathrm{e}^{-b^2 t}\sum\limits_{n=1}^{\infty}c_n\mathrm{e}^{-\dfrac{n^2\pi^2 a^2 t}{l^2}}\sin\dfrac{n\pi x}{l},$ 其中,$c_n = \dfrac{2}{l}\int_0^l\varphi(x)\sin\dfrac{n\pi x}{l}\mathrm{d}x.$

12. $u(x,t) = \sum\limits_{n=1}^{\infty}A_n\mathrm{e}^{-a^2 p_n^2 t}\sin p_n x,$

其中,$A_n = \dfrac{2(p_n^2+h^2)}{l(p_n^2+h^2)+h}\int_0^l\varphi(x)\sin p_n x\mathrm{d}x, p_n(n=1,2,\cdots)$ 为方程 $\tan pl = -\dfrac{p}{h}$ 之正根.

习 题 九

2. $u(r,\theta) = \dfrac{A}{\pi}\left(\alpha + 2\sum\limits_{n=1}^{\infty}\dfrac{r^n}{n}\sin n\alpha\cos n\theta\right).$

3. $u(r,\theta) = A r\cos\theta$.

4. $u(r,\theta) = \sum_{n=1}^{\infty} a_n \sin\dfrac{n\pi\theta}{\alpha} r^{\frac{n\pi}{\alpha}}$，其中 $a_n = \dfrac{2}{\alpha l^{\frac{n\pi}{\alpha}}} \int_0^{\alpha} f(\theta)\sin\dfrac{n\pi\theta}{\alpha}\mathrm{d}\theta$.

5. $u(x,t) = \dfrac{2}{a}\sum_{n=1}^{\infty} \dfrac{\sinh\dfrac{n\pi(b-y)}{a}}{\sinh\dfrac{n\pi b}{a}} \sin\dfrac{n\pi x}{a} \int_0^a f(\xi)\sin\dfrac{n\pi\xi}{a}\mathrm{d}\xi$.

6. $u(x,y) = \dfrac{2A}{\pi}\sum_{n=1}^{\infty} \dfrac{1}{n} e^{-\frac{n\pi y}{l}} \sin\dfrac{n\pi x}{l}$.

7. $u(x,y) = a^2 - (x^2+y^2)$.

8. $u(x,y) = \dfrac{xy}{12}[a^2-(x^2+y^2)]$.

9. $u(x,y) = \sum_{n=0}^{\infty} \dfrac{-8a^2\cosh\dfrac{(2n+1)\pi y}{a}}{(2n+1)^3\pi^3 \cosh\dfrac{(2n+1)\pi b}{2a}} \sin\dfrac{(2n+1)\pi x}{a}$.

10. $u(x,y) = A + \dfrac{A}{2}\left(\dfrac{b}{2}-1\right)x - \sum_{n=0}^{\infty} \dfrac{4Ab\sinh\dfrac{(2n+1)\pi x}{b}}{\pi^2(2n+1)^2 \sinh\dfrac{(2n+1)\pi a}{b}} \cos\dfrac{(2n+1)\pi y}{b}$.

11. $u(x,y) = Ax + By + c$，其中 c 为任意常数.

习 题 十

1. $u(x,t) = f_1(x-at)$ 或 $f_2(x+at)$.

6. $u(x,t) = \dfrac{(h-x-at)\varphi(x+at) + (h-x+at)\varphi(x-at)}{2(h-x)} + \dfrac{1}{2a(h-x)} \int_{x-at}^{x+at} (h-\xi)\psi(\xi)\mathrm{d}\xi$.

8. $u(x,t) = \varphi\left(\dfrac{x-t}{2}\right) + \psi\left(\dfrac{x+t}{2}\right) - \varphi(0)$.

9. $u(x,t) = \dfrac{1}{2x}\left[(x-at)\varphi(x-at) + (x+at)\varphi(x+at) + \dfrac{1}{a}\int_{x-at}^{x+at} \xi\psi(\xi)\mathrm{d}\xi\right]$.

10. $u(x,y) = \dfrac{1}{2}\left[\varphi(x-\sin x+y) + \varphi(x+\sin x-y) + \int_{x+\sin x-y}^{x-\sin x+y} \psi(\xi)\mathrm{d}\xi\right]$.

11. $u(x,t) = \dfrac{1}{2a}[\arctan(x+at) - \arctan(x-at)] +$
$\dfrac{1}{4a}\int_0^t \left\{\dfrac{1}{1+[x-a(t-\tau)]^2} - \dfrac{1}{1+[x+a(t-\tau)]^2}\right\}\mathrm{d}\tau$.

12. $u(r,t) = \dfrac{f(r-at) - f(-(r+at))}{r}$.

14. $u(x,y,t) = x^2(x+y) + a^2t^2(3x+y)$.

15. $u(x,y,z,t) = x^3 + 3a^2t^2x + zy^2 + a^2t^2z$.

16. $u(x,y,z,t) = tx^2 + \dfrac{a^2}{3}t^3 + tyz + t^2y - \dfrac{t^3}{3}$.

17. $v(x,y,t) = \dfrac{\partial}{\partial t}\left[\iint\limits_{\Sigma_{at}^M} \dfrac{e^{\frac{c}{a}\sqrt{(at)^2-(\alpha-x)^2-(\beta-y)^2}} + e^{-\frac{c}{a}\sqrt{(at)^2-(\alpha-x)^2-(\beta-y)^2}}}{4\pi a\sqrt{(at)^2-(\alpha-x)^2-(\beta-y)^2}}\varphi(\alpha,\beta)\,\mathrm{d}\alpha\mathrm{d}\beta\right] +$

$\iint\limits_{\Sigma_{at}^M} \dfrac{e^{\frac{c}{a}\sqrt{(at)^2-(\alpha-x)^2-(\beta-y)^2}} + e^{-\frac{c}{a}\sqrt{(at)^2-(\alpha-x)^2-(\beta-y)^2}}}{4\pi a\sqrt{(at)^2-(\alpha-x)^2-(\beta-y)^2}}\varphi(\alpha,\beta)\,\mathrm{d}\alpha\mathrm{d}\beta,$

其中 Σ_{at}^M 是以点 $M(x,y)$ 为圆心,以 at 为半径的圆 $(\alpha-x)^2+(\beta-y)^2 \leqslant (at)^2$.

18. $I(x,t) = \dfrac{e^{-\frac{Rt}{L}}\varphi\left(x+\frac{t}{\sqrt{LC}}\right) + e^{-\frac{Rt}{L}}\varphi\left(x-\frac{t}{\sqrt{LC}}\right)}{2} + \dfrac{\sqrt{LC}\,e^{-\frac{Rt}{L}}}{2}\int_{x-\frac{t}{\sqrt{LC}}}^{x+\frac{t}{\sqrt{LC}}}\psi(\alpha)\,\mathrm{d}\alpha.$

习 题 十 一

1. $u = e^{-(x^2+y^2+z^2)}$.

2. $u(M_0) = \dfrac{1}{2\pi}\int_0^{2\pi} f(\varphi)\dfrac{R^2-\rho_0^2}{R^2-2R\rho_0\cos(\varphi-\theta)+\rho_0^2}\,\mathrm{d}\varphi.$

3. $u(r,\theta) = Ar\cos\theta$.

4. $\dfrac{4\pi R}{R^2-\rho^2}$.

5. $u(M_0) = \dfrac{x_0}{\pi}\int_0^\infty f(y)\left[\dfrac{1}{x_0^2+(y-y_0)^2} - \dfrac{1}{x_0^2+(y+y_0)^2}\right]\mathrm{d}y.$

习 题 十 二

1. (1) $\sqrt{\dfrac{\pi}{\eta}}\cos\left(\dfrac{\lambda^2}{4\eta}+\dfrac{\pi}{4}\right)$; (2) $\sqrt{\dfrac{\pi}{\eta}}\cos\left(\dfrac{\lambda^2}{4\eta}-\dfrac{\pi}{4}\right)$.

4. $u(x,t) = \dfrac{1}{2\sqrt{\pi at}}\int_{-\infty}^{+\infty} f(\xi)\cos\left[\dfrac{(\xi-x)^2}{4at}-\dfrac{\pi}{4}\right]\mathrm{d}\xi.$

5. $u(x,t) = \dfrac{1}{2\sqrt{\pi t}}e^{\frac{t^2}{2}}\int_{-\infty}^{+\infty} f(\xi)\,e^{-\frac{(\xi-x)^2}{4t}}\,\mathrm{d}\xi.$

6. $u(x,t) = \dfrac{1}{2\sqrt{\pi t}}e^{At-\frac{(\xi-x)^2}{4t}}.$

7. $u(x,t) = \dfrac{\mathrm{e}^{At}}{2\sqrt{\pi t}}\displaystyle\int_{-\infty}^{+\infty}\varphi(\xi)\mathrm{e}^{-\frac{(\xi-x)^2}{4t}}\mathrm{d}\xi + \displaystyle\int_0^t \dfrac{\mathrm{e}^{A(t-\tau)}}{2\sqrt{\pi(t-\tau)}}\int_{-\infty}^{+\infty} f(\xi,\tau)\mathrm{e}^{-\frac{(\xi-x)^2}{4(t-\tau)}}\mathrm{d}\xi\mathrm{d}\tau$.

习 题 十 三

1. （1）$\dfrac{\omega}{p(p^2+\omega^2)}$；（2）$\dfrac{p}{p^2-\omega^2}$.

2. （1）$\mathrm{e}^{-2t}\cos t+6\mathrm{e}^{-2t}\sin t$；（2）$\dfrac{t\sin at}{2a}$.

3. $\dfrac{1}{2\omega^2}(\cosh \omega t-\cos \omega t)$.

4. $x=1-\mathrm{e}^{-t}$.

5. $x=\mathrm{e}^t+\mathrm{e}^{-2t}$.

6. $x=\left(x_0-\dfrac{1}{2}\right)\cos t+\left(x_1-\dfrac{1}{2}\right)\sin t+\dfrac{1}{2}\mathrm{e}^t$.

7. $x=\dfrac{1}{2}t\mathrm{e}^t-\dfrac{1}{4}\mathrm{e}^t+\dfrac{1}{4}\mathrm{e}^{-t}+x_0\cosh t+x_1\sinh t$.

8. $x=3+4t-2\mathrm{e}^t$.

9. $x(t)=\dfrac{t^2\mathrm{e}^t}{4}-\dfrac{3t\mathrm{e}^t}{4}+\dfrac{3\mathrm{e}^t}{8}-\dfrac{\mathrm{e}^{-t}}{24}+\dfrac{\mathrm{e}^{\frac{t}{2}}\sin\frac{\sqrt{3}}{2}t}{\sqrt{3}}-\dfrac{\mathrm{e}^{\frac{t}{2}}\cos\frac{\sqrt{3}}{2}t}{3}$.

10. $\begin{cases} x(t)=\dfrac{1}{2}-\dfrac{1}{5}\mathrm{e}^{-t}-\dfrac{3}{10}\mathrm{e}^{-\frac{6}{11}t}, \\ y(t)=\dfrac{1}{5}\mathrm{e}^{-t}-\dfrac{1}{5}\mathrm{e}^{-\frac{6}{11}t}. \end{cases}$

11. $G(t)=at$.

12. $x=(2x_0+x_1)t\mathrm{e}^{-2t}+x_0\mathrm{e}^{-2t}+\dfrac{\omega\mathrm{e}^{-2t}}{4+\omega^2}\left(t+\dfrac{4}{4+\omega^2}\right)+\dfrac{(4-\omega^2)\sin\omega t-4\omega\cos\omega t}{(4+\omega^2)^2}$.

13. $x=\dfrac{1}{\omega^4}\cos\omega t+\dfrac{1}{\sqrt{3}\omega^4}\sinh\dfrac{\omega t}{2}\sin\dfrac{\sqrt{3}}{2}\omega t-\dfrac{1}{\omega^4}\cosh\dfrac{\omega t}{2}\cos\dfrac{\sqrt{3}}{2}\omega t$.

14. $x=-\dfrac{p}{2\omega}t\cos\omega t+\dfrac{p}{2\omega^2}\sin\omega t+x_0\cos\omega t$.

15. $I(t)=\dfrac{E_0}{L}\cos\dfrac{t}{\sqrt{LC}},\ t>0$.

16. $u(x,t)=\dfrac{Q}{k}\left[2\sqrt{\dfrac{Kt}{\pi}}\mathrm{e}^{-\frac{x^2}{4Kt}}-x\ \mathrm{erfc}\left(\dfrac{x}{2\sqrt{Kt}}\right)\right]$.

17. $u(x,t) = \dfrac{aA\omega}{E}\left\{\dfrac{\sin\dfrac{\omega x}{a}\sin\omega t}{\omega^2\cos\dfrac{\omega l}{a}} - \dfrac{16l^2}{\pi}\sum_{n=1}^{\infty}(-1)^n\dfrac{\sin\dfrac{(2n-1)a\pi t}{2l}\sin\dfrac{(2n-1)\pi t}{2l}}{(2n-1)[4\omega^2l^2-(2n-1)^2a^2\pi^2]}\right\}$.

习 题 十 五

1. $y = c_0\left(1 - \dfrac{x^2}{2!} + \dfrac{x^4}{4!} + \cdots\right) + c_1\left(x - \dfrac{x^3}{3!} + \dfrac{x^5}{5!} - \cdots\right) = c_0\cos x + c_1\sin x$，其中 c_0, c_1 为任意常数.

2. $y = c_0\left(1 + \dfrac{x^2}{2} + \dfrac{x^4}{2\cdot 4} + \dfrac{x^6}{2\cdot 4\cdot 6} + \cdots\right) + c_1\left(x + \dfrac{x^3}{3} + \dfrac{x^5}{3\cdot 5} + \dfrac{x^7}{3\cdot 5\cdot 7} + \cdots\right)$，
其中 c_0, c_1 为任意常数.

9. $u(r,\theta) = \dfrac{u_0}{R}r\cos\theta$.

10. $u(r,\theta) = \sum_{n=0}^{\infty} a_n r^n P_n(\cos\theta)$，其中 $a_n = \dfrac{2n+1}{2}\int_0^{\frac{\pi}{2}} P_n(\cos\theta)\sin\theta\,\mathrm{d}\theta$.

习 题 十 六

4. (1) $x^3 J_1(x) - 2x^2 J_2(x) + c$；(2) $-J_2(x) - 2x^{-1}J_1(x) + c$，其中 c 为任意常数.

5. $y = x^n[CJ_n(x) + DY_n(x)]$，其中 C, D 为任意常数.

6. $y = x^{-\frac{n}{2}}[CJ_n(2\sqrt{x}) + DY_n(2\sqrt{x})]$，其中 C, D 为任意常数.

7. $y = \sqrt{x}[CJ_n(ax) + DY_n(ax)]$，其中 C, D 为任意常数.

18. $u(r,t) = \sum_{n=1}^{\infty} A_n \mathrm{e}^{-a^2 k_n^2 t} J_0(k_n r)$，其中 $k_n = \dfrac{\lambda_n^0}{R}, A_n = \dfrac{4u_0 J_2(\lambda_n^0)}{k_n^2(J_1(\lambda_n^0))^2}$.

外国人名表

阿贝尔　Abel
阿达马　Hadamard
埃尔米特　Hermite
奥斯特罗格拉茨基　Остроградский

贝塞尔　Bessel
伯努利　Bernoulli
泊松　Poisson

达朗贝尔　d'Alembert
狄拉克　Dirac
狄利克雷　Dirichlet
棣莫弗　de Moivre
杜阿梅尔　Duhamel

菲涅耳　Fresnel
富克斯　Fuchs
傅里叶　Fourier

盖尔范德　Гельфанд
高斯　Gauss
戈登　Gordon
格林　Green
古尔萨　Goursat

亥姆霍兹　Helmholtz
汉克尔　Hankel
赫维赛德　Heaviside
胡克　Hooke

惠更斯　Huygens

吉洪诺夫　Тихонов
开普勒　Kepler
考纽　Cornu
柯西　Cauchy

拉盖尔　Laguerre
拉克斯　Lax
拉普拉斯　Laplace
莱布尼茨　Leibniz
勒贝格　Lebesgue
勒让德　Legendre
黎曼　Riemann
利翁斯　Lions
刘维尔　Liouville
儒歇　Rouché
罗宾　Robin
罗德里格斯　Rodrigues
罗尔　Rolle
罗素　Russell
洛必达　L'Hospital
洛朗　Laurent

梅林　Mellin
莫雷拉　Morera

纳恩斯特　Nernst

牛顿　Newton	施图姆　Sturm
诺伊曼　Neumann	施瓦茨　Schwarz
欧拉　Euler	斯捷克洛夫　Стеклов
欧姆　Ohm	索伯列夫　Сóболев
帕塞瓦尔　Parseval	泰勒　Taylor
普朗克　Planck	特里科米　Tricomi
普里瓦洛夫　Привалов	
	魏尔斯特拉斯　Weierstrass
茹科夫斯基　Жуковский	
若尔当　Jordan	薛定谔　Schrödinger
施拉夫利　Schläfli	雅可比　Jacobi

郑重声明

高等教育出版社依法对本书享有专有出版权。任何未经许可的复制、销售行为均违反《中华人民共和国著作权法》，其行为人将承担相应的民事责任和行政责任；构成犯罪的，将被依法追究刑事责任。为了维护市场秩序，保护读者的合法权益，避免读者误用盗版书造成不良后果，我社将配合行政执法部门和司法机关对违法犯罪的单位和个人进行严厉打击。社会各界人士如发现上述侵权行为，希望及时举报，我社将奖励举报有功人员。

反盗版举报电话　　（010）58581999　58582371
反盗版举报邮箱　　dd@hep.com.cn
通信地址　　北京市西城区德外大街4号　高等教育出版社法律事务部
邮政编码　　100120

读者意见反馈

为收集对教材的意见建议，进一步完善教材编写并做好服务工作，读者可将对本教材的意见建议通过如下渠道反馈至我社。

咨询电话　400-810-0598
反馈邮箱　hepsci@pub.hep.cn
通信地址　北京市朝阳区惠新东街4号富盛大厦1座
　　　　　高等教育出版社理科事业部
邮政编码　100029

防伪查询说明

用户购书后刮开封底防伪涂层，使用手机微信等软件扫描二维码，会跳转至防伪查询网页，获得所购图书详细信息。

防伪客服电话　　（010）58582300